RUSH DOSHI —— 著 **杜如松** 譯 —— 李寧怡

長期博弈

中國削弱美國、建立全球霸權的大戰略

THE LONG GAME

China's Grand Strategy to Displace American Order

獻給柯特

獻給帕爾舒、魯帕、烏岱、索胡姆

獻給珍妮

目錄

第二部分：建立

「積極有所作為」中國的取代戰略第二階段（二〇〇九—二〇一六）

第三部分：全球擴張

「百年未有之大變局」中國的取代戰略第三階段：（二〇一七年之後）

各界讚譽

「《長期博弈》補足了美中關係相關論辯中一直缺少的那部分：從歷史角度洞察中國列寧主義體系與戰略的本質。」

——陸克文（Kevin Rudd），美國「亞洲協會」（Asia Society）總裁暨澳洲前總理

「要了解中國如何應對不斷演變的美中關係及全球秩序，《長期博弈》是不可或缺的著作。杜如松精湛的研究論著取材獨特，內容極為豐富，清楚描繪中國戰略方針在經濟、政治、軍事上的輪廓。所有因應中國的對策，無論在商業、政治或軍事層面，都必須以這部超凡作品的觀察、分析與建議為基礎。」

——蓋瑞．拉費德（Gary Roughead），美國海軍（退役）上將

「『中國要什麼?』杜如松依據大量中國的文本與行為證據，提出極有力的論據，證明中國的戰略始終是要取代美國。我原以為中國的目標是開放且具可塑性的，他說服我重新審視自己的看法。這本引人入勝的書應立即成為研究中國的經典之作；對於任何試圖找出美國對中國最佳戰略的人士，這本書都是必讀之作。」

——謝淑麗（Susan Shirk），加州大學聖地牙哥分校教授暨二十一世紀中國研究中心主席

「所有正與中國挑戰進行角力的人士必讀此書。杜如松對於中文文件的詳盡分析構成極有力的論據，證明中國採取一套始終一貫的大戰略，目的是要推翻美國主導的國際秩序。」

——格雷厄姆．艾利森（Graham Allison），哈佛大學甘迺迪學院政府學教授

「杜如松漂亮勾勒出一套新的框架，用於理解習近平與他主導的『戰狼外交』背後的全球擴張野心，以及所構成的戰略挑戰。如果你在找一本最能闡明習近平無意悔改的『中國夢』背後歷史邏輯的書，《長期博弈》就是答案。」

——夏偉（Orville Schell），「亞洲協會」美中政策中心主任

「杜如松利用大量中國資料闡述北京大戰略的演變。他主張中國的行為有所轉變是出於共產黨對

全球權力平衡趨勢的集體評估，而非由個別領導人的性格所驅使，其論述相當具有說服力。其中的意涵令人坐立難安：中國欲取代美國並改變國際體系的意圖已越來越具侵略性，這些意圖自習近平上台前就已開始，在他卸任後恐仍將持續。本書應是學者與政策制定者的必讀之作。」

——范亞倫（Aaron L. Friedberg），普林斯頓大學政治學教授

「中國是否有取代美國在亞洲領導地位的戰略，相關辯論已經結束。第一本關於這套戰略的權威性著作已經問世。杜如松利用大量原始資料，對中國大戰略的起源與成功的可能性進行了前所未有的鑑識研究。」

——麥可・格林（Michael J. Green），著有《安倍晉三大戰略》

「如果你還不相信中國為奪取全球首要地位，一直在採行一套長期而全面的大戰略，請讀這本杜如松的書。在這本傑出的權威性著作中，杜如松詳細介紹了北京計劃中的駭人野心。所有對美國勢力和世界秩序的未來感興趣的人都應該立刻閱讀，否則就等著日後哭泣。」

——哈爾・布蘭茲（Hal Brands），約翰霍普金斯大學與美國企業研究所（American Enterprise Institute）學者

推薦序（一）

居安思危：延續二十一世紀美國單極的大戰略

張登及（臺灣大學政治學系教授兼系主任）

如何盡可能延續蘇聯瓦解後的「單極時刻」（unipolar moment），是過去三十年來令眾多美國思想者殫精竭慮、輾轉反側的大問題。博學廣聞、少年有成的國安會對華政策主要幕僚，通曉中文且曾遊歷中國的哈佛博士杜如松，與比他年長一兩代的美國「中國通」們都不例外。差別在於當年的中國通們雖然也熟悉各種版本的「中國威脅論」，但小布希時代以前，「中國威脅」更常以「崩潰的破壞者」面貌出現。睡獅／黃禍式的威脅，當時看還很遙遠。

但杜如松博士在而立之年以傅爾布萊特學者身分到雲南大學訪學時，汶川地震、北京奧運、上海世博都已過去，美國次貸風暴又一次引起「西方沒落」的憂慮。中國與南海諸島聲索各國的爭端正開始，歐巴馬政府也正展開制衡胡錦濤末段任期更加「有所作為」的中國，並推出了「重返亞洲」（Pivot to Asia）、再平衡（Rebalancing）等戰略。此刻的中國經濟規模才超過德國不久，又正要超過日本。若按爭議很大的「購買力平價」（purchase power parity）計算，已有很多人認為數年內美國的GDP也會被超越。

彼時歐巴馬以少數族裔之姿勝選，為美國與自由世界帶來一片新氣象。但很快因經濟失衡與不平等造成國內社會大分裂（Great Divide）的病症，又逐漸在美歐傳染。習近平接著上台後，為了一併處理經濟「新常態」下內、外兩個大局的諸多沉痾，很快又推出深富地緣戰略色彩、規模浩大的「一帶一路」計畫，並以弘揚中華歷史與理念、強化民族認同與愛國主義、刷新馬克思主義思想等「強勢」（assertive）作為，加固中共的「總體安全」。權力移轉與兩強不安全感深化和普遍化、社群化，使結構性的僵局更加凝固。這樣喧囂卻日趨陰暗的國際大環境，自然使杜如松一代的少壯中國專家對中國的體認頗有別於他的師輩。同時筆者也相信，印裔背景勢必使他也對歐巴馬轉換到川普的驚濤駭浪深有感受。加上雲南和中印邊境的經歷和紮實的中文文獻訓練，更使杜如松的《長期博弈》一書在熱情中不失務實。坊間論者若僅從「少壯派＝鷹派＝好戰派」來看待杜氏，得到過度「樂觀」或「悲觀」的結論，恐失之膚淺。

《長期博弈》不只是一本美國對華戰略的實務建言手冊，還是非常全面、詳細的冷戰後中美全方位競爭的歷史紀錄。如果讀者曾從季辛吉（Henry Kissinger）、傅高義（Ezra Vogel）、蘭普頓（David Lampton）、沈大偉（David Shambaugh）、黎安友（Andrew Nathan）、謝淑麗（Susan

Shirk）、米爾斯海默（John Mearsheimer）、白邦瑞（Michael Pillsbury）、資中筠、王緝思、楊潔勉、閻學通等名家處得到探索中美關係的啟發，那杜如松博士的《長期博弈》一定是此知識系譜上最新最詳，成一家言的新標竿。

此書足以取法的成就，還來自作者結合傳統方法和新工具的研究設計，使過去重視中共官方文獻詮釋解讀的「藝術」，和當代數位化資料庫技術相結合，構成對戰略「意圖」有解釋力的中國「削弱、建立、擴張」三部走大戰略演繹。國際政治學研究因果解釋的兩大要素就是「能力」（capability）與「意圖」（intention）；前者總是現實主義的舞台，後者常是建構主義（constructivism）的領地，自由制度主義（liberal institutionalism）揉合兩者，在「制度」這個中介變項上遊走。《長期博弈》當然掌握了最近三十年中國的「能力」建設，但注意到一般年輕外交研究者不會注意的劉華清、王嶋生的回憶與建言細節，體察像是胡錦濤第二任期主張外交「更加」有所作為這樣的細緻變化，才使作者對「意圖」這個建構主義的謎團享有發言權。筆者認為，也是基於此種綱舉目張、粗中有細的功夫，作者終能在最後提出頗具「中國特色」的美國應對之道：不對稱競爭。那幾乎就是對北京「以其人之道還治其人」：顯然不像部分讀者可能期待的「立即一戰」，或者某種攻勢現實主義「硬碰硬」的想像，這是繁體中文版臺灣讀者特別值得玩味的。

既然「意圖」本就是國際關係研究最大的黑箱，則一切的詮釋無論如何努力客觀，仍難做到絕對設身處地，這是《長期博弈》留給讀者真正「懸而未決的辯論」。例如攻勢現實主義大師米爾斯海默也想必會認同的「削弱、建立、擴張」的SOP，很像是從韜光養晦到奮發有為的直線前進戰略，但如何證實這是如同作者所主張的在「六四、蘇聯瓦解、海灣戰爭」這三年內確立，且江、胡、習都自覺其目標是「取代美國霸權」的長期大戰略，論證起來頗有挑戰。彼時中國經濟規模尚不足臺灣的兩倍（二〇二一年為二十一倍），雖堅持四項基本原則、資產階級自由化警鐘長鳴，但就算加上伊戰震撼，就「能力」論，實難想像中共已有在「全球範圍」取代美國秩序的藍圖。這也是米爾斯海默從地緣角度出發，堅持「世界霸權」不會出現，中國爭奪的是東亞區域層級（regional hierarchy）的原因。

若美國要超越「能力」的限制，為世界霸權打算，就算「意圖」再普世崇高，大約西方也會有很多專家反對華府「過度擴張」。這也是為何《長期博弈》建議對華既不能去遷就、又不能搞顛覆，而必須從「不對稱」出發去「削弱」。反之，若中國要「過度擴張」去追求全新世界秩序，那恐怕要退回趙紫陽、胡耀邦甚至更早的毛澤東、周恩來、林彪時代，從「世界革命」、「世界鄉村包圍世界城市」、「人民戰爭與持久戰」去探索中共外交和身分（identity）的基因——筆者認為即是中共建國後持久存在、凝結於毛澤東的形象和理念上的「第三世界／挑戰者」國家身分。但即便是曾推動全世界範圍「取代」美帝、蘇修的毛，也保有「臺灣問題可以放一百年」的彈性。這種流動性，究竟志在跑馬克思世界革命的「馬拉松」？還是會回到天下「以不治而治之」的道家戰略？恐怕就超過《長期博弈》探討的時空範圍了。

不過誠如本書結論所言，只要華府總是居安思危地評估「霸權衰落」的趨勢和程度，西方國家對自身文明的缺失也總能發揮自我批判、相互制衡的傳統，那麼不管非西方挑戰者的「削弱─建立─擴張」會停在何處，美國延續二十一世紀單極優勢的機會，還是大過「中國取代」。

推薦序（二）

中國大戰略是長期計畫，還是只是歷史的偶然？

中研院政治所研究員
蔡文軒

美國國家安全委員會（NSC）中國事務主任杜如松（Rush Doshi），於二〇二一年出版的《長期博弈》，一經出版，就受到華府與學術界的重視。該書以「大戰略」為分析概念，認為中國在近三十年來有序的提出三個階段的外交戰略，試圖一步步地取代美國霸權，從而建立起自己的國際秩序與領導地位。

這三個戰略分別如下。首先，在一九八九至二〇〇八年間，因為天安門事件、波灣戰爭與蘇聯解體，中共開始對美國採取「削弱」（blunting）的戰略，試圖在政治、經濟或軍事上，削弱美國在世界的主控權。其次，在二〇〇八至二〇一六年間，由於美國發生金融危機，這促使了中國改以「建立」(building)的戰略，以推動亞洲基礎設施投資銀行與一帶一路等方針，來逐步建立起中國主導的國際格局。最後，是在二〇一六年迄今，中國改以「擴張」(expansion)戰略，來因應川普政府的對中政策，並全面與美國在國際事務上進行較勁，試圖取代美國的國際地位。

杜如松在《長期博弈》這本書，提出令人印象深刻且清晰簡潔的分析框架。上述三個戰略確實能有助於吾人對中國的對美政策有提綱挈領的理解，且在某種程度上有一定的解釋力。杜如松對於中國典故顯然有相當深厚的文化底子。在該書中，杜如松熟稔地運用越王句踐臥薪嘗膽的例子，來描繪中國人視忍辱負重為一種道德與修練。此外，他在本書一開始就提到清末名臣李鴻章在歷經國家存亡之際，認為中國正經歷「三千年未有之大變局」作為本書的引子。這些內容都足見杜如松深刻理解中國大歷史的發展進程，並能與現今局勢來做呼應。

本書還有許多優點，值得讀者發掘與細細咀嚼。該書引用大量的一手文件，包括重要領導人講話、中國外交官回憶錄、黨與國家的文件，以及其他相關資料來進行論證。作者除了對中國文字有相當的理解外，也善於運用馬克思主義的辯證法來分析中國的外交辭令。例如，杜如松對「韜光養晦」有著比其他西方學者更精確的解釋。此外，他將「韜光養晦」與「有所作為」視為一組辯證關係，是相互支持與保證的動態過程，而不能簡化為互為取代。這是非常精闢的論述。從原始資料的豐富性，和作者對中國文化和中共黨政思想的理解，使得這本書讀起來令人耳目一新，一經出版就受到許多國家的重視，以及學界的引用。

讀者在仔細品味這本書後，對於中國對美戰略的改變似乎可以再思考一些觀點，來試圖與作者對話。從杜如松的角度來看，中國推出「削弱、建立，與擴張」的戰略，似乎是一個有意圖的連續性安排。當然，作者很清楚地提出三個轉折點（turning point），依次為一九八九、二〇〇八，與二〇一六，並說明這些轉折點歷經哪些重大事件的發生，使得原本對美戰略出現了路徑的改變。但作者似乎始終沒有清楚說明，這三十年來中國對美戰略或政策的調整，是否是一場預先安排的「長期博弈」？也就是說，在中共黨內高層是否團結一致地秘密制訂出以「削弱、建立，與擴張」為主軸的三階段戰略，來與美國做一場有規劃的長期鬥爭。正如同一次大戰前，德國制訂的「西里芬計畫」（Schlieffen Plan）就是事先擬定與設計的作戰方案。但是，中共對美戰略的階段性改變，到底是事先設計好的圖謀，或僅僅是「歷史的偶然性」（historical contingency）？

習近平個人的因素，可能是促成美中關係走向衝突的關鍵之一。胡錦濤時期的對外關係或兩岸關係，相對較為平穩。以習近平和胡錦濤時期的對美政策相較之，無疑地，習確實採取更有擴張性的戰略。這或許和習近平的執政思維與個人性格有關。習近平提出「中國夢」、「兩個一百年」等口號，並試圖帶領中國走向民族復興，以恢復所謂「漢唐盛世」的榮景。為了實踐這些目的，他不惜破壞政治繼承的規範，在國內大搞個人崇拜，並在二〇一七年將「習近平新時代中國特色社會主義思想」寫入黨章，取得了幾乎與毛、鄧比肩的地位。習特別崇尚毛澤東路線，處處模仿毛的政策，並認為「東升西降」將是不可逆的國際格局。在意識形態掛帥下，習近平無論是對國內或國外，都採取了極為強硬的政策。

從反事實（counterfactual）的角度去追問，如果取代胡錦濤的領導人另有其人，是否中國外交現今仍充斥著「戰狼外交」等現象？外傳李克強與李源潮曾經是黨內屬意的接班人之一。中共若在十八大選出選李克強或李源潮擔任總書記，現今的中國是否還會繼續走向韜光養晦的路線？如果中國崛起的代價是美中關係的惡化，至少若十八大不是由習出線，則中共全面擴張的戰略，或許會延後好幾年。習近平在二〇一八年向美國發動貿易戰時，黨內元老並不全然支持。據聞，前國務院總理朱鎔基曾批評此舉，破壞了當年他積極推動的「入世」政策，這將無助於中國經濟發展的自由化與全球化。從國內政治視野來分析，中共對美戰略的制訂與推動可能不是有計畫且事先設計好的方案，而是充滿了歷史的偶然性，以及伴隨而來的菁英衝突。

杜如松這本著作，確實是討論美中關係與中共對外戰略的佳作，值得細讀。該書的英文版出版時，本人即拜讀，留下深刻印象。中文版付梓在即，本人有機會先睹為快，願意將這本書介紹給中文世界的朋友。相信對於從事教學研究、政策制訂，或是對美中關係與中國政治有興趣的讀者，都能在《長期博弈》一書中，獲得相當多的啟發。

致謝

沒有一本書能憑一己之力完成。這本書得以問世，我要感謝的人太多太多。

在中國的外交政策與政治學領域，我最早的啟蒙老師都在普林斯頓大學。如果不是他們，我永遠不可能寫出這本書，也不會展開這方面的研究生涯。饒濟凡（Gilbert Rozman）的亞洲地緣政治學課程最初點燃了我對這個領域的熱情；柯慶生（Tom Christensen）則讓我的熱情持續不滅，我至今仍能引述他的授課內容，包括中國外交政策與公職的重要性等等。

羅伯特．基歐漢（Robert Keohane）為我的熱情提供火種，教導我研究技巧，並向我耐心展示如何做一名社會科學研究者。范亞倫（Aaron Friedberg）則給我大量專業與智識上的收穫，先是收我作研究助理，又讓我接受各種專業挑戰，使我的研究熱情愈發熾烈；我深深感激他將近十五年不間斷的支持及思慮周詳的建議。

本書得以問世，也仰賴許多專業導師，感謝他們曾經給我機會。蘇珊．歐沙利文（Susan

O'Sullivan）是為改善中國人權孜孜不倦的倡議者，給我第一次從事公職的機會，並改變我對中國與外交政策的理解方式。約書亞・博爾頓（Josh Bolten）則讓我擁有第一份在華府的全職工作，也是我在公共服務與個人特質上的榜樣；他並安排我進入丹・普萊斯（Dan Price）、麥克・斯馬特（Mike Smart）、克萊・勞瑞（Clay Lowery）等導師型人物的公司，多年來他們的教導讓我受用無窮。潔琪・迪爾（Jackie Deal）與史蒂夫・羅森（Steve Rosen）給予我第一份國防研究領域的工作，我因此申請進入研究所，展開了結合中國研究與外交政策的工作生涯。

研究所期間，我很幸運的受教於三位非凡卓越的老師與論文指導教授：史蒂夫・羅森（Steve Rosen）、江憶恩（Iain Johnston）與約書亞・柯澤（Josh Kertzer）。三位師長教我怎麼寫好論文，他們的耐心引導與慷慨不藏私，讓這本書得以問世。除了他們以外，我還要感謝其他多位研究所期間給我指導與支持的老師，包括傅泰林（Taylor Fravel）、維平・那蘭（Vipin Narang）、貝絲・西蒙斯（Beth Simmons）、茱蒂絲・凱利（Judith Kelley）、拜瑞・波森（Barry Posen）以及歐文・寇特（Owen Cote）。我也非常感激查理・葛拉瑟（Charlie Glaser）給我機會，讓我能在喬治華盛頓大學（George Washington University）花一整年的時間專心研究與寫作。

撰寫本書期間，我有很長一段時間在哈佛大學昆西之家（Quincy House）舍堂擔任住校教師。研究寫作本是孤獨的旅程，但我在此獲得溫暖情誼與歸屬感。感謝舍堂院長李・蓋爾克（Lee Gehrke）與夫人黛比（昆西之家鮮活的核心與靈魂）讓這裡成為無數師生真正的家。黛比將永遠活在數千名像我一樣曾被她撫慰的師生心中。

過去幾年，我很感激能以布魯金斯學會（Brookings）與耶魯法學院中國研究中心作為智識上的家園。感謝約翰・艾倫（John Allen）、布魯斯・瓊斯（Bruce Jones）、蘇珊・馬洛尼（Suzanne Maloney）與塔倫・恰布拉（Tarun Chhabra）引領我進入布魯金斯，並且信任我，將創建「中國戰略倡議」（China Strategy Initiative）的機會交付予我。

布魯金斯的各中心主任歐漢龍（Mike O'Hanlon）、李成（Cheng Li）、米雷雅・索利斯（Mireya Solis）、卜睿哲（Richard Bush）、湯姆・萊特（Tom Wright）一路上提供我各種指導、建議與協助。還有許多同事讓我在布魯金斯任職的時光如此難忘，他們給予「中國戰略倡議」計劃許多鼓勵，包括傑佛瑞・貝德（Jeff Bader）、西莉雅・貝林（Celia Belin）、丹尼爾・拜門（Dan Byman）、大衛・達勒（David Dollar）、琳賽・福特（Lindsey Ford）、何瑞恩（Ryan Hass）、夏迪・哈米德（Shadi Hamid）、瑪拉・卡爾琳（Mara Karlin）、李侃如（Ken Lieberthal）、丹薇・瑪登（Tanvi Madan）、克里斯・梅瑟羅（Chris Meserole）、朴正鉉（Jung Pak）、泰德・皮柯尼（Ted Piccone）、阿林娜・波利亞科娃（Alina Polyakova）、法蘭克・羅斯（Frank Rose）、奈森・薩克斯（Natan Sachs）、康絲坦茲・斯泰爾岑繆爾（Constanze Stelzenmüller）、強納森・史托姆賽斯（Jonathan Stromseth）、斯特羅比・塔伯特（Strobe Talbott）、約書亞・懷特（Joshua White）、塔瑪拉・考夫曼・威特斯（Tamara Cofman Wittes）以及其他人。還有安迪・莫法特（Andy Moffat）、

石凱文（Kevin Scott）、艾蜜莉・金柏（Emilie Kimball）、珍妮佛・梅森（Jennifer Mason）、泰德・雷納特（Ted Reinert）、麥瑞安（Ryan McElveen）、莉亞・德瑞佛斯（Leah Dreyfuss）、安娜・紐比（Anna Newby）、米蓋爾・維耶拉（Miguel Vieira）與派屈克・柯爾（Patrick Cole）讓計劃得以持續進行，使我們的研究能有所成。我也要特別感謝布魯金斯學會中國戰略倡議共同主席傑可布・赫柏格（Jacob Helberg），他對中國戰略倡議充滿熱情，而且從科技到政治等事務都能提供許多洞見。

我要特別感謝葛維寶（Paul Gewirtz）引領我進入耶魯，並支持我的研究。他多年來的鼓勵協助我在寫作本書的跑道上抵達終點。我在布魯金斯和耶魯考慮進行的所有研究計劃，耶魯法學院中國中心執行主任羅伯・威廉斯（Rob Williams）幾乎都會協助傳播消息，並且熱心支持。耶魯的同事包括唐哲（Jeremy Daum）、賀詩禮（Jamie Horsley）、李霜（Mia Shuang Li，譯音）、龍大瑞（Darius Longarino）、陸凱（Karman Lucero）、蜜拉・芮普—胡伯（Mira Rapp- Hooper）、賽姆・薩克斯（Samm Sacks）、董雲裳（Susan Thornton）及其他人的情誼，也讓我受惠良多。康瑟塔・傅斯可（Concetta Fusco）、瑟芙琳・迪拜西奧（Severine Debaisieux）與麗莎・韋德（Lisa Wade）則讓一切成為可能。

新美國安全中心（The Center for a New American Security, CNAS）是我的另一個智識家園。我何其有幸，有傅洛依（Michele Flournoy）、馮德納（Richard Fontaine）、派屈克・克羅寧（Patrick

Cronin）與丹尼爾・克里曼（Dan Kliman）任用我作為副研究員，並邀我加入新美國安全中心的多項計劃。我也感謝伊禮・瑞特納（Ely Ratner）多年來的各種建議，在本書的撰寫計劃仍是研究提案時就對我多所鼓勵，並讓我有幸能和他共同進行多項重要倡議。

還有太多人我要特別感謝。麥克・葛林（Mike Green）一直引領我打造跨越政策和學術界的研究生涯，也是本書撰寫計劃最早的支持者之一。哈爾・布蘭茲（Hal Brands）熱心關注本書，對其架構提出建言，還舉辦圓桌會議，幫助我檢驗書中的立論。田立司（Ashley Tellis）在我們首度討論本書撰寫計劃時就非常支持。他提供機會讓我撰寫《戰略亞洲》（*Strategic Asia*）年度報告的其中一章，讓我的職涯得以圓滿；《戰略亞洲》系列專書，正是十多年前讓我在饒濟凡的課堂上對亞洲地緣政治產生興趣的助力之一。安德魯・梅伊（Andrew May）與大衛・艾普斯坦（David Epstein）多年來將我引入眾多研究計劃中，協助形塑我在本書提出的主張。鄧志強（Abe Denmark）引介我成為威爾遜中心（Wilson Center）中國研究學人，並帶我認識該中心眾多傑出的亞洲專家。我也非常感謝蜜拉・芮普—胡伯（Mira Rapp- Hooper）、札克・庫柏（Zack Cooper）與塔倫・恰布拉（Tarun Chhabra），多年來當我面臨專業上的重要關卡時，曾多次向他們尋求建議。

我還要感謝眾多學界與政界人士：白明（Jude Blanchette）、克里斯・布羅斯（Chris Brose）、麥克・蔡斯（Mike Chase）、易明（Elizabeth Economy）、查理・艾多（Charlie Edel）、艾立

信（Andrew Erickson）、高大偉（Julian Gewirtz）、葛來儀（Bonnie Glaser）、錢喜娜（Sheena Greitens）、梅蘭妮·哈特（Melanie Hart）、梅惠琳（Oriana Mastro）、傑森·馬瑟尼（Jason Matheny）、麥艾文（Evan Medeiros）、莎拉·米勒（Sarah Miller）、悉達特·莫漢達斯（Siddharth Mohandas）、納迪吉·羅蘭（Nadege Rolland）、勞拉·羅森伯格（Laura Rosenberger）、蓋瑞·拉費德（Gary Roughead）、索菲·理查森（Sophie Richardson）、艾立克·塞耶斯（Eric Sayers）、夏偉（Orville Schell），沈大偉（David Shambaugh）、史宗瀚（Victor Shih）、謝淑麗（Susan Shirk）、麥特·史托勒（Matt Stoller）、唐志學（Joseph Torigian）、馬修·特賓（Matt Turpin）及尹麗喬（George Yin）——還有許多人不及一一列舉。

要將這項研究從論文轉為書籍，也需要整個團隊的努力。Aevitas創意管理公司的Bridget Matzie與Karen Murgolo對本書出版計劃深具信心，即使是在我自己都不是那麼確定的時候。Jim Goldgeier將這本書納入他的「彌合差異」（Bridging the Gap）系列，自始就不斷為我加油打氣。我在牛津大學出版社的編輯David McBride深信本書能有所成就，耐煩忍受我提出的各種問題與要求，一路上不斷向我灌注忠告與智慧。Jonathan Bartlett、Brady McNamara、Nisha Iyer都對封面深具貢獻。此外，還要感謝Cheryl Merritt掌握了非常緊湊的製作時程。

在出書計劃及其他太多方面，我都要深深感謝柯特·坎博（Kurt Campbell），過去幾年間他一直是我的主管、導師、協調者與支持者。過去二十五年來，柯特先後任職於六間智庫，指導過眾多亞洲事務能手，能夠躋身其中令我深感榮幸。他充滿智慧且極具創造力，慷慨大方又戮力從公，堪稱華府的傳奇，而這樁傳奇是真人真事。柯特，謝謝你過去六年來指引我穿越政治、政策與人生的高低起伏；你的影響力展現在本書的每一頁。

如果沒有父母Rupa與Uday無條件的愛與支持，我人生中的一切都不可能實現。他們孤身來到美國，在此相遇，為Sohum和我打造了一個家。身為他們的兒子，是我畢生最大的福氣。我擁有的一切都要歸功於他們，我也以他們為榮。同時，我要特別感謝我的兄長Sohum，他是我最忠實不渝的支持者，我生命中的大小事都會尋求他的建議與支持。

最後，我要對畢生摯愛Jennie傾訴的感激之情，已超越言語所能承載。這本書得以存在，是因為在漫長曲折的過程中有妳與我商討，有妳維持生活。妳是我生命中一切事物的夥伴，我們在發現自己熱愛中國與亞洲研究的同時也找到了彼此，是我莫大的幸運。

我的人生中要感激的事已經太多，但我最感激的是妳說了「我願意」。

緒論

時間是一八七二年，李鴻章寫在歷史動盪的時刻。身為清朝名將兼重臣，李鴻章大半生致力改革這個垂危帝國，常被稱為「東方俾斯麥」。與李鴻章同時代的德意志帝國首相俾斯麥，是德意志大一統與民族力量興起的擘劃者，據說李鴻章曾留存他的肖像來激勵自己。[1]

李鴻章與俾斯麥一樣，將深厚的軍事歷練化為可觀的影響力，左右外交與軍事政策。他參與平定長達十四年的太平天國之亂，這是十九世紀造成最多生靈塗炭的戰禍；在清政府的管治能力漸呈真空之下，一場基督教千年王國運動竄起，引發的內戰奪走數千萬人的性命。剿滅叛軍讓李鴻章開始體認到西式槍砲與科技的優良，開始恐懼歐洲與日本的侵略，也開始致力於中國的自我壯大與現代化，更重要的是，他自此擁有了改革中國的影響力與號召力。

因此，李鴻章一八七二年在他為數繁多的奏疏之一當中，憶述自己畢生所見石破天驚的地緣政治與科技變局如何威脅清帝國的存亡。在一份倡議大舉投資造船的奏疏中，他寫下後世傳誦的名句：中國正經歷「三千年未有之大變局」。[2]

這句影響深遠的名言，在中國許多民族主義者看來，正提醒著中國遭遇的恥辱。李鴻章終究沒能讓中國現代化，在一場對日本的戰爭落敗後，他簽下丟盡顏面的《馬關條約》；但對許多人來說，李鴻章這句名言其實充滿真知灼見——中國之所以衰落，正是因為清朝無能應對三千年未見的地緣政治與科技力量的劇變，這些劇變也使國際間的權力平衡出現變化，讓中國陷入「百年國恥」，無論李鴻章如何奮力改革，也難挽狂瀾。

如今，李鴻章這句名言被中國領導人習近平重新利用，開啟了中國後冷戰時代大戰略的新局面。自二〇一七年以來，習近平在許多重要外交政策演說中宣稱世界已進入「百年未有之大變局」。如果李鴻章那句話標誌著中國國恥的高點，習近平這句話就標誌著中國復興的時機；如果李鴻章那句話讓人想起後來的悲劇，習近平這句話就提醒著眼前的機遇。不過兩人說的話都彰顯一個重點：由於地緣政治與科技出現前所未見的變革，世界秩序再次面臨重組，當前正是必須調整戰略的時候。

對習近平來說，這些形勢變化源於中國的實力日益增長，以及中國眼中的西方世界顯然正在自我毀滅。二〇一六年六月二十三日，英國全民公投決定脫離歐盟；僅僅五個多月之後，暴起的民粹主義讓唐納・川普一躍成為美國總統。在中國看來（中國對美國實力與威脅的變化極其敏感），這兩件事著實令人震撼。北京相信，全球最具影響力的兩大民主政體將退出他們自己在國外協助打造的國際秩序，同時在內政治理上也面臨重重險阻。之後到了二〇二〇年，西方國家對新冠病毒疫情的應對，以及二〇二一年美國國會山莊遭極端分子突襲闖入，都讓習近平在後者事發數日後宣稱「時與勢在我們一邊」的說法更有說服力。[3]中國的領導階層與外交政策菁英都宣稱，將國家戰略重心從亞洲擴大至全球及其治理體制的「歷史機遇期」已然出現。

當前的我們已處在新局勢的初期。我們要面對的中國，不僅像諸多強權國家一樣尋求區域影響力，還如同歐逸文（Evan Osnos）所說，正在「準備形塑二十一世紀，大致如同美國形塑二十世紀一樣」。[4]這樣的影響力競爭會是全球性的競爭，而北京有充分理由相信，未來這十年很可能決定最終的結果。

進入這場嚴峻競爭的新階段之際，我們對一些關鍵的根本問題仍欠缺答案。中國的野心是什麼？中國有大戰略來實現這些野心嗎？如果有，這套大戰略是什麼、它是如何成形、美國又該如何因應？對那些正在絞盡腦汁應對本世紀最大地緣政治挑戰的政策制定者來說，這些都是最基礎的問題，因為對抗的首要步驟就是了解對手的戰略。然而，強權之間的緊張關係雖日益加劇，對這些問題的答案卻仍無共識。

本書試圖提供一個答案。本書的論述與架構，有部分靈感來自對冷戰時期美國大戰略的研究。[5]那些研究分析了美國在冷戰期間對蘇聯「圍堵戰略」的理論與實踐，本書要分析的則是中國在冷戰結束後對美國「替代戰略」的理論與實踐。

為此，本書使用一個彙集中國共產黨文本的原創資料庫，內容涵蓋高層官員的回憶錄、自傳、日常紀錄等等，是過去幾年間自台灣與香港的圖書館、書店，以及中國的電商網站（見附錄）悉心蒐集並數位化而成。許多文本讓讀者得以一窺中共內幕，帶領讀者進入外交政策高階機構與會議，並向讀者介紹許多負責制定及實施中國大戰略的中國政壇領導人、將領與外交官。雖然並沒有一份主要文件涵蓋中國所有的大戰略，但從範圍廣泛的文本資料庫中，可以看出中國大戰略的綱領。中共在這些文本中，層次分明的論述了關鍵議題上的黨內共識，用於引領國家之船。長久以來這些論述不斷出現，在各種術語中最重要的是黨的「路線」，其次是「方針」，最後是「政策」。要理解這些論述，不僅須熟諳中文，還須精通那些看來令人困惑的古老意識形態概念，如「辯證統一」與「歷史唯物主義」。

論點概述

本書提出的論點是，自冷戰以來，美中一直以區域為競爭核心，如今則擴及全球秩序。本書主要關注中國這樣的新興強權國家採取何種戰略，要以不開戰的方式取代像美國這樣公認的霸權國家。在區域與全球秩序中的霸權國家，其地位透過約束他國行為的三大「控制型態」而產生，包括：脅迫（脅迫服從）、誘發共識（提供激勵誘因）、正當性（從道德與法律層面統御）。對新興強權國家來說，和平取代霸權國家的作法涵蓋兩大戰略，通常是依序實施。第一項戰略是**削弱**霸權國家對控制型態的運用，特別是那些針對新興強權的控制型態；畢竟新興強權如果仍受制於霸權國家，就不可能取而代之。第二項戰略則是**建立**對他國的控制型態；新興強權若無法藉由脅迫、誘發共識或正當性等方式讓他國遵從，就不可能成為霸權國家。新興強權若無法先削弱霸權國家的控制，它建立秩序的努力很可能只是徒勞，極易遭遇反抗。新興強權若未在周邊區域成功實施大量「削弱霸權控制」與「建立對他國控制」的手段，仍將極易受到霸權國家的影響力左右，難有自信實施第三項戰略「全球**擴張**」，也就是在全球範圍實施削弱與建立戰略，以取代霸權國家的國際領導地位。整體而言，這些先區域後全球的戰略，成為讓中共民族主義菁英平步青雲的粗略手段，他們希望恢復中國原有的地位，翻轉西方主宰全球影響力的這種脫離歷史常軌的現狀。

這就是中國一直以來遵循的模式，而本書在評論中國的取代戰略時，認為中國的戰略出現轉變，觸發原因都是形塑中國大戰略的最重要變數——對美國實力與威脅的認知發生大幅改變。中國第一套取代戰略（一九八九—二〇〇八），是默默**削弱**美國對中國的控制力量，特別是在亞洲。這套戰略起因於天安門事件、波灣戰爭、蘇聯垮台等三連發事件（trifecta），當時北京對美國威脅的認知陡升。中國的第二套取代戰略（二〇〇八—二〇一六）是試圖在亞洲**建立**區域性霸權，在全球金融風暴後開始實施，這場風暴讓北京認為美國實力下降，因此放膽採取更有自信的作法。如今，在英國脫歐、川普當選美國總統、新冠病毒大流行的情勢之下，中方將「百年未有之大變局」掛在嘴邊，開始採用第三套取代戰略，也就是將削弱與建立手段擴張到全世界，要取代美國成為全球領袖。

本書最後幾章則利用對中國戰略的洞察，制定一套美國的不對稱大戰略作為回應（其中有部分還取自中國的戰略），目的是挑戰中國在區域與全球的野心，但不在金錢、武力、對開發中國家貸款等方面進行對等競爭。

本書也說明，若中國得以達成目標，在中華人民共和國建國百年的二〇四九年實現「民族復興」，屆時的中國秩序會是何種樣貌。在區域層面，中國的國內生產毛額（GDP）已超過全亞洲的一半，軍費支出也是全亞洲的二分之一，迫使區域失衡，向中國影響力傾斜。中國秩序若徹底實現，最終結果可能是美軍撤離日本與朝鮮半島、美國失去在亞洲的結盟勢力、美國海軍撤出西太平洋、區域鄰國遵從中國、台灣被統一、東海與南海的領土爭議遭解決。中國秩序很可能比現有的秩序更強制高壓；治理共識則主要有利於那些具備高層關係的菁英，甚至會犧牲普羅大眾；會認為中國秩序具正當性的人，大多是那些極少數能直接獲益的人。中國會以破壞自由價值的手段實現這套秩序，獨裁主義將在整個區域更加盛行。在海外實施的秩序通常反映國內的秩序，相對於美國打造秩序的手法，中國顯然會以非自由（illiberal）的方式建立秩序。

全球範圍的中國秩序則是掌握「百年未有之大變局」的機遇，取代美國成為領導世界的國家。要達成目標，中國必須妥善管控「大變局」的主要風險（也就是華府不願平和承認美國已衰落），讓那些支持美國主導全球秩序的控制型態變弱，並強化那些支持中國取而代之的控制型態。中國秩序將在亞洲擴展成「高度影響力地帶」，同時在第三世界建立「局部霸權」，並可能逐漸擴大並包圍多個世界級的工業化重鎮——中國某些頗受歡迎的作者以毛澤東提出的革命指導方針「農村包圍城市」形容這種願景。[6]更具官方權威性質的資訊來源則用煽動性不那麼強的措辭，聲稱中國秩序會經由中國的「一帶一路」計劃和「命運共同體」來確立，其中「一帶一路」尤其是要用來打造強制力、誘發共識與正當性的控制型態網絡。[7]

中國要用來達成這種全球秩序的戰略，從習近平的演說已可窺見一斑。政治上，北京企圖領導全球治理與國際機構，分化西方聯盟，破壞自由體制的準則以推動獨裁體制準則。經濟上，中國要削弱那些鞏固美國霸權的金融優勢，並搶占人工智慧、量子計算等「第四次工業革命」的制高點，美國則將淪為「英語版的去工業化拉美式共和國」，特色是大宗商品、房地產業、觀光業，或許還會成為跨國逃稅天堂」。[8]軍事方面，解放軍將部署一支世界級軍隊，在世界各地都有軍事基地，可保護中國在大多數地區的利益，甚至包括太空、極地、深海等新的範疇。這類願景出現在高層官員的演說中，強烈說明了中國的野心已不侷限在台灣或印太區域，曾經只侷限於亞洲的「霸權之爭」，如今已及於全球秩序以及它的未來。如果通往霸權之路有二，一條區域之路、一條全球之路，中國在兩條路上都已展開競逐。

如此一窺可能出現的中國秩序，也許讓人怵目驚心，但不應令人訝異。十多年前，李光耀受訪時被問道：「中國領導人是認真想要取代美國，成為亞洲及世界的第一強權嗎？」這位打造現代新加坡的政治家高瞻遠矚，且與多位中國領導人有交情，他非常肯定地回答：「當然了，怎會不是呢？他們把一個貧窮社會改造成經濟奇蹟，成為世界第二大經濟體，而且可望成為世界最大經濟體。」李光耀又說，中國坐擁「四千年文化與十三億人口，有極為龐大的人才庫，他們怎會不渴望成為亞洲第一強權，且在未來成為世界第一強權？」他認為，中國「以五十年前難以想像的速度成長，是無人預料到的戲劇性轉變」，「每個中國人都想要一個富強的中國，一個繁榮進步、在科技上能與歐美和日本匹敵的中國」。他的回答以重要的洞見作結：「這種使命感的甦醒會凝聚成超級強大的力量……中國希望成為中國，也希望被視為中國，而不是西方世界的榮譽成員。中國可能想和美國『分享這個世紀』，也許可接受『平起平坐』的地位，」但他明言，中國絕不接受美國從屬國的地位。[9]

大戰略為何重要

現在是最迫切需要清楚了解中國的企圖與戰略的時刻。美國從未面臨過比當前中國更嚴峻的挑戰。過去一百多年，美國的對手或敵對聯盟的國內生產毛額（GDP）無一達到美國GDP

的百分之六十；一戰期間的德意志帝國沒有，二戰時的大日本帝國與納粹德國綜合起來也沒有，蘇聯在經濟實力最盛時期亦未跨越這個門檻。[10]然而，中國早在二〇一四年就已悄悄達到這個里程碑。若加入物價指數調整，中國已是比美國大百分之二十五的經濟體。[11]情勢已很明朗，中國是美國歷來遭遇最重要的競爭對手，華府如何應對中國崛起成為超級強權，將形塑未來的局勢。不過，至少對華府而言較不明朗的是，中國究竟是否有一套大戰略，而這套大戰略可能是什麼。本書將大戰略定義為國家訂定的一整套理論，刻意整合並實施軍事、經濟、政治等各領域的治國方略，以達到戰略目標。大戰略之所以「大」，不僅因為戰略目標宏大，也因為要協同整合各方面的「手段」來達成目標。這種規模的協同整合是相當罕見的，因此多數強權國家並沒有一套大戰略。

然而，一旦有國家具備了大戰略，就可能重塑世界歷史的進程。納粹德國就施展出一套大戰略，利用經濟手段約束鄰國，利用軍事力量威嚇敵國，利用政治手段包圍對手。即使GDP不到敵對強權國家的三分之一，納粹德國仍能藉此超越這些國家，並維持相當長的一段時間。冷戰期間，華府也實行一套大戰略，不時施展軍事力量讓蘇聯不敢進犯，又以經濟援助他國的方式縮減共產主義影響力，在政治體制上則將自由國家結盟，在不開戰的情況下遏阻蘇聯勢力。中國如何像這樣整合治國方略，在區域與全球達成各種野心勃勃的目標，外界已有太多推測，但相關的嚴謹研究卻幾乎付之闕如，儘管它將帶來極為嚴重的後果。一個國家本可藉由大戰略中的協同整合與長期規劃，挑戰比自己量級更高的對手；中國原本已是重量級國家，如果它有一套連貫的計劃，協同整合規模十四兆美元的經濟、遠洋海軍，以及在全球各地不斷提升的政治影響力（關於這一點，美國不是忽略了就是誤解了），二十一世紀的局勢演變將對美國不利，也對美國向來倡議的自由價值不利。

華府已遲來地接受了這個事實，並因此針對中國政策進行超過一個世代以來最重要的反思，然而對於中國的意圖與未來走向，各方仍眾說紛紜。有人認為北京的野心涵蓋全球，也有人主張中國主要仍著重於區域；有人相信中國有整合性的百年大計，也有人認為中國仍然只秉持機會主義，容易出錯；有人認為北京是冒進的修正主義強權，也有人認為它是當前秩序中冷靜清醒的利益攸關者；有人說北京希望美國遠離亞洲，也有人認為中國能容忍美國有節制的存在於亞洲。分析家漸趨一致的看法是，中國近年來的獨斷是國家主席習近平的性格造成——但這其實是一種誤解，忽略了中國的行徑其實根源於中共內部長久以來的共識。當前對於中國大戰略的論辯，在許多根本問題上仍南轅北轍（達成一致的意見卻又大多是錯誤的），這種情況令人相當不安，特別是每個問題一旦答錯，都可能導出偏離甚遠的政策。

懸而未決的論辯

針對中國大戰略，「懷疑者」與「相信者」之間的論辯大致上仍無共識，本書將進入這場論辯。懷疑者還沒信服中國已有一套企圖在區域或全球取代美國的大戰略；相對於此，相信中國有一套大戰略的人也沒有真正努力去說服懷疑者。

懷疑者來自各領域知識淵博的人士，其中有人認為：「中國還沒有制定一套真正的『大戰略』，連它究竟想不想這麼做都是問題。」[12]也有其他懷疑者認為中國的目標還「不完整」，北京缺乏「定義明確」的戰略。[13]在中國，如北京大學國際問題學院院長王緝思這樣的作者，也屬於懷疑者陣營。他寫道：「我們即使絞盡腦汁，也無法想出能全方位涵蓋所有國家利益的戰略。」[14]

其他懷疑者則相信中國的目標沒那麼遠大，他們認為中國無意在區域或全球取代美國，主要仍聚焦於發展和內部穩定。白宮一名資歷深厚的官員就不認為「習近平亟盼將美國逐出亞洲，並摧毀美國在亞洲的區域聯盟關係」。[15]還有頗具聲望的學者更強烈地闡述這種論點：「有一種被嚴重曲解的看法，也是當前一種過於泛濫的假設，以為中國想把美國趕出亞洲，全面征服這個區域。其實並無明確證據顯示中國存在這樣的目標。」[16]

和這些懷疑者看法形成對比的則是相信者。他們相信中國有一套大戰略，要在區域與全球取代美國，但他們並未提出成果來說服懷疑者。在政府內部，有一部分情報高官（包括前國家情報總監柯慈（Dan Coats）曾公開表示「中國最根本的目標是要取代美國，成為領導全世界的強權國家」，但他們沒有（也許是無法）進一步闡述，亦未指出中國的目標伴隨著一套特定戰略。[17]

在政府之外，近年也只有為數不多的著作試圖詳盡說明中國有一套大戰略。其中最著名的就是五角大廈官員白邦瑞（Michael Pillsbury）所撰暢銷書《二〇四九百年馬拉松：中國稱霸全球的祕密戰略》，然而該書多少有些誇大地主張中國自一九四九年以來就有一套爭搶全球霸權的秘密大計劃，且在一些重要環節大多以個人權威與軼事作為依據。[18]其他許多書籍雖然也做出類似結論，論點也很正確，但以直觀論述居多，較少嚴謹地以經驗為依據。[19]這些著作若能以社會科學方法論述，並提供更豐富的證據基礎，會更有說服力。另有幾本談中國大戰略的書，則選擇較宏觀的角度，強調遙遠的過去或未來，但也因而較少探討後冷戰時代至今這段呈現美中競爭軌跡的重要時期。[20]最後，有部分著作使用較多經驗方法，對於中國當代大戰略也有嚴謹精確的論述；這些著作構成了本書寫作取態的基礎。[21]

本書引用大量其他學者的研究，但希望做出重要的區隔，包括以獨特的社會科學方法去定義及研究大戰略；蒐集大量鮮少被引用或過去無法取得的中國文本；對中國軍隊主要謎團的系統性研究；仔細探究那些引導戰略調整的變數。綜上所述，希望本書能為當前興起的中國論辯做出貢獻，利用獨特方法系統性且嚴謹地將中國的大戰略揭露於世。

揭露大戰略

從競爭對手的各種行為解讀其大戰略，並非前所未見的挑戰。一次世界大戰爆發前幾年，英國外交官柯洛（Eyre Crowe）曾寫下一份長達兩萬字的重要文件《當前英國與法、德關係備忘錄》（*Memorandum on the Present State of British Relations with France and Germany*），試圖解釋崛起中的德國各方面的行為。[22]柯洛對英德關係有銳利觀察，他對此不僅熱衷，也因自身血緣而深諳箇中情況。他生於萊比錫，在柏林與杜塞道夫受教育，有一半德國血統，說英語也帶德國口音，且在二十一歲那年加入英國外交部。一戰期間，他在英國與德國都有家人實際參戰，英國的姪子葬身海中，德國的表哥則一路晉升，官拜德國海軍幕僚長。[23]

柯洛在一九〇七年寫下備忘錄，試圖有系統地分析德國各種迴異而複雜、看似未協同整合的外交行為，以判斷柏林是否有一套「大計劃」貫穿其中，並向上級報告這套大計劃可能是什麼。柯洛在他的分析架構中主張，為了「針對德國外交政策所有確知的事實，形成並採納一套一體適用的理論，我們必須在……兩種假設中做出選擇」。他提出的兩種假設，分別近似於當今對中國大戰略的懷疑者和相信者。

柯洛的第一種假設是，德國當時沒有大戰略，只有他形容為「模糊、令人困惑、不實際的治國手法」。柯洛寫道，從這個觀點來看，德國很可能「並不真正明白自己的意圖何在，而德國所有偏差且令他國警報大作的行徑、所有暗中密謀的詭計，都無法穩定發展出一套精心構思且受到完善遵循的政策體系」。[24]放在今天來看，這種主張也反映在那些懷疑中國有大戰略的人身上，他們認為中國的官僚政治、派系內鬥、經濟優先、民族主義者膝反射式的本能反應，共同阻礙了北京形成或執行一套主宰一切的戰略。[25]

柯洛的第二種假設則是，當時德國行為中的重要元素，都是透過一套大戰略一起協同進行的，「有意識地以建立德國霸權為目標，先是成為歐洲的霸權，最終要成為全世界的霸權」。[26]柯洛最後贊同的是這種假設中更謹慎的版本。他的結論是，德國的戰略「深深根植於兩國的相對地位」，而柏林對於永久從屬於倫敦的前景並不滿意。[27]這個論點幾乎就是當今相信中國有大戰略者的立場，也近似本書的主張：中國採取多種戰略要在區域與全球取代美國，根本動機也是出自它和美國之間的相對地位。

柯洛備忘錄探究的問題，與當前我們努力探究的問題極為相似，而美國官員並未忽略這件事。季辛吉（Henry Kissinger）就曾在談論中國時提及這份備忘錄，美國前駐中國大使包可士（Max Baucus）與中國人士對話時，也經常談及這份備忘錄，藉此迂迴打探中國的戰略。[28]

後世對柯洛的備忘錄褒貶不一，他對德國的判斷是否正確，在當代的評價頗為分歧。儘管如此，柯洛當年設定的任務在今天仍至關重要，而且同樣困難，特別是因為要蒐集中國的資訊極為不易。我們要改良柯洛所用的方法，採取更嚴謹及可否證的社會科學固有方式。下一章將詳細說明，本書認為要確認中國大戰略存在與否、內容是什麼、做了哪些調整，研究者必須找出下列證據：（一）官方權威性文本中的大戰略概念；（二）國家安全機構中的大戰略能力；（三）國家行為中的大戰略舉措。若未採取這樣的態度，任何分析都可能落入「認知與錯誤認知」的自然偏誤，這是評估其他強權國家時經常出現的。[29]

各章摘要

本書認為，自冷戰結束以來，中國就在實施一套以取代美國為目標的大戰略，先是在區域，如今則放眼全球。

第一章先定義大戰略與國際秩序，隨後探討新興強權國家如何藉由削弱、建立、擴張等戰略取代霸權秩序。本章也解釋，新興強權對既有強權與威脅的認知，會如何形塑他們選擇的大戰略。

第二章則著重探討中國共產黨這個聯結中國大戰略的機構組織。這個從清末愛國主義騷亂中竄起的民族主義機構，如今企圖在二〇四九年之前恢復中國在全球體系中的原有地位。中共是一個集權式組織的列寧式政黨，冷酷無德，還有一支列寧主義先鋒隊自認在實行一套民族主義大計劃。它具備「大戰略能力」，能夠整合各方面的治國方略，追求民族利益而非各領域的狹隘利益。整體而言，中國大戰略的目標是依照中共的民族主義取向而設定，而列寧主義則提供了實現這些目標的手段。如今隨著中國崛起，這個冷戰期間已在蘇聯秩序中坐立難安的政黨，不太可能永遠容忍自己屈居美國秩序中的從屬角色。此外，本章也說明將中共當作研究對象時，仔細檢視其海量出版物有助於洞悉它的大戰略構想。

接下來本書分作三個部分，分別聚焦探討中國的不同取代戰略。第一部分說明中國的第一個取代戰略，也就是在「韜光養晦」的廣泛戰略方針下，削弱美國的強權。

第一部分從第三章開始，利用中國共產黨的文本來探究中國後冷戰時期大戰略的「削弱」階段，證明中國從原本視美國為對抗蘇聯的準盟友，變成視美國為中國最大的威脅與「主要敵人」。這樣的轉變是隨著天安門廣場屠殺、波灣戰爭、蘇聯垮台這三起接連發生的事件而產生。北京為回應這一連串事件，在中共的「韜光養晦」指導方針下，展開削弱戰略。這是一種兼具工具性與戰術性的戰略。從「國際力量對比」、「多極」這些用語，可以窺知中共領導人將這套指導方針明確聯動到對美國強權的看法，並試圖透過軍事、經濟和政治方面的手段，以不對稱方式悄悄削弱美國在亞洲的力量，這三方面的手段將在之後三章分別討論。

第四章探討軍事上的削弱戰略，說明前述三連發事件促使中國自逐漸著重維持較遠海疆的「制海」（sea control）戰略，轉變為著重防止美軍穿越、控制或介入中國附近水域的「海上拒止」（sea denial）戰略。這種轉變是很大的挑戰，因此北京宣示要「有所趕有所不趕」*，矢言「敵人最怕什麼，我們就發展什麼」來實現這個目標，因此延後採購航空母艦這類昂貴而易受攻擊的船艦，轉而投資較便宜的不對稱防禦武器。之後北京又建立了世界最大的水雷庫、全球第一枚反艦彈道飛彈，以及全球最大的潛艦艦隊——這一切全為削弱美國的軍事力量。

第五章探討政治層面的削弱戰略，說明三連發事件讓中國改變了原先反對加入區域組織的立場。北京擔憂亞太經濟合作組織（APEC）、東協區域論壇（ARF）這類多邊組織可能被美國用來打造自由的區域秩序，甚至成立亞洲版北大西洋公約組織（NATO），因此中國加入這些組織，以削弱美國的勢力。中共阻礙這些組織的進步，利用組織規則箝制美國的謀略空間，還希望藉由參與這些組織安撫戒慎恐懼的鄰國，這些鄰國原本可能躍躍欲試想加入美國領導的抗衡聯盟。

第六章要探討經濟層面的削弱戰略，說明三連發事件暴露了中國對美國市場、資本與科技的依賴——特別是天安門事件後，華府對中國實施制裁，並威脅取消中國的貿易最惠國待遇，原本可能嚴重斲傷中國經濟。北京不希望與美國脫鉤，又想約束美國利用經濟權力的自由，於是努力透過在APEC與世界貿易組織（WTO）的談判，取得與美國的「永久性正常貿易關係」，讓中國的最惠國待遇地位不必再經過美國國會年年審查。

---

* 譯註：這是中國前國家主席江澤民所提專注發展殺手鐧武器的方針，第四章將談及。

中共領導人將削弱戰略與對美國的評估明確連動，因此當他們對美國的看法改變，中國的大戰略也出現了變化。本書第二部分探討中國大戰略的第二階段，這個階段著重於打造區域秩序。這個階段的戰略修正了鄧小平指示的「韜光養晦」，轉而強調「積極有所作為」。

第七章探討中共文本中對這套「建立」戰略的表述，說明全球金融危機帶來的震撼，讓中國認為美國實力正在衰退，中國因而放膽轉向「建立」戰略。本章開頭先全面檢視中國對「多極」、「國際力量」的闡述，隨後說明中共意圖在當時領導人胡錦濤修正後的「積極有所作為」指導方針下奠定秩序基礎，包括強制力、共識交易，以及正當性。「建立」戰略像之前的「削弱」戰略一樣，是在軍事、政治、經濟等多種治國手段中施展，每種手段都會用一整章來闡述。

第八章探討軍事手段的建立戰略，敘述全球金融危機如何導致中國加速改變軍事戰略，從原本實施只為削弱美國實力的海上拒止，轉為藉由制海建立秩序。此時中國企圖建立的軍事能力包括控制遠方島嶼、保衛海疆、干預鄰國、提供安全公共財（public security goods）。為達到這些目標，中國需要與以往不同的軍隊結構。之前中國一直拖延軍隊結構的調整，深恐會對美國暴露弱點，也擔心會讓鄰國不安，但此時北京已更有自信，願意承擔這些風險。中國隨即加強在航空母艦、高規格水面艦艇、兩棲作戰、海軍陸戰隊和海外基地的軍事投資。

第九章探討政治手段的建立戰略，說明全球金融危機如何讓中國從加入區域組織後百般阻撓的削弱戰略，轉變成自行發起創設組織的建立戰略。中國帶頭發起「亞洲基礎設施投資銀行」

（ＡＩＩＢ）；提升原本地位隱晦不明的「亞洲相互協作與信任措施會議」（ＣＩＣＡ），並將它制度化。中國將這些機構當作工具，朝自己偏好的方向塑造經濟與安全秩序，儘管不見得都成功。

第十章探討經濟手段的建立戰略，主張全球金融危機讓北京得以改變原先只針對美國經濟影響力的防禦性削弱戰略，轉而採取進攻型的建立戰略，用於建立中國本身具強制性及誘發共識的經濟能力。中國實施這項戰略的核心手段包括中國的「一帶一路」倡議、對鄰國積極實施經濟上的治國方略、同時試圖在金融領域取得更大的影響力。

北京利用這些削弱與建立戰略箝制美國在亞洲的影響力，藉此打下區域霸權的根基。這種戰略顯然是相對成功的，但北京的野心不僅限於印太地區。當中國眼中的美國再次顯得步履蹣跚，中國的大戰略也隨之進化——這回更進一步朝向全球發展。因此，本書第三部分著重探討中國的第三個取代大戰略：全球擴張。這套戰略不僅試圖削弱、更要建立全球秩序，目標是取代美國的領導地位。

第十一章談的是中國擴張戰略的初始，說明這套戰略是在另一串三連發事件後產生，也就是英國脫歐、川普當選美國總統，以及西方世界最初應對新冠病毒大流行的左支右絀。在這個階段，中國共產黨達成了自相矛盾的一致意見：認定美國正在退出全球舞台，但在中美雙邊關係中又清醒體認到中國的挑戰。北京認為，「百年未有之大變局」正在發生，中國有大好機會能在二〇四九年之前取代美國，成為領導全球的國家，而未來十年將是達成這個目標最關鍵的時期。

第十二章談的是中國擴張戰略的「方法與手段」，說明北京在政治上企圖領導全球治理與國際機構，分化西方聯盟，並推動獨裁體制的準則。經濟方面，中國要讓美國得以奠定霸權的金融優勢衰退，並搶占「第四次工業革命」的制高點。軍事上，解放軍要在全球各地設置海外基地，打造真正世界級的中國軍隊。

本書最末尾的第十三章，則提出美國應該如何回應中國企圖在區域與全球秩序取代美國的野心。本章也批判那些只會帶來反效果的衝突戰略倡議者，以及那些主張大妥協的遷就主義戰略倡議人士；前者低估了美國國內的阻力，後者則無視中國的戰略野心。本章提出的主張是不對稱競爭戰略。採行這種戰略，不必在金錢、武力、對開發中國家貸款等層面進行對等競爭。

不對稱競爭是一種成本效益較高的方式，著重於阻擋中國在鄰近區域建立霸權，並且仿效中國自己的削弱戰略元素，以成本低於北京的方式，破壞中國在亞洲與全球建立霸權的成果。同時，本章主張美國也應該進行建立秩序的工作。北京正試圖削弱美國主導的全球秩序，美國應再次投資於鞏固這套秩序的基礎。希望這些主張能讓政策制定人士相信，即使美國在國內外都面臨挑戰，我們仍能保障自己的利益，並抵抗非自由主義勢力圈的擴大蔓延——但前提是我們必須體認到，要擊敗對手的戰略，秘訣是先了解它。

第一章

「把思想和行動統一的體系」

——大戰略與霸權秩序

「我們是看重分科專業的民族。我們思考一個問題時，通常只將它視為經濟、政治、軍事等其中一個層面的問題……我們很難理解，我們必須有能力同時在軍事、政治和經濟上設想。」[1]

——季辛吉，一九五八年

如果在三百年前向歐美政治家提到「戰略」一詞，只會換來茫然眼神，原因很簡單：當時這個字眼根本不存在。最接近的類似詞語是少數古希臘文本中已被世人遺忘的strategia。狹義上它指的是「君主保衛土地與擊敗敵人的手段」。[2]直到十八世紀，一位法國軍人兼學者翻譯了一篇古老的拜占庭軍事論著，這個字眼才以更廣泛的意義重新出現在西方圈子裡。如今，「戰略」和它的表兄弟「大戰略」，已成為思考全球政治不可或缺的概念——儘管其定義仍難以捉摸。

「大戰略」和「國際秩序」這兩個概念是本書主張的核心，這個主張就是：中國已實行一套大戰略，要取代美國在國際秩序上的領導地位。為了奠定立論基礎，本章利用三個小節探討這兩個概念：先解釋大戰略是什麼？怎麼發現大戰略？然後探討國際秩序是什麼？為何它是美中競爭的核心？最後，要追問新興強權可能怎麼利用大戰略形成秩序，以及哪些變數可能導致他們改變戰略。

尋找大戰略

「大戰略」是什麼？約翰霍普金斯大學教授哈爾·布蘭茲（Hal Brands）說，這是「外交政策辭彙中最模糊又最被濫用的詞語之一」。[3]對於大戰略的各種定義，大多可歸納為以下兩大類：一類是將大戰略侷限於軍事手段，但這類定義是有問題的，因為這是將「大戰略」轉換成「軍事戰略」，忽略了經濟與政治手段。另一類對大戰略的定義，則是利用任何手段達成任何目標，但這又使得「大戰略」無異於「戰略」本身。

比較妥善又能維持「大戰略」這個概念獨特性的方法，是將它視為一套整合性的安全保障理論。此處的「安全保障」（security）定義為「主權（擁有謀略自由或自治地位）、安全、領土完整、以及職位權力（這是實現前三項的必要手段）」。[4]大戰略就是一國如何為自己達成這些安全保障相關目標的理論，它是出於刻意規劃，經過協同整合，且透過軍事、經濟和政治等各方面的治國方略（statecraft）來實施的。

上述定義也源於「大戰略」一詞過去兩百年來的歷史演變。隨著現代工業社會誕生，以及它不斷增加的各種能力與工具（從拿破崙時代到蒸汽船時代，再到二十世紀的全面戰爭），戰略家與學者雖仍認為大戰略的**最終目標**還是要回歸到安全保障，但也逐漸將他們對大戰略「手段」的設想從軍事擴大到其他工具，最終得出類似本書採用的定義。[5]

要怎麼從中國看似不連貫的行為中發現它的大戰略呢？緒論中提過，這並非前所未有的挑戰。一九〇七年，英國外交官柯洛就曾寫下一份極具影響力的長篇備忘錄，試圖解釋當時崛起中的德國的各種行為。[6]柯洛的備忘錄至今仍備受爭論，但它提供了研究大戰略的有用基礎，我們可以利用更嚴謹且可否證的社會科學研究方法加以改善。

柯洛認為，德國的戰略可以「從她的歷史、她的統治者與政治家的言論，以及他們眾所周知的設計去推斷」，也可以從「德國行為的確知事實」（也就是文本和行為）去推斷。除了柯洛強調的這兩個要素，我們還要加上另一個要素——國家安全機構。綜合上述途徑，要判斷各國是否有大戰略就可聚焦於三種主要方法。這些國家必須兼備：

（一）關於如何整合戰略目標、方向與手段的**大戰略概念**；

（二）國家安全機構要有協同各種治國方略、追求國家利益而非各領域狹隘利益的**大戰略能力**；以及

（三）符合國家戰略概念的**大戰略舉措**。

除了這些辨識大戰略的嚴格標準之外，也有一種「看到就知道」（know-it-when-you-see-it）的判斷方式。這種方法頗為常見，但有誤判風險，若因此影響政策恐怕相當危險。要確定是否符合前述標準，必須從社會科學角度關注三個要素：含有大戰略概念的**文本**；展現大戰略能力的**機構**；以及顯示大戰略舉措的**行為**。

在**文本**方面，本書的核心基礎就是以具有中共官方權威性質的文本為主，這些文本來自一個彙集中國共產黨文本的完全數位化原創中文資料庫，是過去三年在台灣、香港及中國大陸的圖書館、書店及中國的電商網站（見附錄）悉心挖掘所得。我們不僅能從這些文本洞悉大戰略概念；

也能從其中透露的機構運作方式看到大戰略能力；還能看到某些決策為何產生，藉此得知他們的大戰略舉措。

從這裡就導引到第二種主要方法。除了文本之外，本書也著重探討中國的國安機構能證明中國擁有大戰略能力。中共某些主掌外交政策的組織，包括中央委員會總書記辦公室、中央政治局常務委員會、各種領導小組（其中許多已不再稱為「小組」，而命名為中央委員會）等等，幾乎不直接刊發文件，活動極為隱密，對研究構成極大挑戰。不過中共的各種文本，包括回憶錄、選集、綱要、演說稿，有時能賦予我們關於機構內部的重要講話、決定、學習會議、討論有限而重要的洞察，能讓我們進一步洞悉中國的大戰略。

第三種方法則是探究中共的行為。根據柯洛的觀察，強權國家在所有領域廣泛進行各種活動，要分辨其中的信號與雜訊，判別哪些活動是出於戰略動機、哪些不是，並非易事。面對這樣的挑戰，社會科學研究方法很有幫助。學者可以深究中共的軍事、經濟、政治行為；判定它在各領域中令人費解的行為能否透過大戰略邏輯得到最佳解釋；追索它在各領域的政策是否有同步轉變（這是協同整合的證據）；還可對照中共的文本，了解中國為何如此行事。這些方法都能揭示中國的大戰略舉措。

綜合上述方法，就產生了表一．一所列，攸關如何辨識中國大戰略的重要問題。麻省理工學院教授拜瑞．波森（Barry Posen）曾說，要發現大戰略，必須尋找「一個互相連貫的思想與行動體系」，利用下方所列的問題就能建立尋找的架構。[7]

這些問題不僅有助於辨識大戰略是否存在，也有助於確定大戰略**是什麼**，在**什麼時候**、**為了什麼原因**而改變。大戰略很少見，大戰略的改變更少見。塔夫茲大學學者丹尼爾·德雷茲納（Daniel W. Drezner）所說，改變大戰略「就像試圖讓一艘航空母艦調頭轉

表 1.1　辨識大戰略，要問這些問題

辨識大戰略： 關鍵問題	
概念（文本）	1. 目標：該國對於國家面臨的所有安全威脅中，哪一個是最值得關注或最主要的威脅，是否有一致看法？
	2. 方向：該國在重要文本中，對於如何應對這些最值得關注或最主要的威脅，是否有一致的觀點？
	3. 手段：該國在重要文本中是否有一套理論，闡述每一種主要治國手段在應對現有的安全威脅上要扮演何種角色？
能力（機構）	4. 協同力：是否有證據顯示，該國政策制定者擁有可用於協同各項治國手段的官僚機構？
	5. 自主權：該國的外交政策機構與政府是否具有某種程度的自主權，不受社會或各種可能取代大戰略的國內力量控管。
舉措（行為）	6. 特定治國手段內的行為變化：以我們對該國大戰略的理論來解讀其在特定政策領域內變化多端的行為，是否比用該領域國家行為的普遍理論來解讀更説得通？
	7. 橫跨各治國手段的行為變化：我們對特定國家的大戰略理論，是否能適用於軍事、經濟、政治等各項政策領域，而不是只適用於單一領域？
	8. 同步變化：特定國家的大戰略改變時，該國在軍事、經濟、政治等三種治國方略中的行為是否出現同步變化？

向一樣：充其量也只能緩慢進行」，這使得「大戰略寧可持續不變也不要變化無常」。[8]國家大戰略的「固著性」是出於心理與組織上的因素。心理學研究顯示「人不容易改變對世界的信念，也不會輕易面對自己的錯誤」，而且「一旦決心相信某種觀點、判斷，或行動路線，就很難讓他們改變心意」。[9]組織研究也發現，「資源限制、交易成本、內部政治和組織運作時所在的內部環境」，加上正式規則與標準運作程序，都有助於解釋「為何決策者通常對於從根本上偏離現狀備感壓力，不願改變現狀」。[10]以上各種因素綜合起來，就讓大戰略傾向於固著不變。

如果大戰略「固著性」這麼高，會改變的原因又是什麼呢？本書認為，大戰略取決於對實力和威脅的認知，而這些認知的轉變「受到事件、特別是震撼性事件的影響較大」，而非經濟成長逐漸變化或艦隊規模這類「統計量測數據」。[11]比較中國文本中在震撼性的外交政策衝擊（例如天安門大屠殺、波灣戰爭、蘇聯解體、全球金融危機等事件）前後對強權與威脅的描述，可以判斷中共是否改變了對強權與威脅的看法和調整戰略。

秩序的競爭

隨著過去幾年美中競爭加劇，許多政策制定者與學者經常回頭問同一個問題：「雙方究竟要爭什麼？」本書認為，美中要爭的是區域與全球秩序的領導權。[12]

雖然國際關係學者通常假設世界處於無秩序狀態，實際上世界存在著階級式秩序，某些國家會對其他國家行使權威。[13]這些階級式關係的數量、規模與密度就產生出秩序，或可稱之為「國家之間的既定規則與約定」，可支配這些國家的外部與內部行為。[14]在霸權秩序中，主導國家在階級頂端「行使領導力」，以建構國家之間與國家內部的關係。[15]霸權秩序涉及前普林斯頓大學教授羅伯特·吉爾平（Robert Gilpin）所稱，由主導國家以某種「控制型態」約束從屬國，其中通常包含強制力（迫使服從）、誘發共識（提供激勵誘因），以及建立正當性（可正當指揮從屬國）。[16]

強制力（coercion）就是威脅要給予懲罰，可以來自一國的軍事力量，也可以出於對貨幣、貿易、科技或其他體制上的要害握有結構性權力。誘發共識（consensual inducement）則涉及提供誘因的能力，或甚至透過對雙方都有利的交易或誘因，「賄賂」對方合作。這些誘因常包括發言機會、安全保證、公共財或私有財的供應，或籠絡菁英。最後，正當性（legitimacy）是主導國家僅憑藉身分認同或意識形態來統御的能力。正當性可以來自意識形態的吸引力、象徵資本或其他來源，藉以發揮權威效果。例如，幾百年前的教廷只要憑著在神學上的角色，就能指揮多個它幾乎沒有實質管轄權的國家。強制力、誘發共識、建立正當性等型態綜合起來，可以確保這套秩序中各國對霸權的依從。

強制力、誘發共識與正當性的搭配組合很難一體適用，因此各霸權秩序的內涵與地理上所及的範圍可能各自不同。有些型態的秩序，例如帝國，比較仰賴強制力；美國主導的自由秩序則強調誘發共識與正當性。大多數秩序在某些區域會比在其他區域強大；大多數秩序也終究會面臨競爭挑戰，因而產生改變。

秩序如何改變，長久以來一直是個疑問，如今更具有現實意義。如美國當前領導的霸權秩序，一般認為主要是在大規模的強權戰爭後改變，以二次世界大戰這樣的衝突終結一套秩序，再開啟另一套秩序。由於核子技術大幅變革，這樣的強權大戰現在較不可能發生，因此部分人士誤以為現有的秩序非常穩固。這種看法低估了承平時期的強權競爭本質，以及秩序在沒有戰爭的狀態下也可能出現轉變。控制型態（強制力、誘發共識與正當性）若遭到破壞，秩序就可能和平改變；控制型態若獲得強有力的支撐，則可能強化秩序。這些過程可能是漸進式的，也可能發生在一夕之間，但就如同蘇聯政權可以相對和平的崩解，秩序不見得要經過戰爭才會改變。[17]

取代戰略

中國這樣的新興強權，可能會企圖以何種非戰爭方式取代美國這樣的既存霸權國家呢？[18]一個霸權國家在秩序中的地位若來自脅迫、共識、正當性這樣的「控制型態」，對於秩序的競爭就會圍繞著強化或弱化這些控制型態而進行。因此，像中國這樣的新興強權，可能依序採取以下兩大戰略，和平取代美國這樣的霸權國家。

一、首先是**削弱**霸權國家對控制型態的行使能力，特別是那些針對新興強權本身的控制型態；畢竟，新興強權如果仍大幅受制於霸權國家，就不可能取而代之。

二、第二種戰略則是**建立**對他國的控制型態，並打造共識談判與正當性的基礎；一個新興強權若無法限制他國的自主性，或利用共識談判與正當性吸引他國，確保他國會遵從自己的喜好，那就不可能成為霸權國家。

對新興強權來說，決定在霸權國家勢力與影響力的陰影下施展大戰略，會面臨相當大的風險。新興強權若太快公然意圖建立秩序，可能導致霸權國家干預新興強權的所在區域，動員新興強權的鄰國對其圍堵，或讓新興強權無法從霸權國家領導的秩序取得公共財或私有財。基於這些原因，新興強權通常要先實施弱化霸權國家秩序的「削弱戰略」，再展開打造自有秩序的「建立戰略」。此外，新興強權通常會先在區域層面實施上述兩種戰略，之後才會實施第三種戰略：全球**擴張**。

一個強權國家可能在什麼時候尋求**擴張**呢？芝加哥大學教授約翰・米爾斯海默（John Mearsheimer）等部分學者認為，中國這樣的新興強權在追求更大的全球野心之前，必須先成為區域霸權。不過這種判斷準則或許過於狹隘。[19]前普林斯頓大學教授羅伯特・吉爾平（Robert Gilpin）等其他學者就認為，未成為區域霸權的新興強權仍可能在全球挑戰霸權國家，方法是在支持霸權國家全球秩序的「控制型態」上抄捷徑，例如從經濟、金融、科技、資訊等方面切入。一戰前，德國尚未在歐洲建立區域性霸權，就先在上述領域挑戰英國的全球性領導勢力；當前的中國看來也在這麼做。[20]該在意的不是中國這樣的新興強權是否在區域建立完整霸權，而是它是否已對所在區域行使足夠的削弱與建立戰略，因而有自信能在展開全球擴張時，妥善因應霸權介入區域的風險。

有些人懷疑中國這樣的新興強國會做上述任何一件事，但新興強權（像大多數國家一樣）一般都是修正主義者。也許有人認為這種說法有爭議，但大多數國家對區域和全球秩序應如何運作都有自己的想法，若實現這些想法的代價不高就會採取行動，這種適度設想應該不足為奇。的確，若代價不高，強權國家就會對鄰近或其他區域的秩序建立展現所謂的「霸權演變」。十九世紀時，美國雖不願在海外展現霸權姿態，仍逐漸演變成在西半球行使霸權。最關鍵的問題已經不是新興強權是否有自己偏好的秩序，而是新興強權是否、會在何時、用什麼方式選擇採取行動。

在新興強權的戰略盤算中，霸權國家占有最重要的位置，因此本書認為，新興強權是否選擇「修正」秩序，是基於它對霸權國家的認知。其中有兩種變數非常重要：（一）在新興強權的**認知**中，自己與外來霸權的**相對實力差距**有多大，大體上是指霸權國家損害新興強權利益的能力；以及（二）在新興強權的**認知**中，外來霸權的**威脅**有多大，也就是新興強權認為霸權國家施展實力造成損害的意願如何。[21]將這些變數界定在「認知」上非常重要，因為攸關戰略制定的不是對實力與威脅的客觀計量（反正也難以捉摸），而是一個國家對競爭對手實力與威脅的自主評估。為了簡化，這兩種變數在表1.2裡分別以高或低呈現。儘管削弱與建立是修正秩序的戰略，強權國家仍可能採行其他戰略，下文將界定這些戰略。

第一種戰略：若新興強權認為霸權國家的實力遠高於自己，但威脅不是太大，那麼即使新興強權偏好的秩序與外來霸權國家的偏好不同，仍會傾向於遷就霸權秩序。選擇遷就的原因可能是要避免將外來霸權國家變成敵對力量，或是想獲得與霸權國家結盟對抗第三方的好處。因此，新興強權可能容忍甚至支持霸權國家在區域內部署軍事存在、領導區域組織、發起區域內的經濟倡議。印度遷就美國在南亞的勢力就是這種戰略的其中一例，因為在它的認知中，美國實力強大，但威脅性不大，而且有助於對抗中國。另一個例子則是中國在一九八〇年代的對美政策。

第二種戰略：若新興強權認為霸權國家的實力遠高於自己，又極具威脅性，新興強權會在區域或全球層面採取針對霸權國家控制型態（脅迫、共識、正當性）的**削弱**戰略。在這種情境中，新興強權無法容忍一

表1.2　新興強權爭奪霸權秩序的大戰略

		新興強權認知的與外來霸權相對實力差距	
		高	低
新興強權認知的外來霸權威脅	高	削弱	建立
	低	遷就	主導

個在它眼中具有威脅性的霸權國家，又無法公然反對它認為實力堅強的霸權國家，因此不得不採用「弱者的武器」來削弱霸權國家的影響力。[22]在軍事方面，新興強權會試圖建立防禦性軍力，目的是阻止霸權國家干預區域，但避免軍力擴大到會引發鄰國不安甚至包圍；在政治方面，新興強權會試圖降低外來霸權在區域組織中的份量；經濟方面，新興強權會力圖避免受到霸權國家經濟手段的傷害。中國在一九九〇年代至二〇〇八年左右，都是採取這個版本的戰略。

第三種戰略：若新興強權認為外來霸權的實力僅僅略高於自己，但仍極具威脅性，則會採取**建立**戰略，建構自己的控制型態（強制力、誘發共識、正當性），為自有秩序奠定基礎。此時新興強權的實力已足以承受對抗霸權的風險，但仍無法隨意主導所在區域，因為外來霸權可能乘虛而入。在軍事方面，新興強權企圖建立能脅迫、干預、具備延伸戰力、能對陸海空進行控制（而非拒止）的軍力；在政治上，新興強權會建立新的機構來主導區域，將霸權國家的勢力邊緣化；經濟上，新興強權會刻意與他國培養不對稱的相互依賴，看似惠及他國，骨子裡卻是在約束。這些做法甚至類似某種自由主義秩序的建立戰略，普林斯頓大學教授約翰・艾肯貝瑞（John Ikenberry）等學者認為這種建立戰略能取得弱國共識並避免實力平衡。新興強權一旦在區域成功實施這種戰略，還會設法擴大到全球層面。中國自二〇〇八年以來就在實踐這套戰略，二〇一六年以後則奠定了擴張這套戰略的基礎。

第四種戰略：若新興強權認為外來霸權的實力只比自己略強，且不太有威脅性，那麼新興強權就會更大膽地企圖主導秩序中的其他國家，因為它已不擔心競爭對手試圖建立秩序，也不擔心霸權干預。雖然建立秩序會混用脅迫、誘發共識等手段，但此時主導已重於脅迫手段，因為要建立的新秩序已無反對力量，也沒有另一個可能平衡實力的聯盟。在軍事方面，新興強權會更頻繁的部署軍隊；在政治上，新興強權會創造規範與準則，用於「固鎖」自己的利益，並破壞所有與它競爭的體制；在經濟上，新興強權除了培養不對稱的相互依賴關係外，還可能從弱國榨取利益。美國十九世紀末至二十世紀初在拉丁美洲實施的戰略，或可作為這種戰略的範例。當時歐洲的實力相對較弱，而且在拉美構成的威脅也沒有數十年前那麼強大。

這四種戰略一般是從遷就、削弱、建立到主導依序發生，但也有例外：若一個國家與外來霸權修好，它可能將削弱戰略轉換為遷就戰略；若它認為一個良性霸權的實力衰退，也可能從遷就戰略轉移到主導戰略。

至於中國應是採用傳統的戰略順序：中國與美國建交後，最初遷就了實力強大但無威脅性的美國；冷戰結束後，中國認為美國的威脅升高，於是試圖削弱美國的實力；全球金融危機後，中國認為美國開始衰退，於是開始建立自己的秩序；若美國默許或在區域衝突中落敗，中國還會尋求區域主導權。這套中國大戰略的理論、實踐與經驗證據，都與中共的世界觀及組織密切交織。現在我們要開始探究這個體制，並探究民族主義與列寧主義如何形塑中共，進而形塑中國的大戰略。

第二章

「黨是領導一切的」

——民族主義、列寧主義，與中國共產黨

「蘇聯政治局開個會議就能把事情辦成，美國能辦到嗎？」[1]

——鄧小平在中共中央政治局演說，一九八〇年代初期

一九八七年六月，中國的實質領導人鄧小平與南斯拉夫官員會晤，憂心忡忡。當時的中國處於「改革開放」時期，一連串的市場改革推動中國的經濟發展，為它後來竄升至超級強權的地位奠定基礎，但一路走來波折不斷。數月之前，中國政局面臨文化大革命以來最嚴重的不穩定與動盪——鄧小平因此肅清了黨的總書記胡耀邦，因為他同情改革派。*

鄧小平與南斯拉夫官員會晤期間，仍不時記掛著中國的政治局勢。他多次偏離經濟改革的話題，大談列寧主義國家在政策制定上的優勢。他向外賓說，列寧主義國家「有一個最大的優勢，凡是一件事，只要一下決心，一作出決議，不受牽制，就能夠立即執行」。[2] 他說，這和美國人不一樣，「我們的效率是高的，決定了就馬上執行……這方面是我們的優勢，我們要保持這個優勢」。[3] 鄧小平欽點的助手趙紫陽多年後說，鄧小平擔任領導人期間多次講過這類的話，「鄧把不受牽制，不制衡，權力絕對集中，作為我們總的優勢……高度集中的集權政治、專制制度是他特別欣賞和喜愛的」。[4]

鄧小平在此前六十年就開始崇尚列寧主義。他和同一世代的中共元老一樣，憑藉著民族主義進入政壇。他參與了五四運動的相關活動，之後赴法國學習，以他的說法是為了「救國」。[5] 鄧像許多同世代的民族主義者一樣，在列寧主義當中找到能實現自己政治計劃的工具。他在法國加入共產組織後，二十歲出頭進入莫斯科中山大學，學習到列寧主義建立黨和組織的理論與實踐方式。他在當時寫的一篇文章裡談及民主為何不適合中俄兩國，「中央集權體制是由上而下的，絕對必須服從領導人的指示」。[6]麻省理工學院政治學者白魯恂（Lucian Pye）的觀察是，鄧藉由上述經歷及其他經驗「社會主義化，成了道地的列寧主義者」，致力於維持「黨的組織完整，進而壟斷權力」。[7]曾是鄧小平左右手的趙紫陽則說，鄧小平不是唯一「欣賞」列寧主義的人。其他領頭的民族主義者如孫中山、他的接班人蔣介石，也同樣採納列寧主義的規訓。對孫、蔣和鄧來說，列寧主義是能讓他們達成中國富強願景的手段。

鄧小平與其他中共黨人崇尚高效率的協同、整合及實施決策，這對中國的大戰略而言當然是優勢。黨的位階在國家之上，並且滲透國家的所有層面，如此它便能有效整合大戰略的手段，讓政策制定者在對外政策事務方面擁有不受狹隘利益影響的相對自主性，得以追求大戰略的利益。就像毛澤東說過而習近平近年重申的那段話：「黨政軍民學、東西南北中，黨是領導一切的。」[8]

本章的重點在探討中共領導階層對中國大戰略的重要性，為此引用大量第一手蒐集所得的中共文本，包括綱要、回憶錄、選集、文章及其他資料。

把重點放在中共的體制，出版界或媒體界部分人士可能會認為已不合時宜，但就在不久之前，這件事仍普遍被認為非常重要。資深新聞工作者馬利德（Richard McGregor）說過，在與蘇聯對抗的時代，「西方菁英曾經很熟悉共黨政治裡的鬥爭秩序」，當時這些菁英自「學院、智庫

---

* 譯註：一九八六年底至八七年初，中國多省大學生上街遊行要求進行民主選舉，史稱「八六學潮」。

和新聞機構裡所謂『克里姆林學』的小型產業」受惠，並且投入其中，[9]但「蘇維埃帝國一九九〇年代崩垮後，對於共黨體制的深厚知識也大多隨之消失」，因為投注在相關領域的經費減少，學院與情報機構裡了解共產黨的專家人數亦隨之漸減。[10]中國經濟增長也曾暫時讓公眾對中共內部運作的興趣不高，不過這一切已開始出現變化。中國問題學者沈大偉（David Shambaugh）就表示，當前一種新的體悟是，「幾乎沒有其他事物（自然也包括所有與中國互動的國家），比統治中國的政黨與政府更能影響中國的未來」。[11]

本章從三大課題切入來探討中共這個政黨與大戰略的關係。首先聚焦於中共的民族主義屬性，這個從清末愛國主義騷亂中竄起的民族主義機構，如今企圖恢復它原有的地位。其次要談中共的列寧主義屬性，它建立中央集權式機構（揉合殘暴無德的本質），用於統治國家，以及達成民族主義的使命；整體而言，中共以民族主義取向設定中國大戰略的目標，列寧主義則提供了實現這些目標的手段。最後，本書將中共當作報告製造者及研究對象，要展現對中共的海量出版品進行嚴謹研究，有助於洞悉它的大戰略概念。這部分也大概說明本書其餘章節的文本研究策略。

民族主義政黨

稱中國共產黨是一個民族主義政黨，可能會引發爭議。很多人認為它堂而皇之的張揚民族主義姿態只是一種工具性策略，為了在共產主義意識形態蒙塵後尋求新的正當性來源。事實沒這麼簡單。中國的確是在天安門屠殺事件及蘇聯垮台後才展開名為「愛國主義教育」的運動，向民眾擴大灌輸民族主義的主題思想；不過有學者留意到，民族主義早就根植在中共的意識形態與認同中，當今的中共與晚清的民族主義騷亂有深長的歷史淵源。

中共長久以來的核心運作宗旨，就是找出能讓中國恢復以往大國地位的精神，以達成「民族復興」的目標。「民族復興」一詞今天是習近平政治計劃的核心用語，但這個詞有長遠歷史，近兩百年來瀰漫在中國的政治活動中。美國西東大學教授汪錚指出，這個概念「至少可以追溯到孫中山，而且幾乎所有現代中國領導人都曾引用，從蔣介石、江澤民、胡錦濤」。[12]「復興」的概念提供一種使命感，不僅能用在中國的國內改革，也能用在大戰略中。

富強

一七九〇年代，喬治・華盛頓擔任美國第一任總統的首個任期時，清朝仍處於盛世。但之後數十年，多省騷亂不斷、外國掠奪頻生、朝廷施政僵化，讓部分官員感覺到中國已步入衰退。

魏源就是其中之一。他重新張舉中國歷史思想中的經世致用之學，強調國家應追求「富強」，而不推崇儒家傳統中倡議的「德治」。內政衰敗的中國，在慘烈的第一次鴉片戰爭中迎面撞上歐洲的帝國野心，中國所謂的「百年國恥」於焉展開。隨著中國國力衰頹，越來越多知識分子關注如何重建實力，找回往日榮光。夏偉（Orville Schell）與魯樂漢（John Delury）撰寫的恢弘史書《富國強兵之後：中國的百年復興及下一步》提到了中國對「富強」的痴迷，其中指出，魏源讓「富強」這個源於兩千年前的用語復活，正是時候。* 自此以後，它「一直如北極星一般，引領著中國知識分子與政治領導人」。[13]

第一次鴉片戰爭後的百年之間，中國蒙受一連串敗戰之恥，清朝的巨廈崩塌，幾個世代的學者與運動人士也藉著倡議魏源的「富強根基」而崛起。繼承魏源思想的馮桂芬，則在目睹第二次鴉片戰爭與太平天國之亂幾乎讓清朝覆滅之際，推行了「自強運動」。他影響了一整代的學者，也影響了本書前言中談及的晚清名臣暨軍事將領李鴻章。

馮桂芬病歿後二十年，晚清情勢略見好轉之際，中國又在甲午戰爭中慘敗給日本。這場戰爭讓康有為、梁啟超等學者，以及孫中山這樣的民族主義革命者備受打擊，他們隨即各自提出中國應該追求的道路，終極目標都是要自強。

這些人與他們參與的民族主義宏大論述，都致力於復興中華、追趕西方，而他們的言行就成了讓中國共產黨茁壯的沃土。中共早期領導人當中，許多人都是受到復興中華的民族主義感召，成了愛國青年。例如鄧小平，他少年時期參加了五四運動等民族主義運動，受到「舉國致力讓中國擺脫國恥」、「讓中國富起來、強起來」的感召。[14] 鄧小平和許多後來的同志一樣前往海外求學，他曾解釋其中的原因，引用的就是魏源重視的「富強」：「中國當時是個弱國，我們要讓她強起來；中國當時是個窮國，我們要讓她富起來。我們去西方學習，要出洋學點本領回來救國。」[15]

除了出國求學和參加示威之外，還有很多中共領導人物如陳獨秀、周恩來、毛澤東是從閱讀康有為、梁啟超的書開始崇尚民族主義。毛澤東曾憶述，當時他「崇拜康有為和梁啟超」，對他們的書刊「一讀再讀」，直到可以背出來；他年少時還曾張貼海報，倡議孫中山當中國的總統、康有為當總理、梁啟超當外交部長。[16]另有記載稱，鄧小平的父親是梁啟超創辦的政黨成員，自然形塑了鄧小平年少時的民族主義世界觀。[17]許多中共黨人早年也都受到孫中山的影響，中共迄今仍崇敬孫中山。追隨孫中山的民族主義者在廣州成立軍政府與黃埔軍校，當時「吸引許多前途看好的愛國青年」到廣州，其中許多人後來都赫赫有名，如周恩來、葉劍英、林彪、毛澤東等。[18]

中共建政後依據共產主義的意識形態制定政策，但無疑仍受到民族主義的使命感驅動，其中的核心就是要拉近與西方的富強鴻溝。毛澤東時代推動的工業現代化、失敗的「大躍進」運動、對成功打造「兩彈一星」†的渴望，以及跨出蘇聯秩序、還向蘇聯要求意識形態領導權這種極端

* 譯註：《楚辭．屈原．九章．惜往日》：「國富強而法立兮，屬貞臣而日娭。」

† 譯註：核彈、飛彈與人造衛星。

危險的舉動，都是出於民族主義的心思。鄧小平主導的改革開放，以及大力推動經濟與科技發展，使用的語言都明顯仿效上一代推行自強運動的前人。包括江、胡、習等鄧小平的繼任者，也進一步推動民族主義計劃，聚焦於復興中華，要恢復中國在區域與全球秩序中原有的地位。

復興

江澤民曾說，是「孫中山首先喊出『振興中華』口號」。[19]而中共也的確利用了孫中山喊出的這句話，至今「振興中華」或「復興中華」的口號仍是中共執政的支柱。

一八九四年，中日甲午戰爭戰火方熾，孫中山在此時創立興中會，宣稱其使命就是要振興中華。即使到了對日抗戰時期，鄧小平等中共黨人仍以「民族復興的路線」激勵黨內同志；中共在內戰中獲勝時，毛澤東宣稱「只有共產黨才能救中國」；[20]中國一九七八年啟動改革開放時，鄧小平和左右手胡耀邦、趙紫陽多次重申目標是「振興中華」，達成「富強」目標。一九八八年，江澤民說中共的使命是「實現中華民族偉大復興」。[21]

「復興中華」是中共的主要情懷，還能從以下這件事得到證實：它幾乎出現在每一次中共全國代表大會的總書記演說中。這些演說稿是中共最具官方權威性的文本之一，本書之後就會介紹。一九八二年，胡耀邦在中共十二大的報告中感歎「我們的國家有一百多年被侵略、被壓迫的苦難經歷，中國人民絕不願再回到過去的屈辱地位」。[22]一九八七年，胡的繼任者趙紫陽在中共十三大的報告中，則提及「富強」一詞，稱「改革是振興中國的唯一出路」。[23]江澤民在十四大、十五大、十六大的報告中，也再度提及鴉片戰爭與百年國恥，讚揚中共「洗雪了中華民族的百年屈辱」，並不斷提醒聽眾「黨深深植根於中華民族」，「黨從成立那一天起，就……肩負著實現中華民族偉大復興的莊嚴使命」。[24]胡錦濤在十七大與十八大的報告中也重複這些主題，並強調中共奮力「實現中華民族偉大復興」，其中「寄託著無數仁人志士、革命先烈的理想和夙願」。[25]最近一次是習近平二〇一七年在十九大的報告，他將民族復興當成他的「中國夢」以及中國「新時代」的核心，不僅提到鴉片戰爭的悲劇，還宣稱「為中華民族謀復興」是「中國共產黨人的初心和使命」，而且也只有中國共產黨才能達成民族復興的目標。[26]

中國共產黨成立之初，就以過往民族主義者的努力成果來包裝自己。近百年來，中共歷任最高領導人幾乎都宣稱「中國共產黨繼承了五四精神」，並努力「學習繼承和發揚光大」孫中山的精神遺產。[27]胡錦濤在紀念毛澤東一百一十歲周年誕辰的談話中則說，中共在實現民族復興的過程中接力前進。「歷史是一條奔流不息的長河。」[28]他說，「今天由昨天發展而來，明天是今天的延續……實現中華民族的偉大復興，是毛澤東同志、鄧小平同志和他們的戰友們以及千百萬革命先烈的偉大理想……今天，歷史的接力棒已經傳到我們的手中。」[29]

後繼的領導人必須接下這「歷史的接力棒」到本世紀中，也就是中共建政百年的時刻。至少從四十年前開始，中共的最高領導人都會提到，要在建政百年之時實現民族復興，目標大致上是拉近與西方的差距，在某些情況下，這個目標則是形塑全球體系。以本世紀中為時限的說法，出現在一九八〇年代中期，當時鄧小平與他的左右手提出，要在這個時間點達成「中度開發國家」或完成「社會主義現代化」的目標。[30]

中共若實現這個目標，影響將極為深遠。一九八五年，在中共建政以來第二次為調整國家政策而召開的「全國代表會議」中，鄧小平說，「到下世紀中葉，能夠接近世界發達國家的水平，那才是大變化。到那時，社會主義中國的份量和作用就不同了」。[31]過了不久，這個時間表也就成為中國民族復興的時間表。鄧小平的繼任者江澤民說：「我們的目標，是在本世紀中葉……實現中華民族偉大復興。」[32]在紀念中共建黨八十周年的重要演說中，江澤民進一步說明這個時間表：「從二十世紀中葉到二十一世紀中葉這一百年間，中國人民的一切奮鬥則是為了實現祖國的富強……和民族的偉大復興。這個歷史偉業，我們黨領導全國人民已經奮鬥了五十年，取得了巨大進展；再經過五十年的奮鬥，也必將勝利完成。」[33]

「完成」實際上可能意味著什麼？鄧小平曾提出，是要改變中國與世界的關係，並且「最終說服」批評者，讓他們相信中國社會主義制度的優越。[34]江澤民對此也同意，並強調這是要恢復中國相對於西方的地位。江澤民說，在清朝晚期走向衰敗之前，「中國的經濟水平在世界上仍是領先的」，「乾隆末年，中國經濟總量居世界第一位」，[35]因此，要振興中國就是要「努力縮小同世界先進水平的差距」，讓中國再度「富強」起來。[36]

民族復興也包括要在全球占據更重要的角色。江澤民說，中國在二十一世紀中葉達到中華民族偉大復興的目標後，「一個富強民主文明的社會主義現代中國將屹立於世界的東方，中國人民將對人類作出新的更大的貢獻」。[37]胡錦濤則引述孫中山的話來定義民族復興的世界格局：「中國如果強盛起來，我們不但是要恢復民族的地位，還要對於世界負一個大責任。」他又說，這包括努力「推動國際政治經濟秩序朝著更加公正合理的方向發展」。[38]胡錦濤還明確表示，實現民族復興能讓中華民族「巍然屹立於世界民族之林」。[39]到了十九大，習近平對於要在二十一世紀中業達成民族復興，給出歷代領導人當中最明確的定義。他說，中國要「成為綜合國力和國際影響力領先的國家」，建設「世界一流軍隊」，還要「促進全球治理體系變革」，並且「推動構建新型國際關係，推動構建人類命運共同體」。[40]

習近平如此野心勃勃要實現在二十世紀中葉達成民族復興的目標，不單單是因為個人性格或本位主義，而是出於更強而有力的動機：這個民族主義政黨長久以來的共識，可以追溯到清末改革派人士的自強運動宗旨。中共內部有各種歧見、鬥爭、派系，而且長期陷入意識形態極端主義，但從中共元老到後繼者都同意一件事：黨的工作是要讓中華民族偉大復興。雖然黨內對於民族復興的方向與手段不時會有歧見，但最終目標相對明確，這樣的共識也加諸於中國後冷戰時期的大戰略。

如今這個目標已近在眼前。中共過去在蘇聯秩序中就已坐立難安，不可能屈居於美國秩序中的次要角色。中國的目標是振興中華，在背後推動這個目標的又是一具民族主義發動機，使它與美國領導的階級秩序扞格不入，無論在亞洲或在全球皆然。在之後的章節中，會更詳細探討中國一直試圖在亞洲與全球秩序中取代美國，並建立由自己領導的秩序。中共認為，在此過程中它最主要的資產就是列寧主義組織結構，現在我們來探究這件事。

列寧主義政黨

中國共產黨是在蘇聯影響下創立，也是根據列寧主義的國家建構與社會治理原則而打造。研究共產中國的先鋒學者法蘭茲・舒曼（Franz Schurmann）曾指出，馬克思主義或許提供了理論，但列寧提供了實踐方法，也就是關於奪取權力與運用權力的組織原則。即使馬克思主義凋微，這些原則也經久不衰。[41]

中共是一個列寧主義政黨。列寧（Vladimir Lenin）是這套政治運作方式的名稱來源，他相信一群握有高度集中政治權力的職業革命家先鋒，可以塑造歷史。他對於中央集權堅信不疑，多次強調「黨的所有組織與所有活動的重要原則」就是「盡最大可能集中」領導權力。[42]列寧領導的布爾什維克派以這種方式組織政黨，在一九一七年俄國革命後奪得政權；他們隨後打造的列寧主義黨國融合體制，中共近乎照單全收引進中國。馬利德指出：「中共用於行使權力的組織名稱，如中央政治局（Politburo）、中央委員會（Central Committee）、全國人民代表大會主席團（Praesidium）等等，都洩露了外界嚴重忽略的當代中國政府真相之一——它還在用蘇聯時期的裝備運作。」[43]

這套裝備對於了解中國的大戰略能力非常重要。本書認為，要行使大戰略，國家的對外政策機構必須擁有以下能力：（一）協同各個治國領域的工具，為大戰略服務；（二）具有執行自主性，能壓倒那些會干擾國家大戰略目標的狹隘利益。中共體制的協同力與自主性，應該優於絕大多數其他國家的體制，特別是在對外政策領域。

協同力

中共約三千名高層黨員的辦公桌上，都有一具「紅色電話」，古怪而具體的象徵著中共協同眾多治國工具的能力。[44]這個「紅色電話」網是由一個有六十年歷史的神秘軍事單位在掌控，不需要電話號碼，就能直通政府、軍方、學術機構、國營事業與國營媒體等部門最高層級的黨幹部。[45]這套紅色電話系統，不僅能代表某位官員具備這個治理國家的「組織嚴密俱樂部的會員資格」，而且還為中共提供了一條能深入國家和社會各部門的「直通熱線」，可用來蒐集資訊及下達指令。[46]就像中國大部分體制一樣，這同樣也是仿效蘇聯。

「紅色電話」系統具體呈現了列寧主義的治理方式，但這套治理方式遠遠不僅止於此，還涵蓋了各種機構、各種會議、各種文件，用於協同執行戰略。

在機構方面，中國制定重大對外政策的決策機構都隸屬於黨，位階在政府之上，提供集中協同能力和指示。黨內位階最高的組織是總書記及其辦公室；其下是中央政治局常務委員會的七至九名常委，從中央政治局的二十五名委員當中選出；這二十五人則是由中共中央委員會的三百七十名中央委員選出。有多個負責構思長期戰略的單位向這些機構提供資訊，例如隸屬中央委員會的中央政策研究辦公室。軍事方面則由中央軍事委員會領導，軍委主席由總書記擔任。另外還有國家安全委員會，不過它「有點難找到自己的立足點」，著重國內安全甚於國際安全事務。[47]

多個專設的黨內「領導小組」和更制度化的「委員會」（例如「中央外事工作委員會」）在對外政策的制定上舉足輕重。這些小組或委員會由非常高層的黨幹部組成（經常由總書記本人或政治局常委領導），權力高於國務院各部委，幾乎能對所有重要領域發布政策指導。[48]中國研究權威學者愛麗絲・米勒（Alice Miller）指出，這些小組或委員會參與黨、政府部門與社會等各層面的「政策形成與實施」；它們經常協同「中共中央委員會各機關、中國國務院各部委、中國人民政治協商會議各單位，以及其他機構」。[49]隨著黨從政府部門奪走更多大權，這些小組與委員會也更制度化，結果就是政策的制定與實施更加集權。[50]

中國的對外政策是由中共的總書記、中央政治局常委會、中央外事工作委員會、中央軍委等機構共同運作。值得注意的是，這樣的架構非常適用於協同進行且自上而下的決策過程。每一個重要機構（特別是負責對外政策的）都是黨內機構，以總書記為核心，且位階在政府部門之上。這些因素綜合之下，讓這些機構具備了能力與實權，能協同軍事、政治與經濟手段。

有些專家認為，如此看似中央集權的體制，仍可能無法有效協同。學者李侃如（Ken Lieberthal）就認為，中國因各種機構及參與者相互競爭，因此只能展現「碎裂式威權主義」。學者戴維．藍普頓（David Lampton）則認為，這些領導小組之間可能發生衝突，或許「可和美國國家安全委員會的『首長』與『次長會議』類比，有時會無法有效協同」。[51]

中國政治學者周望對運作仍不透明的中共領導小組體制頗有研究，他的意見則相反。在一篇與台灣學者蔡文軒共同撰寫的論文中，他利用案例研究、有關中共領導小組的新資訊，以及空前在電視播出的其中一場小組會議。[52]蔡文軒與周望認為，這些小組與黨牢牢嵌合，因此小組長能利用黨的權力（例如對於人員晉升的正式或非正式影響力）、而不只是政府的權力，讓政策獲得遵行。在對外政策方面尤然，因為外事相關的領導小組或委員會，小組長或主任幾乎都是習近平本人或某位政治局常委，且外事相關小組的數量也不及內政相關小組。此外，蔡文軒與周望也指出，領導小組通常有專門的辦公室與辦公室主任，協助小組長對內或對外進行協同整合；因此，比起只是召開個別的『首長』與『次長會議』，這些小組或委員會的體制更加完善。

這些小組讓政府部門邊緣化，也欠缺適當的專業人才，但它們仍能發揮列寧主義工具的功能，產生並實行自上而下、協同各領域的政策。中國國務院前副總理曾培炎就曾說：「通過成立跨部門領導小組來組織實施重大戰略任務，是我們黨和政府在長期實踐中形成的一種有效的工作方法。」[53]有些人認為，與其說領導小組體制是「碎裂式威權主義」，不如說是「整合性的分裂」，因為黨牢牢掌控了下屬機構——而這種「整合性的分裂」應該也有助於協同整合大戰略。[54]

對政策進行協同整合與規範的第二種主要工具，是黨的會議以及會議產生的文本。本章稍後也會詳細探討，要為國家之船掌舵，中共仰賴一套層級嚴明的指引系統（例如黨的路線、方針、政策），幹部必須一一遵守。在大型或秘密會議上的權威性演說或演說稿裡，會一再複述或修改這些指引，中共非常認真看待它們。在對外政策領域，路線、方針、政策經常出現在領導人的重要談話中，例如中共最重視的五年一度全國代表大會；每六年左右舉行一次的駐外使節工作會議（習近平時代更加頻繁）；歷來僅舉行過五、六次的中央外事工作會議；以及其他更專門的秘密會議。

學者趙穗生認為，這些對外政策會議「建立中國國家安全戰略與對外政策議題的政策共識，並綜合中國對國際趨勢的官方分析」。[55]這些會議中的演說稿與文件（以及其他稍後會探討的文本），就是中共指導黨內幹部與政府部門的方式，內容通常會表明其中的判斷是來自中共中央委員會或政治局常委會等黨內高層的共識。這些來自黨高層（特別是習近平談話）的指示有多重要，從官員必須參加集體「學習」，定期針對這些指示進行檢查反省可見一斑。這些「政治學習」如今占去官員多達百分之三十的時間。[56]

自主性

對中共而言，只是協同整合和傳播政策當然不夠，它還必須能確保自己能執行政策。列寧在談論政治組織時曾寫道：「樂團指揮必須知道誰在哪個位置拉哪一把小提琴、誰錯了一個音及為什麼錯，也要知道為了糾正樂音的不和諧，必須將某個樂手換到哪個位置。」[57]

中共要徹底滲透國家與社會，有一部分就是在做這件事。黨掌管國家權力，和政府平行運作，並且與國家的每一個層面緊緊咬合。幾乎所有國家重要官員都是中共黨員：從部長與副部長、省長與市長、將軍到外交官、國有企業董事長到大學校長等等皆然；在他們之下的數百萬名基層官員亦是。超過九千萬名黨員分布在社會各領域，對政策執行發揮作用。除了政府部門之外，幾乎所有機構也都存在黨的組織；從法律事務所、民營企業到非營利機構等，無所不在。這些黨組織是要確保政府與社會都能遷就接納黨偏好的事物。黨的頂層領導與體制滲透幾乎一路通到底層，因此不僅有能力協同整合及指揮政府的行為，在很多情況下還能監控這些行為。這一切都是刻意謀劃的。

除了指揮和監控黨員之外，黨還有強制黨員遵從的機制。這套機制若用到極致，還能利用黨的紀律架構去懲罰犯錯的幹部。它也包括較不公開的脅迫性工具這些工具同樣效法蘇聯，透過人事制度賦予黨在職務任免、提拔、調動方面的權力。這套系統裡的關鍵機構就是神秘又掌握極大權力的中共「中央組織部」。中央組織部可決定數千萬個職位的任免，對幹部的人生有高度影響力，也因此幹部又多了一個必須遵從黨指示的原因，否則可能影響工作前景。[58]這讓中共黨員很難在重大政策上違背黨意，因為須付出高昂代價。

沒有一個政府能完全獨立於社會而運作，但中國在制定對外政策時，應該是比對內政策更加集中領導，也更不受既得利益階級與社會力量的影響。對內政策範圍廣泛且分散，從上層的國務院各部委、省政府到底層的村、縣都涵蓋其中。由於對內政策的參與者太多，而且直接實質影響公共利益和輿論，因此黨的自主性有時會降低。相較於對內政策，對外政策的制定則相反，不僅更集中由中央領導，且範圍較限縮、參與者也有限，因此只對小部分人有利的狹隘利益較少。除了一些比較突出的議題之外，對外政策應該不如國內政策涉及的民生問題受到持續的關注，即使有什麼值得關注的訊息，也能透過黨的審查和媒體設定的框架加以左右。[59]

其中的關鍵例外是碰觸到民族主義敏感神經的議題，不過研究顯示，民族主義式的反對意見不見得具有決定性的效果。[60]某些情況下，中共會逮捕持民族主義論調的批評人士，打壓他們的異見，但在某些情況下又會放大他們的聲音，對外傳達訊息。[61]這並不代表民族主義式的輿論不重要——學者傅士卓（Joseph Fewsmith）就認為，在菁英階層的共識出現裂痕的時候，民族主義式的輿論很可能是最舉足輕重的。[62]中共並未被民粹式民族主義操控，而是經常將它當作工具

——因此國家在大多數情況下有推行大戰略的充分自主權，即使與輿論相悖時亦然。

儘管有這些優點，列寧主義體制維持政府自主性的能力仍然有限。學者柯慶生（Thomas Christensen）與琳達・雅可布森（Linda Jakobson）的看法頗具說服力。他們都認為，中國的對外政策參與者大增，加上中國國際行為的錯綜複雜，讓官員與各部門有了自主行動的空間。[63]其他學者如沈大偉認為中共體制已呈現衰落；學者裴敏欣則強調，貪腐的省級官員、中央部門或國有企業領導人會尋求達成自己關注的事項，而非國家政策。[64]

這些評論雖捕捉到中共某些重要且真確的面向，但仍無法排除中共具備大戰略的能力。協同力和自主性並非二元對立，而是一個光譜。中共的協同力與自主性應該是在戰略層面上最強大，但在政策制定的戰術層面（如中印邊境的部署，或某項基礎建設投資）較為薄弱。在政策制定的最低層級，對於各項工具的協同整合程度最低，監督不易又欠缺指示，可能無法發現對中央政府的反抗，也無法做出回應。本書並不認為單一理論就能解釋中國如此細微層次的行為，本書希望解釋的是中國那些成本高昂的行動，如重大軍事投資、經濟倡議、參與國際組織等；本書主張，中國大致上是將這些行動視為廣泛大戰略的一環。只能在中國對外政策中看到一片混亂，抑或是能看出其中的意圖，有時和分析的水準有關。學者趙穗生就認為，儘管「利益攸關方數量日增，專業知識的需求也升高」，而且公眾輿論也有其角色，但中國的領導人仍「在中國整體對外政策走向上維持絕對高度」。[65]中共的協同力與自主性仍能在最需要它們的地方展現，下一節也將談到，中共在對外政策上握有無庸置疑的控制權，是它對內宣傳的重要主題。

對外政策由黨領導

數十年來，中國最高領導人發表最具權威性的對外政策演說（聽眾通常是對外政策全體人員），都會反覆重申一個共同特點：中國的大戰略是由黨的最高層制定。雖然長久以來皆然，但習近平上台後，又更進一步加強中央集權。

中國前總理趙紫陽一九八六年在第六次駐外使節工作會議中演說時，曾宣稱「對外政策必須高度集中，由中央（政治局）常委決定」。[66]趙這番談話明確指出，大戰略與戰略調整是由黨而非政府掌管。趙紫陽對台下的駐外使節說，他們可以「多提出建議，當然必須按中央的決策行事，現在最重要的是要領會和貫徹中央總的意圖，把工作做得更紮實、更深入、更活躍」。[67]

江澤民在第八次駐外使節工作會議上也向全體駐外使節提出類似論點，「在對外工作中，中央制定的方針政策要堅定不移地貫徹執行，這不能有半點含糊」，[68]「外交是高度集中統一的」，必須在「中央外交方針政策指引」之下。[69]他又說，「還要看到，外交無小事，外交授權有限。中央的外交方針政策，各部門都要堅決貫徹執行，不能政出多門、各行其是。否則，就有可能出大問題，釀成影響我國聲譽的大事。」[70]

江澤民的繼任領導人也強調同樣的主題。二〇〇三年，胡錦濤在中國外交部召開的駐外使節座談會中說，「外交戰線的同志們……要全面貫徹中央路線方針政策」，[71]「當好中央外交政策參謀……在各種情況下都要堅定不移把中央路線方針政策和工作部署貫徹好、落實好」。[72]胡錦濤在這裡明確表示，黨制定的路線、方針、政策應該引領著政府的作為。

胡錦濤的繼任者習總書記，則是更進一步強化黨對國家的控制，再次強調黨在中國對外政策工作上居於中心位置。在二〇一三年的「周邊外交工作座談會」上，習近平說，中央下達的「政策和策略是黨的生命，也是外交工作的生命」。[73]在接下來的一場對外政策重要演說，也就是二〇一四年中央外事工作會議的演說中，習近平說，為了「全面推進新形勢下的對外工作，必須加強黨的集中統一領導」。[74]國務委員楊潔篪在中共主要機關刊物《求是》撰文闡述習近平思想，指出中國的大戰略是由黨中央高層高瞻遠矚進行規劃，集中執行，「習近平同志多次強調，要從頂層設計角度對中長期對外工作作出戰略規劃」。楊潔篪說，是黨中央「總攬全局」，結合「大國、周邊、開發中國家、多邊等工作，綜合施策」。[75]

五年後，在中國歷來第六次中央外事工作會議上，習近平更大幅擴展這些重點，其發言非常值得審視。他宣稱，「外交是國家意志的集中體現，必須堅持外交大權在黨中央」，以及黨中央的「集中統一領導」。[76]他也強調，所有對外工作都必須「自覺在思想上政治上行動上同黨中央保持高度一致，確保令行禁止、步調統一」。[77]中共已形成了一套長期的系統性戰略，要求獲得落實。「對外工作是一個系統工程，政黨、政府、人大、政協、軍隊、地方、民間等」要強化協同整合，[78]在各方相互配合之下，「形成黨總攬全局、協調各方的對外工作大協同局面，確保黨中央對外方針政策和戰略部署落到實處。」[79]習近平在此列出了中央下達政策指令的階級劃分，以及應該推動這些政策指令的政府、社會及黨的各個部門。習近平還把重點放在那些參與執行對外政策的人。他說，「政治路線確定之後，幹部就是決定的因素」，因此「要建設一支忠於黨、忠於國家、忠於人民」的對外工作隊伍。[80]他在談話中強調黨要控制駐外機構，並加強這些機構內的黨組織，這都是忠於黨的幹部要落實的。[81]

這些文本顯示，中國領導人數十年來都極嚴肅地看待中共在對外政策的指導角色。他們也指出，對外政策是由中央主導，由高層制定，協同整合國家和社會各部門共同執行，且通常是長期進行的。黨的官員要違背當局或在外交政策上做出改變，不僅罕見，而且代價極高，一代又一代的領導人都指出這麼做的官員將受嚴懲。綜合這些特性，可以得知中國存在大戰略能力。

大戰略概念

中國共產黨的運作極不透明，要洞察這個黨的思想，經常必須從具有官方權威性質的文本著手。中共認為這些官方演說稿與文本極為重要，因此許多最敏銳的中國問題觀察家長久以來都非常認真看待這些文本。

率先研究這些文本的學者是勞達一神父（Father Lazlow Ladany）。勞達一神父是生於匈牙利的耶穌會會士，也是「一人智庫」，畢生鑽研中共的官方資料、中央與各省報刊、廣播，以及各種開放來源資料。[82]他是醫生之子，有法律博士學位，曾在音樂學院主修小提琴；加入耶穌會後，於一九四〇年被派往中國。中共建政後，被逐出中國的他遷至香港。四年後，他創辦《中國新聞分析》（*China News Analysis*），這是一份每週出刊的時事通訊，從香港大學的耶穌會地下室宿舍房間裡持續發行，長達三十年。這份傳奇性的時事通訊發行了超過一千兩百期*，每期約六至八頁，通常圍繞著單一主題，寄送給世界各地的中國研究專家，從美國盟邦到蘇聯勢力國家都有讀者；也會寄到中央情報局。就連曾在中情局分析情報三十年並晉升最高階對中國情蒐官員、之後又出任駐中國大使的李潔明（James Lilley），都認為在美中建交前，《中國新聞分析》提供了最佳的中國情報來源。[83]

勞達一神父在這方面的建樹，其實來自於他幾乎只專注鑽研中共內部與對外的傳播內容。這種做法雖然採用相當樸素的原則，但實踐起來卻頗為艱鉅，必須極細緻地分析中共的各種書面資料。漢學家李克曼（Simon Ley）指出，如此詳細解讀中共的各種文本「簡直像在咀嚼犀牛香腸，或把鋸木屑一桶桶吞下肚」，能做這件事的人不僅須精通中文，還須能「解碼共產黨的政治術

* 譯註：一九五三年至七八年為周刊，一九七九年至八二年為半月刊。

語，並翻譯成一般談話。這是一套充滿符號、謎語、密碼、線索、陷阱、暗喻和混淆視聽說詞的秘密語言」。[84]勞達一神父是最早採用這套做法且經驗最豐富的中國問題觀察家之一，不過也有其他人從事類似的解讀分析工作。在中情局內部，外國廣播資訊處（FBIS）就蒐集大量中國的開放來源資料，翻譯後對外提供，在此過程中積累出了解中共的系統化經驗，訓練出一整代精通這種方法的學者。

其中一位學者就是愛麗絲・米勒（Alice Miller），她是研究中共開源資料的權威專家，雖然這個領域日益錯綜複雜，但她仍認為鑽研中共文本極有幫助。米勒指出，自勞達一神父一九五二年開始發行時事通訊以來，中國的平面刊物數量從當時的三百家爆炸式增長至兩千家；廣電媒體也同樣激增，以個人的力量根本無法全部追看。得以接觸中國的學者、外交官、研究人員、文官、新聞工作者、領導人以及政府機構，也提供更多獲取資訊的機會。[85]外國記者也能探索範圍廣泛的報導（雖然受到大幅限制）。勞達一神父和中情局外國廣播資訊處的時代距今久遠，當時的中國孤立於世界，時至今日，對於鑽研中共文本是否還有用處提出質疑，的確是合理的追問。

然而，雖然時代劇變，並非每件事都有所改變。中共依然是中國舉足輕重的機構，它的路線、方針、政策持續左右中國的行為。媒體數量雖然爆炸式增長，但最具官方權威性質的媒體未必同幅增加，而中共仍持續利用重要演說、聲明、評論（以及重要集會），對內及對外傳達它的政策偏好。在某些領域，權威性資料雖然增加，但範圍限縮，分析家已不至於無所適從。勞達一神父與中情局外國廣播資訊處的時代，中共的文本數量不多，分析家做出的結論廣泛，如今情況已不同。新的文本（如中國國務院重要部門發行的書籍刊物）數量大增，但分析家反而能根據專門領域的資料做出較精準的結論。例如，學者可利用「工業和信息化部」的刊物了解電信政策的相關決定，這些政策太細微，中共代表性報紙不會持續關注。

在此同時，雖然某些方面的資料增加了，但中國的開放程度顯然較不久之前緊縮：外國記者遭驅逐、某些檔案庫關閉、許多會議現在已過於敏感，分析家無法從公開資訊獲得豐富的分析結果。澳洲漢學家白傑明（Geremie R. Barmé）指出，在這樣的趨勢之下，「長久遭忽視或低估的閱讀、傾聽和理解中共黨國夸夸其談的技能，現在也許又符合潮流了」。[86]中共確實仍是一個刻意保密且不透明的機構，它的文本仍是了解它的有限窄窗之一。米勒的看法頗具說服力：「政治傳播是各種刻意進行的政治行為」，「所有政治行為都說明了行為參與者的某些面向」。[87]

在對外政策領域更是如此（這個領域仍由中央控制，且只對小部分人有利的狹隘利益相對較少）。對外政策大致上是透過一系列重要演說來傳播。高層領導人在黨代表大會、中央外事工作會議、駐外使節工作會議、中央軍委各種會議的談話，以及在各種其他定調或調整對外政策場合的談話，如今都比以往更重要。對這些經常不完整或難以捉摸的談話，高層官員發表的評論（通常發表在黨內重要刊物上）可靠且具權威性——數十年來皆然。這些文本中對「國際力量對比」或「戰略方針」的重要判斷，一直對大戰略具有重要意義。在各種權威性最高的文本之下，還有一片資料之海，涵納各種權威程度不一的文本。只要仔細解讀，這些文件也能讓外界更深入洞悉中國的大戰略。我們現在談談這類研究如何進行。

研究方法

本書對中國大戰略的探究基礎，是由哪些特定文件構成的呢？對中國大戰略的文本研究，是先將中國公開與機密的資料建立權威性等級，再依序從中擷取。最具權威性的文本是領導人層級的回憶錄、理論文本、檔案資料、官方演說、機密文件和高層領導人的文章。比起經常被引用但較不可靠的來源（如中國刊物文章與智庫報告），這些文本更能反映中共的想法。

這也引出了一個重要問題：學者要如何在公認權威的資料來源中做出區分？並非所有權威文本都屬同一類，我們可將它們區分為不同等級，如表2.1。

所有文本可依權威性高低分為五級。（關於本書的文本研究方法，附錄中有更詳細的討論。）第一級是高層領導人有關制定重要議題的路線、方針、政策的談話，特別是在全國代表大會、中央外事工作會議、駐外使節工作會議等內政或外交場合中的演說。第二級是中國政府發布的文件與演說稿，如外交或國防白皮書，或對外國發表的外交演說。第三級是中共的權威性官方報紙與雜誌，如中共中央委員會發行的《人民日報》或《求是》，以及中共中央黨校發行的《學習時報》；這些報刊發布中共的官方觀點，宣傳黨的話語，也刊出針對官員演說的權威性詳細評論。第四級是實用來源，例如選集、回憶錄，以及重要機關或軍方附屬媒體發行的出版物；這些書籍會從將領、外交官及其他高級官員的回憶錄中擷取重要內容。第五級是權威程度不一的智庫與學界評論；這些來源不時描繪出，重要菁英的話語可能引導治國方略。

本書以一個彙集這些文本的原始資料庫為依據。這個資料庫的核心涵蓋了中共定期發行的文件，例如官方出版的毛澤東以降所有領導人的文選、以及每屆黨代表大會後發行的三大冊《文件滙編》等等。這些資料可用於縱向比較，因為它們是定期出版的，且在文件選擇上有某種一致性。除此之外，有大量非定期出版的其他文本來源，則視個別情況作為參考，這些資料大多來自

表2.1　主要文本來源分級

有助洞悉中共對外政策評價的文本分級	
領導人演說	全國代表大會的領導人報告 對黨內的外交政策重要演說 其他黨內領導人講話
對外發表的外交政策文件	領導人或高級官員對外國聽眾發表的演說 政府白皮書
黨媒對黨的評價	《人民日報》評論員化名社評與評論 《求是》與《學習時報》評論
功能性資料來源	部委與軍方的文件與通知 部委與軍方出版社的出版物
智庫與學者的評論	關係良好學者的評論 政府相關智庫的評論

中央文獻出版社發行的其他中共主題性彙編文集。此外，本書也參考政府白皮書、部長演說、黨營媒體、各部委或部委出版社的功能性文件、回憶錄以及學術界和智庫的評論等；另有幾份外洩文件也納入參酌。

如何得知中共的文本是否有不同傾向？由官方出版社發行的黨與政府官方文件，編輯與處理方式畢竟與外洩文件不同，但我們不應認為這些文件誇大了中國的野心或威脅意識，反而很可能是刻意淡化，這一點高度考驗本書提出的主張。關於中國在削弱美國實力或建立區域霸權上的作為，不太可能在這類文本中看到官方的闡釋，因為中國通常不會公開強調這些目標。而且，中國經常過濾掉出版物中可能被西方觀察家看出端倪的用語，因為這些用語會增加外界對中國崛起的焦慮。例如，在中國啟動的製造業政策計劃「中國製造二〇二五」成為美國對中展開貿易戰的部分原因後，中共中央宣傳部就下令不再使用這個用語，它在新華社報導中的出現次數立刻隨之大減。[88]鄧小平提出的「韜光養晦」也同樣被視為敏感用語。此外，這些文本也不太可能向民族主義者煽動中國崛起的野心，因為除了中共黨員之外，閱讀這些文本的人並不多。相對於民粹式且遣詞用字強烈的智庫或媒體評論，這些文本的用語比較克制。對於美國威脅及中國野心的陳述，外洩文件比官方發布的文本直白得多。

不過，這些官方文本雖然不易讓外界察知中國的戰略，它們在黨國機器裡的確扮演很有用的協同整合角色。因此在官方彙編文本的「噪音」之中，仍能偵測到中國戰略的「信號」，特別是將這些文件順著時間進行縱向比較時。例如，細究歷屆全國代表大會工作報告、駐外使節工作會議演說、中央外事工作會議演說的不同之處，乃至「戰略方針」等關鍵概念有何改變，或對「多極化」的評價變化，都能發現中國的戰略轉變。

這套將中共文本篩選分級的分析方法並不容易實行，也不可能總是完美做到，但它仍是必要的，因為要理解中國的對外政策，就必須嚴肅看待中共這個組織。然而，自冷戰結束以來，西方的非專業觀察家要多了解中共這個政黨並不容易。對他們來說，這是一個全然陌生的機構，它的體制似乎已老化，它發布的文本也經常是僵化而死板的。然而這樣的體制卻是推動中國民族主義的強大工具，同時也為大戰略進行協同整合，並為政府提供不受社會影響的自主性。這些文本也提供難得的窗口，讓外界得以一窺中共這個神秘組織。檢視這些文本和這個組織，都有助於描繪中國大戰略的輪廓。接下來就是第一個應用這套研究方法的章節，我們要檢視天安門事件、波灣戰爭、蘇聯垮台等創傷性三連發事件如何讓中國產生第一套取代美國的戰略：**削弱**美國秩序的大戰略。

第三章

「新冷戰開始」

——三連發事件與新的美國威脅

「我希望冷戰結束，但現在我感到失望。可能是一個冷戰結束了，另外兩個冷戰又已經開始。」[1]

——鄧小平，一九八九年

四十年前，在蘇聯帝國勁風吹拂的邊緣，一個不太可能出現的夥伴關係形成了。美國經北京方面同意，在中國西部橫跨舊絲綢之路商隊路線的新疆庫爾勒市與奇台縣成立了兩座訊號情報設施，並展開運作。這兩座情報站用於監測蘇聯在哈薩克的飛彈試驗。美國與中國人民解放軍的情報人員在情報站圍牆內並肩合作，密切關注蘇聯的威脅。[2]

這兩處位在庫爾勒和奇台的情報站，具體證明了一件如今讓人難以置信的事：美國和中國曾經是準盟友。一九八〇年代，華府與北京曾合作反對蘇聯入侵阿富汗，並阻擋蘇聯在東南亞建立影響力。美國出售軍武給中國，包括「火砲裝備與砲彈、反潛魚雷、火砲定位雷達、先進航空電子設備，以及黑鷹直升機」。[3]美方甚至允許盟國向中國出售舊航母艦體作為研究之用——這個艦體搭載一具完整的蒸汽彈射器，以及攔截設備和反射鏡著艦系統。[4]*中國領導人當時相當樂見這些與美國的聯繫。鄧小平曾在中央軍事委員會的會議中說，「蘇聯霸權主義的威脅」使其形成了戰略上的「一條線」，也就是從日本到歐洲再到美國的「一條線」，以維持安全保障。[5]當時中國與西方在軍事、經濟與政治上的合作廣泛而深入；北京也有某些人希望，一旦中蘇爆發戰爭，華府會介入。

這一切，都在本書所稱「創傷性三連發事件」（traumatic trifecta）之後，發生了天翻地覆的轉變。這三起事件就是天安門事件（一九八九年）、第一次波灣戰爭（一九九〇—一九九一年）及蘇聯解體（一九九一年）。這三年雖然短暫，但歷史意義重大，美國、中國和國際體系因而重塑，每一起事件都加劇北京對美國的焦慮感。天安門廣場示威，讓北京想到美國的意識形態威脅；西方盟國在波灣戰爭中迅速獲勝，讓北京想到美國的軍事威脅；失去蘇聯這個共同對手，讓北京想到美國的地緣政治威脅。美國在短時間內迅速取代蘇聯，成為中國在安全上的頭號憂慮目標，進而促使中國擬定新的大戰略，一場以取代美國勢力為目標的三十年奮戰就此展開。

一九八〇年代末期，在社會主義世界崩潰、新秩序形成之際，鄧小平提出了「戰略方針」，目標是降低美國主導的平衡與遏制風險，削弱美國對中國的影響力，進而為中國的發展和自主性創造條件。這個指導方針最終封裝為二十四字，常見的是總結為四字的指示：中國必須「韜光養晦」[6]。這句指示成為中國對外政策的高層組織性原則，發揮大戰略概念的作用。中國於是展開一套大戰略，不動聲色且小心翼翼的削弱美國在軍事、政治和經濟上對中國的影響力，這一切都是為了擴大北京自身的謀略空間。

本章探討中國在冷戰結束時對美國認知的變化，以及隨之而來的大戰略的行使目標、方式和工具。本章主張，雖然有些人認為外國受眾太過注意「韜光養晦」方針，但這種看法其實是誤會。「韜光養晦」出現在各種領導人層級的演說、回憶錄和半官方評論中，它的重要性與輪廓相

＊ 譯註：此處是指澳洲於一九八五年將一九五五年服役、一九八二年退役的「墨爾本號」航空母艦（HMAS Melbourne）售予中國廣州黃埔造船廠進行解體。

當清晰。本章也揭示，從「韜光養晦」啟動的不出頭戰略從來就不是永久性戰略。「韜光養晦」和中國對「國際力量對比」的評估明確連動，當力量對比發生變化時，戰略也隨之改變。

在「韜光養晦」戰略之下，中國選擇不去奠定成為亞洲霸權的根基，擔心如此一來會讓美國及其鄰國不安。它避免從事打造航空母艦、野心勃勃地成立國際組織、啟動區域經濟計劃之類的重大投資，而是採取削弱戰略（之後三章將說明）。在軍事領域，北京從越來越著重維持遙遠海疆的「制海」戰略，轉向著重於削弱美軍穿越、控制或干預中國附近海域能力的「海上拒止戰略」。在政治領域，北京決定加入區域組織，繼而拖延這些組織的發展，削弱華府利用這些組織宣傳西方意識形態的能力，也削弱華府成立「亞洲的北大西洋公約組織」（NATO）的能力。在經濟領域，由於天安門事件後受到西方制裁讓北京相當緊張，北京拚命藉由雙邊和多邊協議保住對美國的市場准入，也確保仍能取用美國的資本和技術，這些協議削弱了美國對經濟脅迫策略的任意使用能力。總之，中國的削弱戰略實施得相當出色，不僅席捲各個領域，且手段精巧。鄧小平說過，中國領導人明白美蘇之間的冷戰已結束，但他們擔心另一場冷戰已經開始。為此，他們做了相應的準備。

對美國威脅的認知轉變

一九八九年六月一個涼爽的週五清晨，美國國家安全顧問布倫特・史考克羅（Brent Scowcroft）在凌晨五時的昏暗天色掩護下登上一架C-141軍用貨機，自安德魯空軍基地起飛，赴北京出一趟秘密任務。此時已是中國人民解放軍開槍鎮壓天安門廣場示威學生約三週之後；史考克羅此行旨在穩定事發後的雙邊關係，很多情況都非比尋常。為了保密，史考克羅必須搭乘C-141這種飛機，它能在空中加油，途中無須降落。為了容納史考克羅和兩名同行者，這架C-141貨機要特別裝配名稱唬人的「舒適棧板」，包括雙層床和座椅。為了降低發生軍事事件的風險，機身還須去除美國空軍標誌，機組人員也要穿著便服（此舉經證明僅小有成效）。[7]這趟任務非常隱秘，中國的地方防空部隊毫無所悉，險些向史考克羅的專機開火，但仍決定先致電國家主席楊尚昆的辦公室。史考克羅後來回憶：「好在電話打通了，楊尚昆告訴他們這是一趟很重要的任務，應該按兵不動。」[8]

專機在七月一日下午降落，藏在一棟舊航站大樓後方，以避免窺視。次日上午，史考克羅會見了鄧小平、李鵬及其他官員，現場還有一位攝影師，恰好是楊主席的兒子。史考克羅到訪之前，時任總統老布希曾向鄧小平發出語帶歉意與熱切之情的密函，表達兩國關係的重要性；現在史考克羅要當面傳達類似訊息，向中國最高領導人保證：美方雖然在輿論壓力下被迫祭出強硬措施回應中國的鎮壓之舉，但華府只會採取有限的行動，以維護兩國關係。

這些努力終究成效不彰。[9]鄧小平一開始稱讚老布希政府「態度冷靜」，但之後轉為尖銳批評，稱「美國的對外政策實際上已把中國逼到牆角」。[10]他說，天安門廣場「是翻天覆地的事件」，「很不幸的是，美國涉入得太深」。[11]鄧小平宣稱，美國的制裁以及國會與媒體的批評「導致兩國關係破裂」，「擺脫困境」的關鍵在美方。[12]老布希政府的種種努力顯然不足以讓鄧小平放心。鄧反覆強調，示威及其後果對中共的生存構成威脅。他說，「這場反革命暴亂的目的是推翻中華人民共和國和我們的社會主義制度」，而華府似乎有意「火上澆油」。[13]史考克羅試著再次強調美國的看法，但鄧小平顯然已心存定見。儘管他對史考克羅的接待尚稱熱情，但仍以「我的時間不多」來回應，並強調他不同意這位美國國安顧問「很大部分」的言論。

十年後，史考克羅回憶與中方官員的會晤時，說明了他在安撫北京時面臨的挑戰。他談到，他試圖向中方解釋老布希政府和美國國會在天安門制裁問題上是意見不同的，「我一遍又一遍地解釋……我們的制度是如何運作的，但我想他們始終沒有真正相信我的說法。」[14]他觀察到，文化和政治制度的差異「在我們之間造成很大的分歧」，「他們重視安全和穩定」，「我們關心的是自由和人權」。[15]正是這種意識形態鴻溝，包括中共眼中的自由主義價值觀太過危險，讓北京認為美國的威脅大到令人難以放心。

然而，就在天安門事件發生前幾個月，情況完全不同。一九八九年二月，鄧小平與老布希總統會晤時，完全聚焦於蘇聯的威脅。邊界衝突、核武以及蘇聯在中國邊界重兵駐紮三十個師，可能引發大規模戰爭。鄧小平用歷史包裝他的憂慮。他向老布希回憶說，「日本（對中國）造成的傷害最大」，但奪走中國「三百萬平方公里」領土的是蘇聯。[16]他解釋，「超過五十歲的中國人都記得中國的形狀本來像一片楓葉。現在你看地圖，會看到北方有一大片（被蘇聯）切除了」。[17]儘管如此，他仍認為蘇聯領導人史達林是支持中國現代化的朋友，但其繼任者赫魯雪夫則「一夜之間取消了幾百份中蘇合同」，還試圖圍堵中國。「蘇聯沿著中蘇邊界，在西部和東部駐紮了一百萬人，還把它三分之一的核彈都部署在這裡，」鄧小平說，[18]蘇聯這個圍堵聯盟還「加入了印度、越南（以及阿富汗和柬埔寨）。現在蘇聯還有北韓的軍事空中過境權，所以能連結到（越南的）金蘭灣。他們的飛機現在可以對中國進行空中偵察」。[19]鄧很清楚，上述評估讓中國必須「發展和美國的關係」。接著他提出了關鍵重點：「中國怎麼能不感覺到最大的威脅來自蘇聯？」中方對蘇聯威脅做出這番評估，並非只是在老布希面前做做樣子。幾個月後，蘇聯領導人米凱爾・戈巴契夫訪問北京時，鄧小平也向他坦率說出這番對蘇聯威脅的相同評估。[20]

雖然北京在一九八〇年代初期有時會尋求改善與蘇聯的關係，並強調自己有意採取「獨立」的對外政策，但當時它明顯大幅傾向華府。[21]中國在安全事務上與美國密切合作，軍事和政策文件也仍著重於可能和蘇聯開戰，而非遙遠的美國。[22]美國記者麥克・華萊士（Mike Wallace）一九八六年專訪鄧小平時曾問及，中國和資本主義美國的關係為何比和蘇聯共產黨人的關係還要好，當時鄧並未針對華萊士這種評價提出異議。他解釋，「中國觀察國家關係問題不是看社會制度」，而是看這些問題的「具體情況」。[23]整個一九八〇年代，與蘇聯開戰的風險對北京來說仍是嚴重的問題。

不過在一九八〇年代接近尾聲時，就如同鄧小平與史考克羅的會面所呈現的，中國的評估產生了變化。官方文件清楚顯示，一九八九年的天安門事件、一九九〇至九一年的波灣戰爭、以及一九九一年的蘇聯解體，讓中國將美國視為中國的主要威脅，而非蘇聯。

儘管老布希政府做了不少努力，但自一九八九年開始，鄧小平對美國的評論大幅轉變。檢視《鄧小平文選》就能清楚發現，一九八〇年代的大部分時候，鄧小平雖然偶爾會指責美國民主的傲慢或干預台灣問題，但他當時並未視美國為威脅。一九八九年之後，他則頻頻以意識形態用語抨擊美國。舉例來說，鄧小平與史考克羅會晤僅僅兩個月後，他與幾位中共中央委員私下談話時說，現在「帝國主義肯定想要社會主義國家變質。現在的問題不是蘇聯的旗幟倒不倒，蘇聯肯定要亂，而是中國的旗幟倒不倒。」[24]

這種看法後來經常出現在鄧小平的言論中，甚至包括公開發言。鄧小平在同一個月稍晚時說：「西方世界確實希望中國動亂。不但希望中國動亂，還希望蘇聯、東歐都亂。（美國）還有西方其他一些國家，對社會主義國家搞（朝向資本主義的）和平演變。」[25]在鄧小平看來，這種對中國的威脅，已經是某種形式的戰爭。他說：「美國現在有一種提法：打一場無硝煙的世界大戰。我們要警惕，資本主義是想最終戰勝社會主義。過去（他們）拿武器，用原子彈、氫彈，遭到世界人民的反對，現在搞和平演變。」[26]天安門事件後，鄧與美國前總統理查·尼克森會面時宣稱，對於學生「最近的動亂和反革命暴亂」，「美國捲入得太深了」，而且「西方有一些人要推翻中國的社會主義制度」。[27]他又在一九八九年十一月的一場演說中警告：「西方國家正在打一場沒有硝煙的第三次世界大戰。」[28]之後與到訪的日本代表團會談時，鄧又詳述了西方世界在天安門事件中的責任，「西方世界，特別是美國開動了全部宣傳機器進行煽動，給中國國內所謂的民主派、所謂的反動派，實際上是中華民族的敗類以很多的鼓勵和方便，因此才形成了當時那樣混亂的局面。」[29]在鄧小平看來，美國不僅要負責，而且其目的是有敵意的：「他們在許多國家煽動動亂，實際上是搞強權政治、霸權主義。（他們）要控制這些國家，把過去不能控制的國家納入他們的勢力範圍。看清了這一點，就有助於認清問題的本質。」[30]

在北京憂懼之際，美國一九九一年初在第一次波灣戰爭中的武力展示（下一章將詳述），讓北京更加不安。戰爭初起時，中國的分析人士和領導人一直堅信美國將遭遇重大傷亡，甚至可能無法達成目標。他們指出，美國對伊拉克的「侵略」效果不如以往對格瑞納達、利比亞和巴拿馬；而軍備與中國相近、在某些情況下甚至超越中國的伊拉克，會打一場成功的「當代條件下的人民戰爭」；美國會捲入長期地面戰，最後在政治上慘敗收場。[31]

結果顯示，這些說法完全是嚴重誇大。當美國在波灣戰爭大獲全勝時，瞠目結舌的中國領導階層發現，中國若與美國發生衝突，結果很可能幾近於伊拉克的慘敗。部分中國人士公開寫道，波灣戰爭可以作為例證，突顯美國的「全球霸權主義」及「美國意圖主導世界」，包括中國。[32] 這場衝突不僅使中國對美國的恐懼擴大，還讓中央軍委展開一項重大計劃：研究波灣戰爭，以及如何製造應對美國軍力的不對稱武器，這是最高領導人鄧小平提出要做的事，他的繼任者江澤民則直接參與其中。

之後一年發生的蘇聯解體，則是這三連發事件的最後一擊。此時，社會主義世界已消失大半，中國愈發孤立。喬治華盛頓大學教授沈大偉在他的著作《中國共產黨：收縮與調適》（*China's Communist Party: Atrophy and Adaptation*）中，就記錄了蘇聯解體對中共的深遠影響，包括因此激發出關於哪裡出了差錯的研究路線，以及對於政權遭美國顛覆的焦慮恐慌。[33] 數十年後的今天，中國領導階層仍然執迷於蘇聯解體這個主題，最高領導人習近平一直支持相關研究，也提出他自己的想法——特別是抵抗西方自由主義的重要性。[34]

下文的中國領導人演說摘錄顯示，中國對威脅的認知有明顯調整。鄧小平對美國威脅的判斷，實際上就等於中共的官方判斷，它們出現在無數軍事、經濟和政治等範圍較具體的文件中。這些對威脅的認知，成為中國凝煉新的大戰略的熔爐——這是一套著眼於如何在美國威脅下生存的戰略。

目標——在美國威脅下生存

公元七八〇年，瘦弱多病的「天才」詩人李賀出生在唐朝一個皇室遠支的家庭中，但家道早已沒落。[35]他七歲就成了大詩人，但生活困苦。父親在他年幼時便去世了，而他因非戰之罪被拒於科舉考試的大門外，無法取得一官半職來養家餬口。所剩無幾的家產難以為繼，迫使他不得不從軍，結果在二十六歲時因肺結核英年早逝。李賀的詩作饒富意境，常透著悲涼意味，但若不是引起了著名詩人兼大官韓愈的注意，恐已湮沒在歷史的故紙堆中。韓愈在李賀十九歲那年認識他，讀了李賀某一首詩的第一行就驚為天人，立刻發現他的才華，他的作品或許因此才得以保存。[36]

一千多年後，李賀的詩作啟發了毛澤東。眾所周知，李賀是毛最喜歡的詩人之一。或許是因為毛澤東的關係，中國領導人江澤民一九九八年在中央軍委的一次演說中，突兀引用了李賀的一句詩來提出警告，意指西方勢力企圖要讓中國崩潰。巧的是，江選擇的正是一千多年前讓韓愈目眩神迷的那句詩：「黑雲壓城城欲摧」*。[37]

---

* 譯註：出自李賀〈雁門太守行〉，全詩為：「黑雲壓城城欲摧，甲光向日金鱗開。角聲滿天秋色裡，塞上燕脂凝夜紫。半卷紅旗臨易水，霜重鼓寒聲不起。報君黃金台上意，提攜玉龍為君死。」

江澤民提出這種警告不是反常之舉。將近二十年間，中共領導人在談話中一再確認美國是中國的主要威脅，而中國的大戰略應該著重在這種威脅中生存。本節要探究其中最權威的演說稿，特別是重要且不常召開的駐外使節工作會議。這項會議大約每六年舉行一次，目的是重申或改變對外政策的判斷。

一九九三年，中共召開三連發事件後第一次駐外使節工作會議，僅僅是歷來的第八次。江澤民演說稿所呈現的氛圍，與趙紫陽和胡耀邦在一九八六年同一會議中發表的演說截然不同。江說：「在今後一個較長時期內，美國仍是我們外交上打交道的主要對手……美國在當今世界的地位和作用，決定了它是我們國際上打交道的主要對手。」[38]他明白表示美國有敵對意圖：

美國對華政策歷來具有兩面性。對我國進行和平演變是美國一些人長期的戰略目標。本質上，他們不願看到中國統一、發展和強大，將繼續在人權、貿易、軍售以及台灣、達賴等問題上對我國保持壓力。美國在同我國的交往中盛氣凌人，擺出霸權主義和強權政治的架勢。[39]

不過江澤民也向全體駐外使節主張，美國的對中政策還有另一面，「另一方面，美國出於自身全球戰略和實際經濟利益的考慮，著眼於我國的巨大市場，又不得不在國際事務中尋求同我國合作。」[40]換言之，江認為華府「需要同我國保持正常關係」。[41]即便如此，中國仍不能採取公然對抗美國的戰略，因為正如江所說，「美國還是我國的主要出口市場和引進資金、技術以及先進管理經驗的重要來源。」[42]反之，「維護和發展中美關係，對我國具有戰略意義」。藉由在某些領域與美國合作、某些領域避免對抗的方式，中國能將美國的反感降至最低，持續發展經濟，並提升相對實力。[43]

五年後，在一九九八年舉行的第九次駐外使節工作會議上，江澤民繼續強調美國的威脅。他說：「美國和其他西方大國……的一些人，……不會放棄對我國進行西化和分化的政治圖謀。不管是採取『遏制政策』還是所謂『接觸政策』，萬變不離其宗，目的都是企圖改變我國的社會主義制度，最終將我國納入西方資本主義體系。」[44]北京與華府之間的較量將是持久的競爭，江澤民宣稱：「這種鬥爭是長期的、複雜的。對此，我們要始終保持清醒的頭腦，切不可喪失警惕。」[45]他心中還懷有一種憂慮，擔心華府可能與中國的鄰國合作。他補充說，就像美國一樣，「有些周邊大國也以不同方式對我國進行牽制」。[46]江隨後向駐外使節們提出對中美關係的官方獨特評論，強調美國帶來的敵意與威脅：

一九八九年十一月和十二月，美國前國務卿基辛格（季辛吉）和總統國家安全事務助理斯考克羅夫特（白宮國家安全顧問史考克羅）先後訪華，鄧小平同志會見他們時都提出了關於恢復中美關係的一攬子方案。這個方案最終就是實現我對美國進行國是訪問。當時得到了美方的認同，但後來美方變卦了。因為不久東歐發生劇變，美國有人寄希望於我們「變」。一九九一年，我國華東地區發生嚴重水災，美國有人認定我們要「亂」。這年十二月，蘇聯解體，美國有人認為我們要「垮」。美國一九九二年向台灣出售F－16戰鬥機，一九九五年允許台灣當局領導人訪美，美國有人對所謂「鄧後的中國」作了種種猜測，加大了對我們的壓力，企圖把我們壓「倒」。[47]

華府不少人認為美中關係在一九九〇年代有所改善，但北京的看法並非如此。江澤民在駐外使節工作會議中，向熟諳對外政策的官員們強調他對美國意圖的高度懷疑。江說：「我同柯林頓在紐約的時候*，他清楚地告訴我，美國的對華政策不是孤立、不是遏制、也不是對抗，而是全面接觸。」[48]但江立刻向聽眾強調，他不相信這些保證，「要看到，美國對華政策仍具有兩面性。美國反華勢力演變中國的圖謀不會改變」。[49]此外，江認為「美國企圖構築單極世界……並主宰國際事務」，「在相當長的時間內，美國仍將在政治、經濟、科技和軍事等方面保持顯著優勢」，而非衰落。[50]

這種觀點連續兩次出現在中國最重要的對外政策演說中，令人矚目。隨後，在天安門事件發生約十年後，江澤民於中央軍委的一次演說中仍強調這些主題。他說，「在經歷八十年代末九十年代初東歐劇變和蘇聯解體、兩極格局終結以後……世界社會主義的發展遭受嚴重挫折，使我們遇到了空前巨大的壓力」。[51]尤其是「國際敵對勢力揚言要在世界上埋葬共產主義，預言中國將會步蘇聯和東歐國家的後塵，很快就會垮台。他們對我國全面施壓，公然支持我們國內的反共反社會主義和民族分裂主義勢力搞破壞、顛覆活動」。[52]他繼續說，外國敵對勢力正在「加緊對我們進行以西化、分化為目的的各種滲透、破壞活動，不斷利用所謂『人權』、『民主』、『宗教』和達賴、台灣、經貿、軍售等問題挑起事端」。[53]他總結形勢說：「我國的安全和社會政治穩定面臨（來自美國的）嚴重威脅。」[54]

兩年後，江澤民在另一次中央軍委的會議上演說時更明確表示，中國麻煩的起因就是美國。他也證實了在北京的認知裡，與美國的關係動搖是從三連發事件開始的，「冷戰結束之後，中美關係一直就很不平靜，時好時壞」。[55]江澤民的繼任者胡錦濤，也繼續強調美國的威脅。二〇〇三年，胡錦濤向外交部發表談話時指出，「既要看到美國等西方大國在一些重大國際和地區問題上需要謀求同我國的合作，又要看到西方敵對勢力仍在對我國實施西化、分化政治圖謀的嚴峻現實。」[56]

最高領導人的談話有時更為直率。漢學家黎安友（Andrew Nathan）與布魯斯．季禮（Bruce Gilley）在詳盡檢視了一批似乎是從二〇〇二年中共十六大外洩的文件後，得出結論：中方認為

---

* 譯註：江澤民一九九三年起與美國前總統柯林頓多次會晤，此處是指一九九五年江訪美時的會面。

「管理中美關係」是對中國安全「逐漸逼近的威脅」。[57]這些文件的全文內容暴露不少內情，顯示胡錦濤等中國高層菁英及政治局常委對美國的實力與企圖深感焦慮。胡錦濤將美國視為「我們外交戰略的主線」。[58]他還認為美國試圖包圍中國：

美國不少人一直將中國視為潛在的戰略對手，並從地緣政治角度對我國採取了既接觸又遏制的兩面手法……美國增強在亞太地區部署軍力，強化美日軍事同盟，加強與印度戰略合作，與越南改善關係，拉攏巴基斯坦，在阿富汗建立親美政府，加強對台軍售等等。從東面、南面、西面三方對我國進行防範和擠壓。這使我們的地緣政治環境發生了巨大變化。[59]

在同樣一批文件中，總理溫家寶認為美國試圖遏制中國：

美國力圖保持其世界上唯一超級大國的地位，不會容忍任何國家可能對其提出挑戰。美國仍將維護其以歐亞為基礎的全球戰略，重點是防範俄羅斯和中國，控制歐洲和日本。其對華政策的核心仍然是「接觸和防範」，美國的一些保守勢力仍固守冷戰思維，強調中國的崛起必將損害美國利益。美國軍方試圖把軍事戰略重點從歐洲轉到亞太地區。在台灣、人權、安全、經貿等方面，美國仍將對我繼續施加壓力。[60]

其他重要人物，如江澤民的得力左右手曾慶紅，也同樣宣稱「美國人一直擔心強大的中國對它的霸主地位構成威脅。所以，它既要搶占中國市場，又要千方百計地遏制中國的發展」。[61] 就連一直支持政治上適度自由化的常委李瑞環，也認為美國的意圖充滿敵意：

> 說實話，美國很清楚我們的實力。它知道今日中國不構成對美國的直接威脅。但是，作為美國的長期發展戰略，我們看到了我們潛在的發展實力，中國經濟再發展幾十年，就足以強大到能夠與其抗衡的地步。所以，它要遏制，要實行胡蘿蔔加大棒的政策。所以，我們過多地用語言去反擊它的「中國威脅論」沒有用。美國人不聽你的。[62]

十六大後的幾年間，華府的關注焦點逐漸被中東占據，中國則繼續關注美國的威脅。二〇〇六年，胡錦濤主持召開了中央外事工作會議——是中華人民共和國歷史上第三次召開這樣的會議。他在會中強調美國的威脅，並談及中國擔憂被美國及其盟友包圍，警告「美國等西方國家極力推動建立『民主國家聯盟』」。[63] 隨後他又使用之前幾任總書記在類似場合使用的語言，強調「美國仍然是我們在國際上需要打交道的主要對手」。[64]

這一切說法都顯示，中國的戰略規劃是以美國為決定性的焦點。中國的多任領導人一貫將美國貼上「中國主要對手」的標籤，明確定義美國就是中國的主要威脅，也對管理中美關係的迫切需要表示憂慮。現在我們要探討中國從哪些方向避免美國的遏制，並削弱美國的實力。

方向——鄧小平的「韜光養晦」

公元前四九四年左右，在今天的浙江和江蘇一帶，吳國與越國兩個崛起強國相爭。越王句踐過於自信，決定攻打實力遠勝自己的吳王夫差，越國於焉慘敗。為挽救越國免於滅亡，句踐屈侍夫差，在吳國的宮中以平民身分生活，打掃馬廄。敗戰的句踐雖存復仇之心，卻從不外露怨恨之色。他收起自尊，刻意表現得對夫差忠心耿耿，贏得夫差的信任並獲得赦免。

獲釋回到越國後，句踐日日臥薪嘗膽，藉此不忘自己所受的屈辱，堅定報仇雪恨的決心。他表面上臣服於夫差，私下則悄悄增強越國的實力，並暗中顛覆日漸衰頹的吳國，方法包括賄賂吳國臣子、慫恿夫差舉債、掏空吳國糧倉、引誘夫差沉迷於酒色以分散注意力等等。大約十年後，忍辱負重並厚積實力的越國，入侵並征服了國力衰退且毫無防備的吳國。[65]

歷史學家柯文（Paul A. Cohen）說，這個故事的寓意比歷史本身更深厚，而且對文化有長遠影響。從這個故事誕生了「臥薪嘗膽」這樣具有正向意義的成語，鼓勵在校學生或企業員工勤奮不懈；比較暗黑的成語如「君子報仇，十年不晚」也是典出此處。中國的民族主義者經常引用這個故事的寓意：從「百年國恥」期間，到隨後的自強運動，乃至（更重要的）當代中國談論鄧小平提出的後冷戰戰略方針「韜光養晦」時，皆是如此；這個寓意是孕育出「韜光養晦」方針的「文化知識」其中一部分，之後也出現在許多學術討論中。[66]這樣的連結其實不足為奇，日本和越南的民族主義者，不時也會為了類似目的而引用這個故事；[67]我們也不應將這種連結當作字面意義上的證據，認為中國懷有像越王句踐那般無情欺敵的復仇大計。[68]不過，這個故事寓意確實告訴我們，應該嚴肅看待鄧小平提出的「韜光養晦」指導方針，並且將它放在更宏大的民族主義脈絡中理解，而非只是不假思索地將它視為中共的空泛言論。

「韜光養晦」是簡化自鄧小平的二十四字訓誡：「冷靜觀察，站穩腳跟，沉著應付，韜光養晦，善於守拙，絕不當頭。」[69]這是一種刻意不出頭的戰略。當時的中國並未展開可能令美國不安的區域建設大業，而是埋頭專心削弱美國的實力基礎。

「韜光養晦」方針是在天安門事件、波灣戰爭和蘇聯解體這創傷性三連發事件後出現。有多個中國文本來源（包括黨報《人民日報》網站刊登的文章在內）回顧了它的歷史：

> 「韜光養晦」指導方針是鄧小平在一九八〇年代末至一九九〇年代初期，東歐劇變及社會主義陣營瓦解的「特殊時期」提出。當時中國面臨「怎麼辦」、「向何處去」等問題亟需回答，於是鄧小平提出一系列重要的思想／意識形態，以及對策。[70]

《人民日報》網站上的另一篇文章說法相同，指「韜光養晦」概念出現在天安門事件之後：「冷戰結束之初，中國遭受西方國家制裁，鄧小平同志提出……『韜光養晦』。」[71]從胡錦濤等最高領導人到劉華清等政治局常委，眾多中共黨官也都呼應類似說法。[72]

中國官方最早提及「韜光養晦」的核心宗旨，是在天安門廣場大屠殺之後。一九八九年，鄧小平在中共中央的一次演說中闡述*：「總之，對於國際局勢，概括起來就是三句話：第一句話：冷靜觀察；第二句話，守住陣腳；第三句話，沉著應付；不要急，也急不得。冷靜、冷靜、再冷靜，埋頭實幹，做好一件事，我們自己的事。」[73]這些話綜整起來，構成了鄧小平「韜光養晦」六句指導方針當中關鍵的四句話。中國暨南大學學者陳定定與澳門大學學者王建偉分析這次演說時寫道，「雖然鄧沒有明確說出『韜光養晦』四個字，但他的談話中明確表達了這句話的精神」。[74]

之後鄧小平在多次演說中闡釋「韜光養晦」的意義，將它置於中國對外政策的核心，言談中強烈表示，「韜光養晦」概念是鼓勵中國人在國力相對低落時要自我克制。例如，在鄧小平官方年譜中摘要記錄的一次演說中，他宣布「韜光養晦」是他的中國對外政策戰略願景的核心，並表示這是出自他對中國相對國力的看法：「只有照著『韜光養晦』的路子走上多年，我們才能真正成為一個比較大的政治強國，到時候中國在國際舞台上說話，才能產生作用。一旦我們有了這個能力，就要製造尖端的高科技武器。」[75]鄧小平將中國有所限制的對外活動與延遲軍事方面的投資與他的「韜光養晦」戰略連結，特別與中國暫時處於弱勢的情況連結。

儘管最高領導層更迭，「韜光養晦」仍是中國的官方戰略。江澤民上台後不久，於一九九一年在中央政治局常委擴大會議發表「反和平演變」的演說時，就再度強調「韜光養晦」的精神。[76]他宣稱：「在當前風雲變幻的國際形勢下，我們要堅持貫徹執行小平同志提出的『冷靜觀察，穩住陣腳，沉著應付，韜光養晦，善於守拙……』的戰略方針。」他又提醒：「實踐證明，這是正確的方針。實行這個方針，絕不是表明我們軟弱、退讓，更不是放棄原則，而是考慮到我們面臨的錯綜複雜的國際形勢，不要四面出擊，到處樹敵。」[77]幾年後在一次規模較小的駐外使節會議上，江澤民也重申了這些觀點：「我們要貫徹鄧小平同志韜光養晦的方針，絕不當頭，這一點是毫無疑問的。」[78]他進一步強調，在國際舞台上，「我們不能超越我們的現實可能去辦事情」。[79]他在一九九三年向中央軍委說，要以提升中國的自主性為目標，「我們在戰略指導上很重要的一個問題，就是要善於利用矛盾，靈活應變，爭取主動。在同霸權主義和強權政治的鬥爭中，我們……利用一切可能利用的矛盾，擴大我們的迴旋餘地」。[80]他在另一次演說中強調，這是長期的工作。「在處理國際關係和進行國際鬥爭中，也有個長遠利益和眼前利益的關係問題。」他說，「有時眼前利益和長遠利益有矛盾，那我們就毫不猶豫地使眼前利益服從長遠利益」。[81]

* 譯註：一九八九年九月四日，鄧小平向幾名中共中央官員交代自己退休的時間和方式，並囑咐施政要點。

一九九八年，江澤民在第九次駐外使節工作會議上發表的對外事務重要演說中，仍矢言中國將遵循鄧小平的外交政策，因為中國的國力仍不如競爭對手。他重申鄧小平也說過的話，指出要堅持「韜光養晦」方針的根源在於中國的實力相對較弱。

在世紀之交的重要歷史時期，我們要堅定不移地貫徹鄧小平的外交思想……首先，要繼續長期堅持「冷靜觀察、沉著應付、絕不當頭、有所作為」的「戰略方針」。要韜光養晦，收斂鋒芒，保存自己，徐圖發展。我國國情與國際力量對比決定了我們必須這樣做。[82]

同樣地，江澤民的繼任者胡錦濤也在多次演說中繼續強調「韜光養晦」的戰略方針。例如，在二〇〇三年一次對外交部的重要演說中，他有一整節都在談「韜光養晦」從根本意義上的重要性，「必須正確處理『韜光養晦』和有所作為的關係」，這是指要更加積極主動。[83]胡錦濤提醒聽眾，韜光養晦及「冷靜觀察，沉著應付，絕不當頭，有所作為，是二十世紀八十年代末九十年代初國際政治風雲突變後，鄧小平同志為我國制定的一系列重要戰略策略的高度概括」。[84]遵循這個指導方針，讓中國在不起衝突的情況下有時間發展。胡錦濤警告聽講的外事官員，中國絕不能「陷入一些國際矛盾的漩渦」而延宕發展進程。[85]他的結論是「我們要堅持（韜光養晦）這個方針不動搖」。[86]這個決定確實是基於對中國相對實力的認知。正如胡錦濤所說，「綜合考慮我國國情與國際力量對比的現狀和發展趨勢，這是要長期堅持的一個戰略方針」。[87]

在一份外洩的十六大文件中，胡錦濤也同樣明確表示，中國的自我克制是受到國力的影響。胡錦濤說，「『存異』符合中美雙方的共同利益」，但這只是因為中國國力較弱。他強調，「隨著我國經濟的發展，綜合國力的增強，在中美關係處理上我們會更加靈活，更具信心」。[88]

對「韜光養晦」這個概念最徹底且重要的討論，也許是在二〇〇六年的中共中央外事工作會議上。這是非常重要的對外政策會議，此前只舉行過兩次。胡錦濤在這次會議中說，中國必須「堅持韜光養晦、有所作為的戰略方針」，他還明確表示「這個道理，任何時候都不能忘記」。[89]他並警告，中國的發展可能引來新的關注，讓這個戰略變得複雜起來，「現在，有些國家看好我們，希望我們發揮更大作用，承擔更多責任……對此，我們必須保持清醒頭腦，不能日子好過一點，頭腦就熱起來。必須堅持不說過頭話，不做過頭事。即使將來我國進一步發展了，也還要堅持這一點。」[90]

胡錦濤的演說明白指出，雖然中國必須低著頭「有所作為」，但主要重心仍是在削弱對手的實力。我們「要把有所作為的基點放在維護和發展國家利益上，放在通過互利合作增強自身實力上，放在**減少和化解外部阻力和壓力上**」。[91]他也提出削弱戰略的明確說法，「國家越發展越容易遇到外部阻力和風險挑戰……要利用各種矛盾，牽制外部敵對勢力對華戰略遏制，最大限度減輕外部力量對我國的戰略壓力」。[92]

胡錦濤也進一步主張，堅持「韜光養晦」就必須在一些主要利益上妥協，言談中顯示對領土問題有所開放，但幾年後他在領土問題上又逆轉立場。當時他說，「特別是要區分和把握核心利益、重要利益、一般利益，分清輕重緩急，量力而行，順勢而為……對無礙大局的問題，要體現互諒互讓，以利於集中力量維護和發展更長遠更重要的國家利益」。[93]在「韜光養晦」戰略方針之下，中國不以脅迫手段或建立秩序來獲得這些利益。

對「韜光養晦」有疑者

前面摘錄的領導人演說應該已明白顯示，「韜光養晦」是一套中國的大戰略，它是以中國相對於美國的實力為基礎而制定，目的是讓中國呈現的威脅性降低，避免遭到包圍。有幾位作者不同意這種觀點，有些也許出於政治原因，有些則出於實質因素。這些不同意的看法分為兩類：第一類是認為「韜光養晦」一詞指的並不是基於中國實力的暫時性戰略；第二類則是認為它與削弱美國實力無關。

關於第一類看法，有少數中國作者主張「韜光養晦」並非戰術性質或有時限的工具型戰略，而是中國的永久戰略。這種論述來自於「韜光養晦」一詞在中國的戰略與經典作品中有多種用法。在許多言論中，「韜光」和「養晦」無論是單獨使用或合併為一個成語，普遍都是指隱士退隱蟄居，並在道德或智慧上自我淬礪。中國外交部已退休的前副部長楊文昌在一篇著名文章中就寫道（向西方國家宣傳的英文中國官媒《中國日報》（*China Daily*）曾摘錄），根據「古人使用『韜光養晦』的記載……『韜光養晦』是一種低調做人的行為模式」，也是一種戰略行為模式，而非「權宜之計」。[94]他認為，在這種觀點下，韜光養晦「既適用於困境或逆境之中，也適用於成功或勝利之時」，「不僅適用於人走『背』字的時候，同樣也適用於人走『順』字的時候」，因為它並非由外在因素或變數決定。

如同越王句踐的故事寓意，許多講述「韜光養晦」的文學作品強調的都是它的戰術意義，明確將「韜光養晦」當作工具性戰略，加諸實力與威脅的問題上。即使將「韜光養晦」一詞連結到句踐臥薪嘗膽的故事略顯誇張，但它如今在政治上蘊含的意義，已不能只取決於最初的出處。前面摘錄的領導人演說已呈現，鄧小平、江澤民、胡錦濤都曾明白表示，「韜光養晦」是中國必須確實貫徹的戰略，因為中國在物質上遜於「國際標準」與「國際力量對比」，而這兩個詞分別是「西方」與「西方霸權」概念的替身。鄧小平自己就說過，「韜光養晦」並非固定不變的戰略。這樣的脈絡顯示，「韜光養晦」並不是恆久的大戰略，而是工具性且有時限的，和楊文昌的說法不同。

至於第二類看法，有些懷疑論者認為「韜光養晦」的確是工具性且視情況而定的，並非永久性戰略，但他們不認為這項戰略是針對美國，或者不認同它內含更宏大的組織性原則。學者史文（Michael Swaine）在探討「韜光養晦」時就寫道：

這個概念在西方常被誤讀，以為它的意思是中國應保持低調，等待時機，直到自己準備好能夠挑戰美國的全球優勢。事實上，這個概念與外交（而非軍事）戰略的關聯最密切，中國分析家通常認為它是一種訓誡，要中國保持謙遜與低調，打造國際間的正面形象，並取得特定（雖然有限）的成果，以避免引來外界的疑慮、挑戰或矢志對抗，這些可能侵蝕北京長久以來注重內政發展的根基。[95]

史文認為觀察家應該將「韜光養晦」視為一種防禦性而非攻擊性的戰略，這部分他是對的。雖然這個概念的意圖，是要讓中國在崛起過程中避免激發會產生反作用的抗衡聯盟，但追根究柢，它還是要避免與美國發生衝突。首先，幾乎所有闡釋過「韜光養晦」的中國領導人都曾明白表示，這個概念要遵循多久，取決於中國的國力（這裡無疑是相對於美國國力而言）。經驗紀錄顯示，「韜光養晦」是在蘇聯解體後，中國認為美國威脅日增之際出現的，官方首次對它做出修正是在全球金融危機爆發之後，當時在中國分析家看來，單極體系已漸趨衰微。其次，史文認為「韜光養晦」是外交原則，但事實與此相反，中國領導人曾清楚表明「韜光養晦」不僅是「外交方針」，而是更宏大的「戰略方針」，凌駕於所有國策之上。第三，對於「韜光養晦」，許多著名的中國智庫學者與評論家都曾發表過比史文更犬儒的看法。例如閻學通（人脈甚廣的中國鷹派學者）就剖析大量有關「韜光養晦」的闡述，認為它們基本上都是針對美國的威脅：

「絕不當頭」和「不舉旗幟」顯示中國不會挑戰美國的全球領導地位，避免冷戰結束以來中國的民族復興大業與美國不容挑戰的全球主導地位之間，出現零和遊戲。這有助於防範作為全球超級強權的美國極力遏制中國崛起。[96]

許多西方觀察家不時會引用中國最高階外交官戴秉國二〇一〇年的一場演說作為佐證，他在演說裡淡化中國偏離「韜光養晦」方針一事。但閻學通不認同，明白指出「韜光養晦」就是針對美國。閻公開坦言，戴秉國的演說及許多其他人對「韜光養晦」真義的異議，都只是「為了降低『韜光養晦』的負面意涵」，不應被視為發自內心的說法。[97]

總之，「韜光養晦」是中國大戰略的官方組織性原則。它在中國認為美國威脅升高後緊接著出現，而中國對這個原則的實踐，已清楚證明是以中國自認與美國的相對實力差距作為條件。在官方文本，例如散播意識形態信條的中共官方報紙，乃至領導階層制定方針的演說中，都稱這二十四字訓誡為「戰略方針」，而不只是「外交方針」，這讓「韜光養晦」一詞具有高度的官方權威性質，而不僅是以中共術語冠名的政策。[98]此外，有幾份演說稿中對「韜光養晦」戰略的解釋，都是要讓中國降低與美國及鄰國發生衝突的風險，同時限縮中國受到的外在壓力，並擴大中國的謀略空間（這與削弱戰略相符）。

手段：行使削弱戰略的工具

如果「韜光養晦」實際上是一種大戰略，它應該會影響到中國各種國策中的多項工具。前面曾提到，江澤民與胡錦濤都將「韜光養晦」描述為降低外在遏制力量的戰略，與削弱戰略相符。三連發事件不僅讓中國產生「韜光養晦」戰略，也讓中國在軍事、政治、經濟行為上同步出現相關改變。

首先，在軍事方面，三連發事件與隨之而來的戰略重新調整，迫使中國將軍事戰略改變為以削弱為重心。一九八〇年代後期，中國領導人曾將注意力轉向局部戰爭與領土爭議——當時中國展開對海軍與空軍結構的長期規劃，重心放在為護衛遠海領土的「制海」戰略。然而在美國成為威脅後，北京就改弦易轍，轉向以「海上拒止」為主的戰略，防止美軍穿越或控制中國近海。鄧小平與江澤民都親自參與其中的戰略轉變，一九九三年中國發布的「新時期軍事戰略方針」中也將它納入其中。這套削弱戰略需要「殺手鐧」武器，在中國的定義中，就是指對抗傳統超級強權美國的不對稱武器。[99]中國大舉投資於海上拒止，開始打造全球最大潛艦艦隊、最大水雷庫、全球首枚反艦彈道飛彈（以挫敗美國的干預），甚至不惜犧牲其他任務也要配置幾乎每一種水面作戰艦艇，以應對反水面戰。這一切都在「敵人最怕什麼，我們就發展什麼」的明確原則下進行。[100]同時，中國也延後投資於掌握制海權，因為它無法達到削弱美國的作用。中國延後投資打造航空母艦，也延後建立兩棲作戰、水雷反制、反潛作戰、防空作戰等方面的能力。這同樣是在「有所趕有所不趕」*的官方原則下進行。[101]重要的是，這些作法都與「韜光養晦」有關。鄧小平發現，在國力壯大之前，中國在武器建造方面應該遵循「韜光養晦」方針。十年後，美國參與科索沃戰爭，也讓中央軍委副主席張萬年被迫面對這個揮之不去的恐懼。他重申，在因應美國的「軍事干預升高」時，「解放軍應該做的」是要記住「我們的路線是韜光養晦」；[102]他進一步解釋，「作為一支軍隊，這表示……要加緊發展『殺手鐧』裝備」，並且遵循「敵人最怕什麼，我們就發展什麼」的原則。[103]

其次，在政治方面，三連發事件與中國的戰略調整讓北京對於加入區域組織改變了立場。多位中國使節的回憶錄都明確提到中國必須加入區域組織，以三種方式削弱美國實力：（一）阻礙這些組織的發展，讓它們無法發揮功能；（二）利用這些組織來遏制美國的謀略空間；（三）利用這些組織消除鄰國的疑慮，避免它們加入美國領導的抗衡中國聯盟。北京擔憂跨太平洋的經濟組織「亞太經濟合作會議」（APEC）會成為美國推動有害中國的西方價值的平台，甚至可能成為亞洲的北約組織。類似的邏輯也適用於東協區域論壇（ARF），許多高層顧問擔心該組織會被用來牽制或遏制中國。[104]中國反對這兩個組織在一切議題上的制度化，並試圖

* 譯註：這是江澤民所提專注發展殺手鐧武器的方針，第四章將談及。

重新制定一部分的組織常規，特別是要箝制美國的軍事行動。即使如此，這些作為仍符合「韜光養晦」原則當中的「絕不當頭」，意即中國避免創立新的組織；除此之外，鄧小平還說過，一旦「韜光養晦」策略停用後，中國在外交上會發出更大的聲音。

三連發事件也影響了中國的國際經濟政策。華府祭出制裁，揚言要取消中國的最惠國地位（一旦如此將重創中國經濟）；而華府利用三〇一條款對中國課徵貿易關稅，也讓北京對於中國如此易受美國手段影響產生更多憂慮，削弱這些影響力成為中國努力的重心。中國不僅致力於突破經濟制裁，也試圖鞏固自己在美國的永久最惠國地位，也就是與美國的「永久性正常貿易關係」。這麼做的目標不是限縮中國對美國的依賴，而是減少美國任意行使經濟力量。中國推動雙邊永久性正常貿易關係，也和APEC與世界貿易組織（WTO）進行談判以突破制裁。它還積極遊說成為WTO會員國，希望藉此進一步箝制華府。

接下來我們要分別切入這三大領域，探討中國橫跨這三大領域實施的削弱戰略，可以如何直接追溯到創傷性三連發事件，以及中國如何進行各領域的策略調整以削弱美國實力，還有這些調整是如何協同進行——這強烈顯示一切戰略性調整都是由中國領導人出手進行。

第四章

「掌握殺手鐧」

——中國如何在軍事上削弱美國

「敵人最怕什麼，我們就發展什麼。」[1]

——中共中央軍委副主席張萬年，一九九九年

一九九九年三月二十七日，美國空軍中校達洛・翟可（Darrell Zelko）在貝爾格勒近郊擊中一個目標。他參與北約的轟炸行動，要終結塞爾維亞對科索沃阿爾巴尼亞人的種族清洗。翟可駕駛著他的F-117A匿蹤戰機，正調頭準備飛回義大利北部的阿維亞諾軍事基地（Aviano Air Base）時，注意到有兩個光點自下方雲層竄出，朝他飛來。那是兩枚以三倍音速飛行的飛彈，由塞爾維亞防空部隊發射，指揮官是佐坦・達尼（Zoltan Dani）。[2]

達尼掌管的部隊只擁有過時的一九六〇年代初期蘇聯製裝備，但他以創新戰術彌補裝備的不足。他知道自己的部隊很難對付美國的反輻射飛彈，如果他讓射控雷達開啟太久，只要超時一秒鐘，美國的反輻射飛彈就會朝著他的發射架飛過來——第一次波灣戰爭中，伊拉克防空部隊就是沒學到這個教訓。因此，達尼訓練他的部隊能將射控雷達每次只開啟二十秒，而且能在九十分鐘內轉移陣地以防遭空襲、能製造雷達誘餌以誤導美軍飛彈、能使用長波雷達獲取目標，還能在美軍戰機剛完成轟炸地面任務時就與之交戰。戰爭期間，這些戰術讓達尼的部隊遭遇了二十多枚北約飛彈仍能倖存；而在那個九月的夜晚，這些戰術還提供了讓他留名青史的機會。[3]

達尼下令發射的飛彈擊落了這架美軍夜鷹戰機，翟可彈射逃生，隨即被美軍救起。這起事件震驚世界：長久以來被認為幾可完全隱形、全球匿蹤效果最佳的戰機之一，竟然被全世界最老舊的防空系統之一擊落——而中國的防空系統，與塞爾維亞這套防空系統不相上下。

近五千英里以外的遠方，中國軍方高度關注著這起事件。短短三天後，時任中共中央軍委副主席張萬年就向國家主席江澤民提交了一份迅速備妥的報告，探究北約這場行動與塞爾維亞創新的抗敵方式。張萬年在報告中指出：「對於在高技術條件下，裝備劣勢的軍隊要如何戰勝裝備極具優勢的軍隊，南斯拉夫聯盟部隊對我軍提供了有用的參考重點。」[4] 張萬年將報告交給江澤民時，標示為「速件」，還加上親筆字條懇請江趕緊閱讀。這突顯中國不僅重視發展不對稱武器，更根本的關注目標是如何削弱美國的能力。[5] 不久後的一場高層會議中，張萬年說明研究塞爾維亞對中國國防非常重要，之後也向整個解放軍傳達同樣的訊息。「北約的空襲反映出高技術武器的特性和規則」，張萬年說，但「塞爾維亞的抵抗……帶給我們很多啟發。我們應該把這些啟發應用在（和優勢敵人的）軍事鬥爭準備上」，這裡指的是美國。[6]

張萬年迅速記下塞爾維亞在戰勝美國軍力上提供的「啟發」，而中國在距此十年之前，因為受到天安門事件、波灣戰爭、蘇聯解體等三連發事件觸發，已開始尋求能削弱美國軍力的新軍事戰略。本章要探討中國在這項戰略上的各種努力，並指出在三連發事件之前，中國領導人一九八〇年代末曾將注意力轉向局部戰爭與領土爭議，之後也展開針對海軍與空軍結構的長期計劃，以護衛遠海領土的「制海」（sea control）戰略為重心。但在美國成為威脅後，北京就改弦易轍，轉向以「海上拒止」（sea denial）為主的戰略，防止美軍穿越或控制中國近海。鄧小平與江澤民都親自參與其中的戰略轉變，一九九三年中國發布的「新時期軍事戰略方針」中也將它納入其中。這套削弱戰略需要「殺手鐗」武器，在中國的定義中，就是對抗具有傳統優勢軍力的美國的不對稱武器。[7]

為了建立「海上拒止」——許多海軍分析家也稱之為「反介入／區域拒止」（A2/AD）戰略的綜合能力，中國大舉投入資源：打造全球最大潛艦艦隊、最大水雷庫、研發首枚反艦彈道飛彈、建置水面作戰艦艇，以應對反水面戰。這一切打造「不對稱海軍」的計畫，都在「敵人最怕什麼，我們就發展什麼」此一明確原則下進行。同時，中國也延後對「制海戰略」的投資：航空母艦建造、兩棲作戰、反水雷、反潛、海上防空等計畫都被延後。因為它們無法達到削弱美國的作用。這也是遵照「有所趕有所不趕」的官方原則。

重要的是，這些作為都與「韜光養晦」有關。鄧小平認為，中國國力壯大之前，在武器建造方面應該遵循「韜光養晦」方針。張萬年觀察科索沃戰爭中的美軍後，也重申在因應美國的「軍事干預升高」時，「解放軍應該做的」是要記住「我們的路線是韜光養晦」。他又說，「作為一支軍隊，這表示……要加緊發展『殺手鐧』裝備，（並且遵照）『敵人最怕什麼，我們就發展什麼』的原則」。[8]

本章將分三部分進行。第一部分列出對中國軍事行為的其他可能解釋來挑戰本書提出的解釋；第二部分利用回憶錄、文選、論述文章、理論學說文本等，揭示三連發事件後的中國軍事策略是以削弱美國軍力為主；第三部分則分析中國的行為，同樣證明中國在這個時期的軍事投資是聚焦於削弱美國的戰略。

解釋軍事戰略

要洞悉中國選擇軍事投資的原因，可透過兩種方式：（一）利用官方文本分析中國的決策過程；（二）分析中國的軍事投資與軍事活動，檢驗出對這些行為的最佳解釋。

研究中國的軍事投資時，至少有四種重要指標，而這些指標內部、兩兩之間及橫跨四種指標的變因，以及與其他國家的比較，綜整之後可否定某些解釋中國行為的理論，並證實另一些理論。這些指標包括（一）軍備取得：中國獲取了什麼軍備、在何時獲取；（二）軍事準則：針對如何戰鬥，中國採用哪一套組織性原則；（三）兵力態勢：中國如何部署軍隊、在哪裡部署；（四）軍事訓練：中國要讓軍隊準備如何面對衝突、面對何種衝突。[9]研究這些變因以及中國的重要文本，有助於檢驗這些解釋中國軍事投資的互斥理論。

這些互斥的理論有哪些？

第一種解釋是擴散（diffusion）理論，認為各國會仿效世界最強國家的能力，因此中國軍方會大規模複製美國的軍隊組織架構與實務。[10]

第二種解釋是戰力採用（adoption capacity）理論，認為中國無法複製美國所有軍事作為，因為有些作為過於昂貴，或在組織上過於複雜，因此中國對軍事投資的選擇，是依據它能採用哪些戰力。上述兩種理論都著重在一個國家能取得哪些戰力的供給，但軍事投資通常都依需求而定，也就是這個國家需要什麼。[11]

第三種解釋則著重於需求面，認為官僚政治（中國內部衝突，如中共黨官和軍方官員，陸軍與海軍，水面作戰軍官與潛艦軍官之間的衝突）可以解釋北京的軍事投資。[12]

相對之下，另一組著重於需求面的理論則認為，是國家利益凌駕於各領域的狹隘利益之上。哥倫比亞大學巴納德學院教授金柏莉・馬騰・齊克（Kimberly Marten Zisk）說過，軍隊「通常不只關心自己在國內政治中的體制利益，也關心要保護國家安全利益不受外國威脅」。[13]這種態度應用在中國，就得出對中國軍事投資的第四種與第五種解釋，兩者都著重於中國對國安環境的認知。

第四種理論（也就是本章要主張並辯護的理論）：對於中國軍事投資的最佳解釋，就是它受到美軍可能介入區域的威脅，因此欲透過反介入／區域拒止的戰力削弱此一威脅。

第五種理論則是由麻省理工學院教授傅泰林（Taylor Fravel）與美國海軍研究院教授杜孟新（Christopher Twomey）提出，認為中國的軍事投資是為了多項區域行動而準備，聚焦於台灣、南海、東海，甚至包括與俄羅斯、印度、朝鮮半島的衝突。這種觀點認為，中國的主要重心是在周邊區域，而非美國。[14]

本章與第八章都支持第四及第五種理論，並且要說明問題不在哪一種理論是對的，而是每一種理論在什麼時間點是對的。第四種理論對應「削弱」戰略，可以解釋中國在三連發事件後的戰略；第五種理論則對應「建立」戰略，適用於二〇〇八年全球金融危機之後，當時的中國更有自信了，公開尋求建立能因應區域緊急事件的戰力。

為了檢驗這些理論，我們要先關注中國自己的軍事投資相關話語。

中國軍事文獻

從中國軍方的回憶錄、論述文章以及理論文本可以看到，自一九八九年下半年以來，中國就認定它最大的軍事挑戰就是與美國的衝突。[15]本節將（一）證明中國在天安門事件、波灣戰爭、蘇聯解體後的戰略轉變；（二）藉由分析中國對「殺手鐧」武器的話語，說明中國出現不對稱削弱戰略是針對美國。「殺手鐧」這個詞語很容易引起爭論，在此是作為投資建置不對稱武器的替代用語；（三）簡要探討其他的不同解釋。

戰略轉變

一九八〇年代，中國國防策劃者把全副心思放在蘇聯對中國構成的生存威脅。但到了一九八〇年代末期，中蘇之間的緊張關係逐漸緩和，讓中國領導人將大部分注意力轉向局部戰爭。舉例來說，一九八五年鄧小平正式改變中國的戰略觀點，宣稱與蘇聯之間已沒有爆發地面或核子戰爭的迫切威脅。由於戰略思維出現變化，以及中國在軍事上逐漸著重於海軍事務與海洋領土衝突，中國海軍在一九八六年改變戰略，重心自「近岸防禦」（coastal defense）轉為「近海防禦」（offshore defense）。[16]

不過中國的安全政策並未在這條新軌跡上持續太久。天安門事件、波灣戰爭與蘇聯解體這三連發事件，立刻讓中國的安全展望轉向針對美國，而非與鄰國的局部（特別是海上）衝突。從多位中共中央軍委副主席（中共體制裡總書記之下的最高軍事職位）*的回憶錄、自傳、選集、論述文章中，我們得以洞悉中國軍事戰略為何改變、如何改變。幾乎所有中央軍委副主席都將中國軍事戰略的轉變歸因於三連發事件。

一九九三年，劉華清（他不僅是中國最高軍事官員，也是最後一位以現役軍人身分出任中共中央政治局常委的官員）發表了一篇官方權威性文章，解釋中國在同年發布的「新時期軍事戰略方針」。他清楚列舉中國軍事戰略改變的兩大因素：（一）蘇聯解體；（二）波灣戰爭。這與前文說法相符。關於第一大因素，他認為「兩極體制徹底崩潰……（但）霸權主義和強權政治（這裡是指美國）還沒有退出歷史舞台」，中國仍然必須與之對抗。[17]由於「過去被冷戰掩蓋的民族矛盾、領土爭端……日益激化起來」（這裡是指美中之間對於台灣等問題的爭端，這些爭端在以美蘇為中心的冷戰期間多少淡化了），所以不會有和平紅利。劉華清認為，「不能理解為現在太平了，可以馬放南山，刀槍入庫，等經濟搞上去了再搞軍隊現代化」。劉華清明白列舉的第二大軍隊變革理由是波灣戰爭†。他說：「我們（中央領導階層）之所以重視海灣戰爭的研究，是因為它體現了高技術戰爭的一些特點。」從這個角度來說，「海灣戰爭是一場特殊戰爭」，因此需要調整軍事戰略。[18]在北京眼中，波灣戰爭讓他們看到令人恐懼的未來：美國可能祭出高科技武器對付落伍的中國軍隊。這種看法成為戰略改變的催化劑，下文將詳細討論。

另外三位中央軍委副主席（張震、張萬年、遲浩田）也分別證實了中國軍事戰略大幅轉變是因為蘇聯解體、波灣戰爭與受到美國霸權主義的威脅所致。他們回憶，在一九九〇年代初期，這是好幾次中央軍委會議的主題。張震指出，「冷戰格局結束」與「高技術（武器）發展」是「主要的形勢變化，中國的軍事戰略方針必須據此調整」。[19]張萬年的說法與張震相呼應，他認為「『兩極化』的世界格局崩解」和「高技術武器帶來的戰爭型態新變化」形成了「中共中央委員會與中央軍委決定制定新戰略方針的戰略背景」。[20]遲浩田在一九九一年的一場演說中，不僅納入上述因素，還著重於天安門事件後美國帶來的意識形態威脅，以及美國對中國的制裁和遏制：「由於國際政治環境風雨飄搖且不穩定，在國際間交流與封鎖、合作與遏制並存的情勢下，我們

＊ 譯註：中央軍委副主席係對中央軍委主席負責而非總書記。中共最高領導人通常身兼三職：中共總書記、國家主席和中央軍委主席，但胡錦濤接替江澤民出任最高領導人的前兩年，江澤民仍續任中央軍委主席。

† 譯註：中國稱波斯灣戰爭為「海灣戰爭」。

必須認真實行新時期的軍事戰略。」[21]這些軍事將領咸認，冷戰雖已結束，但「具有新特徵的霸權出現」，這也可能危及中國統一台灣。[22]除了軍方之外，也有其他人提出同樣的論點。三連發事件之後的情勢太緊張，讓保守派煽動人士何新撰寫的一篇古怪文章流傳到中央政治局。何新在此時短暫竄升為總理李鵬的對外政策幕僚，任職於外事工作領導小組辦公室。他在文中主張，中國大陸可能成為美軍攻擊目標，「孤立中國、封鎖中國、通過煽動內部混亂來瓦解中國，最終通過民主化讓中國變得無害，從過去到未來都是美國的戰略目標，美國會漸進持續地實行這套戰略」。[23]他一度竄升至決策團隊，也堪稱一種時代象徵。

綜合這些文本，可以看出中國的軍事戰略正在改變。現在我們要探討它即將變成什麼樣貌。

削弱戰略

三連發事件後的幾年之間，中國的戰略凝聚為發展不對稱武器以削弱美國實力的工作。因此，中國的戰略調整歷程可藉由高層文本與相關會議的紀錄而重現。這些文本與紀錄的內容顯示：（一）中國相信自己正面臨來自美國高科技武器的威脅；（二）中國需要找出不對稱的方式，用「殺手鐧」武器來應對這樣的威脅。

「殺手鐧」這個讓人浮想聯翩的用語，有些人認為它不過是個浮誇詞語，因為它也會出現在戀愛或運動類別的專欄文章中，所以其意義好像「有點類似英文慣用語中的『奇招』（silver bullet）」。[24]但從歷史脈絡來看，「『殺手鐧』一詞原本出自中國古代民間故事，故事中的英雄使出這個魔物，就能戰勝看似非常厲害的邪惡對手」。[25]而在此一時期的中國軍事語境中，「殺手鐧」指涉的意義其實非常明確，那就是能戰勝高科技對手的不對稱武器與能力。

最高領導人江澤民在一次討論軍事現代化的演說中指出，中國必須發展「自己精良的『殺手鐧』武器裝備，以已開發國家為目標……要能盡快『贏』過對手」。[26]曾任解放軍總參謀長與中央軍委委員的將領傅全有也寫過類似意見，認為「在高技術條件下，要用劣勢裝備戰勝裝備比較優良的敵軍，我們需要依賴……高質量的殺手鐧武器」。[27]近年習近平也曾在一次討論科技的演說中，明確定義「殺手鐧」的含意就是「非對稱」。[28]雖然五角大廈前官員白邦瑞（Michael Pillsbury）等學者認為中國官方是在一九九〇年代後期才使用這個詞語，但現在能取得的中國文本顯示，殺手鐧一詞與相關的不對稱戰略，早在一九九〇年代初就已出現。[29]

波灣戰爭、軍事戰略、殺手鐧

中國當局在三連發事件後不久就開始著重不對稱戰略。波灣戰爭特別突顯了哪些軍事科技會對中國構成威脅，哪些科技又能拿來對抗美國。這些教訓都融入了中國一九九三年發布的「新時期軍事戰略方針」，以及中國接下來的軍事投資之中（下文即將探討）。根據這套戰略，中國試圖發展出能「以劣勢擊敗優勢」、讓「敵人最害怕」、能作為「王牌與致勝招數」，而且「能嚇阻強敵」的武器。要打造這樣的武器，中國必須延後某些軍事投資，包括易受攻擊的航母與水面艦艇。北京決心要「有所趕有所不趕」。

波灣戰爭初起之時，中國領導人已知伊拉克的軍備與中國近似，有部分軍備還優於中國。他們以為伊拉克會打一場形式如同中國的「現代條件下的人民戰爭」，讓美國捲入長期地面戰，進而在政治上遭遇挫敗。他們以為這場戰爭會與美國順利干預格瑞納達、利比亞與巴拿馬的情況不同。[30]但結果完全不如中方預期，美國大獲全勝。中國領導階層驚恐發現，中國若與美國發生有限區域衝突，很可能像伊拉克一樣慘敗。遲浩田寫道，在一次研究波灣戰爭的高層會議中，「伊拉克軍隊不僅在面對空襲時完全被動，在地面戰也迅速敗退，兵敗如山倒」，他承認這是「始料未及的」。[31]中國政治人物曾公開寫道，波灣戰爭是美國展現「全球霸權主義」的例子，「美國意圖主導世界」，包括中國。[32]張萬年就說，「海灣戰爭後，高技術局部戰爭登上舞台，每一個大國都必須調整軍事戰略」，包括中國。[33]

為調整軍事戰略，中國在波灣戰爭結束後就立刻展開一連串研究。一九九一年三月，中共中央軍委開會研討波灣戰爭，當時擔任總書記暨中央軍委主席的江澤民直接參與。江澤民當時即將成為最高領導人*，以如此地位參加探討波灣戰爭的研究會議，特別是作戰層級的會議，相當不尋常。這顯示中國軍事戰略的調整很可能是由最高層出手，其他說法也證實江澤民的確深入參與。遲浩田的傳記指出，江澤民本人「高度關注海灣戰爭，指示總參謀部研究這場戰爭的特性與兵法，探討新的作戰型態，並且提出相應對策」以應對美國在作戰時展現的高科技戰爭型態。[34]張震在這個時期與江澤民緊密合作，他在回憶錄裡寫道：「海灣戰爭爆發後，（江澤民）非常關切這場戰爭的進程，特別是它所呈現的現代戰爭發展情況，他還親自參與很多軍事研討會議。」[35]江澤民甚至例行性地提出有關「研究高技術條件下作戰問題的指導意見」，以及關於「為形成新時期軍事方針戰略做好準備」的指導意見。[36]

解放軍總參謀部也在一九九一年初召開了針對波灣戰爭的研究會議，從遲浩田在這場會議中的演說可以得知會議主要結論。他指出，波灣戰爭看來揭露了美國的優勢，並顯示現有的「國際力量對比」並不怎麼有利。[37]伊拉克的慘敗意味著中國必須「勤奮研究海灣戰爭帶來的教訓與經驗」，並且「從中獲得有用的啟發，以強化中國的國防與軍事結構」。[38]遲浩田指出，這項任務相當急迫，因為中國面臨嚴重威脅。遲浩田提到阿根廷、伊拉克等國在戰爭中敗給擁有高科技武器的西方勢力，並將這些衝突與他認為相當險峻的中國情勢直接連結，「這些衝突的結果顯示……較弱的國家會落入他國控制、會慘遭擊敗、會飽受羞辱，甚至會被征服或摧毀。」[39]他又說：「這是歷史證明了無數次的教訓，**但苦澀的現實（意指波灣戰爭）讓這個教訓在我們眼前再次上演。如果把這一點與我們的情況放在一起看，我們不能不著急幹活。**」[40]

---

* 譯註：當時的中國國家主席為楊尚昆，江澤民一九九三年繼任。

為了應對這種令人擔憂的狀況，遲浩田在談話中建議中國要找到方法，擊敗處於高科技條件下的較強勁對手。他指出，伊拉克沒有採取這些不對稱戰略，「這讓我們再次深深感受到，武器裝備比較劣勢的國家想有效擊敗較強的國家」，就必須有相應的計劃。他又說：「（應對優勢敵人）真正有效的方法，仍然是毛主席說的『你打你的，我打我的』。也就是說，你有你的先進科技，我有我的這套次等軍備來應對你的方法。」[41]毛澤東多年前總結的這套辦法，常被拿來和必須重新適應高科技環境的「人民戰爭」一起討論，並且納入中國解放軍指導方針。遲浩田說：

在戰術上（包括具體利用人民戰爭），在使用劣勢裝備戰勝敵人的戰術方面，我們應該下很大的工夫進行調研。從我們國家所處的環境與軍事形勢看來，我們必須創造出有自己特色的方法，能夠隱藏我們的短處，展現我們的長處，減少暴露我們的短處，並痛擊對手的短處。這是我們平時的軍事指導就要認真關注和研究的，才能解決我們面對的戰略問題。[42]

遲浩田總結的目標是要「發展我們自己的高技術裝備，手裡有這些裝備，才能確保對手不會輕舉妄動，我們也不會受到（高科技對手如美國的）脅迫。海灣戰爭研究小組第一次會議結束幾個月後，解放軍總參謀部發表「海灣戰爭研究報告」總結成果。遲浩田指出，報告涵蓋「廣泛且深入的研究，探討如何以現有裝備應對具高技術優勢的敵人」，而美國當然是唯一貌似合理的候選敵人。[43]幾個月後，總參謀部發表報告，提出對於新軍事戰略方針的建議。[44]

一九九一至九二年，隨著中國的戰略開始受到關注，「殺手鐧」一詞就在中國政治體系最高層的討論中出現。據張震的說法，此時鄧小平本人據報曾為了「克服優勢敵人的長處」而呼籲發展殺手鐧武器。[45]一九九二年，張萬年向中央軍委及政治局常委會發表針對中國「新時期軍事戰略方針」的高階演說，也呼籲發展殺手鐧武器，以「因應高技術環境下的局部戰爭與武裝衝突」，這也是只有美國會打的戰爭型態。[46]

一九九二年十二月，江澤民主動參加一場「軍事戰略問題座談會」，與中央軍委委員一同開會兩天，針對「新時期軍事戰略方針」做最後討論。[47]張震在一場演說中總結針對新戰略的討論，內容看來也涉及美國威脅。他「回顧當代中國飽受外敵侵略的歷史」，並將它與「新的（美國支配）霸權特色」相連結，暗示這將是密集工作的重點。[48]波灣戰爭顯示「遠程打擊能力的精確程度顯然已大為改善」，「遠程精準打擊預計將沿著（整個戰場）的縱深進行摧毀」。[49]在作戰層面，他的說法暗示了不對稱戰略，指出「人民戰爭的戰略與戰術必須創新」，在新制定的戰略中，中國必須「專注在敵人整個體系的短處與要害」。[50]在中央軍委再開了幾場會議、總參謀部又交了幾份報告後，「新時期軍事戰略方針」在一九九三年一月通過施行，它的核心重點就是要為「高技術條件下的局部戰爭」做準備。[51]至此，中國的戰略終於正式調整。

這份新的戰略方針在一九九三年公開推行，顯示在先前多場計劃會議中已確定政策，要對高科技對手如美國展開不對稱戰略。劉華清在一篇解釋新戰略方針的長文中，重申中央領導階層的結論：「我們的觀點是……任何高技術武器系統都有它的弱點，總可以找到對付它的辦法。」「我軍（在過去的衝突中）有以劣勢裝備戰勝優勢裝備敵人的優良傳統。在未來高技術戰爭中，我軍這一優良傳統仍然能夠發揮作用」。[52]他又寫道：「霸權主義國家的軍隊現代化建設是以發展遠程攻擊武器為主的，是以實施全球作戰行動為目標的。」[53]此處指涉美國已無疑義。劉華清明確表示，波灣戰爭不僅展現了高科技武器的危險，也展現了要如何以不對稱方式戰勝高科技武器。他也強調，對於毛澤東所提的不對稱手段要有「新」的詮釋，「特別是要研究以劣勢裝備戰勝優勢裝備敵人的新戰法」。[54]他擔憂，若未採取不對稱作法，「同世界先進水平的差距就會越來越大」。[55]

戰略權衡與殺手鐧

為確保有效實行新的戰略方針，劉華清的文章表明中國會做出取捨。他提到，一九九三年的「新時期軍事戰略方針」已經決定，地面作戰（例如與印度、越南、俄羅斯或剛獨立的中亞國家）不會是國防投資的重點。雖然他承諾軍隊規模仍將維持約三百萬人（或許是為了穩住陸軍士氣），但必須更重視海空軍：「要優先發展海空軍，加強技術兵種的建設……我們要把海空軍現代化建設擺到優先的地位。」[56]中國主要的領土爭議（以及它對台灣的重視）都與海事有關且涉及美國，故而重視海軍發展。之後也有文件更清楚呈現中方的重心聚焦於美國，張萬年就說過，「新時期軍事戰略方針訂出了戰略方向與（中國要面對的）作戰對手」，[57]再度強烈暗示美國就是戰略重心。

軍事準備是很昂貴的，劉華清在探討中國的「新時期軍事戰略方針」時就強調，中國軍隊無法將一切都現代化：「由於我們的軍費本來就不多……實際上用於購買裝備、基本建設……的錢就不多了。在這種情況下，我們還是要……盡可能用好有限的軍費。」[58]因此必須要分出輕重緩急，「必須從我國的國情出發，不能樣樣同國際先進水平攀比」。中國最高領導人也參與相關決定；部分將領就指出，是「在江澤民直接指揮下」發展殺手鐧武器。[59]江澤民提出要建立優先順序的方針，這個方針之後十多年在軍方高層將領的各種演說中反覆出現，包括「分出主次先後、輕重緩急」，以及「有所為有所不為，有所趕有所不趕」。

這幾句話，再被清楚連結到優先發展殺手鐧武器。[60]例如參與領導發展殺手鐧武器的張萬年，就曾在中國國防科學技術工業委員會發表演說時主張「殺手鐧武器建設需要大量軍費」，這意味著「必須刪除那些涉及落後技術的項目，不能讓它們耗用我們有限的軍費」。[61]為發展殺手鐧武器，他引用「有所趕有所不趕」、「有所為有所不為」的方針。在加速打造殺手鐧武器的工作會議上，張萬年也主張應將發展殺手鐧放在現代化的「優先地位」。[62]在一次中央軍委會議中，張萬年再度附和江澤民的看法：「我們的軍費不多，時間有限，不能什麼事都做。如果我們什麼都做，就會什麼都做不好，所以必須找出輕重緩急，分出（軍事投資上的）主次先後，找出最迫切的需要加以發展」。他接著表示，換言之「總的想法就是敵人最怕什麼，我們就發展什麼」。[63]

對殺手鐧的需要日益迫切

在新時代軍事戰略方針發布後的幾年之間，中國對於發展不對稱殺手鐧武器系統的重視達到高峰，特別是因為美國多次展示強權。在一九九四年的一次高層會議上，張震提出了戰勝美國這種高科技對手的三步驟計劃。首先他表示，「在高技術局部戰爭中，我們仍須依據（我們的戰略中）以劣勢裝備戰勝敵人優勢裝備的原則」。[64]他又說：「對於高技術條件下的戰爭，我們必須先精熟高技術裝備本身，這要分兩部分來研究：了解它的長處，也了解它的短處。」[65]第二，在戰術方面不要模仿對手，而是堅持毛澤東軍事思想中「你打你的，我打我的」路線，因應新時代環境予以現代化。[66]張震又指出：「第三步，也是關鍵的一步，是要找出我們自己的對策，寸有所長，尺有所短，高技術武器也有它的限制，我們總是能找到對付它的辦法。」[67]總體而言，利用劣勢裝備戰勝優勢裝備、利用獨特戰術達成此一目標、並著重於針對高科技武器的限制，預示了中國後來發展的反介入戰略。張萬年解釋，遠程打擊能力最要緊，他也強調「解決『看得遠、打得遠、打得準』的問題……特別是優先發展有效的殺手鐧」非常重要。[68]

隨著美中關係因台灣問題而趨於緊張，中方也更加清楚表明發展殺手鐧武器與對付美國實力的關連。張萬年在一場會議中宣稱，中國須在二〇〇〇年之前發展出具備「強烈遏制力量」的殺手鐧武器，以因應「軍事鬥爭的大方向」，這指的是台灣海峽，其中包括美國的介入。[69]一九九九年，在一場研究殺手鐧武器的會議上，張萬年再次將殺手鐧武器連結到台灣問題：「江澤民主席曾經再三強調，我們應該掌握殺手鐧，這是**實現統一**……的關鍵。唯有發展出自己的殺手鐧……中國才有能力採取主動出擊的戰略。」[70]張萬年也常強調殺手鐧對於「反分裂鬥爭」的重要，這指的也是針對台灣。[71]同樣的，這些都被認為是不對稱手段。在一次有關「第九個五年計劃」武器發展領域的會議中，張萬年說，「在高技術戰爭中，必須具備『致勝絕招』，也就是『殺手鐧』，以取得遏阻及戰勝敵人的條件」。[72]

到了一九九〇年代末期美國多次展現壯盛軍力時，中國更急於發展「致勝絕招」。一九九八年美國對伊拉克發動攻擊後，解放軍總裝備部表示關切，並宣告北京必須「盡一切努力盡快製造出殺手鐧武器。有了幾種殺手鐧武器以後，我國才能站直身子，挺直脊梁骨」。[73]本章開頭曾提及，美國一九九九年介入科索沃後，解放軍特別重視其中部分交戰情況顯示「劣勢裝備部隊能擊敗高科技條件下的優勢裝備軍隊」，並製作報告直送江澤民本人。[74]美國誤炸中國駐南斯拉夫大使館後，怒不可遏的中國最高層領導人如江澤民，就在中央軍委翌日召開的緊急會議中強調必須「加速發展殺手鐧武器」。江澤民相信此事「絕非誤炸」，「完全是有預謀」。[75]

一九九九年七月，中共中央軍委召開了針對科索沃情勢的會議，張萬年將美國在一九九〇年代的所有武力展示與中國現代化戰略連結，宣稱「『轟炸大使館事件』喚醒了中國軍隊」，「從一九九一年的海灣戰爭到一九九八年的『沙漠之狐』（Desert Fox）作戰，再到一九九九年的科索沃戰爭，解放軍……面臨一連串重大問題」。[76]在張萬年看來，美國在一九九〇年代每一次展現軍事投射能力，對中國都構成安全上的難題。他在同一次演說中說，「科索沃戰爭是美國在世紀之交加速實施全球戰略很重要的一步，對於美國霸權的新發展也是重要指標」。[77]「面對未來可能發生戰爭的威脅，中國解放軍要怎麼做？」張萬年在會議上做出響亮而清晰的回答：中國應該在「敵人最怕什麼，我們就發展什麼」的概念下，「努力製造出『殺手鐧武器』」，打贏「高技術條件下的局部戰爭」，[78]再次展現中國的軍事重心仍是要打贏對美國的戰爭。

其他解釋

多部權威性的中國軍事將領回憶錄與文選都清楚表明，中國在一九九〇至二〇〇〇年代的軍事現代化，都是為了和美國之間的高科技戰爭做準備。這些文本也足以駁斥對中國行為的其他解釋。舉例來說，擴散理論認為中國會極力仿效領先國家的戰力，戰力採用理論則認為中國會採用財政上可負擔或組織上不太複雜的戰力。但前述文本已闡明，中國領導人將許多軍事投資的優先順位置後，目標就是要「有所趕有所不趕」、分清「主次先後」、「有所為有所不為」——優先發展有利抗美的不對稱工具。官僚政治也一樣無法解釋中國為何特別重視不對稱戰爭。發展不對稱的殺手鐧武器，是經過審慎考量的決定，而且是由中央軍委的最高層官員拍板，較低層級的利益集團對政策的影響空間受限；若有人因為軍種內部或不同軍種之間的競爭而損及不對稱武器的發展，應該是觸犯了重大禁忌，甚至可能受到紀律處分。張萬年寫道：

軍隊每個部門與分支都應堅決建立總體概念（敵人最怕什麼就發展什麼），並全力實現目標，發展新的高技術武器裝備。為維持重心，必須強調局部應服從總體形勢，甚至不惜犧牲局部單位。必須堅決防範和克服去中心化，不能單方面強調單位的數量、規模、「專門」。必須禁止他們利用（改革）的形勢……應該要把服從總體形勢列入嚴格紀律。[79]

認為中國軍事戰略是聚焦於區域鄰國，這種看法也不正確。前文的討論已說明，中國領導人是公認的重視局部戰爭，但通常將作戰對手形容為「高技術」對手，或是「優勢敵人」，這個優勢敵人有能力發動長程攻擊，而且應該正在建立霸權——在這個時期，只有美國符合這些條件。焦慮不安的解放軍領導人詳盡研究的也是美國的軍力展示，這些領導人會特別將戰敗國的情況與中國的情況相連結。而所有的大型局部衝突（不僅是中共所謂的「主要方向」台灣海峽，也包括東海、南海、朝鮮半島），美國應該都會參與，而美國的參與就是中國取勝的絆腳石。中國的理論文本如《戰略學》直言：「即使直接（即區域）敵人比我們劣勢，優勢敵人（也就是美國）仍可能介入。因此，從戰略上看，解放軍仍應秉持以劣勢武器戰勝優勢裝備敵人的原則。」[80]雖然中國的確也可能遭遇陸上戰鬥（主要是與印度和越南），但本節的詳細分析顯示，劉華清至少在一九九三年已正式淡化陸上戰鬥的重要性，將重心轉向海上戰鬥——這樣的判斷持續出現在之後的官方文本中，例如一九九九年與二〇一三年版的《戰略學》，乃至習近平主席近年的談話。[81]

我們已從官方軍事文本確立了中國的不對稱戰略，現在要探究中國在軍事投資方面的實際作為。

海上拒止戰略平台：潛艦、水雷、飛彈

三連發事件後，中國在潛艦、飛彈、水雷等三大戰力上大舉投資，主要針對削弱戰略中的海上拒止戰略發揮作用，建置了全球最大的潛艦艦隊、全球最大的水雷庫、世界上第一種反艦彈道飛彈。中國在一九九〇年代至二〇〇〇年代初期建立這些戰力，但與此同時，它在艦載機、反潛戰、防空戰、反水雷和兩棲作戰等方面明顯投資不足，與前述對三大戰力的大舉投資呈鮮明對比。本章開頭提出的任何理論，包括擴散理論和戰力採用理論，都解釋不了這件事。此外，這三大戰力即使結合中國有限的兩棲作戰及制海能力，仍無法讓中國控制島嶼或奪取台灣。最好的解釋仍然是，中國要專注建立那些符合削弱大戰略的戰力。這些戰力能以不對稱方式讓美國無法在

區域內運作。中國的類理論文本中就出現這樣的論點，例如二〇一二年出版的《聯合戰役學教程》即大篇幅探究不對稱戰略，其中明確倡議使用飛彈、潛艦與水雷創造不對稱優勢：

在敵軍與我軍都具備同樣的戰鬥能力，以及有同樣的基本素質時，就會出現對稱優勢，此時對抗敵人的形勢是以數量取勝。至於不對稱優勢……如果敵人擁有我國所缺乏的戰鬥能力，我們就必須利用其他能戰勝敵人的手段，例如要具備一定數量的巡航導彈（巡弋飛彈）、潛艇、水雷來對付航母，這些綜整起來就構成了不對稱的打擊優勢。[82]

另一個例子是，作者倡議「利用導彈打擊、潛艇突襲、水雷封鎖來對付進入我國海域的航母打擊群」[83]；其他理論文本也多次倡議要利用這三種戰力對付航母。因此本章要探究前文討論過的三種戰力，以及中國為何大舉投資這三種戰力。中國在削弱美國的大戰略中優先發展這三種戰力，應可從領導階層討論中國軍事策略的脈絡看出。最高領導人如江澤民，以及多名中央軍委副主席，都強調發展殺手鐧武器、「發展敵人最怕的」武力、「利用弱勢武器擊敗高技術對手」，並重視找出「敵人的弱點」。中國對其他戰力的投資過少，看來也同樣和分清軍事現代化的「主次先後」、「有所趕有所不趕」、「有所為有所不為」等領導人的訓誡有關。現在我們要分別探究中國在這些不對稱領域的投資情況。

潛艦

二〇〇三年四月二十五日，在北京以東渤海海域作業的一群漁民注意到一樣不尋常的東西：海面上有一根細身金屬棒在陽光下閃爍著。他們小心翼翼地接近，發現金屬棒其實是一具潛望鏡，它所連接的潛艦看來是在海上漂流。[84]他們立刻以無線電通報北京，當局隨即展開調查。原來這是中國的明級三六一號潛艦。由於軍方以無線電聯繫不到艦上官兵，只好將它拖回港口再派水手登艦查看，結果發現艦上官兵全部癱倒在崗位上，顯然已窒息而死，而此時的三六一潛艦已在渤海了無生氣漂流近十天。數週以後，北京的外交部發言人承認了這樁悲劇，並將事故斷然歸因於「機械故障」。[85]但部分分析人士相信其實另有更主要的事故原因，那就是中國發展已久的絕氣推進系統（air-independent propulsion，簡稱ＡＩＰ）測試失敗。這項技術能讓潛艦在遭遇美國的水面艦艇與航母時匿蹤效果更佳。[86]分析人士注意到，潛艦上的空間本就擁擠，而這次任務中載運的兵員數又比標準多了二十人，還包括海軍高階軍官，情況很不尋常，應是為了進行一次過於倉促的測試。[87]

雖然外界無法確定悲劇起因，但懲處結果很清楚，多名負責的高官受罰。海軍司令員石雲生遭撤職，另有四名海軍最高階將領被撤職或降職。儘管遭遇這次挫敗，中國仍繼續傾注大量資源建置潛艦。短短三年後，一艘比明級更高階的中國宋級潛艦悄悄浮上海面時，美國小鷹號航母

（USS Kitty Hawk）就在它的魚雷射程範圍內，卻未偵測到它，震驚世人。

中國對潛艦的投資，乍看之下有些令人費解。一九九〇至二〇一五年之間，中國對潛艦進行了大規模的現代化改造，將已過時的八十四艘羅密歐級（Romeo）*潛艦全數除役；建置了十四艘明級、十二艘俄羅斯基洛級（Kilo）、十三艘宋級及十二艘元級潛艦；新的商級核動力攻擊潛艦也已下水——目前解放軍總計有七十艘潛艦服役中。[88]大多數遠洋海軍的組織都是以航母為重心，為何中國有近二十年的時間，一直以潛艦為重心來組織大部分海軍？

在三連發事件後，中國為何決定打造全球最大的潛艦艦隊，且絕大多數潛艦都部署在接近本國的海域？

本章開頭提出了幾個可能的解釋，但都無法成立。**擴散理論與戰力採用理論**可以解釋中國為何要取得某些戰力，但無法解釋中國為何對這些戰力過度投資，對其他戰力又投資太少。若以官僚政治理論來解釋，或許會說解放軍內部可能有潛艦官員進行遊說，但這種遊說的影響力應該微乎其微：出身潛艦部隊的軍官鮮少躋身中央軍委，更無人出任過副主席，也只有兩人曾當上海軍司令——其中一人只做了三年，另一人是張連忠，他雖然做了八年（一九八八——一九九六），但仍須聽命於中央軍委副主席暨政治局常委劉華清。劉華清個人主張海軍應以航母為重心，他

---

* 譯註：為一九五〇年代蘇聯研發的柴電動力潛艦，北約代號為Romeo，蘇聯代號為六三三工程。

是可以推翻張連忠的決定的。至於強調中國關注區域衝突的解釋，也同樣無法適用；在區域衝突中，潛艦無法拿下有爭議的島嶼。雖然潛艦能支援奪島任務，但中國連保護水面艦艇不受對手潛艦（例如日本或越南）攻擊的裝備都付之闕如，也缺乏打擊陸上目標的裝備。相反的，他們著重的是反水面作戰。[89]如果中國重視防範這些鄰國，為何要對潛艦大舉投資，對制海所需的戰力（如航母及其他水面艦艇）卻投資不足？

這些問題的答案，與三六一潛艦的悲劇及小鷹號的意外事件相互交織：中國想用潛艦削弱美國實力。中國以發展潛艦艦隊為重心，並非出於潛艦官兵自下而上的壓力，而是高層領導人自上而下認為應優先發展潛艦。這是不對稱戰略的一部分，目的是阻撓美國在區域內的航母及水面艦艇。從中國多方面的行為，都能清楚看到這樣的意圖。

首先在**建置**潛艦方面，中國自一九九〇至一九九五年間做出一連串戲劇性決策，因而徹底更新了所有潛艦，此時正是中方對美國的遠征戰力投射益發擔憂的時期。波灣戰爭爆發後的頭幾年，中國迅速將多達五十四艘的羅密歐級潛艦除役，以釋出資源建置多艘明級潛艦、宋級潛艦（這是中國第一款本土自製柴電動力潛艦，也是第一款裝載反艦巡弋飛彈的潛艦，用於遏阻美國軍艦）與核動力攻擊潛艦。[90]由於宋級潛艦狀況頻傳，中國並未縮減潛艦數量，而是做出更昂貴的決定：向俄羅斯採購十二艘基洛級潛艦，以彌補潛艦製造的缺口。[91]之後十年間，由於美國多次的軍事干預行動，中國對美國實力仍深感擔憂，因此又建置了三十一艘新潛艦，數量多到令人難以置信。如此龐大的支出可用來威脅中國周遭的美國海軍，但在與鄰國發生衝突時用處不大，也難以保護遠海的海上交通線。中國海軍一名高階戰略家就曾引用美國的評估寫道：「中國的潛艦產量已超越（美國）五倍」，且中國在太平洋部署的至少七十五艘潛艦，將能對抗在這個區域規模小得多的美軍。[92]

中國在這個時期建造的潛艦類型，也暴露了不少端倪。為何中國要優先建置具備絕氣推進系統的柴電潛艦，而非核動力潛艦？[93]柴電潛艦和核潛艦相比，雖然最大航程較短，但航行時安靜得多；柴電潛艦也是行使不對稱戰略的工具，成本遠比它們要威脅的美國核潛艦與航母低廉。中國海軍一名軍官曾說：「用一艘核潛艦的價格，可買好幾艘、甚至十多艘傳統動力潛艦。」[94]因此，中國雖然可以建造更多核潛艦，但它選擇不這麼做。中國決定效法以海上拒止為主要策略的蘇聯式海軍，同時使用柴電與核動力潛艦，而非以美國為目標全用核動力潛艦。

在這個時期，中國的潛艦裝備是針對以美國為目標的反艦作戰，而不是針對以鄰國為目標的任務，例如護航任務（可能需要反潛作戰）、地面攻擊能力，或者核動力平台（而非柴電動力平台）。自一九九〇年代以來，中國的潛艦就著重於裝備反艦飛彈，與美國形成鮮明對比；美軍的潛艦直到近年都完全未裝備反艦飛彈，而是以魚雷對付水面艦艇。中國重視研發反艦飛彈，讓這種飛彈不僅射程遠大於魚雷（多了四至十倍），打擊敵方水面艦艇的速度（通常是超音速）也快得多。一九九〇年，中國還沒有一艘潛艦能發射反艦飛彈，如今已有百分之六十四的潛艦具備這項能力，也就是自一九九四年以來建造或購置的每艘潛艦都有此能力。美國海軍情報局（US Office of Naval Intelligence）指出，中國自潛艦發射的反艦飛彈（包括俄羅斯SS-N-27 Sizzler及中國自製的鷹擊18）是世界級的，但它的反潛作戰及陸上攻擊能力仍相當貧乏。這一切都顯示反艦作戰是中國潛艦的優先目標，也就是說，中國著重的目標是美國艦艇，尤其是航母。[95]

其次，中國海軍的政策理論也證實，中國對潛艦的重視，是要將它當作海上拒止的工具，而非用於護航或制海，這與過去蘇聯的海軍政策相同。美國學者艾立信（Andrew Erickson）與萊爾・戈茲坦（Lyle Goldstein）在針對中國潛艦作戰相關文本的研究中指出，中國作者從蘇聯的潛艦作戰理論中獲得很大的啟發，他們認為中國的狀況（要對付一支具有裝備優勢的戰力投射海軍）與過去蘇聯要面對的情況相似。[96]中國的海軍理論文本在討論潛艦時，將它視為對付強權國家航母打擊群的不對稱作戰工具，無疑就是指美國。這應該不令人意外：自一次世界大戰以來，潛艦就被用作對付遠洋海軍的不對稱作戰工具。中國戰略家為探究以劣勢軍力對抗優勢的美軍，經常以福克蘭群島戰爭作為研究對象。在這場戰爭中，英軍艦隊因誤信阿根廷的假潛艦聯絡訊號，幾乎耗盡所有反潛彈藥，結果連一艘阿根廷巡邏潛艦都沒能擊沉。[97]此外，像是解放軍的海軍刊物《艦載武器》等一些官方色彩稍淡的文本，則對於在反介入／區域拒止戰中使用潛艦（特別是針對美國可能介入的台灣）有更明確的論述：「為保證取得必要的國防優勢，並確保完成統一大業、防範『台獨』，過去幾年來，中國加強自主生產新的常規動力與核動力潛艇」。[98]中國的傳統動力潛艦會在近海運作，核潛艦則會在西太平洋攻擊美國的補給線。[99]

第三，如前所述，中國潛艦的部署方式是針對發生在中國周邊的衝突，要讓美國軍力在中國近海難以運作。此外，仔細觀察中國有關潛艦的軍事訓練與演習，也可看出它著重於海上拒止任務。二〇〇六年及二〇一五年，都發生了中國的柴電潛艦悄悄靠近美軍航母，並在魚雷射程內上浮水面。這意味著即使冒著曝露行蹤的風險，中國也要對外宣告他們正在演練暗地追蹤美軍航母。此外，過去二十多年來，佈雷都是中國潛艦訓練計劃很重要的環節，在青島的中國海軍潛艇學院，佈雷也是中階軍官的主要課程。在許多情況下，佈雷不僅是為了攻擊（針對敵方港口），也是為了防禦（針對敵方航母與潛艦）。中國海軍的理論文本及其他文本都明白表述，要攻擊航母，水雷戰將發揮顯著效果。[100]

水雷

一九九一年二月十八日凌晨四時三十六分，美軍的黎波里號軍艦（USS Tripoli）被震醒了。這艘載著六百名官兵的一八五〇〇噸兩棲突擊艦，在波斯灣遭伊拉克的水雷攻擊。船身在水線下十五英尺（約四．六公尺）處，被炸出三百二十平方尺（約三十平方公尺）的大洞，大量海水灌入。[101]兩小時後，在十英里（約十六公里）之外，美軍軍艦普林斯頓號（USS Princeton）也遭遇多起爆炸，這艘九六〇〇噸的飛彈巡洋艦在短時間內接連撞上兩枚水雷，同樣得對付大量湧入船身的海水。[102]的黎波里號與普林斯頓號已屬幸運，兩艘船都沒有兵員損失，也設法堵住了船身進水，順利靠港進行修復。但這起事件暴露了驚人真相。這兩艘軍艦都是造價不菲的大型艦艇，單是普林斯頓號就耗資十億美元，但它們都被單價不過幾千美元的伊拉克水雷擊中而受損。據估計，波斯灣北部海域還有上千枚水雷，突顯了以水雷戰對付美國這個強勢敵人的不對稱優勢。[103]

中國帶著高度興趣觀察，並據此投資於相關準備。如今，美國海軍情報局發現「中國具備堅實的水雷作戰能力」，不僅擁有五至十萬枚水雷，還具備「關於海洋水雷研究、發展、測試、評估、製造的堅實基礎建設」。[104]這些水雷可透過多種平台（包括潛艦、水面艦、空投），從多種不同的距離部署。中國在相對較短的時間內，就把二戰時期的水雷庫全面現代化，組成「龐大的水雷庫，涵蓋極多種類的水雷，如繫留雷、沉底雷、漂浮雷、火箭上浮水雷、智慧水雷等」。[105]如今中國已打造出全球最大的水雷庫。對於中國為何如此大手筆投資於水雷，有幾種互斥的解釋，但大多無法成立。擴散理論與戰力採用理論著重探究中國採用與未採用哪些技術，但無法解釋中國為何過度投資於發展水雷。若以官僚政治理論解釋，或許會將過度投資歸因於強大的官僚影響力，但是，中國並沒有和水雷作戰有關的利益團體或聯盟強大到能影響軍事政策。至於主張中國比較重視與鄰國之間區域衝突的理論，也無法解釋中國為何對水雷過度投資。

水雷是防禦性武器，也可在進犯台灣時用於封鎖港口，但單單使用水雷無法達到控制台灣的目的；而中國大舉投資的是那些可用於深海並有效對付美國潛艦及航母的水雷，和針對台灣時能派上用場的水雷有本質上的差異。

中國針對水雷大舉投資的最佳解釋（從中國對波灣戰爭的濃厚興趣看來）是，這是以不對稱方式削弱美國在亞洲運作力量的手段之一。首先，在取得水雷戰力方面，中國擔憂美國藉波灣戰爭擴大勢力，因此催化出相關決定。波灣戰爭前，中國對水雷的研究進展緩慢，雖然在一九七四年就首度自製水雷，但直到十幾年後的一九八八年才建成首艘佈雷艦，這艘九一八型佈雷艦速度緩慢且容易被發現，作戰時幾乎不可能倖存。[106]波灣戰後，中國對水雷的投資大增，藉由自行研發製造或向俄羅斯採購水雷技術，建置了涵蓋繫留雷、沉底雷、漂浮雷、火箭上浮水雷、智慧水雷的水雷庫。中國大幅投資於深海水雷及火箭上浮水雷，顯示它亟欲威脅航行在遠海的航母，也想威脅離中國海岸較近的核動力攻擊潛艦（SSNs）。[107]

其次，雖然我們沒有取得中國水雷作戰的官方權威理論文本，但解放軍的官方文件與次要作者的論述，都強烈顯示這就是針對美國，其中受到波灣戰爭的影響很大。戰爭期間，中國的作者們研究了伊拉克的水雷如何達到重挫美國戰力投射的效果，也探究要如何利用水雷作為不對稱工具。中國期刊《現代艦船》一九九二年刊登的一篇文章就強調，水雷是弱國擊退強國的工具之一，而伊拉克已揭露美國的水雷反制（MCM）能力相當薄弱。中國的軍事作家也發現，以美國為首的聯盟軍隊無法有效反制伊拉克有限的水雷戰力：「雖然派出了四國共十三艘軍艦，但證實仍然不足，且軍艦之間的能力差距過大，反制伊拉克水雷的進度緩慢。」大約十年後，這些結論在中國有關水雷戰的論述中已成為一般常識。一篇研究第二次波灣戰爭中伊拉克水雷佈設的文章就寫道：「眾所皆知，伊拉克布下的水雷在一九九一年波灣戰爭中發揮重要作用，損毀多艘美國海軍軍艦。」這篇寫於二〇〇四年的文章還指出，雖然美國的水雷反制技術有所進展，但一些粗糙的基本款水雷仍可阻撓高科技美軍的戰力投射能力。為強調這一點，作者甚至引述一名在「伊拉克自由行動」（Operation Iraqi Freedom）*中負責反水雷技術的海軍軍官所說：「即使在海象及戰鬥行動環境都最理想的情況下，獵雷與掃雷的速度依舊緩慢，令人沮喪而且相當危險。」[108]中國的專家在分析美中衝突時對這些教訓頗為重視，中國海軍軍報《人民海軍》刊登的一篇文章就明白表述：

> 美國必須藉由海路運輸補給，但中國不是伊拉克，中國有先進的水雷……這是對美國海上運輸的致命威脅……台海爆發戰鬥的那一刻，解放軍海軍就可佈下水雷。美國軍艦若想實施反潛戰，必須先對這個海域徹底掃雷。在海灣戰爭中，美國花了超過半年時間才清除伊拉克佈下的所有水雷。因此，美軍要掃盡所有解放軍佈的雷，並非易事。[109]

中國的某些水雷戰力顯然是有針對性，專門為了阻撓美國軍艦通過海域而建置。中國大學建置可快速上浮的火箭上浮水雷（並稱之為「高科技化水雷」），可繫留於深海，並快速上升以攻擊目標。[110]中國的文件顯示，解放軍不僅向俄羅斯採購這類水雷（PMK-1與PMK-2），也引進俄軍使用這類水雷的準則，並且仿效俄軍，主要使用這類水雷攻擊敵人的核動力攻擊潛艦。[111]中國的對手中，唯一擁有核動力攻擊潛艦的國家就是美國，因此火箭上浮式水雷就是以削弱美國軍力為目標——有幾位中國作者都已明確表述這一點。[112]一名作者在談及俄羅斯擁有這類水雷時提到：「這類武器能打擊核動力攻擊潛艦，速度快到敵方來不及實行反水雷措施；這類武器也被認為能有效攻擊美國潛艦的單殼體結構。」[113]官方權威文本強烈暗示，反潛是水雷戰的關鍵目標。例如，解放軍的《聯合戰役學教程》中就要求設置「反潛雷區」，一本二〇〇七年出版的水雷戰教科書也一再提到要以水雷對付潛艦。[114]

最重要的是，在中國有關水雷戰的類理論文本中，廣泛且經常採用一些固定詞語，明顯暗示它非常重視以不對稱手段對付優勢敵人。這些詞語包括水雷「易佈難掃」，指的是水雷在實戰中的不對稱優勢，以及「四兩可撥千斤」，指的是水雷可發揮不對稱的破壞潛力。[115]另一個常用詞語是水雷「不引人注意」，中國作者指出，目前大型國家的海軍並不重視水雷，特別是美國海軍。[116]中國作者也經常寫到水雷同時具備「高低技術」，典型的參考範例是，波灣戰爭中使用的水雷成本僅一萬美元，對美軍艦艇造成的毀損卻達九千六百萬美元。[117]總的說來，這些在中國有

＊ 譯註：為美軍行動代號，即美國為首的聯軍自二〇〇三年三月展開的伊拉克戰爭。

關水雷戰文本中反覆出現的詞語，明確顯示中方將水雷視為不對稱手段，且經常是針對美國。

第三，中國的水雷戰訓練演習似乎都是模擬對付像美國這樣的高科技對手。解放軍針對水雷戰的訓練已多於他國海軍，美國海軍戰爭學院教授伯納德・柯爾（Bernard Cole）早在二〇〇一年就指出，「中國海軍的水面艦每年都要進行佈雷演習，這是大多數國家海軍都不常進行的演習」，這進一步顯示，中國對水雷戰的投資比大多數理論下的預期規模更大。[118] 在潛艦方面，二十多年來，佈雷都是中國的潛艦訓練計劃最重要的環節，在青島潛艇學院的中階軍官訓練中也是主要課程。《人民海軍》刊登的多篇文章都鉅細靡遺描述佈雷演習，甚至稱佈雷是「潛艦作戰的最基本要求」。[119] 這些演習目標，是美國可能用於對付佈雷艦的反潛戰力，例如美國的反潛飛機與直升機、反潛水雷區，以及核潛艦。這些戰力顯示，中國海軍的佈雷目標就是美國。[120] 此外，在空中平台方面，至少自一九九七年以來，空投水雷就是解放軍的訓練重點。這類演習會模擬敵方的尖端戰力，是中國絕大多數競爭對手都不具備的戰力，包括先進電子戰力。[121]

飛彈

一九九二年，時任中共中央軍委副主席遲浩田與其他中共高層憤怒難抑。[122] 當時美國剛售予台灣逾百架F－16戰機，並決定在區域維持強大的軍事存在，兩件事都讓中國相當緊張。但遲浩田指出，美國對台軍售不久後，解放軍第二炮兵就找出可行的解決之道。

第二炮兵組建於一九六〇年代末，由中國總理周恩來親自命名（周恩來這位革命家曾是中國共產黨實質領導人，直到長征期間被毛澤東取代），幾十年來一直專門發展中國的戰略核嚇阻力量，不過情況漸漸開始轉變。此時，第二炮兵向中國將領階層提出建議。

遲浩田回憶，「第二炮兵領導階層向中央軍委及聯合參謀部建議，應建造多種傳統飛彈以打擊目標敵人的空域、船隻及基礎設施。」[123]如此大幅轉向傳統的戰爭型態，影響甚巨，但遲浩田說他「堅定支持這項提案」。[124]他隨後「要求有關部門立刻展開嚴肅調研，進行共同研究，（第二炮兵）加速發展傳統飛彈」；[125]一項飛彈研發計劃於焉誕生，最後發展出中國的知名「航母殺手」，也就是反艦彈道飛彈（ASBM）。

遲浩田會見第二炮兵之後，中國大舉投資研發反艦彈道飛彈，並在持續多年的研發過程中創造出一種新的飛彈類別，還沒有其他國家發展出這類飛彈。因此，中國研發反艦彈道飛彈這件事，無法以擴散理論或戰力採用理論解釋。官僚政治的理論或可解釋中國的投資是出於第二炮兵（現已更名為解放軍「火箭軍」）等利益團體的倡議，因為這類飛彈是由第二炮兵操作，但第二炮兵雖在中國的核子安全保障領域扮演要角，卻一直是共軍規模最小的部隊，第二炮兵的軍官從未晉升中央軍委副主席，表示這支部隊的影響力有限。此外，反艦彈道飛彈在中國與鄰國的區域衝突中用處不大，主要因為這類飛彈是為了對付航母而設計，而中國的鄰國幾乎都沒有航母；印度雖屬例外，但中國的反艦彈道飛彈應該無法打擊到離周邊海洋地區這麼遠的目標航母。即使是中國出版的書籍也指出反艦彈道飛彈的效用有限，尤其是在制海行動方面。一名作者就指出，反艦彈道飛彈「無法取代航母、潛艦及其他傳統海上武器」。它們「可用於摧毀海上的敵方軍事力量，但無法取得絕對的制海權，遑論投射海上戰力」。[126]反艦彈道飛彈不足以投射戰力，也無法取得制海權，表示它們在台海戰爭或東海、南海衝突中的效用有限，除非中國基本上只將它們當作震懾或回應美國航母干預的手段。對於中國投資於反艦彈道飛彈的最佳解釋仍是：它是削弱美國實力的大戰略的一環。

首先，在取得反艦彈道飛彈方面，中國是出於對美國戰力投射的焦慮，才企圖建立這方面的戰力。中國將美國視為威脅之前，完全未曾投資建置反艦彈道飛彈。學者艾立信就指出，幾可確定中國是在一九八六年之後才決定製造反艦彈道飛彈。第二炮兵的首席工程師在這一年寫成一份高階文件，內容是關於到二〇〇〇年之前的十四年間可預期的軍事投資，其中提到反艦彈道飛彈的次數是零。[127]不同的來源都證實，第二炮兵直到一九九二年左右才被賦予傳統戰力任務，當時正是中國軍事戰略因天安門、波灣戰爭及蘇聯解體而改變的時候。關於第二炮兵的半官方歷史證實了這些細節，顯示其任務在三連發事件後有所轉變。

一九九〇年代初期，中共中央委員會、國務院、中央軍委依據國際軍事競爭的需要和中國武器裝備發展的情況進行了研究和估量，從科學角度做出戰略決策，要加速發展中國的新型飛彈。[128]

可以合理認定這些新型飛彈應該已包括反艦彈道飛彈，因為第二炮兵就是專注於發展彈道飛彈，而遲浩田的傳記也大致證實了解放軍自一九九二年轉向新的發展重心。[129]到了一九九〇年代中期，反艦彈道飛彈的研發顯然已進行得相當順利，足以讓中共官員當作吹噓的材料。美國的中國軍事專家賴瑞．武爾澤（Larry Wortzel）就指出：「中國總參謀部的高階軍官第一次提及要用彈道飛彈攻擊航母，是在我國的兩艘航母（於台海危機期間）出現以後。他一邊伸出手臂繞過我的肩膀，一邊說，我們要用彈道飛彈擊沉你們的航母。我們針對這件事談了很久。我不知道他們之前是否已開始研究，不過……我初次驚聞此事是在一九九六年。」[130]艾立信頗具說服力地證明，中國針對反艦彈道飛彈研發計劃的技術工作就從那年開始加速進行。到了一九九九年，中國出版的類理論文本中，已開始提及以反艦彈道飛彈攻擊航母。在美國出手干預科索沃戰爭，以及意外轟炸中國駐南斯拉夫大使館後，中共中央軍委決心加速研發「殺手鐧」武器，而反艦彈道飛彈就是其中之一。這顯示中國研發反艦彈道飛彈的主要驅動力，就是對美國戰力投射的焦慮不安，主要但不僅限於台灣相關事態。

其次，中國的理論文本明確指出，反艦彈道飛彈的用途是針對擁有航母的已開發國家軍隊，預設的當然是美國。解放軍二〇〇四年出版的《第二炮兵戰役學》一書，內容相信代表了第二炮兵的組織觀點，其中就明白陳述要以反艦彈道飛彈對付航母，並指應將反艦彈道飛彈當作「殺手鐧」，更精確的說，要拿它們來「遏制及封鎖敵方的航母戰鬥群」。書中還列出這些行動的必要條件，包括「應實時蒐集航母戰鬥群的信息」，因為航母是持續移動的目標。另一章節則提到「在多架艦載機連續對我沿岸實施空襲時，應該出『重錘』打擊敵方的核心航母」。[131] 一些官方色彩較不明顯的出版品則更加明確的表示，反艦彈道飛彈就是用來遏阻美國。《軍艦與商船》（*Naval and Merchant Ships*）一書作者呂東（音譯）就指出，反艦彈道飛彈是對付強權國家的不對稱武器：

> 冷戰結束以來，航母成為強權力量的象徵，彈道飛彈也成為全世界開發中國家的有效武器，用於保衛國家安全及挑戰強權。航母的力量是基於富國與窮國的綜合國力差距。另一方面，彈道飛彈則是要利用進攻與防禦技術發展的時間差……反艦彈道飛彈無疑是目前遏阻軍事干預的有效手段，雖然長期而言不見得有效。[132]

二〇〇五年，也有其他作者（包括第二炮兵的高階軍官）以類似語彙描述反艦彈道飛彈：「未來海上作戰的主要型態，將是廣泛使用精確制導的彈道飛彈進行遠距離精確攻擊。……我們必須將……遠距離海上發射的精確制導彈道飛彈視為我們武器裝備建設的重點。」[133] 這些重點顯然是針對在東邊發生的衝突，旨在因應中國的科技劣勢及阻止外國政府的干預，因此可視為更廣泛的政治戰略的一環。中國一名戰略專家就主張：

（反艦彈道飛彈）為中國在東側海洋進行軍事與政治戰略行動提供更多謀略空間……（建立一套）戰術彈道飛彈的海上打擊系統……將為中國在所有沿岸海域的高強度衝突中創造有利的火力不對稱性，也因此能在一定程度上彌補中國在傳統海軍平台的劣勢。此外，有了這樣的不對稱性，能為雙方建立心理上的衝突規模「上限」，讓雙方都能更容易回歸「理性」，為解決海上衝突創造更大的謀略空間。[134]

這些都是中共最高層領導人已被證實的觀點。二〇〇九年時任中共中央軍委副主席徐才厚訪美期間，曾被問及中國的反艦彈道飛彈，他暗示中國的彈道飛彈與巡弋飛彈都和遏阻美國干預台海情勢有關：「武器裝備的研發，包括我們在國慶日（二〇〇九年十月一日）曾經展示一部分的巡航導彈和彈道導彈，都完全是為了自我防禦……是為了維護國家安全的最低要求。大家都知道，中國還沒有實現完全統一。」[135]

在訓練方面，有部分資料指出，第二炮兵的常規部隊在訓練時，是以面臨美國的軍事干預為假想，強烈顯示中方關注的是包括美國的突發事件。美軍戰略司令部專家朗恩．克里斯特曼（Ron Christman）指出：「第二炮兵的常規部隊為應對嚴峻的威脅環境做準備時，最大進展之一是建立了一支假想敵部隊，在各種作戰環境中測試作戰部隊。」克里斯特曼也指出：「這支名為『信息化藍軍』的假想敵……模仿美國反飛彈部隊可能的行動，它實施的各種戰術包括電子干擾、電腦網路作戰、電腦病毒攻擊、火炮攻擊、特種部隊行動、電子欺騙，以及使用名為『邏輯炸彈』的惡意程式碼破壞電腦系統。」[136]只有美國可能對中國常規飛彈部隊實施這些戰術，再次顯示中國是全神貫注對付美國實力。

航空母艦

一九七三年十月二十五日，七十五歲的中國總理周恩來接見了外賓。當時的他已漸漸病重，卻渾然不知自己罹患膀胱癌的事實，因為毛澤東下令早在一年前已做出診斷的醫生向周隱瞞實情，甚至阻止醫生為他治療。周恩來雖健康惡化，但公務行程仍相當繁忙。當天接見外賓時，他談起中國的領土爭議問題，也談到中國需要一艘航空母艦。他感歎：「我搞了一輩子軍事、政治，至今沒有看到中國的航母。」他深信中國需要航母，「我們南沙、西沙被南越占領，沒有航空母艦，我們不能讓中國的海軍再去拚刺刀」，因為中國海軍若暴露於敵軍戰機下恐不堪一擊。他語氣激動的宣示：「看不到航空母艦，我是不甘心的啊！」[137]

從周恩來說這番話，到中國擁有第一艘航母，歷時四十一年。這段期間，全球共十五國有航母運行，包括阿根廷、澳洲、巴西、加拿大、法國、德國、印度、義大利、日本、荷蘭、俄羅斯、西班牙、泰國、英國、美國。[138]全球首艘航母是英國皇家海軍一九一七年下水的「暴怒號」（HMS Furious），比中國首艘航母早了一個世紀。究竟是什麼原因讓中國拖了這麼久？

擴散理論無法解釋中國為何未擁有許多強權國家早已具備的戰力，因為依照擴散理論的解釋，中國早應擁有航母。以戰力採用理論解釋或許稍微說得通，因為依照這種理論，建置航母對「財政與組織上的要求很高」，因此過程相當複雜。但證據顯示中國的情況並非如此，中國早在二〇一二年之前多年就有能力建置航母。[139]首先，如果中國將建置航母視為優先政策，是可以自造出輕型非核動力航母的，雖然成本與難度都很高。分析家伊恩·史托利（Ian Storey）與由冀指出，中國「在一九六〇年代中期混亂的文化大革命時期，就有能力克服技術與財務問題發展核武；自此時起，中國大幅強化了科學、工業、經濟基礎」，如果中國領導階層認為戰略上有必要建造航母，這些基礎或已達到可以造出輕型航母的程度。[140]雖然建造航母可能耗用大筆海軍預算，但就像核武與核潛艇計劃一樣，要取得額外經費並非不可能。[141]中國的官方權威資料證實了此一詮釋，也證明建置航母的關鍵在於它是否被視為優先政策，而非財政或組織上有困難。時任中國海軍司令的劉華清上將後來在回憶錄憶述，他在一九八七年解放軍總參謀部一次重要會議中提到：「至於我們在技術上是否能製造航空母艦與艦載機，在詢問過航空、造船及其他相關產業的領袖與專家後，他們相信他們能夠達成基本的要求。」[142]在財政問題上，劉華清表示可從其他項目撥出資金，「發展航母戰鬥群，是怎麼調整裝備資金軌道的問題，不需要大幅增加裝備的費用」。[143]在這個時期，中國也接受可能有利於發展航母的西方國家援助，包括一九八五年接收一艘澳洲汰除的航母，以及其他有用的技術交換——這些都能幫助中國在一九九〇年代打造出自己的航母。[144]

其次，中國不僅可自己打造航母，也可向外國採購新航母，或買入舊航母再進行改裝。有幾個開發中國家都已取得、改裝、運作、維護輕型航母長達數十年，包括自一九六〇年開始的巴西，一九六一年開始的印度、一九九六年開始的泰國。即使在天安門廣場屠殺引發多國對中禁運武器之後，西方國家仍願意協助中國建置航母，西班牙就提議為中國建造航母，法國則提議將一艘自有的舊航母改裝（雖然這兩項交易都落空了），幾家歐洲企業與中國實體簽訂顧問合約，移轉了重要的知識或設計給中國。最重要的是，俄羅斯願持續提供中國各種藍圖、專業知識、技術與船體。如果劉華清說得沒錯，中國早在一九八〇年代就能建造航母，到了一九九〇年代或二〇〇〇年代，它肯定能改裝俄國的航母，尤其是俄國又願意提供協助。

在蘇聯解體後的八年之內，中國購入三艘前蘇聯時期的航母（明斯克號、基輔號、瓦良格號），其中瓦良格號（Varyag）還配備功能完好的引擎與藍圖，要改裝顯然是可行的。[145]即使翻新航母難度太高，中國也可以花錢請俄羅斯將航母恢復到可運作狀態，並提供艦載機；印度就曾請俄羅斯升級改裝「高希科夫上將號」（Admiral Gorshkov）航母，總共耗資二十至三十億美元。[146]

一九九〇年代至二〇〇〇年代初期，俄羅斯已協助中國進行其他敏感領域的國防現代化。問題還是沒有解答：如果中國有能力建造或改裝航母，為何拖上幾十年才真正建置航母？

有些人可能會說，中國的拖延是官僚政治的結果——潛艦部隊或陸軍反對這個會吸取大量資源的計劃。雖然著名的航母反對人士中不乏潛艦部隊高階軍官（如王世昌），但事實上，中國海軍的領導階層對航母顯然很感興趣。[147]中國海軍裝備技術部前部長鄭明就曾說：「海軍高層向來主張要建造一艘航母。」[148]此外，中國海軍一九八〇年代的副司令張序三與一九九〇年代的副司令賀鵬飛，都強烈支持艦載航空兵部隊，也支持秘密取得瓦良格號航母。[149]

最重要的是，劉華清一直孜孜不倦倡議中國要有自己的航母。據報他曾留學蘇聯，師事大力推動蘇聯成立艦載航空部隊的高希科夫上將（Admiral Gorshkov），還說過一句相當著名的話：「不搞航空母艦，我死不瞑目。」[150]劉華清在一九八〇年代指揮海軍多年，並晉升至中央軍委副主席，成為最有權力的軍事將領，一九九〇年代當選中央政治局常委，與鄧小平和江澤民都關係密切，還推動重大軍事改革，包括讓海軍和空軍比陸軍優先現代化。權勢強大的劉華清倡議建置航母，不太可能是因為潛艦部隊或陸軍的狹隘利益而受到阻撓。[151]不發展航母的決定不是來自基層的官僚政治，而是出於領導階層的戰略計劃，包括江澤民本人及整個中共的高層應該都參與其中。

也許有人會說，中國官員延後建置航母，是因為他們認為航母在與鄰國的區域衝突中派不上用場。但實際上許多中文資料已明確顯示事實與此相反：中國政府數十年來都認為，航母在與鄰國的偶發衝突中不可或缺，特別是它能實現護航與制空的目的。周恩來一九七三年就表明這樣的看法，劉華清身居高位時也對此反覆強調。[152]一九八六年十一月，劉華清擔任「海洋發展戰略研究小組」成員，小組納入了「軍方與文人政府領導人，以及（政府各部門的）知名專家」。他在回憶錄指出，「從保護中國海洋權益、收復南沙群島與台灣、應對其他戰略情勢的需要看來」，小組成員「建議打造一艘航母」；[153]他進一步指出，若沒有航母，難以只憑水面艦保護中國的利益。一九八七年他向中國總參謀部發表談話，指出「在考慮海上編隊時，我們過去只考慮驅逐艦、護衛艦、潛艇；但在進一步研究以後，我們意識到，如果沒有空中掩護，這些編隊不可能在岸基機的作戰半徑之外作戰」，況且即使在岸基機的作戰範圍內，若出現危機時刻，空中掩護根本也無法迅速抵達。[154]軍方深信航母不僅能在遠海的南海衝突中發揮功能，對於近在台灣海峽的衝突也能派上用場。劉華清寫道，解放軍總參謀部對他的報告似乎相當滿意，將建置航母的問題升高層級。這一切在在顯示，至少早在一九八七年，中國應對範圍較小的局部突發事件的重點，應該包括要建置一艘航母。一九九五年，劉華清在一場有關航母的高層會議中指出，「防衛南海、和平統一台灣、保衛海洋權益，這些都需要航母」。[155]中國認為航母能在區域突發衝突中派上用場，這表示那些認為中國的軍事投資考量重點是區域衝突的理論，無法解釋中國為何要延後建置航母。

上述證據明白顯示，中國當時要打造航母是可行的，不僅海軍內部乃至整個軍方都高度支持，一九八〇年代末期也獲得中央領導階層的支持，領導人相信它在區域衝突中也不可或缺——但中國當時仍然沒有展開建造航母的計劃。理由正是，建置航母並不符合以不對稱手段削減美國實力的削弱戰略。

首先，中國取得航母的過程顯示，延後建置航母並非偶然，而是非常高層的領導人考量後的結果。中國海軍裝備技術部前部長鄭明少將早在一九九二年初就曾被派往檢查前蘇聯的航母瓦良格號，為購入它做準備。「這趟（一九九二年）行程中，我們發現它是一艘全新的船，從船身的鋼板到其他設備都是新的，所以我們建議（中央）買下它，把它帶回國……但是基於當時的（政治）形勢，中央沒有這麼做」。[156]中國海軍前副司令張序三在二〇〇五年一次受訪時也同樣憶述，「我當然主張要趕緊擁有一艘航母……我在海軍（擔任副司令員）時就這麼主張，當時的司令……劉華清也主張，但因為很多因素被擱置了」。[157]多位學者在北京訪問相關人士後做出結論：中國航母在一九八〇年代末期至一九九〇年代初期一再被延後或擱置，是出自高層的政治因素；而一九九〇年代中期，江澤民批准進行國家層級的航母計劃初步研究，也許只是為了安撫劉華清。[158]澳門大學社會科學學院政府與行政學系教授、也曾擔任新加坡國立大學高級訪問研究員的由冀指出，劉華清多次遊說江澤民發展航母，江則謹慎回應，因為他仍需要劉的支持。由冀寫道：「江澤民深知劉華清主張發展航母的個人立場。他一直同意進行有關航母的初步研究，避免在航母事務上與劉正面衝突……這是一種拖延戰術，到最後他才終於決定擱置（發展航母）。」[159]一九九五年五月，劉華清向中央政治局常委會遞交一份有關航母的報告，提議購買並改裝瓦良格號，此時情況出現轉變，常委會拒絕了劉的提議。自此，航母議題沉寂了至少八年。[160]直到二〇〇〇年代中期以前，中國都未表現出對發展航母的興趣，直到全球金融危機之後才認真投入資源。

劉華清承認，中央軍委以上的領導層級才有權決定建造航母，他要指的應該是曾拒絕他的提議的政治局常委會。他把航母定位在可謂範圍更廣泛中國大戰略格局中：「但航母的發展不只是一個海軍的問題，而是事關國家戰略和國防政策的大問題，一定要從綜合國力和整個國家的海洋戰略全局出發，精準定位，審慎決策。」[161]這就表示，發展航母的決定與海軍結構的問題（也就是要以航母為基礎或以潛艦為基礎），必須是由能考量更廣泛戰略（而不僅是軍事戰略）的領導層級做出決策。我們可從這些決策深入洞察中國的戰略目標。

其次，中國的政策理論顯示，在涉及美國的作戰方案中，航母被認為沒有用處，也不符合中國的整體戰略目標。官方的軍方文件強烈暗示，中國認為航母在南海可以派上用場；美國的中國軍事專家、加州大學聖地牙哥校區全球衝突與合作研究所教授張太銘曾寫道：「一九八八年三月，中國與越南在南沙群島爆發衝突後，有跡象顯示中國領導階層很快就會批准建造航母。」[162]但對中國造成極大衝擊的三連發事件，揭示了美國不再是中國的盟友，反而可合理認定是軍事科技遠勝中國的對手。於是中國的大戰略轉向應對美國這個威脅，軍事戰略也隨之改變，不再著重建立那些面對鄰國時提升優勢所需的能力，而是著重發展不對稱武器，這類武器的特質是不像航母那樣容易暴露弱點，而且造價較為低廉。

中國軍事刊物裡的作者們多年來不斷寫到航母的弱點，部分資訊是來自美蘇海上競爭留下的教訓。解放軍一名作者曾在一九八〇年代末期寫道，「美國海軍航母戰鬥群數量有限」，而且還「面對配備各式飛彈的（蘇聯）戰艦群」。[163]中國國防戰略家那時應該已經明白，一旦自己也擁有航母時也可能存在同樣弱點，以及蘇聯反擊美國航母的手段確實有效。因此在三連發事件後，美國成為中國的主要戰略威脅時，中國官方對航母發展計劃的評估應該已有所改變。

中國軍方作者長久以來發表的論述都與上述觀點相符。從整個一九九〇年代直到今天，許多作者甚至類理論文件都質疑中國航母在對抗美國海軍的行動中有多少用處。一名官員就曾說（雖然有些誇大）：「二十艘中國航母也敵不過一艘美國核動力航母。」[164]北京大學教授葉自成在二〇〇〇年代中期成為航母相關討論的重要人物，在一篇呼應冷戰時期探討航母弱點的分析文章中，他認為中國的航母將難以抵禦美國的飛彈。他提出「海權須從屬於陸權」，並因此主張「中國應延後建造航母計劃」。他寫道，「海權還須服從軍事技術發展趨勢」，「隨著精確制導的陸／空基導彈技術不斷成熟，遠洋海軍、航母艦隊的優勢大為減弱，而且更容易成為先進的導彈、陸基飛機、先進的潛艦和驅逐艦的打擊目標」。[165]他指出，某些高速飛彈甚至成為「航母殺手」。葉自成提出的主張，官方權威性質固然不如中國海軍內部的軍官，但以他在軍事討論方面的資歷，他顯然是在傳達很多人都主張的觀點。葉自成列出的戰力，也就是潛艦與航母殺手飛彈，的確就是中國在這個時期非常重視的發展目標。中國說不要仿效西方國家、要用弱者的武器打敗強者、要取得殺手鐧武器，這些戰略上的訓誡似乎都顯示，中國決定避免投資像航母這樣昂貴的平台，而是要著重發展不同的能力，因為中國的航母無論如何都無法匹敵西方國家的航母。葉自成認為，建置航母的費用「可以更有效地用於」取得「先進的潛艦」與「中程和遠程導彈平台」，包括「提高導彈的性能」。[166]這一切在在顯示，中國的軍事與學術著作的論點一致：認為航母無法有效對抗美國；認為在波灣戰爭開啟的軍事科技新風潮中，所有航母都很脆弱；認為中國應該建置的是那些新的軍事科技，而不是航母。

雖然我們無法確切證明中共中央軍委或政治局常委會的決定就是受到這套論述驅使，但若將這些證據結合本章前段的中國戰略文本回顧，就能看出這套論述很可能是其中的重要因素。包括江澤民在內的最高領導人，應該對這些論述與更廣泛的運作考量相當熟悉；事實上，江澤民一上台就接受鄧小平的建議而深入參與國防規劃，多次軍委會議他都全程出席。包括發展核武、衛星、不對稱武器的決定，中國的領導人都親自參與，而發展航母的決定應該不會是例外。一旦決定建置航母，不僅意味著要建立獨特的海軍架構，整個軍隊的架構也要隨之調整，而這樣的架構並不符合削弱戰略。一本解放軍教科書就清楚寫道：「我們是否應發展航母，不只是海軍的問題，還攸關要如何調整全軍的兵力態勢與國防政策。」[167]這正是為何在針對美國的大戰略中，發展航母會是魯莽的決定。

當然，中國最後還是建置了航母，但那是在對美國實力的認知改變以後。在認知改變之前，如同航母和其他議題所顯示，中國軍方一直聚焦於削弱美國的勢力。中國最初是受到三連發事件促使，從越來越著重維持遠海領土的「制海」戰略，轉向著重防止美軍穿越、控制或干預中國附近海域的「海上拒止」戰略。戰略轉變不易，於是北京訂出優先發展的方向，要「有所趕有所不趕」，並致力於實現「敵人最怕什麼，我們就發展什麼」；儘管有能力，也暫不建置航母及其他成本高昂又容易暴露弱點的船艦，而是選擇發展造價相對低廉的不對稱武器，符合將美國拒於區域之外的「反介入／區域拒止」戰略。過程中，北京打造出全球最大的水雷庫、全球第一枚反艦彈道飛彈、全球最大的潛艦艦隊——這一切全是為了削弱美國的軍事力量。

這樣一致的願景與目標並不侷限於軍事領域。下一章將說明，其中的要素也引導著中國在區域組織當中的政治與外交行為。

第五章

「展現善意」

——中國如何在政治上削弱美國

「冷戰結束後美國的霸權行為與超級強權地位，是中國現在越來越重視多邊外交的一個重要原因。」[1]

——北京大學教授王逸舟

一九九三年十月，中國首位APEC大使王嵎生正帶著團隊加緊準備APEC首次領導人層級的會議。當時APEC是剛成立的亞洲區域組織，全名為亞太經濟合作會議（Asia- Pacific Economic Cooperation）。王嵎生敏銳地意識到，十一位來自亞洲最大經濟體的領導人數週後將在美國西雅圖聚首。此時正是冷戰結束後不久，時任美國總統柯林頓邀請眾領導人前來，要討論的不僅是這個甫具雛型組織的未來，還有亞洲秩序的未來。對中國來說，這項會議事關重大。

王嵎生在回憶錄中敘述，峰會揭幕前幾週，日本某家報紙披露了一份出自美國領導的APEC專家工作小組的報告，內容是對APEC的未來提供的建議。王嵎生帶領的中國團隊對此驚駭不已。報告與其中的建議讓王嵎生措手不及，心中出現警訊。他回憶：「我們看到這份報告的吸睛標題《邁向亞太經濟共同體》（*Towards an Asia Pacific Economic Community*），忍不住大吃一驚。」「這是怎麼回事？這是真的嗎？我們能同意嗎？我們該怎麼辦？」一連串的問題都出現了。」[2]雖然這份報告只是一份建議文件，仍然讓王嵎生相當憂慮，「我們不知道報告是『符合』或『不符合』美國總統柯林頓的亞太戰略。我們無從得知，但也不是非知道不可」，因為中方早已打算無論如何都要反對美方的建議。[3]王嵎生回憶：「當時，我覺得我們要做的最重要的事是立刻通知上級有這份報告，嚴肅思考並準備好反制措施。」[4]

對王嵎生來說，這份報告以及使用「共同體」（Community）一詞，是在號召抗敵。他認為，加入「共同體」一詞絕非單純善意的決定，而是再次證實華府企圖犧牲中國利益，要狡詐的將一個由美國領導的組織運作成為亞洲最重要的區域組織。因此中國必須讓APEC陷入泥淖，藉此削弱美國在亞洲建立秩序的成效。王嶼生積極運作，企圖降低「Community」一字的份量（確保APEC這個縮寫不是指「亞太經濟共同體」，而是「亞太經濟合作組織」），他也設法確定只要community一字出現，首字母一定是小寫c，以免被拿來和體制較完善的「歐洲共同體」（European Community）相提並論。

這場為了一個英文字community（以及十幾項其他議題）的詭異較勁，其實是一場代理戰，實際上要爭的是APEC應該多強大，而中國嚴肅以對。王嶼生在回憶錄中寫道，當時一位美國外交官還在公開演說中取笑他對此事的頑固堅持，「（他的說法）真浮誇，不過事實上，（美國人）一直試圖讓APEC超越經濟議題……有些評論家說，這些（美國人）的真正意圖是創建一個他們能主導的共同體……這說法絕不是沒道理」。[5]

次年，中國成功將APEC維持在低度制度化的狀態，王嶼生相當得意。他寫道：「美國從開始就拚命主導APEC的發展方向，用各種方式尋求發揮影響力及施加壓力。」[6]「柯林頓總統帶著兩千多人，分乘十架飛機來參加會議，無論會場內外都在運作——但仍告失敗」。[7]美國未能達成目標，讓中國額手稱慶，因為這代表APEC將維持「輕薄」組織的狀態，美國很難利用它在亞洲建立秩序。這正是中國政治削弱戰略的關鍵環節之一；自天安門事件、波灣戰爭、蘇聯解體等事件爆發後，中國一直在整個區域實行這套政治上的削弱戰略。

本章要探討中國為了在亞洲削弱美國實力所做的工作，聚焦於中國在這段時期參與區域組織時令人費解的兩大特點：（一）中國原先一直避免加入這些組織，為何在一九九〇年代初期突然決定加入？（二）中國阻撓多個區域組織的發展，為何還要加入它們？為了回答這些問題，本章探究中國在亞洲當時幾個具領導地位的組織內如何施展權謀；這些組織包括亞太經濟合作組織（APEC）、東南亞國家協會（簡稱「東協」，Southeast Asian Nations，簡稱ASEAN）*，以及上海合作組織（簡稱「上合組織」，Shanghai Cooperation Organization, SCO）。

本章認為，中國加入又百般阻撓這些區域組織，是要削弱美國的秩序建立，並創造自己的安全保障。北京擔憂美國在區域的影響力日益壯大，於是逐步破壞那些美國參與的組織的制度化，如APEC、東協區域論壇（ASEAN Regional Forum，簡稱ARF）等等，但對那些未納入美國且由中國扮演主要角色的組織，北京則支持其制度化，如東協加三（ASEAN Plus Three Cooperation，簡稱APT）†與上海合作組織，這兩個組織都是由中國協助成立的。中國也希望藉由參與區域組織讓鄰國安心，讓鄰國對加入美國領導的平衡聯盟興趣降低，同時利用組織規則箝制美國實力，包括美國的軍事部署與經濟脅迫力量。這種對區域組織的防禦性態度，加上偶爾出現的防禦性舉動，一直持續到二〇〇八年全球金融危機促使中國追求實現更大膽的政治野心。

解釋中國對區域組織的政治戰略

中國對亞洲各個正式多邊組織的參與，有助於我們了解它的大戰略。[8]參與這些組織的國家與領袖通常必須投入許多時間和資源，因此很適合用於衡量各國的偏好與戰略。這些組織也可針對那些左右各國行為的領域制定標準與規則，因此可能成為主要國家的工具。

我們可以從幾個關鍵要素去評估中國在區域組織裡的行為。首先檢視中國選擇哪些組織，也就是中國**加入或創立**什麼樣的組織、在什麼時間點選擇這麼做，以及這些組織是否發展出完善的規範執行與監測機制。其次是如何**參與**，也就是中國在組織內做了哪些事，要探究的重點包括中國是否做出強化或弱化組織效率的行為，例如是支持某組織的監測機制，或是破壞某組織的決策架構。第三，可以檢視某個組織的**利益**，例如在官方的核心功能之外，是否也為中國提供了安全競爭上的優勢。

評估中國的行為之後，再與深入爬梳文本的成果結合，我們就必須試著做出解釋。本章要檢驗兩種解釋。第一種理論是中國真誠參與這些組織。中國之所以真心付出，可能是渴望透過合作

* 譯註：台灣將ASEAN譯為「東南亞國家協會」，簡稱「東協」；中國、香港譯為「東南亞國家聯盟」，簡稱「東盟」。

† 譯註：即東協十國加上中、日、韓三國。

與解決問題而獲得實質回報（基於自由主義的解釋），或是想藉由地位、形象或認同方面的合作獲得社會性獎勵（基於社會學的解釋）。這兩個自由主義與社會學的解釋可以結合在一起，因為它們的意涵大致上相當接近：無論是哪一種解釋，中國都是真心誠意的致力參與這些組織，為了增進組織效益而行事。

第二種理論則假設中國參與這些組織並非出自真心，而只是和削弱與建立戰略有關的手段。從這種觀點看來，中國是基於大戰略的邏輯而參與，而多邊組織的目的不僅僅是解決貿易、環境等相關議題，還是強權建立秩序的工具。

那些能用來吸引合作的機制（規範、準則、聲譽、監測、執行），同樣也能支撐強制力、誘發共識與正當性等共同形成秩序核心的要素。

因此，削弱戰略可能包括一國加入對手的組織，目的是暗中破壞，讓這個組織反過來遏制對手勢力，或對較弱的鄰國展現善意以化解其疑慮。相反的，建立戰略則是一國可利用這些組織（可能涉及貿易、金融、衛生、資訊等各種重要領域），建立對他國的控制型態。例如，讓某些國家無法獲得組織的利益，就產生了強制作用；向某些國家提供組織利益，則可引誘這些國家服從；而治理組織的國家，則可增加領導他國的正當性。

若中國參與組織的動機是出於這些削弱與建立的大戰略邏輯，我們應會看到它有某些行為型態顯示出它並非真誠參與組織。在選擇組織方面，中國可能選擇加入那些能增加自己安全利益的組織，也可能自行創立不必要的平行組織，而不加入他國控制的組織。

在組織參與方面，中國可能提防對手治理的組織體制變健全，但想讓自己治理的組織更加制度化。在組織利益方面，中國強調的組織目標可能不是解決問題，而是非常直接的國家安全考量。本章及第九章都會證明，中國在國際組織中的行為確實就屬於這套戰略型態。

涉及區域組織的中國政治文獻

中國的文本（如外交部重要官員的外交回憶錄與政策文章）披露，北京並未將區域組織視為真正解決問題的公共討論媒介，而是將它們當成手段，用來削弱美國打造秩序成果、安撫鄰國，並且讓美國沒那麼容易參與區域。本節以兩部分來論述這個主張，首先著重於天安門廣場屠殺、波灣戰爭、蘇聯解體等三連發事件如何影響中國對於多邊組織的戰略；第二部分則解釋中國如何產生利用這些組織削弱美國秩序的戰略，以及這套戰略的內容。

三連發事件與政治戰略

在三連發事件之前的冷戰期間，中國鮮少參與多邊機制——特別是區域的多邊機制。當時中國與多邊機制的互動，侷限在聯合國和世界銀行（World Bank，簡稱「世銀」）這類能為中國提供技術專業知識的組織。但三連發事件迫使中國重新思量。澳洲格里菲斯大學國際關係教授賀凱就寫道：「蘇聯解體後，中國的戰略環境經歷劇變……美國因為在人權與台灣問題上的政策，成為唯一對中國的內外安全都構成極嚴重挑戰的超級強權。」然而由於美國的實力強大，中國又依賴「美國的市場、資本及科技」，北京無法公開反美；中國要比較低調地實施安全戰略，區域組織因此成為重要的一環。[9]

前面的章節談過，三連發事件讓中國全面重新評估大戰略，並著重於區域的多邊機制。協助中國首次形成區域多邊政策的王嵎生就說，中國是在「冷戰結束後」才開始關注區域組織，因此「大約在一九九〇年代初期，中國開始參與某些區域機制」。[10] 他憶述：「蘇聯解體後，也就是冷戰結束後，中國經歷了幾年的『冷靜觀察期』，進行了謹慎的分析和研究。」王嵎生說，經過一番研究之後，中國領導人研判「中國必須、也有能力（對多邊組織）做出某些貢獻」。[11] 王嵎生在回憶錄指出，中國領導人是在美國威脅漸增的背景下做出上述判斷：

美國在這個時期已取得好幾次戰略勝利：軍事方面，美國成功利用了伊拉克對科威特的軍事入侵，也突顯了強勢美元的優勢；政治上，美國擊敗了敵國，也就是另一個超級強權蘇聯（或以美國的說法是「擊敗了共產主義」）；經濟上，美國則掌握了資訊科技的發展，由於一度差點追上甚至超越美國的日本又大幅落後，因此美國遙遙領先全世界。一些言論直率的美國媒體宣稱，美國是「最有資格領導世界」的國家，而且到了二十一世紀「除了從屬於美國之外，別無他途」。而這個全球唯一超級強權的領導人（柯林頓總統），需要一套由美國主導的「後冷戰」國際秩序，並推廣美國的價值與發展模式。[12]

王嶼生在回憶錄中反覆強調，中國相信成功的美國試圖主導亞洲與全球，因此中國必須加入區域組織，確保華府不會利用這些組織對抗北京，或拿它們來打造區域秩序。外交部主要幕僚同意這個看法。協助中國構思多邊策略的中國社會科學院學者張蘊嶺，接受中國外交部委託撰寫了一份報告，開頭就寫下這樣的觀察：「冷戰結束以後，中國所處的國際環境發生了巨大變化。」報告也指出，這些變化構成了中國「制定當前和未來安全戰略和對策所考慮的重要依據」。[13]報告並鼓勵北京將多邊工具用作安全戰略的一環。

三連發事件引發的憂慮，不僅是關於美國的秩序建立，也包括華府可能利用「中國威脅論」（這是北京的說法，指對崛起的中國無端抱有戒心），和亞洲國家合作包圍中國。搜尋中國的學術與政策文章可以發現，「中國威脅論」一詞幾乎是在三連發事件後才出現，在短短幾年間變得極為重要。

張蘊嶺給中國外交部的報告中明白闡述，由美國領導的包圍行動，對中國而言是後冷戰時期的最大威脅。他寫道：「在新的世界格局中，中國是崛起的強權……當然，中國的崛起會讓鄰國憂慮，甚至會讓他們害怕受到（中國）威脅，某些國家會試圖提高軍力或加強結盟來對付中國崛起。」[14]張蘊嶺在報告中明確指出，這樣的全面包圍是對中國最嚴峻的威脅。他認為，「未來中國在安全上最大的挑戰，就是如何處理和應對因崛起而引發（與鄰國）關係的全面變化。」他擔憂中國若未妥善處理這項挑戰，會讓自己「陷入敵對圈子」，被不友善的國家包圍。張認為，「最危險的情況是許多國家聯合起來對付中國，對中國進行包圍與遏制。」[15]當然，張認為會煽動包圍中國的就是美國，他擔憂「美國及其盟國（可能在中國事務上）干預得太頻繁且太過度」。[16]

這些憂慮讓中國重新開始重視區域，也就是重視「周邊外交」。一位熟悉中國外交政策的歷史學家在探討周邊外交的歷史時指出，「一九八〇年代末期的蘇聯解體、東歐劇變、美蘇冷戰終結」讓中國外交「面臨建國以來少有的嚴峻局面」。因此，「一九九〇年代中國將周邊外交放在特別重要的位置」。[17]

「周邊外交」成了優先政策，它在一九九二年的中共十四大總書記報告中首度提出，這是三連發事件後中共第一次全國代表大會。[18]如同表五．一所呈現，隨著對「中國威脅論」及周邊鄰國的重視漸增，中國也越來越常將「多邊主義」當作解方。

削弱戰略

前一節已指出，三連發事件為中國帶來兩大安全上的挑戰，因此必須以利用多邊組織的新削弱戰略來對應。第一大挑戰是鄰國恐在美國領導下包圍中國；第二大挑戰則是威脅日增的美國利用實力與影響力對付中國。中國參與多邊機制是要一併解決這兩個問題，中方也將多邊機制整合到自己的外交總體佈局，也就是中國對外政策的重點階層體系中。從歷史角度看來，中國的對外政策一直最重視強權國家，其次是周邊國家及開發中國家（例如胡錦濤說過的「大國是關鍵、周邊是首要，開發中國家是基礎」），而中國將多邊主義納入規劃（胡錦濤說「多邊是重要舞

表5.1　含有「中國威脅論」一詞與「多邊主義」一詞的中國期刊文章數量，一九八五—二〇一六年。[196]

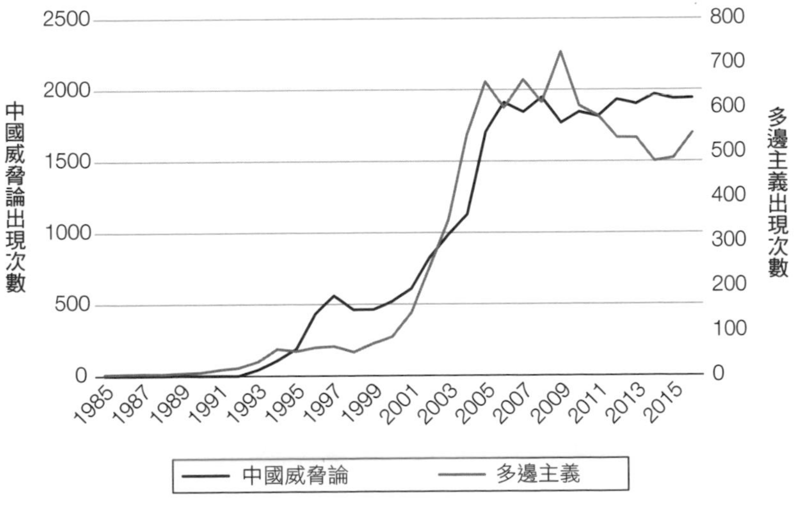

台」），顯示它在中國戰略中的重要性。[19]這是中國對外政策的重要轉變。

首先，中國的學者與官員都指出，中國採行安撫性質的多邊主義，與它擔憂以美國為首的全面包圍有明確關聯。張蘊嶺寫道，加入多邊組織讓中國得以「藉由實踐自我克制展現善意，並且表現出中國願意接受約束」，而且重要的是「這個概念直接讓中國在一九九七亞洲金融危機期間不將人民幣貶值，讓中國加入東協的《東南亞友好合作條約》（TAC），也讓中國大致接受由東協國家主導有關南海爭端的規範。」[20]出自中共中央黨校出版社的一本著作概述了中國對外政策戰略，指出中國採取「自我約束」且「接受（這些組織中其他成員）約束」的政策，以消除鄰國對中國的疑慮；書中也證實對多邊的讓步（如簽署東協的《南海行為準則》）是其戰略的一部分。[21]張蘊嶺在另一篇文章中明確表示，這種「好鄰居政策」——正是中國削弱美國包圍能力的大戰略的一環：

中國實施「睦鄰友好，穩定周邊」的戰略，以維護與鄰國的友好關係，防備中美關係衰退帶來的影響。鄧小平和他的繼任者清楚了解，中國的鄰國多達十五國以上，無論中國變得多強大，採取侵略姿態都不符合中國利益，因為侵略姿態會讓鄰國與遙遠的強權國家（美國）結盟抗衡。不過，中國若採取防禦性的現實主義態度，大多數區域國家就不太會實行強硬的遏制政策，中國也就比較可能享有良性的區域安全環境。為達此目的，中國下了很大的工夫改善與鄰國的關係，有時還會不顧國內強烈反對而做出大幅讓步。[22]

美國學者謝淑麗（Susan Shirk）曾在一九九〇年代與中國外交官在二軌對話中多次交手，她證實上述看法：「中國對區域安全合作的態度變得積極雖有種種原因，但主要原因仍是降低區域對中方口中『所謂中國威脅』的擔憂。」[23]一九九四年東協區域論壇首次會議上，中國外長錢其琛接受了多家媒體訪問，就是為了安撫鄰國對中國軍事威脅的憂慮。[24]中國知名學者吳心伯總結中方這些作為時指出，「在安全方面……（中國）估計藉由促進區域合作有助於在中國周邊創造更友好、更穩定的安全環境，抵消美國對中國採取避險戰略帶來的安全壓力」。[25]

中國的最高政治領導人也證實這個重要目的。在二〇〇一年一項有關周邊外交的會議中，江澤民主席就表示，中國是「世界上鄰國最多的國家」，自春秋戰國時期「我們的先人就認識到處理好鄰國關係的重要性」。[26]他隨即解釋：「我國是一個大國，周邊一些小國對我們有疑懼是難免的。」[27]要消除這些疑懼，中國「必須樹立和平發展、友好合作的形象，耐心細緻地多做消釋疑慮的工作，用自己的模範言行增加信任，使得他們逐步認識到所謂的『中國威脅』是根本不存在的」。[28]這也表示「不能以眼前利益而損害長期利益、根本利益」，領土爭議可以暫時「放一放」。[29]多邊機制也發揮了作用。江澤民說，「多邊外交的作用日益突出」，中國必須「積極參與和推動」區域多邊合作。[30]江在演說中暗示有「外來勢力」操縱分化亞洲國家，結尾並強調美國是中國周邊外交戰略的主要考量，「這裡，我想強調一點，美國位於西半球，雖然不是我們的鄰國，但它是影響我國周邊安全環境的關鍵因素」。[31]在這個階段，中國進行周邊外交的目標並非在區域建立中國領導的秩序，而是勸阻鄰國和美國一起包圍中國。

中國的文本顯示，這項戰略被認為相當成功。張蘊嶺評論一九九〇年代中國多邊主義時指出，「中國與其他強權國家建立的多邊夥伴關係，讓中國避免了可能發生的危險衝突。」[32]他確信，「使其他國家能夠更了解中國」，就能讓中國得以「減輕這些國家對於受到威脅的擔憂，因而降低結盟抗中的可能性」。[33]張認為，「藉由多邊參與及努力，可以增進中國是負責任強權國家的形象。各國和中國的交流合作越多，對『中國威脅』的憂懼就越少。」[34]張蘊嶺甚至借用軍事政策的語言來證明這個論點。他給中國外交部的報告指出，多邊主義等於是一種「『積極防禦』戰略」，「讓中國擁有應付挑戰的主動權」，「排除聯合對付中國的可能局面」。[35]簡言之，中國的多邊主義背後有強大的戰略理據。

如果中國參與多邊組織戰略的首要目標，是避免讓美國組成能包圍中國的聯盟，它的第二個目標顯然就是要讓美國難以運用其權力。多邊機制能讓中國達成這個目標，又不和美國直接發生衝突。張蘊嶺與另一位中國學者、復旦大學複雜決策分析中心主任唐世平認為，中國可利用多邊機制「與他國合作遏制美國的霸權行為」，也可讓上海合作組織這類「為限縮美國影響力而成立」的特定機構地位提升。[36]北京大學國際關係學院王逸舟也明確指出中國實施多邊主義與美國實力有關：「中國如今越來越重視多邊外交，有一個重要原因的確是美國在冷戰後的霸權行為，以及它超級強權的地位。」[37]

這樣的思維也展現在中國的官方文件中。一九九七年，「多邊」一詞首度出現在中共全國黨代表大會的總書記工作報告中。江澤民當時說，中國必須「積極參與多邊外交活動」，「充分發揮」中國在國際組織中的作用。[38]「多邊」一詞之後也出現在每一屆的中共全國黨代表大會報告中。在一九九八年駐外使節工作會議的演說中（這類演說常用於調整大戰略），江澤民重申要「積極參與多邊外交活動」，並將多邊外交的趨勢連結到多極化。「在世界多極化和經濟全球化的趨勢不斷發展的新形勢下，各大國都以地區組織為依托發展自己，都力圖通過多邊場合得到在雙邊關係中得不到的東西。對這一情況，我們要多加重視，注意因勢利導，趨利避害」。[39]漸漸的，中國外交官與官媒降低要求多極化的呼聲，轉而「開始強調多邊組織的作用」。二〇〇四年，北京更提升「合作」概念的地位，將它列入中國對外政策的三大原則中。[40]江澤民說，隨著開發中國家實力增加，「各種區域性、洲際性、全球性組織空前活躍」，「這些事實表明，世界格局正在加速朝著多極化方向發展」。[41]中共官方正式開始將多邊主義視為邁向多極化的重要管道。在二〇〇一年一場對高階軍事將領的演說中，江澤民就將這兩件事連結在一起，認為參與國際組織能擴大中國的謀略空間。他說：「要著眼於擴大戰略空間大力開展多邊外交。積極開展多邊外交，對我們營造戰略態勢具有重要作用。」[42]他敘述中國參與ＡＰＥＣ、東協區域論壇及上合組織等論壇的歷程後表示：「我們必須深刻認識到，在世界多極化和經濟全球化的趨勢深入發展的條件下……利用國際機制和區域組織開展多邊外交，日益成為大國發揮作用的重要途徑。我們要進一步加強多邊外交，主動參與國際體系的改造和調整，努力在多邊層面上開展對外工作。」[43]

之後十年間，在華府對波士尼亞、科索沃、阿富汗、伊拉克等地進行干預後，中國對美國實力的擔憂加劇，多邊主義也更顯重要。二〇〇四年，時任中國副外長王毅在一場以「加速多邊主義發展，促進世界多極化」為題的演說中，含蓄主張多邊主義可用於遏制美國。[44]中國最高領導人也曾將這兩件事連結在一起。二〇〇六年，胡錦濤宣示中國必須「堅持多邊主義，促進國際關係民主化」，重申多邊主義是達成多極化的重要元素。[45]在同一年的中央外事工作會議上，胡同樣強調在政治上「要推動建設和諧世界」，中國必須「積極倡導多邊主義，促進國際關係民主化，反對霸權主義和強權政治」。[46]

江澤民卸任前不久，在中央政治局的一次演說中回顧國家主席十年任內的成功事蹟。他強調中國「提出並貫徹了穩定周邊的戰略思想」，在「多邊外交場合發揮了重要作用」。[47]值得注意的是，江澤民在演說中特別以APEC、東協、上合組織作為中國實踐戰略的範例，因此接下來我們就要特別探討中國在這三個組織的活動。

亞太經濟合作組織（APEC）

上海復旦大學國際研究院院長吳心伯曾寫道：「中國在區域主義方面的經驗，源於APEC。」[48] APEC成立於一九八九年，是由二十一個環太平洋地區經濟體參與的論壇組織，目標是促進貿易與協助發展。隨著冷戰結束，加上北京對美國實力與威脅日漸憂慮，因此北京開始藉由APEC行使削弱戰略，這顯示中國的參與是出於工具性及戰略性的意圖，而非真心誠意。中國首名APEC高官王嵎生明確指出，中國擔心這個（被認為是由美國主導創立的）組織，最後會成為美國在亞洲行使霸權的工具，用於促進經濟自由化、人權，以及以美國為首的多邊安全架構。王嵎生在中央層級的指導下行事，試圖藉由阻撓制度化來阻撓APEC的發展。他成功推動的「APEC方式」形同阻止了APEC未來走向制度化。中國外交官也運用APEC幫助中國抵抗美國勢力（特別是讓美國無法對中國行使經濟制裁），同時也利用APEC提供的平台，讓鄰國相信北京不會構成威脅。

這一切造成的後果之一，就是亞太經合組織在推動貿易自由化方面並無成效，且在一九九七年亞洲金融危機、二〇〇八年全球金融危機發生時，都發揮不了作用。

其他解釋

對於中國參與APEC，我們可能作何解釋？中國似乎從來不是誠懇的參與者。當時APEC是一個不怎麼「紮實」的組織，它只有一個職權不大的秘書長、迴避進行貿易談判、運作上只仰賴共識而非一套更有效率的決策規則、缺乏監測機制、所做的決策也沒有約束力——對於上述每一項缺點，中國都反對進行改善，有時甚至獨力阻撓。也許中國認為APEC作為一個討論事務、達成共識、自願承諾的論壇組織有其純粹價值，但中國還致力於大幅限制APEC能討論的事項。也有學者指出，一九九三年APEC首度召開峰會時，確實是讓中國領導人江澤民在天安門事件後首次有機會與美國總統見面，但中美領導人恢復定期互動後，中國仍持續參與APEC。許多人認為中國從APEC看到經濟利益，但中國參與APEC的經濟目標是防禦性的，是要防止區域國家融入一份由美國主導、但不利於中國的經濟議程。[49]中國加入APEC並阻撓它的發展，也並非因為擔憂台灣會利用APEC來推動主權聲張。中國首名APEC高官王嵎生在回憶錄中列出中國加入APEC的種種原因，對台灣問題的關切並不在其中。

早在中國加入APEC之前，北京就已成功確保台灣只能以「中華台北」的名義加入，而且絕不能由總統參加，只能由經濟部長等官員代表參與；台灣也不能參與討論安全議題，因為不是國家。[50]中國加入APEC後，王嵎生仍認為台灣爭取主權的作為不值一提。他指出，在一九九〇年代中國反制台灣爭取主權時，美國與其他APEC成員國就相當配合中方，因此中國參與APEC的動機與此無關。

如何削弱

中國真正關心的是要削弱美國的力量，以及消除鄰國的疑慮。這是因為在冷戰結束後，中國認為美國的勢力與威脅不斷升高所致。

美國威脅

驅使中國參與APEC的動機，是中國擔憂它會成為美國霸權的工具。嶺南大學政治系教授鍾健平就認為，中國是「防禦性地」加入亞太經合組織，以確定亞洲秩序的面貌「不會在中國未參與的情況下決定」。[51]賀凱認為「中國將APEC當成（在經濟、安全、政治事務上）遏制美國影響力、抵抗西方壓力的外交工具」。[52]主要優先目標是限制美國在亞太地區的領導能力。

中國對APEC的擔憂，是後冷戰焦慮的產物之一。王嵎生在回憶錄提到，「APEC前四年的草創階段，是國際情勢發生歷史性變動的時期」，也就是後冷戰時期揭開序幕之際。[53]王嵎生說，「APEC作為區域內的權威官方組織」，對中國而言迫切的問題是「它可以做什麼，它能帶領我們往哪裡去」。[54]王嵎生的答案是，「美國積極推動成立APEC的原因是打開亞洲市場」，至少表面上是如此，但「當然，美國（也）是一個超級強權，它的目標不會只有這些（經濟目標）而別無其他」。[55]王嵎生反覆指出，APEC是美國霸權用來推動經濟與政治自由化的工具，可能演變為美國領導的「安全共同體」。他寫道：

> 面對後冷戰的世界情勢，特別是東亞崛起，美國有更大的戰略考量及需求。柯林頓總統在提出美國的振興經濟口號時，也提出「新和平主義」口號，（表面上）是「經濟全球化」……但實際上它根本是「美國化」或「美國模式」；也就是大眾民主、自由、人權等所謂的「美國價值」；以及建立美國領導體系——至少是由美國主導的「安全體系」。[56]

王嵎生的評論顯示，中國相信美國在冷戰結束後追求「新太平洋主義」（new Pacificism），涵蓋自由經濟、自由價值，以及由美國支持的安全共同體——本質上就是制度化的美國領導體系。柯林頓陸續在東京、首爾以及APEC西雅圖峰會發表的演說，又更強化了中國的看法。柯林頓說，美國希望建立「新太平洋共同體」，而美國在亞洲要推動的事項涵蓋三大目標：「要努力達到共同繁榮、達到安全保障、達到民主。」[57]

APEC是這一切努力的中心：「在美國眼中，APEC本身就是『新太平洋主義』的一環，甚至可能成為美國推動『新太平洋主義』的起點或實驗。」王嵎生說，「當然，美國會很樂意據此行事！」[58]中國不會坐視華府藉由APEC改寫亞洲的經濟、政治與軍事規則。美國試圖在西雅圖峰會提升APEC的地位之後，王嵎生觀察到「美國的戰略意圖變得相當明顯。它的『共同體』概念圍繞著三大支柱：亦即基於貿易自由化的經濟整合；由美國主導的多邊安全保障機制；以及以美國價值為標準的民主化」。[59]他又說：「這樣一個『共同體』的建立，以及它的遠景，當然……是中國無法接受的。」[60]中國要藉由弱化APEC來防範這個共同體的出現。

阻撓制度化

中國在APEC實施的削弱戰略朝三個方向進行：（一）延緩制度化；（二）遏制APEC研究安全議題的能力；（三）阻止APEC推動經濟事項。

首先在制度化方面，中國要確保APEC維持「輕薄」的狀態，讓北京在APEC基於共識的決策過程中，保有否決重要進展的能力。王嵎生說，因為APEC強調共識，要取得任何進展都「必須獲得我們的支持，沒有我們的支持就無法前進」，這實質上的否決權「給我們廣闊的活動天地，在（APEC討論的）全球重大議題上，我們可以發揮我們的優勢，或者施加我們獨特的影響力」。中國拚命確保APEC維持這些重要特質，阻礙美國讓它制度化。

這些針對APEC未來是否會制度化的角力，有許多都發生在一九九三至一九九五年間。

經濟學家C．佛瑞德．柏格斯坦（C. Fred Bergstein）密切參與美國當時針對APEC的政策，並領導具高度影響力的APEC專家工作小組（Expert Working Group）。他指出，美國試圖將APEC「從純粹的諮詢論壇」轉型為「行動導向的實質性組織」。[61]中國大力阻撓美國推動APEC制度化的作為，並以充滿敵意的角度看待。王嵎生近年受訪時說，「中國加入APEC時，有些國家仍出於冷戰思維，要在組織裡稱霸」，這指的是美國，「但中國要求平等的諮詢和尊重」，於是加以反制。[62]中國領導人江澤民一九九三年曾公開表示，APEC應該是一個論壇及「諮詢機制」，而非「制度化」的組織。[63]王嵎生在回憶錄提到，中國反對APEC將討論範圍擴大至經濟以外的層面，反對APEC制度化，反對APEC被認定為「共同體」，反對APEC成為協商論壇，反對APEC要求任何非自願的承諾，反對APEC依據共識以外的任何原則運作。本書緒論曾提到，一九九四年，在北京的政治領導階層直接參與下，中國成功阻撓美國將APEC定義為「共同體」。[64]

中國在APEC成立初期的這些阻撓動作都相當成功，但仍小心提防情勢可能扭轉。王嵎生就說，「共同體」和其他形式制度化的「幽靈一直籠罩著APEC，揮之不去。在我的工作中，我深深感覺到這並非幻影，而是非常真實的」。[65]因此，中國自一九九〇年代晚期開始，試圖將此前幾年守住的反制度化方式寫入APEC文件中，所用的字眼就是「APEC方式」（the APEC Approach）。王嵎生指出，中國此前為了推動去制度化的方式，曾提出「充滿活力的大家庭」、「獨特方式」等用語，這些都只是「雛型」，最終的概念就是「APEC方式」。他憶述，中國外交部高階官員當時直接針對這個概念下工夫，在一九九六年蘇比克灣峰會前，他們列出的首要目標就是將「APEC方式」一詞納入峰會主要文件中——江澤民也參與向APEC推動這個「中國的巨大貢獻」。[66]中方起初遭遇阻礙，雖建議將「APEC方式」納入聯合聲明，但負責起草聲明的主辦國菲律賓並未這麼做，理由是美國反對。中方APEC代表團備感震驚，隨即提出極端選項——若不納入「APEC方式」一詞，就要阻撓峰會聯合聲明達成共識。王嵎生詰問：「我們怎麼能讓江主席失望呢？」「我們別無選擇，只能使出最後絕招」。[67]這一步險招最終奏效，王嵎生宣稱中方的成功「向世界宣告了『APEC方式』的誕生」。到了一九九七年峰會，中國又採取類似的強硬立場，將「APEC方式」提升為APEC的核心概念，以釜底抽薪的方式破壞了APEC制度化的根基。[68]

王嵎生的回憶錄也披露，中國擔憂APEC可能成為美國在安全方面的工具，甚至成為亞洲的北約（NATO）。在一九九三年的西雅圖APEC峰會中，柯林頓親口將APEC與NATO建立關聯，讓中國的觀察家備感震驚。柯林頓說：「如果沒有NATO，無法想像我們怎能經得起冷戰的考驗。同樣地，未來幾個世代的人們回頭看今天時，也許會說，若沒有APEC的存在，他們無法想像亞太地區能在如此和諧的精神中繁榮發展。」[69]時任美國國防部長威廉·裴利（William Perry）明白主張要在APEC會議中討論安全保障議題時，中國也認為這是要讓APEC朝向亞洲版NATO發展。[70]這是中國無法容忍的，王嵎生在回憶錄中也寫到自己如何強力反對APEC發揮安全保障的作用。曾觀察多輪APEC會議的分析人士指出，中國是最積極反對APEC發揮安全保障功能的成員，中方「要求這個論壇嚴格侷限於貿易與經濟議題，有時甚至到了他國看來接近偏執狂的地步」。[71]

包括東南亞國家在內，大多數成員國都支持在APEC議程中納入HIV／愛滋、毒品交易、走私、非傳統安全、青年議題、婦女議題及其他主題。但中國對上述每一個主題（甚至包括青年議題）都有意見——擔心這些主題可能成為破口，讓美國得以轉移APEC的關注焦點。「這一切（對非經濟議題的關注）其實都是企圖要改變APEC的本質，而且客觀上符合美國（的利益）」，美國一直「決心要建立一個整合亞太地區經濟、安全與民主的『新太平洋共同體』」。王嵎生清楚表示，他對中國在相關問題上的孤立感到失望，但他阻撓APEC擴大討論範圍的意圖，其實只是遵循中央政府的路線：「我遵循國內指示的精神，反覆做工作，強調APEC如果要保持活力，必須專注在討論經濟合作」，避免「敏感的政治與社會議題」。[72]

最後就連在經濟層面，中國也反對讓美國利用APEC制定區域的新經濟規則，因為擔憂由美國領導的APEC自由化可能損害中國經濟。中國的一個主要目標是讓美國在市場准入、投資、金融產業自由化方面訂定的規則無效，甚至主張金融產業自由化不應是APEC的討論範圍。[73]中國還藉由破壞APEC的進程時間表、監測機制及其他協同整合工具，讓APEC難以實現經濟上的目標。例如，一九九四年美國提出所有成員一致的經濟自由化時間表，中國就成功推動另定開發中國家適用的時間表。一九九五年的大阪峰會，美國希望APEC成員對這些時間表做出堅定承諾，並達成有約束力的決策，但在中國推動下，最後時間表仍屬自願性質。之後美國讓步，改為倡議不具約束力的經濟自由化標準，中國仍然反對。依王嵎生本人的說法，這些標準「雖然『不具約束力』，但有政治與道德上的影響力，今天它們『不具約束力』，明天可能變成『具約束力』」。[74]當某些人提議，對於各成員國自願且不具約束力的朝向經濟自由化發展，APEC應進行監測評比，中國就反對建立監測機制；當美國提出，自願朝自由化發展可能和已開發國家提供經濟與技術協助有關，中國也反對這個原則。上述總結回顧顯示，中國反對一切朝自由化發展的重要嘗試，甚至包括不具約束力的時間表、建立監測評比機制、以及讓APEC扮演協商論壇的角色（中方主張APEC應維持以討論為主）。

中國的削弱戰略大致上是成功的。美國終究不再持續關注利用APEC促進亞洲經濟自由化，而是選擇改為簽訂雙邊、多邊貿易協議，包括命運多舛的《跨太平洋夥伴協定》（TPP）。

安全利益

中國參與APEC，符合它削弱美國實力的大戰略，讓美國不僅無法取得宣揚西方經濟與政治準則的平台，也無法藉由這個中方擔心會成為亞洲版北約（如前節所述）的平台來協同整合安全或軍事政策。參與APEC也讓中國取得各方面的機會，既能消除鄰國疑慮，因而降低國際間因抗衡中國而結盟的可能性，又能弱化美國對中國施加的經濟影響力。

中國的APEC戰略，有部分動機是希望消除鄰國對中國的疑慮。湯瑪斯．G．摩爾（Thomas G. Moore）與楊迪霞（Dixia Yang）評論中國在APEC的行為時指出，「APEC提供中國一個重要論壇，讓它得以建立作為一個可信賴、負責任、願合作的大國的資格——特別是對區域內較小的鄰國而言」，同時也提供「反制『中國威脅論』的機會，『中國威脅論』在過去十年間不時就會流行一陣子」。[75]王嵎生明白證實，中國參與APEC的動機不僅是經濟因素，也的確包含了地緣政治。APEC幫助中國和那些可能包圍中國的鄰國改善關係，也和可能協助包圍中國的大國改善關係，這些國家大多是APEC成員。「中國可以充分利用APEC的活動，」王嵎生說，「在政治方面，APEC能幫助中國與鄰國增進和建立良好關係」。消除鄰國疑慮是中國非常重要的動機，在一九九三年的APEC首次領導人會議上，江澤民就長篇大論講述中國的意圖有多良善：

「我們從不追求成為霸權。我們不參與軍備競賽與軍事聯盟，也從不尋求任何勢力範圍。我們向來依據『和平共處五項原則』，力圖與鄰國和世界上其他各國發展友好關係，並且相互合作。……一個穩定、發達、繁榮的中國絕不會對任何國家構成威脅。」

循著這樣的路線，APEC成為中國表現出慷慨讓步以消除他國疑慮的平台。中國在一九九〇年代將進口關稅自百分之三十六降低至百分之二十三，王嵎生宣稱「中國選擇在（APEC）大阪會議中宣布這項措施，以展現中國有決心要在亞洲發揮作用，並融入國際社會」，而且還要展現中國具備「建設性的態度」。[76]亞洲金融危機時期，江澤民在APEC的演說強調中國決心進一步削減關稅、維持人民幣不貶值，而且要對亞洲國家提供金融協助。以他的話來說，這是要展現「中國政府採取高度負責任的態度」，即使為了這些決策「中國已付出高昂代價」。[77]中國因為這些決策（尤其是堅持人民幣不貶值）損失約一百億美元，但也因此在亞洲獲得相當大的支持。王嵎生說，「APEC有些亞洲朋友感慨地說……中國是可靠的患難之交」，還有人說中國的政策「贏得廣泛讚許，增加了中國在APEC及國際上的影響力，並且為中國奠定了良好基礎，在新世紀發揮中國特色大國的作用」。[78]

中國也利用APEC削弱美國能對中國實施的經濟影響力，這部分將在下一章詳細討論。天安門廣場屠殺後，美國國會數度表決通過取消中國的最惠國待遇（MFN）；一旦取消，中國出口到美國的貨物價格將翻倍，且可能嚴重斲傷中國經濟。[79]於是中國企圖透過APEC取得最惠國待遇。首先，中國試著說服APEC成員接受一項不歧視原則。如此一來，中國將可經由多邊程序爭取在中美雙邊程序中飄忽不定的最惠國待遇。其次，北京深知只要加入關稅暨貿易總協定（GATT）／世界貿易組織（WTO），最惠國待遇問題就不再有爭論意義，還可削弱美國經濟手段的影響力，因此中國支持時任中國外長錢其琛揭櫫的原則：「所有APEC成員都應該成為GATT成員。」[80]美國當時將中國的努力頂了回去，然而在接受中國加入WTO後，最惠國待遇問題不管怎樣都已沒有意義了。

東南亞國協相關組織

一個在曼谷的酷熱夏日，中國外長錢其琛被人群團團包圍著。聚集在他身邊的是來自全世界的記者，他們來到泰國首都，採訪一九九四年的東協區域論壇（ARF）首次會議。

錢其琛出身自顯赫的學者家庭，少年時期就加入共產黨，曾在蘇聯留學，在外交部任職四十年間穩步攀升至部長職位。[81]他創設了中國外交部發言人系統（如今因為民族主義式的陳腐言論與「戰狼」式外交而臭名昭彰），並擔任創始發言人。[82]十年後，錢其琛又如履薄冰地引領中國外交度過天安門事件後的國際制裁及蘇聯解體等事件，將鄧小平在冷戰結束時提出的外交方針化為一九九〇年代的外交實踐。他在回憶錄中詳述他如何奮力抵抗美國的脅迫，恢復北京的地位，並消除亞洲鄰國的疑慮。此刻向圍繞身邊的記者發言時，他深知東協區域論壇是推進這些目標的良機。

鄰近區域對中國的軍費支出不斷增長備感憂心。過去一年間，中國的軍費大增百分之三十四，為美國和其他國家結盟創造了機會。[83]因此，錢其琛試圖說服區域國家無須對中國有疑慮。他宣稱「國防支出並沒有大幅增加」，將數字上揚全部歸因於通貨膨脹。[84]他並表示，如果將中國的軍事支出和美國相比，「就會發現中國的軍隊只是防禦性質」。[85]他強調中國沒有挑釁意圖，宣稱「歷史上，中國從未侵略過其他國家」，卻不提中國十五年前才侵犯越南。[86]幾分鐘後，這個到今天已擁有一支航母艦隊與多座海外軍事基地的國家的外交部長強調，亞洲各國不應擔憂中國，因為「中國沒有航母艦隊，也沒有海外軍事基地」。[87]他以一個反問句總結這個論點：「中國武裝軍隊怎麼可能擺出進攻態勢？」[88]

中國外交官在東協相關論壇持續強調這些主題，同時也尋找各種方式讓美國難以建立秩序。之後十年間，北京在東協支持下積極創立其他多邊組織，包括東協加三（APT）與東亞峰會（EAS），又廣泛破壞以美國為主的組織（如東協區域論壇），並試圖鞏固那些不是以美國為主的組織（如東協加三）——這一切都是為了消除鄰國的疑慮，並削弱美國實力。

其他解釋

北京究竟為何要費事加入東協的各項論壇？這些論壇不怎麼制度化，無法解決爭端或監測軍事擴張程度，更無法對各國行為進行實質的獎勵或懲罰。東協各國遵循的「東協之路」（ASEAN Way），強調「合作要非正式、漸進、基於共識，而且以不干涉各國內政、論壇研議時避免直接衝突為基礎」。[89]此外，這些組織均未設置秘書處，一旦遭遇外來攻擊，或有行為不當的成員遭到正式制裁，這些組織都缺乏互助機制。

如何削弱

中國加入東協區域論壇，動機顯然不是真心要支持東協，不是要幫助它發展（北京還經常拖延東協的進程），而是要阻撓美國利用這些組織制定區域秩序的規則。

美國的威脅

冷戰結束後，亞洲展開多項區域計劃，中國領導階層隨之「發現不參與多邊安全機制比參與的風險更高」。[90]東協區域論壇成立時，羅斯瑪麗．富特（Rosemary Foot）訪問多位中方參與者後發現，某些中國官員憂心忡忡，「他們認為美國身為全球唯一的超級強權，會……企圖主導東協區域論壇的進行，可能利用這個組織作為另一個場域，引導各方集體批評中國在內政與外交上的作為」。[91]中方官員也擔憂由西方主導的東協區域論壇可能形成一個新的安全集團，最後會成為遏制戰略的一環。即使像張蘊嶺這樣熱衷於體制的專家，也在為中國外交部撰寫的報告裡指出，東協區域論壇可能像美國組成的安全聯盟與飛彈防禦系統一樣難對付：「就像美日強化軍事結盟一樣，戰區飛彈防禦系統*和東協區域論壇都存在真實的潛在意圖：反制中國的崛起強權。」[92]另一位中國知名觀察家吳心伯則認為，東協區域論壇為中國帶來的挑戰甚至大於APEC，因為「東協區域論壇的初始討論範圍就和APEC不同，它是一個以促進區域安全合作為目標的機制」。他指出，中國加入東協區域論壇的「主要原因」是，「在中國崛起的背景下，以及亞太地區、美國、日本，甚至東南亞國家都出現『中國威脅論』的看法時，東協區域論壇可能被用來制衡與遏制中國更加壯大」。吳心伯進一步解釋「北京的擔憂不是全無根據」，因為「華府一九五〇年代中期的確打造了一個區域體制（也就是「東南亞條約組織」〔Southeast Asia Treaty Organization〕來遏制中國）。[93]學者鍾健平在針對中國參與國際組織的研究中指出，從這些擔憂可以得知，「中華人民共和國參與東協區域論壇，反映的是它想要監控與阻礙一個新成立的亞太地區多邊安全組織」。[94]中國憂心東協區域論壇會「將美國與日本、澳洲、南韓及數個東南亞國家分別組成的軍事結盟與協議連結成一個網絡……這個網絡會讓美國能在必要時快速進入遏制態勢」。[95]

阻撓制度化

中國擔心美國和日本可能促使ARF採取不利於中國的立場，因此北京試圖「讓東協區域論壇的腳步慢下來，並阻礙各成員進行實質的安全合作」。[96]中國選擇實施削弱戰略，限制東協

＊ 譯註：美國總統柯林頓一九九三年提出的概念，目前已建立的是在美國與南韓境內部署的薩德（THAAD）系統。

區域論壇的成效，同時廣泛支持那些未納入美國的其他東協組織，尤其是東協加三。

首先，中國阻礙東協區域論壇在一九九五年採行的制度化藍圖。這份藍圖計劃讓東協區域論壇分為三階段發展：第一階段是制定信心建立措施（confidence- building measures，簡稱CBMs，中國譯為「信任措施」）；第二階段是建立預防性外交（preventive diplomacy）的機制；第三階段則是建立解決衝突的協議。中國擔心這份路線圖會讓華府更有效的干預台灣與南海事務，因此出手破壞：[97]先在第一階段拒絕分享許多解放軍的資訊；對於預防性外交機制則先是直接反對，後又以主權為重等原則加以弱化；然後又重設第三階段的目標，從原本的「解決衝突」改為幾乎無意義的「擬定解決衝突的辦法」。[98]東協區域論壇的主要目標之一，就是討論東協國家在南海與中國的爭端，但北京成功阻撓它認真討論此事。

其次，中國也反對東協區域論壇在閉會期間進行討論，大幅延緩它的發展。[99]北京擔心，這些由各國官員參與的閉會期間工作小組，會演變成侵害中國利益的組織。雖然中國後來讓步，但又採取動作降低這些小組的合法性，確保（一）這些小組不以「工作小組」為名，而是使用較不正式的名稱如「閉會期間支援組」；（二）這些小組不僅要成為政府間的組織，也要有學者及其他成員參與；（三）這些小組的討論範圍仍受限制。中國對這些力量微弱的組織漸漸不再介意，但仍將它們的數量維持在少數，限制它們涉及的領域，並且阻撓他們討論南海議題。[100]

第三，中國也阻撓東協區域論壇強化獨立行動的能力，也不讓它擁有常設官僚機構。中國反對將東協區域論壇的主席職位擴大為理事會，也不同意設置具自主性的常設秘書處。[101]中國也反對美國所提讓非東協國家擔任東協區域論壇輪值主席，擔心美國或日本可能將中國的領土爭議國際化。[102]由於中國百般阻撓，東協區域論壇直到二〇〇四年才在東協秘書處內成立了一個規模很小的「東協區域論壇組」，而沒有西方國家參與的「東協加三組」則已在此之前成立。東協區域論壇努力想扮演不只是討論場所的角色，但中國最終仍成功阻撓；有觀察家說：「中國似乎很滿意東協區域論壇維持原有狀態。」[103]一位東協外交官的結論是：「在許多東協區域論壇成員國眼中，中國仍是東協區域論壇制度發展的主要障礙。」[104]

中國參與國際組織是要削弱美國實力，最有力的證據就是北京不讓美國也參與的東協區域論壇與APEC制度化，但支持未涵蓋美國的東協加三（APT）制度化。東協加三的前身是東亞經濟集團（EAEG），這個命運多舛的倡議是由馬來西亞總理馬哈迪（Mahathir）發起，它明目張膽地刻意將西方國家排除在外。馬哈迪宣布：「我們稱之為東協加三，但這是在自欺欺人。東協加三實際上就是東亞經濟集團。」時任中國國家副主席胡錦濤等人也公開說了類似的話。[105]

原本就支持東亞經濟集團的中國，對東協加三非常熱衷。北京企圖將東協加三制度化，要擴大它處理事務的範圍，並且要讓它成為亞洲區域主義的核心。中國支持東協加三，卻阻撓APEC與東協區域論壇，雙重標準相當明顯。例如，中國反對在APEC討論安全問題，在東協區域論壇也讓相關進程動彈不得，卻支持在東協加三進行安全對話；時任中國總理朱鎔基就曾敦促東協加三「在政治和安全領域開展對話與合作」。[106]中國同樣阻撓APEC專家工作小組的工作，還促使它結束運作，卻支持在東協加三成立一個類似的「東亞展望小組」（East Asian Vision Group）。[107]中國在APEC反對使用「共同體」一詞，但東協加三的東亞展望小組在首份主要報告中宣稱，它自豪的「展望東亞從一個涵蓋多國的地區轉變為真正的區域共同體」，「共同體」一詞在報告中用了三十次，中國卻完全沒意見。[108]日本在一九九七年亞洲金融危機期間提議設置「亞洲貨幣基金」（Asian Monetary Fund），中國表示反對，但中國卻在東協加三支持類似倡議，也就是後來由東協加三主導的「清邁倡議」（Chiang Mai Initiative），確保該倡議「不會對日本在區域事務中的領導地位有直接助益」。[109]中國對香格里拉對話（Shangri-La Dialogue）及亞太安全合作理事會（CSCAP）等有美國參與的二軌秘密會議懷有戒心，卻透過東協加三的「東亞智庫網絡」（NEAT），在二〇〇三年帶頭推出了自己的版本，並由國家機構管理。[110]中國不斷拖延APEC和東協區域論壇的制度化進程，同時卻對東協加三制定了野心勃勃的計劃。形塑中國多邊外交的學者張蘊嶺指出，中國企圖在東協加三成立有區域議會性質的委員會、召開國防部長會議、成立東亞安全理事會——這其中的某些組織或會議，是中國在東協區域論壇和APEC都反對成立的。[111]中國阻撓東協區域論壇和APEC設立秘書處及常設工作人員，卻早早就在東協秘書處設立東協加三的辦公室；直到很久以後，運作多時的東協區域論壇才獲得同樣待遇。[112]

中國採取雙重標準，有其意圖。北京希望強化東協加三的體質，讓它秉持與中國一致的排他且非西方觀點的亞洲區域主義，並讓它的地位超越其他競爭組織。中國總理溫家寶二〇〇三年曾說，東協加三應成為「東亞合作」的「主渠道」。[113]時任中國外交部部長助理崔天凱則稱，東協加三是東協的「核心」，是與東協合作的「主渠道」，明確將東協區域論壇排除在他的名單之外。[114]中國支持更堅實的區域主義，前提是把美國排除在外。

二〇〇四年，中國更加雄心勃勃，要將東協加三另外獨立為一個新組織「東亞峰會」（EAS），讓它成為東亞的主要區域組織。中國提議在北京舉辦首屆會議。學者吳心伯在回顧有關東亞峰會的中國著作時，強調中國有多熱衷：「中國自始就希望東亞峰會成為打造東亞共同體的主要場域。」[115]另一位作者則指出，「中國意圖將東協加三升級為像全方位的上海合作組織（SCO）的東亞峰會，針對性地排除美國和其他西方國家」，這裡提到的上海合作組織就是中國領導的中亞區域組織。[116]東協國家、日本、南韓同意成立東亞峰會，但邀請了澳洲、印度和紐西蘭以抗衡中國。吳心伯指出，對此「北京感到些許挫敗」，但「更讓中國氣餒的是，後來決定東亞峰會只由東協成員國主辦，因此不包括原本熱衷於主辦第二屆峰會的中國」。在美國參與東亞峰會後，中國立刻改弦易轍，試圖削弱東亞峰會相對於東協加三的影響力。[117]吳心伯說：「在這種情況下，中國希望東協加三成為打造東亞共同體的主要場域。」[118]舉例來說，中國力圖從第一屆東亞峰會簽署的宣言中刪除「東亞共同體」一詞，但在東協加三仍繼續支持「東亞共同體」的說法。[119]最後中國取得小小的戰術勝利，第一屆東亞峰會的宣言寫道：「東亞地區已經由東協加三的程序，在實現東亞共同體的努力上有所進展。」[120]

安全利益

中國也利用在東協相關論壇中的位置（一）削弱美國在亞洲的影響力；（二）消除鄰國的疑慮。

首先，中國企圖推動由它制定的準則（例如它提出的「新安全觀」），以侵蝕美國在三連發事件後與多國的結盟關係。中國國際戰略研究基金會副研究主任吳白乙寫道，這個概念是在「蘇聯解體」後開始醞釀，當時「政策規劃人士和學術界開始悄悄修改國家安全戰略」。最後他們在一九九六年的二軌對話中，以非正式的形式首度提出這個概念。[121]北京清華大學國際戰略與發展研究所所長楚樹龍指出，「新安全觀」的關鍵內涵就是「公開譴責結盟作法」，而中共《人民日報》為北京一場探討「新安全觀」的學術會議所做的官方總結，則指與會學者「確定了這個概念的核心為『四個反對』：反對霸權主義、反對強權政治、反對軍備競賽、反對軍事結盟」。[122]《人民日報》另一篇文章則指出，這個概念站在冷戰思維（包括結盟、經濟制裁、軍備競賽）的對立面。[123]一九九七年三月，中國正式將「新安全觀」引進東協，當時中國在北京主辦東協區域論壇閉會期間的信心建立措施工作小組會議，並且擔任主席國。中方「抨擊雙邊結盟，特別是美日同盟，指其破壞穩定且代表舊冷戰思維」，並提出了幾項針對美軍的動議。[124]隨後，中國外長錢其琛在一九九七年七月的第四屆東協區域論壇及其他幾項會議中，也提出「新安全觀」概念。他在東協成立三十周年時這麼說：「冷戰時期建立在軍事結盟基礎上，藉由增加軍備建設進行的安全理念與框架，已證明無法創造和平。」「在當前的新形勢下，擴大軍事集團、加強軍事結盟，是違反當前和未來的歷史潮流的。」[125]錢其琛在二〇〇一年發表有關新安全觀的演說時，也同樣說道：「藉由強化軍事結盟、加劇軍備競賽來保障自身的絕對安全，已不符合時代潮流。」[126]次年，北京向東協提交了一份關於新安全觀的詳細情況文件，包括幾項重要內容，主張各國：

- 應「超越意識形態和社會制度的差異」，所謂社會制度就涵蓋中國的威權治理方式；
- 應「摒棄冷戰思維與強權政治」，指的是美國在冷戰時期的結盟；
- 應「相互通報各自的安全與國防政策及重大行動」。中方想藉此確保能事先得知美方演習的消息，並限制美方進行海上偵察；
- 應「避免干涉他國內政」，這是指美國在人權上的施壓；
- 應「促進國際關係民主化」，這是很典型的說法，目的是推動國際關係自美國霸權邁向多極化。[127]

其次，中國不僅批評軍事結盟，還試圖利用東協的體制阻撓美軍的謀略空間。中國提議要求所有聯合演習均須事先通告，並允許觀察員參與——這些要求實際上只適用於由美國擔任主要指揮國的聯合演習，但事先通告的要求卻成功寫入二〇〇二年的《南海各方行為宣言》。[128]中國還呼籲各國停止相互偵察，但仍主要適用於美國的海上偵察。[129]中國利用關於南海的討論當作「限制美國海軍在本區演習的手段」，提議禁止南海軍事演習——這是針對近年重啟的美國與菲律賓聯合軍演。中國主張將外界提議成立的東協海上資訊中心設在天津，如此中國就能左右資訊的提供。[130]中國也向東協各國施壓，要求勿加入華府在九一一事件後提出的《區域海事安全倡議》（RMSI），倡議內容包括派遣美軍特種部隊、在馬來西亞建立新基地及部署高速艦艇，在麻六甲海峽防範恐怖攻擊與海盜侵襲。[131]中國將RMSI視為美方遏制中國計劃的一環，於是另外提出由東協和中國共同進行的十一國聯合海上巡邏計劃，以保障海疆安全。[132]中國甚至建議，「東協國家與區域外大國的雙邊協議」（例如與美國的結盟）不應取代經由東協達成的多邊協議；這樣的規範可限制東協國家與美國結盟合作，或限制東協國家參與《區域海事安全倡議》。[133]此外，中國是第一個支持東協建立東南亞無核區的擁核國家。如果成功，可能使美國難以在東南亞部署戰略性核武，也難以部署有核子裝備的艦艇和戰機。如此既可限制美國的謀略空間，也對中國沒有影響（中國並未在國外部署核武）。[134]

中國也試圖安撫東協各國，以免遭到包圍。中國參與國際組織，顯示北京願意參與多邊合作而非自己較有優勢的雙邊合作，讓東協主導亞洲區域主義，藉此讓中方自稱意圖良善的說法更可信。至二〇〇八年，中國建立了四十六個與東協之間的制度化機制，美國只建立了十五個。[135]中國在政治上也做出了具體讓步。一九九五年，中國同意相互扞格的主張應經由《聯合國海洋法公約》化解，而非動武解決。[136]二〇〇二年，中國與東協國家簽署了《南海各方行為宣言》。這份宣言承認（而非忽略）東協的主張、創下了減弱中國影響力的多邊解決方案先例、並宣告放棄以暴力改變現狀（過去中國曾對越南動武*）。二〇〇三年，中國也成為第一個簽署《東南亞友好合作條約》的非東協國家——此條約實際上就是《東協憲章》，內容要求中國保證不干涉東南亞國家事務。同年，中國還簽署了《戰略夥伴關係聯合宣言》。這些決定「顯示中國致力於區域安全議題上的長期合作」。[137]中國還利用東協向東協成員國提供經濟利益，尋求與東協國家簽訂優惠的自由貿易協定，並擴大貸款和投資——這種種舉措都降低了東協國家在安全保障方面對中國的擔憂。在二〇〇二年的東協加三會議上，中國宣布減免越南、寮國、柬埔寨、緬甸的債務。《中國—東協自由貿易協定》（China- ASEAN FTA）當中包括一項「早期收穫」條款，確保中國比東協國家提前三年削減農產品關稅。中國還將最惠國待遇擴大到新的東協國家，即使這些國家並非世界貿易組織（WTO）的成員國；還讓它們分五年兌現對中國的互惠承諾。[138]中國付出代價

---

* 譯註：一九七九年中國曾因中蘇交惡及中越邊境爭議而入侵越南北部。

高昂的經濟優惠，以展現它有心要安撫鄰國。[139]藉由這種方式，中國得以利用東協區域論壇來削弱美國在亞洲建立秩序的努力，特別是降低結盟包圍中國的可能性。

上海合作組織（SCO）

二〇〇〇年一月十八日，時任中共中央軍委副主席遲浩田前往俄羅斯會晤弗拉迪米爾·普丁。這次會面發生在敏感時期。不到三週前，俄羅斯總統鮑里斯·葉爾欽在新曆年除夕出人意料的辭職，普丁成為代理總統。這次會面讓遲浩田有機會掂量這位年輕的俄羅斯領導人，他認為普丁「相對冷靜沉著，話雖不多但極具份量」。[140]這次會面顯然進行得相當順利。結束時，中國駐俄羅斯大使向遲浩田說：「普丁很少有笑容，但他會見你時微笑了兩次——真的很罕見。」[141]明顯自我感覺良好的遲浩田聽了很高興。

這次會晤的其中一項主要議題，是俄羅斯和中國要將「上海五國會晤機制」（Shanghai Five）升格為正式組織，名為「上海合作組織」。「上海五國會晤機制」是中國、俄羅斯及三個與中國接壤的前蘇聯加盟共和國哈薩克、吉爾吉斯、塔吉克自一九九六年起舉行的年度區域峰會。遲浩田的傳記記載，他和普丁在「反對霸權主義、維護世界和平、反對人權干預、反對飛彈防禦系統等問題上」達成「共識」——上述提到的一切明白顯示他們共同反對美國秩序。[142]隨後他們同意，要將「上海五國」國防部長會議常態化，並安排在三月舉行。遲浩田的傳記指出，他們特意在當年「北約領袖峰會前舉行第一次會議」，或許是要向西方國家發出有關北約擴張、包括向中亞擴張的嚇阻信號。[143]

這些對西方的憂慮不是順口一提而已，而是「上海五國」的核心。隨著蘇聯解體，以及九一一事件後美國對中亞的干預大增，莫斯科和北京都擔心美國可能填補它在中亞的勢力空白。中國國務委員戴秉國後來就在回憶錄寫道，中國需要「引入上合組織」以「協助改變與西方的權力不平衡」。[144]

中國尤其希望上合組織成為中亞區域主義的最高組織（相信它能削弱美國在中亞的影響力，且讓鄰國對北京的意圖感到放心），於是迅速將成立該組織視為優先。上海合作組織以中國的一座城市命名；秘書處和職員在北京捐贈的辦公室工作；首任秘書長是一名中國外交官；而且初始預算的「最大部分」也是由北京出資。[145]

其他解釋

中國為何如此熱衷於上合組織？有些人不認為原因與美國有關。他們的說法與上合組織的官方訊息一致，認為該組織的功能是在中亞打擊中國所稱的「三股勢力」——暴力恐怖勢力（恐怖主義）、民族分裂勢力（分裂主義）、宗教極端勢力（極端主義），這對保障中國自身的安全很重要。不過，檢視上合組織的「地區反恐怖機構」（RCTS）就會發現，這種依據常理的解釋並不充分。地區反恐怖機構是上合組織為數不多的常設機構之一，也是應對「三股勢力」的主要機構，但它並未特別受重視。中國推動成立地區反恐怖機構，但它和上合組織的其他機構一樣「長期資金不足，而且能夠不受成員國政府左右而獨立決策的權力有限」。[146]它每年的預算看來只有微不足道的兩百萬美元，員工也只有三十人。地區反恐怖機構執行委員會主任張新楓也承認，為數不多的職員中「沒有多少人進辦公室上班」。[147]一名分析家指出，這個機構的預算和員工數量「少得可笑」，僅相當於「中國一千一百一十億美元國內安全預算的捨入誤差」。[148]

這名分析家指出，功能類似的北約情報融合中心有兩百多名員工，可見上合組織的地區反恐怖機構根本不是玩真的。由於資金和人力不足，地區反恐怖機構的作用有限，目前它「無法建立共同進行分析的環境、無法蒐集情報、無法整合指揮機構、無法制定共同政策、無法指認恐怖分子、無法與其他國家或地區安全組織進行有意義的互動、也無法執行許多其他安全機構可能執行的任務」。[149]在需要它的時候，上合組織並沒有真的派它上場。從二〇〇五年烏茲別克軍隊殺害數百名示威者的安集延屠殺事件（Andijan massacre），到二〇一〇年吉爾吉斯境內的吉爾吉斯─烏茲別克族種族清洗，再到二〇一二年塔吉克決定封閉一整個省，並派兵壓制一名軍閥，地區反恐怖機構全未出動。[150]

基於這一切原因，很難宣稱地區反恐怖機構（乃至上合組織）的存在目的是要打擊「三股勢力」，尤其是中國本可輕易挹注更多資金，或增加它的員額，如果它真有那麼重要的話。所以，中國為什麼要支持上合組織？

如何削弱

正如普丁和遲浩田的會面所顯示，中國創立上合組織，與其說是要打擊「三股勢力」，不如說是要對美國在中亞的勢力進行削弱與先發制人，奠定中國在周邊地區建立秩序的基礎。這一切都出於北京對美國威脅的認知。

美國威脅

遲浩田和普丁強調要反抗美國霸權，這個主題在上海五國與上合組織的所有聲明、上合組織章程，以及領導人層級的演說中，幾乎無所不在。這些文件和演講中，常以促進「多極化」或「國際關係民主化」等措辭來描述這些目標，這是削減美國影響力的委婉說法；這些文本經常譴責（他們口中的）美國人權施壓、新干預主義及飛彈防禦系統。一九九七年的上海五國會議，中俄就簽署了《關於世界多極化和建立國際新秩序的聯合聲明》。聲明稱，「雙方將本著夥伴關係的精神，努力推動世界多極化的發展和國際新秩序的建立」，「不應謀求霸權，推行強權政治，壟斷國際事務」。151

這些對美國霸權的批評出現在一九九八年上海五國的首份宣言中，也出現在它每一年發表的聲明裡，中俄領導人公開放大了這些批評。[152]江澤民在一九九九年峰會場邊宣稱「霸權和強權政治正在興起，新型態的所謂新干預主義也在捲土重來」。[153]葉爾欽對此表示同意，並反對「某些國家企圖建立只適合他們自己的世界秩序」。[154]葉爾欽隨即宣布他已「確實準備好戰鬥，尤其是和西方人戰鬥」，讓記者震驚不已；他的外交部長伊戈爾·伊凡諾夫（Igor Ivanov）證實，美國正是峰會的討論焦點。[155]上合組織後來達成制度化時，它的成立憲章開頭就明白表示，該組織的目標包括發展「政治多極化」。

上合組織絕大多數聲明都包括這類反抗美國霸權的說法。[156]當上合組織認為美國實力開始走下坡，立刻就在二〇〇九年的聲明中宣布「走向真正多極化的趨勢已不可逆轉」。[157]也就是說，區域性的強國現在可以反擊西方霸權，擴展謀略空間。

只支持些微制度化

如果中國對上合組織的投資主要是為了削弱美國實力，那麼隨著這些擔憂加深（特別是在九一一事件後），中國對上合組織的投資應該會增加。中國確實這麼做了。

九一一事件發生前，中國對上合組織的制度化步調「毫無意見且相當滿意」。[158]九一一發生後，隨著美國在中亞建立強權，「上合組織的生存能力受到嚴峻考驗」。[159]美國入侵並占領阿富汗；將對中亞國家的直接援助增加一倍，軍事援助更增加好幾倍；還率先在中亞展開北約的「和平夥伴關係」計劃。讓中國恐懼的是，包括俄羅斯在內的中亞國家，都積極為美國在當地的軍事存在提供方便。上合組織的所有中亞成員國都公開表示願讓美軍飛越領空，大多還私下將飛越領空的範圍擴大至涵蓋作戰任務。[160]美軍在烏茲別克和吉爾吉斯設置基地，獲得塔吉克和土庫曼的機場使用權，還受邀使用哈薩克的設施（美國雖拒絕，但仍獲得緊急使用權）。[161]俄羅斯則分享資訊，並接受美國建立設施和進出地區，還提供自己的使用權和後勤支援。這些都「讓中國決策者和分析人士大感驚訝，他們抱怨俄羅斯的決策階層沒有正確理解美國的真實意圖。」[162]

在中國看來，這些意圖相當危險。中央政治局常委羅幹擔心「美國想利用阿富汗戰爭在中亞建立永久軍事力量，這會對我們的國家安全產生重大影響」。[163]二〇〇一年，江澤民將中國對「三股勢力」的擔憂與對美國在中亞影響力的擔憂相提並論：「中亞在冷戰結束後出現了兩種突出的情況。一是『三股勢力』活動猖獗，二是美國在中亞的軍事存在。」[164]中國擔心美國或北約在每個中亞國家的存在，會抵消上合組織在區域安全上發揮的作用，而且可能走向制度化，甚至可能讓北約進一步擴大。[165]一名中國學者就擔心「北約東擴可能直達中國的西部疆界」。[166]也有人擔心中國被包圍，指出中國現在不僅面臨國境以東的美國存在，國境以西也要面臨美國存在。[167]

中國推動上合組織制度化，動機是想藉由關注恐怖主義使該組織成為中亞區域主義的核心；阻擋美國在中亞擴大影響力；並防止自己遭到包圍。學者鍾健平指出，「為了避免上合組織因為九一一後美國在中亞的軍事存在而被邊緣化，北京努力推動成立上合組織區域反恐怖機構」，這個機構很快成為常設機構，江澤民曾稱創立它「是當前最急迫的事情」。[168]在九一一事件爆發數月後的一次總理會議上，中國總理朱鎔基強烈主張上合組織必須儘快完成憲章制定，並建立一個反恐機構；二〇〇三年，美國在中亞的存在達到高峰時，胡錦濤宣布「建立制度是上合組織的首要任務」，並催促要設立秘書處——儘管他反對那些美國也參與的組織建立體制。[169]在九一一事件之前，中方從未有過類似說法。澳門大學歐洲問題研究所教授宋衛清就指出，為了維持上合組織的重要性，「中國願意為長期利益犧牲短期利益，為總體目標犧牲局部利益」。[170]中國提議將區域反恐怖機構遷至烏茲別克，因為烏茲別克拒絕參加上合組織的某些演習，中國擔心它會向美國靠攏；二〇〇四年，中國又宣布向上合組織成員國提供近十億美元貸款。[171]中國所做的一切，終究讓上合組織在中亞地區的反恐工作中占有一席之地，即使這個組織從未擁有足夠資源，無法達成太多目標。由於中國認為美國在自家周邊區域勢力增長，促使它更急迫地追求制度化。即使如此，上合組織的制度化程度仍遠低於中國在全球金融危機後成立的組織；而且在印度加入後，上合組織就不再有利用價值了。

安全利益

如果上合組織的力量薄弱到根本無法打擊「三股勢力」，也無法建構區域各國在經濟上的關係，它還能提供哪些安全利益？上合組織為中國提供了達成以下目標的途徑：（一）讓那些可能抗衡它的中亞國家消除疑慮；（二）削弱美國的實力；（三）提供在中亞建立秩序的平台。

首先，中國成立上合組織的本意，就是要讓俄羅斯和中亞國家不再擔心中國的意圖。中國明白，在中亞國家最有影響力的是俄語和伊斯蘭信仰，他們視中國為這個區域的的局外人，也憂心中國可能對其領土有計謀、可能支持漢族移民到當地、可能威脅他們國內的產業。[172]在北京看來，蘇聯解體帶來的風險，就是美國可能會利用中亞國家的這些憂慮，將它們聯合起來抗衡及包圍中國。中國試圖藉由上合組織的結構來讓這些國家安心。中國放棄在雙邊關係上的優勢，利用多邊環境進行工作，就是希望周邊國家認為上合組織有助於控制中國不斷擴增的存在。上合組織成員國有機會表達對中國政策的不同意見，而且該組織採行基於共識的投票機制，依照一位前秘書長所說，這套投票機制如此設計，就是要確保「大國的影響力不會高於其他國家」，包括中國。[173]如此一來，上合組織就能展現中國已揚棄「分而治之」戰略，希望促進非正式討論，並由部長層級公開解決問題，降低成員國對中國意圖的擔憂。[174]此外，上合組織提供了一個平台，可用於宣布及實施金額達數十億美元的貸款、貿易減讓、軍事與技術援助（或與中亞國家一起反對西方對人權的批評），這一切都是為了達到消除疑慮的作用。

其次，正如上海美國學會資深研究員于濱指出，中國利用上合組織填補了中亞的政治空白，將它視為「中國能轉移、重挫和抵消美國在該地區影響力的平台」。[175]中國想讓上合組織成為中亞的關鍵組織，同時也將美國拒於門外（中方拒絕華府申請觀察員資格，也禁止美方觀看與上合組織反恐機構合作的軍事演習），藉此讓自己處於形塑中亞地區的主要位置。它還利用上合組織來拒絕美國取得中亞領土與基地的使用權。例如在二〇〇三年，上合組織外長會議就討論要如何遏制美國在中亞不斷增長的影響力。[176] 二〇〇五年，上合組織在哈薩克首都阿斯塔納*召開峰會後發表聲明，要求美國確定自中亞撤軍的時間表，為成員國公開要求美國撤軍提供掩護。同年，中俄都對烏茲別克驅逐美軍的決定表示支持。二〇〇七年，上合組織發表《比斯凱克宣言》（Bishkek Declaration），反對外部勢力在安全事務中發揮作用，指出「中亞的穩定和安全，已可由當地國家在已成立的區域及國際組織基礎上做好保障」。[177] 隨後，中亞國家分別在二〇〇九年和二〇一四年，將美國在當地尚餘的存在全數驅逐。[178]

上合組織還舉行了二十多次軍演，以昭示成員國之間的深化合作，對外展示美國的區域干預並無必要，同時發出軍事信號。規模最大的是「和平使命」（Peace Mission）軍演，涵蓋「坦克、大砲、空降與兩棲登陸、轟炸機、戰鬥機、軍艦」，有時像是對美國的「武力展示」。[179] 例如「二〇〇五年和平使命」軍演，內容就像在預演要入侵台灣及「阻止或挫敗美國為這座島嶼採取軍事干預」的必要行動，中國甚至曾提議在浙江（位在台灣以北的中國一省）進行這項軍演，之後才決定改變地點。[180]

中國和俄羅斯都參與了這場演習，規模大於他們在冷戰期間舉行的任何一場軍演；有一萬名士兵及戰略轟炸機、一百四十艘戰艦參與；還演練了如何讓防空系統無效、實施海上封鎖和兩棲攻擊等任務。[181]另外有些演習則是模擬如何防衛一個受外部強權（很可能是美國）攻擊的上合組織成員國。[182]還有一些演習，如俄羅斯總參謀長談及「二〇〇九年和平使命」軍演時所說，是要「向國際社會展現俄羅斯和中國擁有必要資源，能（在沒有美國的情況下）確保區域穩定與安全」。[183]指揮「二〇一四年和平使命」的一名中國將領宣稱，這些演習是在「推動建立公平合理的國際政治新秩序」。[184]

除了將美國趕出中亞，以及發出軍事信號外，上合組織還充當「當代神聖同盟（Holy Alliance）」，要遏阻西方價值觀的傳播，避免中亞地區受到民主革命的影響。[185]上海五國與上合組織每次發表的聯合聲明都不忘攻擊自由主義價值觀，措辭通常是尊重「不干預」與「文明和文化的多樣性」，譴責西方「雙重標準」以及「以保護（人權）為藉口」的干預行為。[186]上合組織憲章支持中國的「和平共處五項原則」，並敦促尊重主權大於尊重人權。[187]

成員國在面對西方國家批評時，上合組織會給予實際支持。二〇〇五年，上合組織成立了選舉監督計劃（雖然沒有一個成員國是真正的民主國家）。該計劃對吉爾吉斯、塔吉克和烏茲別克的選舉進行「觀察」及「報告」，在歐洲安全暨合作組織（OSCE）的選舉觀察員發現重大舞

---

* 譯註：現已更名為努爾蘇丹。

弊證據時，提供不被追究的藉口。[188]烏茲別克當局在安集延示威中屠殺數百人時，上合組織卻認定它是合法的反恐行為。[189]中國前大使王嵎生就曾說，「上合組織的一大重要成就」就是「成員國成功防範美國新保守主義理想家煽動的『顏色革命』」。[190]

第三，上合組織是中國建立秩序的工具。該組織的聯合聲明多次公開提及要「開發上合組織日益增長的潛力與國際聲望」，以實現國際與區域目標。[191]上合組織是中國向中亞地區提供共識交易的平台，包括貸款、貿易減讓、投資、軍事與技術援助以及政治上的保護，為中亞提供了接受美國秩序與俄羅斯影響力之外的替代選擇。[192]中國利用上合組織提議成立上合組織開發銀行及天然氣聯合組織，這一切都會有利於北京，並有助於中國對中亞地區發揮影響力。[193]上合組織還為北京提供途徑，在全球建立對中國立場與準則的支持。[194]上合組織對美國在塞爾維亞、科索沃、利比亞、伊拉克和阿富汗的軍事干預都出聲批評。[195]上合組織的聲明一再被用來支持中國的立場，並在各種與多數成員國幾乎無關或只有少許牽連的問題上，攻擊美國的立場，包括：（一）南海；（二）台灣獨立；（三）朝鮮半島；（四）美國飛彈防禦系統；（五）擴大聯合國安理會；（六）太空軍事化；（七）網際網路主權。

中國還利用上合組織為「一帶一路」倡議（ＢＲＩ）抹上合作和多邊主義的脂粉。例如二〇一六年的聲明中，就要成員國表態支持多邊運輸計劃；上合組織本身也已成為促進協議的工具，要在區域內推動一帶一路。

中國為上合組織所做的一切，是要利用外界眼中自由主義的秩序建立工具（如多邊組織等等），來推動那些根本是和中國勢力及中國戰略利益有關的目標。這種「戰略性自由主義」不僅適用於國際組織，也在經濟領域發揮重要作用。下一章也將談到，中國以經濟手段箝制美國對中國的權力，也藉此走向中國好幾代民族主義者關注的「富強」。同樣的教訓也能衍伸到未來，不僅適用於中國試圖削弱美國實力的時候，也適用於它企圖建立自己勢力的時候。

第六章

「永久性正常貿易關係」——中國如何在經濟上削弱美國

「中美之間的最惠國待遇問題，是決定世界歷史轉動的核心議題。」[1]

——江澤民與李鵬前顧問何新，一九九三年

一九七九年一月，一個寒風刺骨的下午，中國國務院副總理鄧小平抵達美國安德魯空軍基地。這是歷史性的時刻，鄧小平成為首位訪問美國的中華人民共和國領導人。這位一身黑衣的七十五歲革命家在掌聲中步下飛機，走向在停機坪等候迎接的美國副總統華特·孟代爾（Walter Mondale），途中也停步向一小群歡迎他的群眾微笑揮手。[2]不過幾週之前，鄧小平才達成中美政治關係正常化的目標；此時他的目的是經濟關係正常化。

翌日，鄧小平在白宮與美國總統吉米·卡特（Jimmy Carter）會晤，為接下來兩天的密集會談揭開序幕。兩位領導人終究討論到兩國的經濟關係，鄧小平希望取得美國的市場准入、資本與技術，以推動中國的經濟發展。然而，要達成這個目標，中國必須先與美國簽署最惠國待遇協議。[3]當時，美國對他國的最惠國待遇受到《傑克遜—瓦尼克修正案》（Jackson-Vanik Amendment）限制，修正案內容明定，共產國家或非市場經濟國家必須准許人民有向外移民的自由，才能取得最惠國待遇，相關情況的認定須由美國國會每年表決通過。[4]十年後，鄧小平決定向天安門廣場的學生示威者開槍，讓美國國會原本只是形式上的最惠國待遇表決變得極具爭議性；之後整個一九九〇年代，年復一年的表決對於仍仰賴美國開放市場的中國經濟而言，幾乎構成危及存亡的威脅。然而回到一九七〇年代末鄧小平與卡特會晤時，仍是沒有太大爭議的年代：如果說最惠國待遇在一九八九年是讓美中關係緊張的肇因，那麼它在一九七九年明顯還是能讓雙方打趣說笑的談資。據報導，兩位領導人在討論要有向外移民自由才能取得最惠國待遇時，鄧小平向卡特說笑：「我們馬上就能符合資格。如果你們要我們明天就輸送一千萬名中國人到美國來，那我是十分樂意的。」卡特和善回應：「那我就派出一萬名新聞記者到中國作為回報。」鄧小平隨即回答：「不成，這可能會阻礙關係正常化的進展。」[5]

鄧小平的訪美之行相當成功，中國翌年就取得了美國給予的最惠國待遇。之後的整個一九八〇年代，美國國會年年順利表決通過給予中國最惠國待遇，沒有絲毫爭議。中國經濟飛速成長，但也越來越依賴美國的市場、資本、技術，以及美國治理的全球性組織。[6]雖然美中關係偶爾會因為台灣問題而緊張，但北京當局此時仍不怎麼擔心日益仰賴美國帶來的戰略影響，因為雙方仍在合作對抗蘇聯。在這個時期，中國貌似應能取得永久最惠國待遇，可藉此箝制美國對中國實施經濟手段，也可讓中國的貿易地位免於年年接受美國國會表決，但北京當局卻一直沒有設法爭取。

直到發生了天安門廣場屠殺，以及之後蘇聯解體帶來的震撼，中國才改變關注焦點：不僅要取得美國的最惠國待遇，還要確保它能一直維持下去。在中國的認知中，美國的威脅升高，北京認為華府對中國利用經濟上的優勢力量達到政治目標，包括制裁、威脅取消最惠國待遇、以「三〇一條款」提高貿易關稅、取消科學技術合作等等。中國的戰略相應改變，北京尋求的不是降低對美國的依賴，而是削弱美國的力量，讓美國難以利用中國的依賴來傷害中國。

美國實施制裁、美國對科學與技術合作的影響力、美國控制了關鍵大宗物資，在在都讓中國深感憂慮，也是它實施削弱戰略的部分原因。但這套削弱戰略的核心要素，無疑是中國迫切需要永久最惠國待遇，這也是本章的主要焦點。最惠國待遇不僅攸關貿易，也不僅攸關能持續取得資本與技術；對中國領導人來說，每年對最惠國待遇的重新審查，就是美國的政治工具；取得永久最惠國待遇，中國才有謀略空間。中國領導人為取得永久最惠國待遇，除了進行雙邊談判，也試圖藉由多邊程序如亞太經濟合作組織（APEC）、關稅暨貿易總協定（GATT）／世界貿易組織（WTO）等管道。錢其琛指出，中國努力了八年，將「永久最惠國待遇」（permanent MFN）改名為「永久性正常貿易關係」（PNTR），因為中方認為後者比較沒有對中國慷慨大度的感覺。[7]為了取得「永久性正常貿易關係」，中國甚至不惜在經濟上做出大幅讓步、不惜冒著政局動盪與共產黨權力動搖的風險、不惜一度推翻美中的雙邊WTO協議。關於最惠國待遇的奮戰長達十多年，也是中國試圖牽制美國、讓華府難以對北京任意施展經濟權力的核心重點。現在我們要更詳細的探究中國當時做了哪些事。

解釋中國的經濟行為

本章要藉由中國的文本與行為來解釋中國的國際經濟政策，並檢驗本書提出的解釋（即中國的政策是出於大戰略考量）相對於其他解釋是否成立。本書探究其他兩種對中國國際經濟行為的解釋：（一）官員的動機是出於為國家整體帶來可能的經濟利益，也許是從絕對和總體的角度，也許是作為更廣泛的國家指導發展戰略的一環；（二）可讓某些有權有勢、人脈廣大的關鍵利益集團獲益，無關對國家的影響。這些理論與它們發展出的模式，都可用來解釋經濟行為，但要用於解釋中國的經濟行為則有缺失：它們沒有充分考慮國際經濟政策中的國家安全因素；也忽略了像中國這種通常不太受社會力量影響的列寧主義政黨政府，可能有時也不太容易受到既得利益集團影響，特別是與民主政府相較。因此本章認為，許多重大的國際經濟決策可能出於大戰略的考量，包括旨在降低霸權國家對崛起國家經濟影響力的削弱戰略，以及旨在提升崛起國家對其他國家影響力的建設戰略。這些影響力可以是針對關係的，以操縱國家之間的相互依賴關係為主；也可以是針對結構的，側重於形塑全球經濟活動的體制和框架；還可以是針對國內事務的，也就是重塑一個國家的國內政治和執政偏好。

本章要說明，中國在這個時期的種種作為主要是出於大戰略的考量，是削弱戰略的一環，目的是要將美國的經濟力量與對中國（在關係上、結構上，與國內事務方面）的影響力降至最低，同時確保北京能繼續取得美國的市場、資本與技術。因此本章的重點不在中國此一時期採取的種種經濟舉措，而是它如何建構與國際社會的經濟關係以達成目標。

中國的經濟相關文獻

三連發事件與經濟戰略

在天安門事件、第一次波灣戰爭、蘇聯解體等三連發事件發生之前，一九八〇年代曾是中國經濟美好的十年。自一九七〇年代末開始，鄧小平讓中國改變原先毛澤東的自給自足路線，轉而加入國際資本主義交易體系，不僅為了經濟繁榮，也為了國家安全。「中國能不能頂住霸權主義、強權政治的壓力……就看能不能爭得較快的增長速度，實現我們的發展戰略。」[8]這套通常稱作「改革開放」的戰略，是在一九七八年中共第十一屆中央委員會第三次全體會議提出並開始實施，要讓中國為了「成為社會主義的現代化強國而進行新的長征」。[9]

改革開放的計劃與國際經濟密不可分。中國要為中國製產品尋找新市場，希望藉由成立經濟特區、創建合資企業、改革法治等手段吸引外資，進而製造產品。技術轉移也是這些作為的一大重心。鄧小平在一九七八年的三中全會提出「四個現代化」，要著重於農業、工業、國防、科學技術等四大領域的現代化。他在同年稍早曾宣稱，四個現代化的「關鍵是科學技術的現代化。沒有現代科學技術，就不可能建設現代農業、現代工業、現代國防」。[10]因此，改革的五年計劃涵蓋一九八一至一九九〇年（分別是中國的第六個與第七個五年計劃），兩個五年計劃都投資數十億美元引進外國技術，讓中國走向現代化。鄧小平一九七九年訪美時曾批評美國的出口管制，將推動美中兩國簽訂「科學技術協議」視為優先目標，不久後「幾乎所有美國的技術相關單位都開始與中國的對應單位發展建設性關係」，且一直持續到下一個十年。[11]

若無美國支持，中國的經濟戰略是不可能完成的。中國必須取得美國的市場、資本與技術，也必須進入華府建立的國際經濟體系。要鞏固這一切，就必須擁有最惠國待遇。最惠國待遇主要是確保中國產品能進入美國市場，但也和資本與技術有明確關聯。只要中國產品能進入美國市場，外國投資人就會認為值得在中國投入資本；出口產品也能幫助中國取得足以引進技術的資金。鄧小平訪問白宮時曾說：「我們要仔細處理讓中國產品進入美國市場的事情，因為已經有人問，中國人要怎麼為這些（外國技術）買單。」當天會見媒體時，鄧小平也同樣表示，如果「美國提供資本和技術，我們可以用我們的產品和補償貿易回報」。[12]因此，確保美國給予最惠國待遇是鄧小平一九七九年訪美的優先目標。接下來的幾個月，他接見了好幾個美國國會代表團，大力遊說此事。他在會見時強調，雖然中美關係「有很多事要做」，涵蓋「政治、文化、貿易和其他方面……其中有些事情更急迫，比如解決最惠國待遇問題」。[13]

一九八〇年之後，美中在經濟方面的關係就相當堅實。美國的資金與技術流進中國，中國出口的產品也大舉進入美國。中國的最惠國待遇年年順利獲得美國批准，兩國之間有關智慧財產權、囚犯強迫勞動、人權、台灣等各種問題的爭端，均未破壞貿易關係。[14]當時的北京比較看重貿易帶來的經濟利益，不太擔心自己對美國市場、資本、技術的仰賴會被華府無情利用。中國甚至滿足於長達十年間任由美國國會投票表決最惠國待遇，顯然不擔心美國可能拿它當作對付中國的影響力工具。

這一切，在天安門事件後全盤改變——特別是在美國明顯意圖利用經濟影響力對付中國以後。中國認知中的美國威脅升高，中國領導人看到美國不僅自己制裁中國，還徵召歐洲與日本加入。此時北京強烈意識到自己對美國的依賴，但領導人企盼美中之間的戰略關係最終能讓一切重啟。[15]為了讓天安門事件成為過去，鄧小平推動了一套分為四部分的「包裹式方案」，包括在人權上做出讓步、解除制裁、某些經濟合作倡議、以及江澤民訪美。一九八九年十二月，史考克羅訪問中國時表示這套「包裹式方案」或許可行，北京的領導人也相信危機或可解決。[16]

但這樣的信心為時過早，因為很快就有新的震撼：共產世界與蘇聯紛紛解體。直接參與這一連串美中談判的錢其琛認為，中國對美國的觀感自天安門事件後就開始生變，在東歐與中亞的共產體制崩潰與蘇聯衰落後，改變得更加徹底；美國對中國也一樣：

史考克羅返美後，美中關係曾有改善跡象，但就在此時，東歐局勢發生劇烈變化；羅馬尼亞的國內動亂撼動政權，執政的羅馬尼亞共產黨一夜之間被推翻，領導人尼可拉·西奧塞古（Nicolae Ceausescu）在同年十二月二十五日就遭到處決。東歐的政局變革也讓國際情勢出現更迭。美國開始評估世界整體情勢，不再急於改善與中國的關係。美中關係倒退，回到中國提出包裹式方案前的狀態，包裹式方案也就此被擱置。東歐局勢的歷史性劇變，加上蘇聯的政治動盪，都大幅撼動中美合作的戰略基礎。美國部分人士認為已不再需要中國的合作，開始討論如何「遏制中國」。[17]

中共也在六月十五日的一次高層會議中批示了對美國的觀點。李鵬總結會議中的共識，即美國利用制裁作為手段，目的在破壞中共的統治。他在日記中寫道：「中央政府分析了國際情勢，認為美國在東歐與蘇聯出現變化之後，試圖要施壓我國改變。」[18]

之後幾年間，北京目睹美國利用橫跨四個領域的經濟脅迫影響力：(一)制裁；(二)最惠國待遇；(三)三〇一條款調查；(四)技術轉移。這四個領域的緊張關係，讓中國重新評估自己對美國在經濟上的依賴，於是開始力圖削弱美國的經濟影響力。第一個領域是制裁，這很快就排擠掉其他議題，成為中國外交政策的優先目標。從史考克羅秘訪北京、老布希總統寫私人信函給鄧小平、鄧小平回函老布希，乃至之後兩年內幾乎每一次的高層互動當中，制裁都是焦點議題；中國高階外交官更將制裁問題視為重中之重。[19] 錢其琛形容，天安門事件後中國受到的國際制裁與孤立，是他擔任外交部長十年間「最艱難的時刻」。相對於鄧小平逞強宣稱制裁對中國只有少許影響，錢其琛承認「被孤立的壓力極大」。[20] 因此他的回憶錄中，篇名為〈頂住國際壓力〉的一整章都在談這個時期，明白指出國際制裁是當時中國外交政策的核心議題。[20]總理李鵬則寫道，在他看來，中國遭遇制裁的嚴重性相當於一九六〇年代蘇聯專家撤離中國，「影響中國的經濟發展，減緩了發展速度」。[21]一九九〇年，李鵬參加了一次關於「如何打破制裁」的高層會議，會中決議「必須找到某些（和其他國家的）突破點」以逃避制裁。[22]錢其琛努力實行這個方法，他憶述自己試著藉由承諾釋放異議人士方勵之換取解除制裁；打蘇聯牌；發現「日本是西方陣線中的弱點」及爭取解除制裁的「最佳目標」；利用歐洲擔憂「可能失去中國市場占有率」的心理，並將這種心理傳達給美國和日本以破壞他們的團結；同時鼓勵開發中國家「打破制裁」。[23]這些協同手段產生了作用：大致上是以中國市場作為影響力工具，並讓其他各方相互對抗，藉此克服了國際制裁的壓力。即使如此，中國仍擔憂美國的經濟影響力。美國對中國在關係上的影響力，第二大來源就是美國取消中國最惠國待遇的威脅升高，這比制裁帶來的後果更嚴重。一九七九年的中國主要致力於確保最惠國待遇；天安門事件後，中國最重要的目標則是讓最惠國待遇不再需要美國國會年年審查。整個一九八〇年代，中國的最惠國待遇只遭遇過兩次試圖取消的提案，這兩次「不贊成決議」（resolutions of disapproval）很快就沒了下文；天安門事件後，則是每年都有國會議員提出要求取消中國最惠國待遇的「不贊成決議」，直到中國二〇〇二年取得永久最惠國待遇。中國立即展開了爭取永久最惠國待遇的戰略。例如，李鵬在一九九〇年三月二十七日主持了一次高階會議，討論如何處理最惠國待遇。中國對外經濟貿易部在會中提出數據說明，若最惠國待遇遭美國撤銷，受影響的貿易額將達一百億美元，相當於逾半貿易總量，也遠超過中國出口總額的一半。其他的估計數據更加嚴峻：不僅大多數的中國出口產品會受影響，實際出貨到美國的商品甚至會減少逾半。李鵬在會中指出，他希望中國在對抗蘇聯方面的戰略地位以及中國的市場規模，最終能讓華府的立場軟化。[24]但到了一九九一年，隨著蘇聯的重要地位逐漸降低，李鵬已不再這麼樂觀。他寫道：「美國可能會取消對中國的最惠國待遇……我們面對的壓力越來越大，相當危險。我們要努力做工作，爭取維持現狀，但也應該為最壞的情況做好打算。」[25]例如，李鵬與中國各地商界領袖會面時，就詢問他們「最惠國待遇取消了會有什麼影響」，結果也許不令人意外，「影響很大。首先是會流失（出口）市場；其次，外國投資人會降低信心」。[26]國會議員提出的不贊成決議，有些已通過國會多數表決，最後才被總統否決；其中一次總統否決甚至險遭國會推翻（眾議院以大比數推翻總統否決，但在參議院差了六票），若推翻成功將重創中國經濟。[27]因此，中國在最惠國待遇一事面臨極大的風險。

在這個時期的中國看來，美國可能利用經濟脅迫影響力對付自己的第三個跡象是：美國貿易代表署啟動三〇一條款調查。一九九一年四月，美國貿易代表署將中國列為「優先指定國家」，展開為期六個月的調查，若中國未提供足夠的智財權保護，將引發美國的制裁。北京迅速公布了新的智財權法律；在華府揚言要對七億美元的中國產品（相當於中國出口額的百分之五）徵收關稅後，雙方達成了協議。[28]未來恐怕會有更多調查與制裁，而北京期盼在加入以多邊規則為基礎的貿易秩序後，能減少美國對這些議題的裁量權。事實證明這個假設大致上是正確的，直到川普當選總統。

第四個讓中國憂心的發展是，中國科學與技術的現代化在天安門事件後立即受到重大打擊。中國的五年計劃、四個現代化、以高科技研發為主的「八六三計劃」，都預設會有價值數十億美元的美國科技進入中國，而且會有持續不斷的科學交流，這些都受到兩國之間更廣泛的各種總體協議支持。天安門事件後，美國對特定的高科技產品實施出口管制，並讓美中之間的科學與技術協議失效；美國國家科學基金會（National Science Foundation）、美國國家科學院（National Academy of Sciences）也同樣暫停與中國之間的合作、訪問與共同計劃。雖然相關合作後來陸續恢復，但最初的限制提醒了中國領導人：中國如此依賴美國的科學技術，而且可能失去對美國出口的市場，都會影響中國引進美國技術的能力。[29]

美國這四種經濟影響力讓北京領導人心慌意亂，也讓他們在一九八九年之後就處於全面防禦的姿態，中國因此產生了新的削弱戰略。

削弱戰略

在蘇聯解體及美國對中國動用經濟手段後，維持美國市場准入成為中國的關鍵重點，同時也要削弱美國限制准入的能力。中國爭取永久最惠國待遇及加入世界貿易組織（WTO），是要讓美國難以動用經濟影響力，特別是在貿易制裁、關稅、特別三〇一調查、技術限制等方面。

中國對自己經濟脆弱程度的覺察，也出現在確立中國大戰略的演說裡，包括中國領導人在駐外使節工作會議的演說中，確認了美國的威脅與中國在經濟上對美國的依賴。在第八次駐外使節工作會議上，江澤民就宣示國際戰略當中的「經濟安全比重加大」。[30]他指出，美國將成為中國「外交上打交道的主要對手」。在同一段文章裡，他強調中國經濟的脆弱之處：「中美關係能否穩定，往往影響一大片，美國還是我國主要的出口市場和引進資金、技術以及先進管理經驗的重要來源。維護和發展中美關係，對我國具有戰略意義。」[31]

這些談話實質上排除了以公然對抗戰略來降低美國影響力，並為較不引人注意的削弱手段提出理據。削弱手段之一是誇耀中國市場。江澤民在一九九三年的演說中進一步主張，「美國對華政策歷來具有兩面性」，一方面用貿易等問題對中國「保持壓力」，「在同我國的交往中盛氣凌人」；「另一方面，美國出於……實際經濟利益的考慮，（又必須）著眼於我國的巨大市場」。[32]如同天安門事件後的鄧小平，江澤民試圖利用中國在經濟上的市場規模，阻止美國利用關係上的經濟影響力對付中國。舉例來說，江澤民在一九九三年就對柯林頓這麼說：

> 中國經濟的發展對美國和世界各國的發展都有利。中國廣闊的市場有著巨大潛力，歡迎美國企業界擴大投資，加強同中國的經貿往來。對中國採取遏制政策，訴諸經濟「制裁」，

將會損及美國本身的利益。[33]

對美中互相依存的關注，之後也出現在中國領導人的外交政策談話中。例如江澤民在一九九九年的駐外使節工作會議上，就進一步強調在互相依存與全球化之間求取平衡的重要性。他說，中國「必須充分利用經濟全球化帶來的各種有利條件和機遇」，但「同時，又要對經濟全球化帶來的風險保持清醒的認識」，因此中國必須「堅持獨立自主」，「增強抵禦和化解（外國壓力的）能力，以切實維護我國的經濟安全」。[34]

即使中國取得與美國的永久性正常貿易關係，並加入了WTO（之後會詳細討論），仍擔心美國在經濟上的強大力量。在二〇〇三年的駐外使節工作會議上，胡錦濤就表示「開發中國家發展經濟和維護經濟安全任務更加艱巨」。[35]他向聽取演說的對外政策機構人員說：「我們既要看到我國發展壯大國際地位不斷提高的事實，又要看到我國仍然面臨發達資本主義國家經濟、科技優勢和激烈國際競爭的壓力……（以及）西方敵對勢力仍在對我國實施西化、分化政治圖謀的嚴峻現實。」[36]他希望「多極化趨勢發展也將進一步促進經濟力量多元化」，為中國創造更大的謀略空間。[37]即使如此，在中國取得永久性正常貿易關係及加入WTO後不久，溫家寶在事先準備的中共十六大文件裡仍指出，中美關係終於朝有利中國的方向發展，「從經貿關係看，中美兩國互相依存已為兩國政府所接受」。[38]

胡錦濤和江澤民一樣擔憂美國的經濟影響力，而且他憂心的不僅是市場、資本、技術，也擔心資源與貿易的流通受阻。胡錦濤掌權後不久就發表了一場重要演說，指出了「麻六甲困境」（中國對麻六甲海峽的依賴），並稱美國等大國試圖掌控這個要害，也試圖掌控中國因經濟快速發展而越來越仰賴的資源。在胡錦濤眼中，全球經濟四處都存在著美國的惡意，「我國在境外進行油氣資源開發、企業跨國併購、引進高技術等活動不斷受到干擾。這裡面有一些人故意挑唆和惡意炒作的因素」，這想必指的是美國，雖然胡錦濤承認「也有不少是由實際利益矛盾（而非政治操作）而引發的」。[39] 胡錦濤提出的回應辦法是建立「新能源安全觀」，充分評估「外交、安全、經濟風險」，並支持國有企業擴大「境外能源資源合作開發」及購買其他大宗商品。[40] 於是，在胡錦濤所謂「走出去」的政策之下，中國開始尋求與更多開發中國家進行貿易，並在拉丁美洲、非洲、中亞等地出資入股多個大宗商品計劃。這些手法和江澤民執政時期或有些許差異，但本質上的壓力是相同的：要讓中國不再那麼依賴那些可能受外國（特別是美國）經濟壓力影響的貿易流通。中國開始在全球各地的礦業、油田持有股份，擔心只依賴市場無法提供足夠的安全保障——只是，再過幾年，要取得這些保障還得加上軍事投資。

胡錦濤始終相信，經濟不僅關乎絕對獲益或為既得利益階層服務，還關乎戰略目標。他在二○○六年的中央外事工作會議宣示：「開展對外經濟技術合作，要堅持從國家外交全局和長遠利益考慮」，而不僅是從經濟層面考量。[41] 在二○○六年的中央外事工作會議中，胡錦濤指出，強權政治的經濟影響力有許多形式，「大國更加重視……利用經貿、能源資源、金融等經濟手段進行政治運籌，使政治和經濟的戰略結合更加緊密」。[42]因此，「能源、金融、信息（資訊）、運輸通道等方面安全問題日益突顯」。[43]中國自一九八九年以來就非常憂心美國對全球經濟的影響力，這份憂慮甚至持續到數十年以後，不過中國全神貫注經營的仍是雙邊貿易關係。即使如此，中國在這個時期最關注、且利害關係最大的問題，仍是能否維持最惠國待遇，以及與這個問題密切相關的WTO會員資格。

永久性正常貿易關係與加入WTO

一九九二年，在中國最惠國待遇的存亡仍掌握在美國國會手中時，美國商界出手了。中國美國商會（AmCham China）在這一年展開新的「到華府敲門」（DC Doorknock）計劃，定期派出由商界領袖組成的大型代表團拜訪重要聯邦機構、國會議員及華府其他人士，倡議與中國進行更自由的貿易。他們的目標很簡單：首先要防止國會取消中國的最惠國待遇，過一段時間後再設法讓中國取得永久最惠國待遇，並確保中國能獲准加入WTO。美國商會與它的盟友最終成功實現了目標。多年後，中國官員出席美國商會的宴會時常常熱情致謝。中國駐WTO大使孫振宇就曾在其中一場宴會上說：「我還記得那些拚了命爭取最惠國待遇和永久性正常貿易關係的日子。」孫振宇回憶，「每年到了這個時候，美國商會都會組織敲門團訪問華府，向參眾議員進行遊說」，而中國也會派出自己的團隊，「你們的敲門團和我們的敲門團在同一個時刻搭飛機，敲的是同樣的門。」時任中國商務部長薄熙來也在另一場宴會上對美國商會表示感謝（後來他在中共權力鬥爭中以貪腐罪名遭判刑入獄），他說：「在你們的幫助下，我們取得了永久性正常貿易關係，也加入了WTO……我們中國人的心裡，會永遠記得我們的朋友所做的好事。」[44]

永久最惠國待遇與加入WTO為中國帶來的「好事」，影響極為深遠。北京曾擔心，一旦喪失最惠國待遇，出口美國的貨物有百分之九十五都要立刻課徵關稅，成本將倍增，中國的經濟會因此受到嚴重打擊。因此中國認為，取得永久最惠國待遇是冷戰後的國際經濟政策首要事項，而這個目標可以透過談判加入WTO來達成。

中國願意付出絕對的經濟成本，且不惜冒著國內政局不穩定的風險，只為掙脫最惠國待遇須由美國國會年年表決的束縛。相對於中國願意做出這麼大的讓步，美國反倒認為給予中國永久最惠國待遇沒什麼大不了，因為中國實際上已經年年取得最惠國待遇。雙方對於最惠國待遇的重要性看法相左，於是有了討價還價的空間，因此能夠達成協議，也讓中國最終得以加入WTO。

其他解釋

對於中國爭取永久最惠國待遇（又稱「永久性正常貿易關係」）和尋求加入WTO及其前身

GATT，另有兩種似是而非的解釋。第一個解釋是，中國尋求達成這兩個目標的動機是出於絕對的經濟利益；第二個解釋則是，有特定利益集團出於比國家利益狹隘的偏好而爭取。

第一個解釋的確有部分道理。爭取永久最惠國待遇與加入WTO長遠來看能強化中國的經濟，江澤民曾大致贊同這一點，儘管取得WTO會員資格需要付出顯著的調整代價。[45]即使如此，戰略動機仍然在其中發揮極重要、很可能是決定性的作用，因為中國願意在經濟上做出重大讓步以換取永久最惠國待遇——實際上是用一部分貿易保護主義的利益換取國家安全與戰略利益，用貿易協議降低美國經濟脅迫的風險。這是有意為之的：江澤民曾再三表示，加入WTO一事，首先要當成政治問題，其次才是經濟問題。下文也將詳細闡述這一點。

第二個其他解釋則是，中國尋求永久最惠國待遇與加入WTO，是由於利益集團政治。但這個解釋有令人質疑的原因。一個原因是，中共刻意保護爭取永久最惠國待遇與加入WTO的談判不受公眾壓力影響。學者傅士卓認為，江澤民直接參與相關決策，已限制了民間反彈的力道，他也賦予談判官員（朱鎔基與龍永圖）極大的權力，讓他們有權在必要時做出不利於國內利益集團的讓步。[46]中共表明「企業的主張必須從國家利益的角度闡述」。[47]

利益集團的解釋還有一個值得質疑的理由：即使利益集團發揮了作用，也是不利於中國取得永久最惠國待遇與加入WTO的，因為當時很多人都反對中國為了這兩個目標在經濟上做出讓步。時任中國駐美大使李肇星後來在回憶錄寫道：「國內在加入WTO這件事上有很多爭論。脆弱的產業像是農業、紡織會受到相對較大的打擊。有些專家擔心兩千萬名紡織工人和數億農民會受到影響。」[48] 一些權貴人物也對這樣的讓步表示擔憂。據報導，當時中國政壇第二號人物李鵬就主張應保護國內產業，對於領導相關談判的政壇對手朱鎔基大扯後腿。一九九九年四月，美國貿易代表署在美中達成最終協議前外洩了協議草案，讓朱鎔基顏面大失，也在中國國內激起更強烈的反對聲浪；不久後美軍又在北約行動中誤炸中國駐南斯拉夫大使館，引發民間輿論沸騰。此時中國國內反對經濟讓步的聲勢達到最高峰，但仍無疾而終，頂多只是延後協議達成的時間，並未改變實質內容。李鵬的回憶錄寫道，早在一九九九年八月二十三日，北京中央政府已開會同意重啟談判，之後一週就針對談判策略進行討論。[49] 美中最後達成的協議，和一九九九年四月協議草案外洩前、以及北約誤炸中國大使館前所談的協議內容幾乎一模一樣。即使是李鵬（他曾趁著對手朱鎔基最脆弱的時刻在一場會議中譴責對方），也不曾抨擊朱鎔基讓步太多。[50] 這一切顯示，中央領導階層有足夠的自主性，可以不受社會及各種利益團體的壓力影響，強行推動協議通過。

在中國，有關爭取永久最惠國待遇與加入WTO的爭議點不在是否應該爭取，而是應該做出哪些讓步；即使像李鵬這樣的質疑者也認為，中國應該事後再小心收回一些讓步措施。一九九九年八月三十日，在一場有江澤民與其他高官出席的高層會議中，李鵬就主張「加入WTO有利有弊、利大於弊，一些不利的規定仍然可以在實行階段通過法律得到解決」。[51] 到了十一月，美中簽署加入WTO的雙邊協議後，李鵬也繼續主張這種觀點。

在十一月十五日的中央經濟工作會議中，部級與省級官員接受加入WTO的相關教育，李鵬發表演說稱：「可以通過國內保護和提高競爭力來克服這些缺點。」[52]李鵬甚至在一些會議中對保護主義的氛圍做出反擊；例如在一次準備通過相關法案、讓中國法律符合WTO要求的政治局常委會議中，李鵬就說：「允許企業的外國股份可以多達百分之四十九，和允許整個產業的外資達到百分之四十九是不一樣的。」[53]簡言之，這位保護主義的主要支持者，將中國實行保護主義的驅力導向以不同方式履行WTO的規範（而非不同意哪些規範），再度證明利益團體的解釋應該無法成立。

大戰略的解釋

中國尋求永久最惠國待遇，是出於強大的戰略邏輯。本節要說明的第一點是，中國領導人並未將最惠國待遇視為純粹的經濟議題，而是從戰略角度看待它。其次，本節要探究中國如何爭取最惠國待遇，其中包括透過APEC與WTO。

首先要說的是，中國最初並未將最惠國待遇或加入GATT視為戰略問題。中國在一九七九年取得美國的最惠國待遇，之後年年獲得批准，沒有任何爭議。[54]但如同前文所述，三連發事件改變了一切。在天安門事件發生前，中國和美國已接近達成關於加入GATT的協議，如果加入，或許就解決了當時爭議不大的最惠國待遇延長問題；畢竟也有其他共產國家獲准加入

GATT、且讓最惠國待遇獲得延展；況且當時中國還是美國對抗蘇聯的盟友。

當時在美國駐華大使館擔任對外經濟事務主任的吉爾伯特・唐納修（Gilbert Donahue）回憶：「美國貿易代表署當時已準備好，要進入我所謂的談判最後階段，讓中國實現加入GATT的目標……他們已經準備好要在六月下旬派出代表團，把整件事完成。」[55]然而就在這個六月，天安門事件發生了。當時在美國駐上海總領事館擔任政治組副主任的馬克・E・莫爾（Mark E. Mohr）指出：「國會、媒體、輿論……都認為我們應該為了中國對學生開槍而祭出更多懲罰措施，特別是在經濟方面；廢除對中國的最惠國待遇因此成為共識。」[56]

中國領導階層並未忽略情況演變至此的嚴重性，他們深知這對中國的未來將影響深遠。善於煽動人心的保守派人士李新在這個時期獲得重用，成為江澤民與李鵬的外交政策重要幕僚。他在一九九三年表示，最惠國待遇牽涉到極大的利害關係：「中美之間的最惠國待遇問題，是決定世界歷史轉動的中心議題。」[57]中國領導人明顯是從後冷戰時期的觀點來理解最惠國待遇問題，也將它視為天安門事件與蘇聯解體後潛在的遏制戰略的一環。兩位知名的外交部長錢其琛（在最惠國待遇爭議期間兼任國務院副總理與中央政治局委員）與李肇星（在最後推動取得永久最惠國待遇時擔任駐美大使）都各自在回憶錄中表示，他們相信美國許多「敵視中國」的人士認為，最惠國待遇與人權是遏制中國的關鍵手段。[58]李肇星在回憶錄中直言，最惠國待遇是因為新的戰略環境才出現的遏制手段：

蘇聯解體後，美國有部分國會議員出於意識形態的偏見，利用最惠國待遇作為反制中國的武器。從一九九〇到二〇〇〇年……美國國會都要花上兩個多月辯論是否應給予中國最惠國待遇，討論的不是中國批不批准向外移民的自由，而是人權、宗教、家庭計劃、台灣、西藏、核不擴散、貿易赤字、勞改生產，還有其他相關問題。事實上，這個（最惠國待遇）已實際成為美國國會……要挾中國的重要工具。[59]

他又說，在冷戰結束後，「無論兩國關係出現什麼樣的問題，最後全都會呈現在美國國會針對中國最惠國待遇的辯論當中」。這是一種長期的影響力操縱型態，因為「中國必須求助美國。中國必須服從，否則就會被美國國會懲罰」。中國將最惠國待遇視為利用依存關係來箝制中國的經濟力量，因此必須削弱這樣的力量。李肇星這麼說：「美國為什麼要利用最惠國待遇來批評中國、要挾中國？如果這不是霸權主義，什麼才是霸權主義？」[60]領導談判程序的時任中國總理朱鎔基，也認為美國是在利用關係上的經濟影響力，藉由最惠國待遇欺凌中國。「中國努力了九年爭取『復關』*。在這個時期，美國雖然也聲稱支持中國『復關』，但實際上卻是利用自己的大國地位反覆阻撓談判過程，提出各種嚴苛而不切實際的要求。」[61]在中國終於成功保住最惠國待遇並加入WTO之後，江澤民在二〇〇二年一次對黨內全體省部級主要幹部的重要演說中，從國家安全的角度來形容這次成功：「（我們）終於打掉了美國等一些西方國家苛刻無理的要求，維護了我國的根本利益和國家安全。」[62]這場演說聚焦於最惠國待遇在中美權力鬥爭裡的重要性，值得注意的是，江澤民強調這是國家安全的勝利，突顯了其中的戰略意涵。

中國官員為爭取最惠國待遇，在經濟與國內政治上付出了龐大代價，因為他們相信這能保障中國的自主性，美國無法利用關係上的影響力對付中國，這對中國的未來至關重要。即使是對經濟自由化抱持懷疑態度的李鵬，也在一九九九年十一月的中央經濟工作會議上表示，與美國達成協議能確保「中國在國際舞台上有更大的迴旋空間」。[63]中國可以利用談判加入WTO來保障最惠國待遇，而江澤民也多次表示，對於取得WTO會員資格，主要應視為政治問題而非經濟問題。一九九九年八月三十日，中國決定重啟加入WTO談判後一週，李鵬在一次重要的中央政府會議發表談話時回憶：「江澤民主席曾經強調，加入WTO是政治問題，不是一般技術性的商業問題……所有人都同意江主席的看法，WTO不僅僅是經濟問題，而是政治問題。」[64]其中的要素之一是降低美國的影響力，藉此穩定中美關係。朱鎔基在一次受訪時也表示，「我們做出這麼大的讓步，原因是考慮到中美之間友好合作關係的整體情勢，要在江澤民主席與柯林頓總統設定的目標上，創造建設性的戰略夥伴關係」。[65]

---

* 譯註：恢復關稅暨貿易總協定會員國資格。

中國決心冒著極大的風險牽制華府。北京深知，加入ＷＴＯ會增加國內局勢的不穩定，也會損及中共的執政權力。但若結合江澤民所說，取得ＷＴＯ會員資格是政治問題大於經濟問題，在在顯示中國加入ＷＴＯ是出於戰略動機。例如，二〇〇〇年四月胡錦濤在一次有關黨建的演說中就說：「自從擴大開放、互聯網文化發展、特別是中國加入ＷＴＯ以來，各種腐化的意識形態帶來的中產階級意識形態滲透與文化侵蝕的挑戰……會愈來愈重要……也會對我們形成長期的重大考驗。」[66]西方菁英的確曾經希望，在給予中國最惠國待遇及ＷＴＯ會員資格後，能藉由胡錦濤提到的這些力量改變中國。江澤民也在二〇〇〇年十一月二十八日舉行的中央經濟工作會議中，提出同樣的說法。他表示，「經濟體系的轉變」以及擴大「開放」，會「不可避免的對人民的想法和觀念造成重大衝擊，也不可避免會帶來各種意識形態與文化上的相互滲透」。此外，「加入ＷＴＯ之後，西方文化產品的進入將讓我們面臨新的挑戰。考慮到意識形態的內容與言論，我們一定要強化中國文化產品的競爭力」。[67]二〇〇二年二月二十五日，在中共中央委員會主辦的省部級主要領導幹部國際形勢與世界貿易組織專題研究班中，有多位高層官員發表談話，包括江澤民。他的談話目的主要是為中國加入ＷＴＯ設定路線，讓所有幹部知道，取得ＷＴＯ會員資格為何符合中國的國際政治戰略，同時探討加入ＷＴＯ的經濟優勢與必須進行的改革。江澤民在激昂的演說中明白指出，美國同意給予中國最惠國待遇及ＷＴＯ會員資格，其戰略就是從中國內部進行削弱：

美國最終與我們達成協議，不是因為突然產生善意和仁慈。一方面，他們對我們的優點一覽無遺，如果不讓我們加入，反而對他們沒有好處。另一方面，他們有自己的戰略考量，我們千萬不能太天真。對某些特定的西方政治勢力來說，藉著實施經濟自由化來推進所謂的政治自由化，是在社會主義國家進行西化與分裂主義政治圖謀的重要戰略手段。中美兩國已經針對中國加入WTO達成了雙邊協議，這和它（美國）的全球戰略有密切關聯。柯林頓對這一點講得很清楚。他在給國會有關授予中國永久最惠國待遇的聲明中說：「加入WTO將為數以億計的中國人民帶來政府無法控制的資訊革命，會讓中國國有企業加速崩垮，這個過程會讓政府更難插手人民的生活，促進中國的社會與經濟變革。」考量到這一點（美國的意圖），我們必須保持清醒的頭腦，清楚看到其中的要點，做到有備無患，並且努力實現我們的戰略企圖，推動中國的經濟發展。

中國願意為了爭取最惠國待遇與加入WTO而招致嚴重的國內政治風險，進一步證明了戰略動機應該比經濟動機扮演更重要的角色。

由此可以引導出本章第二個論點：中國最後是如何取得永久最惠國待遇的？從沒有相關權責的高官都曾將最惠國待遇列為優先政策，就可看出中國對這件事窮盡心力。例如，柯林頓想在每年更新最惠國待遇時，將它與人權問題連結，但時任中共中央政治局常委暨中央軍委副主席劉華清，就和美國海軍部長及當時的美國前國防部長錢尼（Dick Cheney）聯繫，告訴他們「最惠國待遇問題不能連結到人權問題。如果美國取消對中國的最惠國待遇，對美國、其他國家與地區都會非常不利，而且美國遭受的損失會更大。」[68]

中國尋求兩種途徑來保障自己的永久最惠國待遇，先後利用APEC與WTO內部的談判機制來解決最惠國待遇問題。當時一段相關敘述是這麼寫的：「（中國）貿易的未來，確實要仰賴……在美國市場持續享有最惠國待遇。中國需要的這種確定性與保護，或許可從GATT與APEC的自由貿易框架取得；否則中國將一直面對美國基於人權等任何理由而施加的歧視性壁壘、制裁與報復舉措。」[69]

藉APEC削弱美國的經濟影響力

中國利用APEC來削弱美國利用依存關係的影響力。中國首位APEC大使王嵎生就說：「APEC讓我們能夠進行必要的努力，爭取優勢、避免劣勢。」[70]其中一項作為，就是關於華府對北京進入美國市場的限制能力。中國經由APEC推動「區域貿易規則，藉此防止美國根據中國的人權與軍售紀錄來挾持其貿易地位」。[71]學者湯瑪斯・摩爾與楊迪霞認為：「中國官員自始就希望APEC成為一個多邊論壇，讓北京能在這裡獲得保護，免於受到美國單邊實施貿易制裁等威脅。」[72]為達成這個目標，中國採行兩種戰略。

第一種戰略是確保APEC接受貿易非歧視性原則，中國認為這是通往「APEC成員國之間無條件適用最惠國待遇」的捷徑。[73] 檢視中國當時的談判立場可以發現，「中國是想利用多邊管道達成其政策目標，也就是取得永久最惠國待遇，這是它先前以雙邊途徑無法達成的」。[74] 中國的APEC大使王嵎生在回憶錄中坦言，「非歧視性貿易原則，其實是中美之間的事」，但他也指出，把這件事變成多邊問題相當有用，因為「其他（APEC）成員國都在不同程度上同情、支持我們」，「因此，我們始終強調這不只是中美之間的歧異，而是整個APEC的問題，它涉及了美國、中國，以及所有APEC成員國，大家必須共同合作解決這件事」。[75] 王嵎生回憶，針對美國提出的經濟自由化，中國試圖開出條件，要求先接受APEC的非歧視性貿易原則，「我們強調，非歧視性原則應該先給予APEC成員國，這是APEC貿易與投資自由化的基礎」。[76] 美國則表示反對。

中國的第二種戰略是利用APEC直接取得加入GATT/WTO的門票，如此一來形同直接取得最惠國待遇，削弱美國對中國經濟的影響力。依照外長錢其琛的說法，中國支持「所有APEC成員國都應成為GATT會員國」的原則。[77] 中國形同以加入GATT/WTO來綁架美國的自由化議程。當時擔任對外經貿部部長的吳儀在記者會中表示：

> 我們確實已經要求APEC論壇真心支持中國「復關」（重新加入GATT）……如果

中國不能復關……不僅挑戰全球多極貿易體系的普遍性，甚至會影響中國在APEC區域徹底實施貿易自由化的計劃。中國的GATT締約國地位不恢復，就很難承諾執行烏拉圭回合協議，對於APEC區域貿易自由化計劃的實施也有不良影響。[78]

中國即使無法直接進入GATT/WTO，也想鼓勵APEC成員支持一項原則——在APEC被分類為「開發中國家」的成員國，在GATT/WTO也應該如此分類。中國希望藉此至少能降低進入GATT/WTO的門檻。這是要反制美國主張中國這樣的強權國家必須適用已開發國家（而非開發中國家）的標準。中國利用自己在APEC的開發中國家地位，確保也能在GATT/WTO取得相同地位，希望降低加入GATT/WTO的門檻，並且能更快加入。外經貿部長吳儀就說：「美國已經同意（讓APEC成員裡的開發中國家享有不同的加入時間表）……我們希望美國對於中國『復關』也實施同樣的原則，讓談判盡快取得進展」。[79]

中國在APEC所做的種種，顯示北京執著於解決最惠國待遇及美國經濟影響力的問題。不過，北京直到談判加入WTO時才取得必要的優勢，迫使美國在最惠國待遇問題上讓步。

藉WTO削弱經濟影響力

中國與美國之間的加入WTO談判，本質上其實與WTO無關——雙方都深知，這一連串談判的重點是中國能否取得最惠國待遇。

其實中國加入WTO不見得一定要美國同意，因為只需取得三分之二WTO會員國支持即可加入；中美談判時，雖然美國看來可能表示反對，但中國已勢將達到門檻。中方談判代表龍永圖稱，取得最惠國待遇的保障是中方談判的「核心利益」，他認為加入WTO就能解決這個問題。他在一次回顧WTO談判過程的訪問中說：「領導高層不只一次問我，進入WTO以後，美國是不是就會取消對中國最惠國待遇每年一度的審查。」[80]在另一次訪問中，他說：「WTO能幫助解決中國與已發展國家之間與日俱增的貿易摩擦，讓中國不再受到最惠國待遇被取消的威脅。」[81]

中國如何藉由加入WTO的過程取得優勢？答案可以歸結為，是WTO獨一無二的特性所造就。WTO規定所有成員國之間均無條件享有最惠國待遇；如果中國加入WTO後，美國仍拒絕無條件給予最惠國待遇，美方必須援引「不適用條款」，形同確認美中兩國均同意的WTO規則，在雙邊貿易關係中「不適用」。實際上，這對於美國企業經營中國市場極為不利，因為歐洲、日本企業都能藉由WTO條款享有進入中國市場的好處，美國企業則無法享有。若美中之間採取不適用條款，中國實質上不會面臨更糟的情況（特別是若華府仍每年授予最惠國待遇），美國卻很可能處於遠較對手不利的劣勢。中國領導高層敏銳掌握這項優勢，藉此取得了最惠國待遇的保障。時任中國駐美大使李肇星就說：

根據WTO的規則，成員國應無條件互相給予最惠國待遇。中國加入WTO後，美國的《一九七四年貿易法》就會和WTO的規則有衝突。美國面臨一個選擇：給予中國永久最惠國待遇，讓美國也能從中國加入WTO獲得好處；或是援引不適用條款，把中國開放市場帶來的機遇拱手讓給其他國家。[82]

因此中國深知，自己和越多主要經濟體達成加入WTO的協議，美國授予最惠國待遇的壓力就越大。在二〇〇〇年五月一次有關加入WTO協議的會議中，李鵬就說：「與歐盟達成協議，可以促使美國採納永久性正常貿易關係。」[83]此外，中國領導人也認為，中方為了取得最惠國待遇而在農業、汽車、外資上限、反傾銷措施等方面做出大幅讓步，若美國仍拒絕授予永久性正常貿易關係，中方可以撤銷大半，甚至全部。例如，一九九九年六月三十日，李鵬和朱鎔基舉行高階經濟計劃會議時，有關中國讓步順序的問題就浮上檯面。李鵬說：「入世以後，應該要全面管制外國銀行操作人民幣、（投資）保險業與電信業。他（朱鎔基）同意在入世後立法管制。他說，入世已經進入談判階段，中美已同意恢復永久性正常貿易關係。我說，如果美國國會不批准中美恢復正常貿易關係，中國全國人大常委會也會否決（自由化法案）。」[84]

基本上，中國在WTO雙邊談判過程中做出的讓步，後來都全盤撤銷，讓美國企業相對他國企業處於劣勢，中國企業則幾乎未受任何負面影響。中國的談判策略一貫維持這種強硬手法，而出訪他國簽署加入WTO協議並討論貿易相關事宜，也提高了中國的可信度。例如一九九九年十一月，江澤民就出訪六國，包括英國、法國、沙烏地阿拉伯等重量級經濟體，重申政策：「如果美國國會不通過中國的正常貿易關係地位，中美之間的（加入WTO）協議就應該視為無效」，中國所做的所有讓步都會取消。[85]

從美國的角度看來，中國對最惠國待遇如此重視，是一個可以利用的機會。許多美國人不認為延長對中國的最惠國待遇，會對美國經濟造成任何實質影響，也不認為中國能從中獲得重大的經濟利益。經濟學家保羅．克魯曼（Paul Krugman）就曾在《紐約時報》的專欄中宣稱：「可以說，是否要授予中國『永久性正常貿易關係』，主要只是程序上的問題。美國不會降低任何現有的貿易壁壘，所有關於開放市場的讓步，都僅出自中國那一方。」[86]柯林頓也在提交有關給予中國永久性正常貿易關係的法案當天，闡述同樣的論點：「WTO協議會讓中國朝對的方向走，會讓美國三十年來在中國努力的目標有所進展。在經濟上，這項協議等同於一條單行道，它要求中國以前所未有的全新方式，對我們的產品與服務開放市場，以中國占全球五分之一的人口，它可能成為世界最大的市場，我們要做的只是同意維持中國現有的市場准入。」[87]

針對中國加入WTO的中美雙邊協議，談判過程遍佈荊棘，而中國的談判團隊自始至終都精準聚焦在最惠國待遇。在一九九九年一次談判破裂、華府決定向公眾披露中國所做的讓步後，李鵬與其他高層官員舉行經濟會議，探討中國方面要如何回應。他回憶：

四月八日，美國單方面公開了協議的共同聲明草擬手稿，以及美方的條款清單，宣稱已經（在這幾點上）達成協議。中方發布回應聲明，否認已達成協議，但這份清單已經眾所周知。當時雙方已同意的條款與內容，有百分之九十五都與美國公開的清單相符，中國只加了多項保護條款。此時還不清楚的是，對於和中國貿易的年年審查是否會停止，美國所謂的「最惠國待遇」是否會涵蓋在協議裡。因此，我在文件中加了兩項條文：美國必須給予中國永久性正常貿易關係，不能再繼續對中國能否取得最惠國待遇年年審批；第二，美國必須通過特定法律，確保正確實行WTO的規定，保證中國在對外開放後的角色。

此時李鵬雖有機會攻擊政敵朱鎔基做出過大的讓步（其中許多讓步都讓反對者憤怒不已），但他仍將重點放在最惠國待遇問題。這是一連串談判中最重要的焦點，也是消除美國在關係上影響力的主要方法。朱鎔基所做的讓步，其實為了取得如此重要的戰略工具所付出的代價。

上述高層領導人的演說顯示，中國認為在加入WTO的中美雙邊協議中所做的讓步，主要是為了確保最惠國待遇，而不是為了加入WTO。中美簽署協議後，美國國會開始辯論是否要將中國的最惠國待遇改為永久地位，朱鎔基則明確將協議與最惠國待遇連在一起：「我已經沒什麼能做的了。我們已（在協議中）做出最大的讓步，現在我們要等著看他們怎麼做。」[88]這些讓步是有道理的，不是因為能帶來外交支持，中國加入WTO並不需要這樣的支持；而是因為北京認為WTO是有強制力的機制，能降低美國對中國的經濟影響力。

中國會讓步，大致上是因為自己的衰弱，且仰賴西方資本主義來推動發展進程。二〇〇〇年代初期，中國在爭取永久性正常貿易關係和加入WTO的相關談判中，顯然把一手條件不佳的壞牌打得很好，為自己取得穩定的海外市場准入，也因此讓跨國企業更有意願投資中國、購買中國出口的商品，因而引發中國經濟爆炸式成長的良性循環，同時又導致工業化國家加速去工業化、失業率增加。同樣重要的是，取得永久性正常貿易關係與加入WTO，幫北京困住美國的經濟脅迫力量長達二十年，直到川普政府在二〇一八年破除了一部分美國的自我約束，掀起和中國的貿易戰為止。此時中國的經濟當然已非當年那樣脆弱：這個經濟體加入WTO時，規模只有美國的百分之十，到了貿易戰開打時已達美國的百分之七十。中國的相對實力產生巨大變化，自然也顛覆了中國大戰略的所有層面。接下來的章節將說明，由於爆發了全球金融危機，中國的戰略也提前多年出現轉變。

第七章

「國際力量對比發生變化」

——全球金融危機與「建立」戰略的開端

「過去之所以要韜光養晦，是因為我弱你強……而如今的奮發有為則是要向周邊國家顯示我們的關係是『我強你弱』，這是根本性質上的變化。」

——閻學通，北京清華大學國際關係研究院院長，二〇一三年數百名中國外交官和外交政策官員排排站立，全部身穿白襯衫、黑西褲，沒穿西裝外套，也沒打領帶。他們難得一見的非正式穿著，與這個歷史性會議的重要性形成強烈對比。數十年來，中共領導人都在大約每五、六年召開一次的「駐外使節工作會議」上與全體外交政策相關人員見面。此時，中華人民共和國歷史上第十一次駐外使節工作會議正在一間佈置乏善可陳的會議廳裡召開，中國的外交政策相關人員全體出席。這次會議召開之際，世界正處於全球金融危機之中，這場危機撼動全球經濟，也暴露了美國國力中的脆弱之處。

金融危機爆發後，中國智庫學者紛紛在這場會議召開前夕撰文，宣稱中美之間的國力差距已經縮小。他們開始倡議中國應修正或揚棄「韜光養晦」的大戰略。[2]此刻，他們的非官方判斷即將成為官方立場。

以寡言內斂著稱的中國國家主席胡錦濤，一邊微笑和排排站的外交官們握手，一邊走進會場。在幾名官僚發言後，胡錦濤的演說登場，充滿隱晦含糊的政治術語，是典型的共產黨風格，但談話內容全面顛覆了中國原有的大戰略。他在提到金融危機時指出，「國際力量對比發生重大變化」，「世界多極化前景更加明朗」。[3]

這幾句話絕非無關宏旨的宣示。「國際力量對比」與「多極化」的概念，並非泛指世界強權國家之間的權力平衡，而是拐著彎在指美國實力衰落。從中共政權在這方面的話語，可以看出它認為中國相對於美國處在何種地位，也可以看出這些概念是中共有關大戰略的討論重心。本章將論證，中國領導人已清楚展現他們對於「韜光養晦」方針的遵循從來不是持久不變的，而是要取決於「國際力量對比」。因此，當胡錦濤向中國全體外交政策官員宣稱「堅持『韜光養晦』是中央全面分析整個國際力量對比……作出的戰略抉擇」時，雖然聽起來只是枯燥刻板的宣示，實際上卻揭示了許多意義。[4]如果中國的戰略取決於「國際力量對比」，如果（如胡錦濤所說）「國際力量對比發生重大變化」，那麼這句話就意味著中國的大戰略需要修正。

在這次演說中，胡錦濤的確就提出要修改大戰略。他宣稱，中國必須修正鄧小平提出的「韜光養晦」，更加「積極有所作為」。[5]這看似不起眼的語意轉換（只是在鄧小平的理論中加上「積極」一詞），其實意義重大。鄧小平訂定的指導方針「韜光養晦」，和涵蓋這套理論的二十四字信條「冷靜觀察、穩住陣腳、沉著應付、韜光養晦、善於守拙、絕不當頭」，將近二十年來一直是黨內共識，而胡錦濤現在做了修改。在如此受矚目的會議發表演說時做出這樣的宣示，是中國即將改變大戰略的一大跡象。中國關心的已不只是削弱美國實力。胡錦濤提出「積極有所作為」的理念，習近平再轉換成「奮發有為」，顯示中國要轉向「建立」亞洲的區域秩序。

接下來的三章將闡述，在胡錦濤這次演說之後，中國的行為也出現與戰略轉變相對應的變化。在軍事方面（第八章），全球金融危機加速中國的戰略轉變，不再只藉由以水雷、飛彈和潛艦為重心的海上拒止戰略來削弱美國的實力；而是藉由「制海」與兩棲戰力建立區域秩序，著重於航空母艦、更強大的水面艦、兩棲部隊、海外軍事設施以及各種中國以往忽視的戰力。這些戰力將協助中國形成對鄰國的軍事影響力、奪取或控制距離較遠的島嶼及海域、維護海上交通線、干預鄰國事務或提供安全方面的公共財*。在政治方面（第九章），全球金融危機促使中國放棄原先著重於加入區域組織再百般阻撓、藉此削弱美國政治影響力的戰略，轉而採取建立戰略，成立自己主導的區域組織。在經濟領域，中國帶頭發起亞洲基礎設施投資銀行（AIIB，簡稱「亞投行」）；在安全領域，中國則著手將原本沒沒無聞的「亞洲相互協作與信任措施會議」（CICA）地位提升與制度化。中國期盼這兩個組織有助於建立符合中國喜好的區域秩序。在經濟方面（第十章），北京在全球金融危機的推波助瀾下，得以改變原先以削弱美國經濟影響力為主的防禦型經濟治國方略，改採進攻型的經濟治國方略，讓中國能建立對他國具脅迫性及誘發共識的經濟能力。其中的主要手段是推動「一帶一路倡議」（BRI）、積極使用經濟治國方略對付鄰國、企圖擴大金融影響力。這些舉措若放在「韜光養晦」的指導方針下，沒有一樣說得過去。

本章要從中共的文件去探討它如何悖離「韜光養晦」，走向「建立」戰略。我們分四部分探討。檢視中共文本後，我們發現：（一）全球金融危機發生後，北京認為自己與美國實力的相對差距縮小；（二）北京的大戰略目標發生變化，從原本只針對美國，轉為具體著重於藉「周邊外交」和打造「命運共同體」來建立區域秩序；（三）悖離鄧小平「韜光養晦」的戰略方針，轉向「積極有所作為」及其後續理念；（四）從原本採取符合削弱戰略的大戰略手段，改為採取符合建立戰略的大戰略手段。

對美國實力的認知轉變——關於多極化的話語

二〇〇八年全球金融危機後，中國對美國實力的看法大幅轉變，從中方對「多極化」與「國際力量對比」的話語，都能看出這種變化。「多極化」是源於國際關係文獻的一個術語，指的是以幾個強權國家為主軸而組成的國際體系。但在中國，這個術語有悠久的歷史。冷戰時期，「多極化」一詞在中國不時出現，指的是美蘇兩國實力的弱化；蘇聯解體後，這個詞則委婉指涉美國實力的弱化，使用頻率也激增。

為證明這一點，本節回顧中共文獻中幾乎所有關於多極化的相關內容再加以擷取，涵蓋了歷屆中共全國代表大會報告、領導人選集中的演說稿，以及每次全代會召開後至下次召開期間出版的三大冊中共文獻彙編。我們發現其中有一個明顯趨勢：一九九〇年代初期，中國擔心多極化還遙不可及，但自二〇〇七至二〇〇八年起，中國感覺到多極化的確即將來臨。也因此，中國需要

＊ 譯註：public goods，台灣稱為「公共財」，中國、香港稱為「公共產品」，指非排他性、非敵對性的共享財貨，如國防、免費電視節目、橋梁、下水道等。

以新的戰略應對。

關於多極化的話語

中國對「多極化」的談論自後冷戰時代開始興起，在此之前的中共文獻較少出現這個詞語。例如，冷戰結束前的中共全代會報告中幾乎不曾提及「多極化」，但在天安門、波灣戰爭、蘇聯解體等三連發事件爆發後，每一份全代會報告中都會提及「多極化」，而且通常出現在報告的開頭和外交政策的段落，顯示它對國家戰略的重要性。在改革開放後的冷戰時期領導人（如胡耀邦、趙紫陽）文集中，「多極化」一詞幾乎未曾出現；但在鄧小平文選裡，冷戰結束後的演說中就提到了它；在江澤民文選中它更出現了七十七次，胡錦濤文選中也有七十二次。同樣的，這個詞在一九八〇年代中國期刊文章中僅出現約一千次，但在一九九〇年代出現近一萬三千次；自二〇〇〇年到二〇一〇年六月之間，更出現約四萬六千次。[6]

中國在三連發事件之後開始關注多極化，強烈顯示它在過去三十年間一直是美國實力弱化的替代用語，但以這樣的角度看待多極化，可能頗具爭議。有些人認為它不過是口頭上宣稱大國影響力降低的辭藻，但這些人忽略了一個事實：中共是以嚴肅的分析判斷來定義多極化。也有一些人認為，多極化是指中國希望成為多極當中的一極，但這些人對於多極化的理解流於字面意義。美國學者江憶恩（Alastair Iain Johnston）就指出：「如果有人問中國的戰略家，他們支持多極化是否就表示支持日本提升相對實力和戰略獨立性、或是支持印度發展核武（只是舉例）。他們的回答通常是否定或相互矛盾的。」[7]

我們即將說明，中國關於多極化的話語其實往往集中在評估美國動用武力的意願，還有美國經濟危機如何影響美國的實力、美國的出口績效、美國的國內形勢、美國的科技創新和其他各種特定層面。這在在顯示，判斷多極化的主要想法都與美國有關。[8]

還有一些人質疑多極化對中國大戰略是否那麼重要。二〇〇三年，中國一些著名學者注意到「有關多極化的話語，在中國外交政策的進程中扮演曖昧角色」，「還不清楚有關多極化的話語是否影響領導階層的決策、是否反映領導階層偏好的立場、或只是體現一種對於中國和世界的關係根深柢固的受害者觀點」。[9]不過，多極化這個術語若不重要，為什麼在一九九二年以來每一次的中共全代會政治報告中、在幾乎所有領導人級別的外事談話中、在中共中央委員會全體會議、中央經濟工作會議、中央政治局會議、省級黨委書記與官員的秘密會議、重大黨慶紀念活動的演說中，都出現它的蹤影？

其實，中國領導人已給了我們答案。他們明白，多極化是領導高層的判斷，對於戰略有直接影響。例如，江澤民對中央軍委演說時曾宣稱，他研究全球政治時考量「四大要素」，多極化是第一要素。[10]他也在一九九九年中央經濟工作會議上強調，對「多極化格局」的評估是「黨中央作出的重要判斷」。[11]這個判斷對全體幹部的工作非常重要，「全黨同志，特別是黨的高級幹部，一定要眼界開闊……對世界政治經濟的大背景、大格局、大趨勢有一個全面準確的認識。」「只有了解天下大勢，才能謀好國內大局，集中力量把自己的事情辦好。」[12]在二〇〇六年中央外事工作會議上，江澤民的繼任者胡錦濤也同樣詳細談論了多極化，稱「中央對新世紀新階段國際形勢做過基本判斷」，而多極化是其中一環。[13]這些談話都顯示，中共領導人演說中經常起頭就談多極化，或特別強調談論它，就是因為它被視為中國戰略決策的核心。

那麼，多極化如何形塑中國的戰略呢？江和胡都告訴我們，「多極化」和它的姊妹概念「國際力量對比」都深深影響了反映中國相對實力的中國大戰略。例如，在一九九八年的第九次駐外使節工作會議上，江澤民就明白指出其中的連結：「要韜光養晦，收斂鋒芒，保存自己，徐圖發展。我國國情和國際力量對比決定了我們必須這樣做。」[14]胡錦濤也曾強調兩者之間的關聯。在二〇〇三年的一次駐外使節小型座談會上，胡錦濤就說：「多極化趨勢越發展，我們的迴旋餘地也就越大。」[15]他也強調，中國遵循「韜光養晦」原則，是因為實力有限：「綜合考慮我國當前形勢和國際力量對比趨勢的發展，這（韜光養晦）是應長期堅持的戰略方針。」[16]之後他重申，中國的外交選擇是「基於國際力量對比的變化，和我國發展與安全的需要」。[17]在二〇〇九年首次正式更動「韜光養晦」戰略的演說中，胡錦濤表示，「堅持『韜光養晦』，是中央全面分析整個國際力量對比……作出的戰略抉擇。」[18]

總之，在這些官方的外交政策演說中，領導人層級的各種談話都顯示，中共（一）觀察國際情勢格局；（二）對多極化和「國際力量對比」的趨勢做出判斷；（三）根據這些趨勢調整戰略。現在我們要探究，這些重要判斷如何隨著時間而變化，又如何開創了中國大戰略的新時代。

各時代的多極化

冷戰結束後，中國認為多極化終有到來之日，但因美國實力持久不衰，它的到來將充滿曲折。例如，一九九二年的中共十四大政治報告中首度提到多極化，認為「兩極格局已經終結……世界正朝著多極化方向發展」，但「新格局的形成將是長期的、複雜的過程」，顯示中國相信美國的高度優勢會持續下去。[19]

六年後，江澤民在一九九八年的第九次駐外使節工作會議上仍維持這樣的判斷。他認為，「世界格局正在加速朝著多極化方向發展……但是也要充分看到，當前世界各種力量的實力對比是很不平衡的。美國企圖構築單極世界，由它一家來主宰國際事務」。[20]美國的實力仍然太強大了。江澤民說，「儘管受到各方牽制，但在相當長的時間內，美國仍將在政治、經濟、科技、軍事等方面保持顯著優勢」。[21]他隨後積極關注美國的經濟實力：「最近幾年，美國的經濟強勢不僅沒有下降，反而得到了重振，重新恢復了世界最大出口國和競爭力最強的地位。」[22]

在翌年的中央經濟工作會議上，江澤民繼續強調這些主題，談到華府干預科索沃情勢。他認為，雖然多極化總有一天會到來，但「多極化格局的最終形成將是一個充滿複雜鬥爭的長期過程」，「這是黨中央……作出的重要判斷」。[23]他詳細闡述了多極化和「國際力量對比」，並披露是美國的實力促使黨中央做出這樣的判斷：「當前國際力量對比嚴重失衡。美國的經濟、軍事、科技實力明顯優於其他國家。是當今世界的超級的一極。」[24]美國動用武力的意願也是中共評估的一環。江澤民說：「美國正在加緊實施其全球戰略，鼓吹『新干涉主義』，推行新的『砲艦政策』，到處干預別國內政，甚至採用武力。」[25]就連美國的國內因素也涵蓋在江澤民對美國實力的分析中，他指出「美國國內矛盾重重」，可能使其內政治理力不從心。[26]

中國對美國的評估，在公開演說與私下談話中不時存在分歧。二〇〇〇年，江澤民在聯合國發表的國際演說中宣稱「世界多極化……的趨勢正在迅速發展」，但在對黨內領導高層的閉門講話中，他幾乎沒有一次展現這種自信。[27]在同年一次關於黨的建設工作的演說中，他說：「多極格局的最終形成將經歷一個曲折漫長的過程。」[28]同年另一次對中共中央委員會的講話中，他宣稱「多極化格局……最終形成將經歷一個長期的發展過程」。[29]他在第十五屆中央委員會第五次全體會議（五中全會）上的演說（向來是中共用來劃定路線的重要演說）繼續這種論調，說：「國際格局總的是朝著多極化發展，但不會一帆風順，會有鬥爭和曲折。」[30]江澤民在中共中央軍委擴大會議中的演說中也用了類似的話語，宣稱「世界軍事力量的對比出現了新的嚴重失衡」，在提及全世界的新軍事變革時，也談到美國成功駕馭新的軍事技術。[31]二〇〇一年江澤民在上海合作組織發表演說時，也提到多極化正在深化或加速。[32]但在重要的黨內演說中（包括同年的中共建黨八十週年演說，以及二〇〇二年在中共十六大的政治報告），他則宣稱多極化是「在曲折中發展」。[33]這顯然不是有自信的跡象。

認為多極化遙不可及的判斷，延續到下一任領導人。胡錦濤上任後，在二〇〇三年駐外使節小型座談會的重要講話中，沿用江澤民的用語，宣稱霸權主義和單邊主義（皆為美國主導）使得「世界多極化將是一個曲折而複雜的過程」，「國際力量對比嚴重失衡」，他直接做出結論，認為因上述原因，中國要堅持韜光養晦。[34]這類說法一直延續到二〇〇四年另一次黨內重要演說中，這次是在中共中央紀委會議之前，胡錦濤重申「多極化……繼續在曲折中發展」，顯示前後任領導人對多極化的評估是一致的。[35]即使到了二〇〇五年，胡錦濤在會見全體省部委書記時，也反思了多極化緩慢和「國際力量對比」失衡的問題：「世界格局處於向多極化過渡的重要時期……由於世界力量失衡局面難以在短期根本改變，世界多極化趨勢發展不會一帆風順。」[36]胡錦濤和江澤民一樣，在黨內會議不斷重申這套說法，但同年出訪聯合國、英國、沙烏地阿拉伯時，他向東道主說的則是「多極化趨勢正在深化」，證明了中共領導人在國際性演說中提及多極化時，表達的看法比對黨內講話時樂觀。[37]就在影響力重大的二〇〇六年中央外事工作會議上（此前中共這項會議只召開過兩次），胡錦濤一再重申的則是比較謹慎的說法，包括「世界多極化將繼續在曲折中向前發展」，「世界多極化趨勢繼續發展，但單極還是多極的鬥爭依然深刻複雜」，將他先前比較看好多極化的說法加上脈絡與限制，藉此暗示多極化不容易實現。[38]至少從官方的全代會政治報告、領導人層級的外交政策演說、領導人黨內談話等先前的文件紀錄看來，冷戰結束後，在中國採取削弱戰略的一整個時期，中共的確一直相信多極化是遙不可及的——這顯示在當時中共的認知裡，美國的相對實力非常強大。

到了全球金融危機爆發前，以及特別是在危機過後，這些看法產生巨大變化，中國也在此時轉向建立戰略。二〇〇七年金融危機爆發之初，美國在伊拉克受挫，幾個月後胡錦濤在當年的十七大政治報告中宣稱，「世界多極化不可逆轉」，「國際力量對比朝著有利於維護世界和平方向發展」。[39]這樣的說法遠比他以往任何一次演說都要正面。同年他對中央軍委的講話中，也出現了關於多極化不可逆的類似措辭。[40]儘管他之前至少提過一次多極化不可逆，但不再使用已說了六年的多極化在「曲折」中進行等用語，顯示中國對多極化的趨勢走向充滿信心，即使對它轉變的步調仍不太清楚。雖然當時逐漸浮現的經濟危機也波及到中國，但在北京領導人看來，這場危機讓曾經強大的美國金融資本主義模式失去正當性，並且以不對稱的方式削弱了美國。戴秉國就曾在回憶錄中說，二〇〇八年十二月，顯然「美國已陷入一九三〇年代大蕭條以來最嚴重的金融危機；與此同時，中國經濟仍持續強勁成長」。[41]

二〇〇八年的危機蔓延全球後，中共對多極化的步調達成共識，比起以往，此時關於多極化和國際力量對比的說法充滿了得意口吻。在二〇〇九年的第十一次駐外使節工作會議演說時，胡錦濤利用機會發表了詳細看法。他談及金融危機時，宣稱「國際力量對比發生了重大變化」，

「世界多極化前景更加明朗」。[42]他還將中國的經濟連結到多極化的開端，宣稱「我國發展不可避免要牽動影響國際力量對比」。[43]在全球金融危機影響下，全球與周邊安全形勢更加複雜，中國面臨來自西方的挑戰，但他「綜合分析」的結論是「機遇大於挑戰」。[44]機遇來自於他認為的「我國發展外部有利條件進一步增多」、「整體戰略環境進一步改善」、「我國維護國家主權和安全能力進一步增強」、「我國對周邊事務的影響力進一步擴大」，以及「不斷提升我國軟實力」。[45]

重要的是，胡在這次演說中提出對「韜光養晦」戰略的修訂。他明白指出，「堅持韜光養晦，是中央全面分析整個國際力量對比……作出的戰略決策」，而作為這些決策基礎的「國際力量對比」已確實「發生了重大變化」，因此中國的大戰略顯然必須修改。

次年，胡錦濤在二〇一〇年中央經濟工作會議上繼續探討同樣的主題，宣稱「世界多極化深入發展」，「國際力量對比正在加速變化」。[46]同年，他在中共第十九屆五中全會演說，不僅指出「世界多極化……（正在）深入發展」，而且「從國際上看，儘管國際金融危機給世界經濟造成深度衝擊……我國國際影響力和國際地位明顯提高」。[47]兩年後，胡錦濤在二〇一二年的十八大政治報告中也維持同樣說法，聲稱「世界多極化……（正在）深入發展」，「國際力量對比朝著有利於維護世界和平方向發展」。[48]總之，胡錦濤在這一時期對多極化的論調，與之前多年對黨內談話時較為謹慎的評估已截然不同。

胡的繼任者習近平也大致維持這樣的判斷。他在二〇一四年的中央外事工作會議上表示，「世界多極化向前推進的態勢不會改變」，「當今世界是一個變革的世界……是一個國際體系和國際秩序深度調整的世界，是一個國際力量對比深刻變化並朝著有利於和平與發展方向變化的世界」。[49]

目標——以周邊外交為優先

二〇一三年三月十五日，中國外交官王毅正式晉升為外交部長。[50]他看似溫文有禮，但維護中國利益時相當兇悍，因為「外表與狡猾的外交手腕」，有人以「熟男老狐狸」（silver fox）形容他。不過他也相當聰穎勤奮。[51]文化大革命期間，王毅高中畢業後被分配到中國東北一處農場勞動長達八年。老同學回憶，王毅向來「不浪費任何時間」，一心朝著自己的既定方向鑽研文學與歷史。[52]文革結束後，他勤學有功，得以進入北京第二外國語學院就讀，專攻日文。

大學畢業後不久，王毅進入外交部工作，娶了出身外交世家的妻子。他的岳父錢嘉東在一九五〇年代是日內瓦會議的中國代表團成員，那是中共建政後第一次重大外交出訪任務；六〇至七〇年代，錢嘉東擔任國務院總理兼外交部創建人周恩來的首席外事秘書，八〇年代則出任聯合國大使。日語流利的王毅則從日本展開職業外交官生涯，在中國外交部以日本與亞洲專家之姿一路晉升。他同時也詭計多端。在商討北韓問題時，王毅深知華府希望建立中國與北韓都加入的三邊機制，但平壤想要的是只和美國交涉的雙邊機制。王毅的解決方案很簡單，儘管超出常規。他辦了一場三國代表都出席的宴會，席間以內急為藉口離席，並且要中方工作人員也悄悄離開，三邊會談於是成了雙邊會談，平壤開心了，華府卻懊惱不已。[53]

以王毅的實力，他在外交部平步青雲並不令人意外，但他當上外交部長還是讓部分觀察家略感驚訝。之前兩任中國外長李肇星、楊潔篪基本上都是長期派駐美國的美國通；一般認為，他們在中國政壇的顯赫地位象徵著美國一直是中國外交政策階級架構裡的「關鍵」。而王毅這樣的亞洲專家晉升高位，外界認為這表示中國對鄰國和對中美關係已同等重視，甚至更加重視，只是這樣的看法不見得正確。

王毅這樣的官員晉升高層，大多數外國觀察家仍難理解背後的確切邏輯，重要的是勿對此過度解讀。不過同樣值得注意的是，王毅獲得拔擢時，的確正值全球金融危機後中國認為美國實力衰退，領導階層開始調整國家戰略目標。中國不再只專注於削弱美國的實力，而是更廣泛的致力於建立地區秩序。這些做法都被納入「周邊外交」等概念之下，泛指中國對鄰近國家（即「周邊」）的外交工作，這項政策的根源來自九〇年代末亞洲金融危機。中國以往將周邊國家視為威脅的來源，擔心美國會從中組成一個抗衡聯盟來挑戰中國。[54]但在全球金融危機爆發後的此時，中國認為不僅可利用周邊地區反制「中國威脅論」，還能在此實施更加積極、不只採取守勢的中國大戰略。一段時間後，「命運共同體」這類概念成為中國意在區域建立秩序的宣言。要付諸實行，王毅這樣的亞洲通就更加關鍵。

中國的文獻顯示，中國確實是自全球金融危機後開始積極在周邊地區建立秩序；在中國的外交政策作為中，這個目標也成為最高戰略指導方向。[55]胡錦濤在二〇〇九年第十一次駐外使節工作會議中的演說，宣告了這個目標已提升至最高位階；他也在這次演說中拋棄了「韜光養晦」戰略。胡錦濤指出，周邊外交是達成「在國際上有所作為」這個新重點的「重要外部條件」。[56]中國現在不僅要「穩定」周邊地區，還要「開拓」周邊地區。[57]他表示，受到全球金融危機影響，「我國對周邊事務的影響進一步擴大」，但要將影響力妥善發揮，需要妥善謀劃。[58]他宣稱要「從總體上加強周邊戰略規劃」，並首次在中共官方文件中提出，要將最初由江澤民說出的「與鄰為善、以鄰為伴」視為「周邊外交方針」，亦即提升為政策目標。[59]

胡錦濤這次劃時代的演說發表兩年後，中國在一份外交政策白皮書中勾勒出「命運共同體」這個概念的輪廓。中共對於這個用詞的闡述，讓我們能深入了解中國的秩序建立在實踐上的意涵。中國希望亞洲各國在經濟上依賴中國、在軍事上脫離美國同盟，對「命運共同體」的概念也就是如此定義。在經濟面和制度面，中國宣稱「命運共同體」是一種「相互連結」、「相互交織」的狀態；在安全方面，中國則稱它是要對抗「冷戰思維」（中方通常以此指涉美國與美國在亞洲的盟友）。[60]到了二〇一二年，胡錦濤在中共十八大的政治報告中再度提及「命運共同體」；[61]之前中共政治報告提及這個詞時都用於台灣事務，這次報告中的語意脈絡顯示其中的邏輯相似：無論是指涉台灣或亞洲，中國都可以藉由將對方與中國經濟緊密融合來讓對方疏遠美國，以此制約他國的代理勢力。

胡錦濤發表這次演說後，習近平接班上台，隨後一年間他繼續提升「周邊外交」的地位。他的外交部長王毅在二〇一三年六月的一次演說、及隨後在《人民日報》發表的一篇重要文章中宣稱，「中國將繼續把周邊作為外交優先方向」，這是中方過去從未發表過的論調。[62]他在演說中宣布中國將提供「公共產品」*，並提出一項計劃，要讓中國更加著重於區域，關注焦點涵蓋經濟合作、多邊組織、地區熱點、軍事事務等各領域。中國提供誘因是有條件的。王毅隨後在文章中指出：「對那些長期對華友好而自身發展任務艱鉅的周邊和開發中國家」，中國「要更多考慮對方利益」。

次月，習主席召開了一場前所未有的「周邊外交工作座談會」，藉此抬高周邊外交理念的位階，將它和「命運共同體」正式連結，這是中國以建立區域秩序為新重心的最明確表態。習近平甚至將這次會議命名為「讓命運共同體意識在周邊國家落地生根」，清楚表示中國周邊外交的最終目標是讓周邊國家認同北京的「命運共同體」。[63]這是自二〇〇六年胡錦濤任內的中央外事工

* 譯註：台灣稱為「公共財」，詳見第七章譯註。

作會議以來，中國首次召開重大的外交工作座談會；也是中國首次舉行以周邊外交為主題的工作座談會，目的顯然是為了周邊外交而進行大戰略的協同整合：出席者包括所有外交政策主要參與人士和所有政治局常委。新華社的官方新聞稿宣稱，「這次會議的主要任務」是「確定今後五年至十年周邊外交工作的戰略目標、基本方針、總體佈局，明確解決周邊外交面臨的重大問題的工作思路和實施方案」。[64]

習近平強調，他對周邊的關注是延續以往的政策，可以連結到胡錦濤政府在十八大制定的「外交大政方針」。這項工作長期以來一直是由中央進行協同整合。他表示，「黨中央……積極運籌外交全局，突出周邊在我國發展大局和外交全局中的重要作用，開展了一系列重大外交活動」。[65]習近平和胡錦濤一樣，也宣稱中國「周邊外交的基本方針」就是「與鄰為善、以鄰為伴」。但他遠比其他領導人想望得更多，強調「做好周邊外交工作，是（為了）實現『兩個一百年』奮鬥目標、實現中華民族偉大復興的中國夢的需要」，再度顯示中國將周邊外交的重點從打擊中國威脅論轉移到建立區域秩序，也顯示了周邊外交對於中國大戰略重心的重要性。[66]習近平在胡錦濤提出的「有所作為」基礎上，又提出了「奮發有為」作為替代「韜光養晦」的方針，這是中國此時以區域為大戰略重心的強烈跡象。「奮發有為」一語，和「推進周邊外交」明確連結在一起。[67]

習近平也明確闡述要如何付諸實行：中國要「多做得人心、暖人心的事，使周邊國家對我們更友善……更支持」，「作為回應，我們希望周邊國家對我們有好感，我們希望中國有更強的親和力與他們一起，我們的吸引力和影響力將會增長」。[68]這些文件明確顯示，中國希望對周邊區域有更大的影響力，也明確記載了實現目標的協同戰略。這和先前聚焦於削弱美國實力與安撫鄰國的特定措施，形成鮮明對比；中國針對區域是有全盤計劃的。二〇一三年，習近平召開意義重大的周邊外交工作座談會後不久，《人民日報》網站刊出的一篇文章就指出，這次會議已將周邊外交的重要性提升到「中華民族偉大復興」的境界。[69]文章還進一步指出，座談會高度專注於探討周邊外交，「極為罕見」。[70]《人民日報》另一篇文章則指，周邊外交是中國的「大戰略」。[71]幾個月後，王毅回顧那年的時勢發展時寫道，「中國的周邊外交取得了新的突破」，「將周邊外交放在整體外交進程中更重要的位置」。[72]他舉出多項周邊外交地位提升的證據，包括習近平、李克強上任後首次出訪都是前往鄰近國家、兩人在不到一年間會見了二十一位周邊國家元首、習近平參與區域組織，中共「召開了新中國成立以來首次以周邊外交為主題的會議」。[73]此時，周邊外交確實是中國的「優先方向」。

次年，中國召開二〇一四年中央外事工作會議，此前這場會議只舉行過四次，通常是在轉型時期召開。這項會議涵蓋的議題應比二〇一三年的周邊外交工作座談會廣泛，卻再次以周邊外交為重心，周邊外交的重要性不言可喻。會中，習近平將對於周邊國家的關注放在中國戰略最優先的位置。在中共領導人絕大多數的外交政策談話中，論及關注領域時都依重要性排列：首先以大國關係為「關鍵」焦點，其次才「優先」關注周邊國家，開發中國家則排在第三位。習近平在這次重要演說中改變了順序，前所未見的將周邊地區放在第一位。在這類以公式化的陳腔濫調堆砌的演說稿中，這是微妙但具有重大意義的改變。[74]官方發布的習近平演說新聞稿中，宣稱他希望「將中國的周邊地區變成命運共同體」，另一篇詳細文章更稱，他強調中國必須「打造周邊命運共同體」。[75]這樣的順序在隨後的一些演說中反覆出現，例如李克強的二〇一四年政府工作報告；這是另一項重要的政策定調演說，[76]而他在報告中宣稱「周邊外交工作進入新階段」。雖然不是所有的領導人演說都將周邊外交列為首要外交政策，但以周邊外交為首的順序確實出現在許多演講中；即使不用「周邊外交」一詞，「命運共同體」的框架仍放在比其他概念更重要的位置。例如習近平在十九大的演說稿中，外交政策的部分就以「命運共同體」為題，先談這個理念後才談「大國關係」，再度暗示中國大戰略的目標已從大國關係轉移到與周邊國家的關係。楊潔篪有時也將周邊外交放在大國關係之前。[77]

中共的文獻還明確表示，中國要以一連串有助改變周邊區域對中國觀感的經濟、體制與安全方面的倡議，來支持這項著重周邊區域的政策。在習近平的話語中，這些倡議是要「從周邊國家的觀點詮釋中國夢」，甚至要「讓命運共同體的理念生根發芽」，這樣的理念是基於理解和認同中國在區域事務中居於中心地位。[78]為了達到這樣的成果，命運共同體成為習近平在海外演說的主要內容，特別是關於中國提出的各項經濟、體制、安全等各種重大倡議的演說。例如，習近平二〇一三年在印尼國會發表那場提出「一帶一路」倡議的著名演說，就五度提及「命運共同體」。[79]同年稍後他宣布成立亞投行的演說中，也再次提出這個概念。[80]二〇一四年在接任亞信會議主席國的演說中，習近平也提到「命運共同體」。他提出「亞洲新安全觀」，稱它是「命運共同體」的一部分，同時也對美國同盟表示不滿。[81]在二〇一五年的博鰲論壇，習近平甚至直接以「命運共同體」作為演說主旨。[82]二〇一七年中國發布的《亞洲安全合作白皮書》中，直認「中國領導人多次在不同場合闡述命運共同體理念」，並指中國正在「推動亞洲命運共同體和亞太命運共同體建設」。[83]在這些演說中，習近平分別將投資基礎設施、建立新的金融工具、打造新的安全體制定位為推動「命運共同體」的工作，顯示以區域為重心，與過去聚焦於美國截然不同。

周邊外交與中國的全球崛起

中國許多重要的外交政策評論者觀察到，藉由「命運共同體」概念推動周邊外交和秩序建立，在中國外交政策中的重要性已凌駕對美國的重視。他們也認為，以「命運共同體」為號召來鞏固區域霸權，對於中國之後在全球崛起非常重要。中國外交部副部長劉振民在二〇一四年的一篇文章中，簡要結合了這些主題。「中國要實現民族復興的夢想，首先要得到亞洲其他國家的認同和支持，把中國夢和亞洲國家的夢想聯繫起來。」[84]在《人民網》一篇報導中，中國人民大學金燦榮教授說，他觀察到重大的戰略轉變：「我們常說，『大國是關鍵，周邊是首要』。[85]雖然

『關鍵』和『首要』在外交定位上都很重要，但在外交實踐中，周邊外交遇到大國關係時往往列為其次。但是，這次會議中國向外界釋放出，在今後的外交實踐中，『周邊』和『大國』同等重要。」[86]此時，建立戰略至少已和削弱戰略居於同等重要的地位。

閻學通等學者則認為，著重美國與著重周邊的內涵並不一致，後者超越了前者。[87]他指出，要實現「中國崛起」，「周邊比美國更重要」。這表示中國要提升周邊外交的重要性，超越原本首重的應對美國壓力。[88]「一國崛起的性質是趕超世界最強國，最強國只能是崛起國的障礙，而不可能成為其支持者，中美之間由此產生了結構性矛盾。」因此他指出，中國有一派認為「只要搞好中美關係，減少美國的阻力，世界上就沒有任何力量能夠阻止中國崛起了，因此應以美國作為外交工作的『重中之重』」。這種類似削弱戰略的觀點，終究被建立戰略取代。閻學通就主張，應視周邊重於美國：「對中國崛起而言，爭取眾多周邊國家的支持比降低美國一國的防範力度更為重要。」他認為，中國可以強調「一帶一路」等計劃，這是「鞏固我國崛起戰略」的一部分，也是在區域層面「建立命運共同體的基礎設施」。他認為，「大國崛起是一個國家從先成為地區強國，爾後再成為全球性強國的過程」，中國「以鄰國為外交的重中之重，則有助於防範出現欲速而不達的危險」，並能讓中國聚焦於亞洲，而非讓中國捲入其他區域的泥沼。

也有其他學者贊同這樣的觀點。中國社會科學院學者徐進和杜哲元指出：「中鄰（中國與鄰國）關係將代替中美關係成為中國外交的重中之重。周邊外交工作座談會表明，周邊將成為中國外交的重中之重。」[89]他們並主張：「一國的崛起首先是在本地區的崛起。如果它不能在本地區構建一個有利於己的秩序，那麼捨近求遠地企圖搞好另一對關係是本末倒置，只會事倍功半。」[90]習近平宣稱，要實現民族復興就要推進周邊外交；徐進和杜哲元認為，習的談話本質上是說，周邊外交對於成為超級大國至關重要，「所謂中華民族的偉大復興，等同於成為超級大國。中華民族的偉大復興並非新鮮的提法，但中國對國家復興到什麼程度諱莫如深。」[91]

同樣的，中國國際問題研究院國際戰略研究所研究員陳旭龍也曾寫道：「良好的周邊關係對於中國成為全球大國至關重要……也將成為中國走向世界的跳板。」強調周邊也表示要悖離過去的思維：「中國只保持低調（韜光養晦），無法在應對（周邊地區）的挑戰上取得進展。相反地，中國必須主動創造有利的周邊環境。」[92]北京大學的王逸舟教授也提出同樣的觀點，認為「中國對周邊外交的新思維明顯表示，它正在從過去被動和弱勢的外交改變定位」，轉向「在塑造亞洲安全架構上扮演領導角色」。相關證據都來自官方的表述。王逸舟認為，「新的措辭讓所有人都注意到（中國外交政策）出現重大轉變」。[93]

本節所做的檢視已說明，自全球金融危機爆發後，中國大幅提升對周邊地區和建立區域「命運共同體」的重視，並視之為戰略焦點。有大量的文本證據顯示，中國對周邊的重視甚至取代了以美國為中心的削弱戰略。伴隨著這樣的重心轉移，中國也正式修訂主要的戰略方針，接下來我們要審視這方面的轉變。

方向——悖離鄧小平思維

二〇一〇年七月二十三日，楊潔篪在越南河內出席東協區域論壇（ARF）的會議。他是首位生於一九四九年中華人民共和國建政之後的中國外交部長，是典型的中國新一代職業外交官。他在文革結束後被派往浦江電錶廠做工；一九七二年取得難得的外交部實習機會。[94]他在外交部勤學英語，五年後以二十七歲之齡獲得指派，為後來當上美國總統的老布希擔任接待與翻譯，進行為期十六天的西藏之旅。後來擔任駐中國大使的代表團成員李潔明回憶道：「楊全程與我們同行……我們和他一見如故。」[95]楊潔篪與布希家族結為好友，開啟了一段跨越數十年不可思議的友誼。在美中關係陷入敏感的時刻，布希家族和北京都不時會動用這段交情，楊潔篪也因此仕途亨通。布希家族接受楊潔篪接待期間，這位未來總統的隨行人員甚至為楊取了親暱的綽號。李潔明回憶：「我們給他取了個綽號叫『老虎』，因為事實上正好相反……他待人親切又得體。」[96]

然而，楊潔篪出席二〇一〇年東協區域論壇時，聽到美國國務卿希拉蕊・柯林頓批評中國對南海的主張後，他性格中友善迷人的一面似乎消失了。他衝出會場長達一小時，回來後發表長達三十分鐘的反駁談話。根據美方和亞洲人士的說法，楊潔篪指控美國有反華陰謀、質疑越南的社會主義資格，還對新加坡語出威脅。隨後他發表了一句名言，似乎抓住了中國新外交的精髓：「中國是大國，這裡的其他國家都是些小國，這是無法改變的事實。」[97]

楊潔篪的語氣在東協區域引來震驚。他是經驗老到的外交官，即使在緊張時刻也能靈巧應對，而中國這個強權大國，長久以來一直是利用東協區域論壇安撫其他國家，而非指責它們。他的舉止和中國在區域政策上的顯著轉變，似乎並非偶然，事實上也的確不是偶然；兩者都與中國戰略方針的轉變相符——在全球金融危機爆發後，中國的戰略從「韜光養晦」轉向「奮發有為」，要為建立區域秩序奠定基礎。

此前長達數十年間，在鄧小平、江澤民、胡錦濤發表的談話中，都將中國堅持的「韜光養晦」明確連結到對於中國相對實力的認知。這表示，一旦中國對實力的認知有變，對於「韜光養晦」戰略的奉行也會出現變化。

本章開頭曾概略介紹，中國悖離「韜光養晦」戰略，始自胡錦濤於第十一屆駐外使節工作會議發表的談話，時間約在全球金融危機爆發近一年之後。他在這場演說的措辭，與以往駐外使節工作會議的領導人演說截然不同。他先宣告了多極化和國際力量對比發展的有利趨勢，隨後宣布修訂中國的大戰略。胡錦濤在演說中提出了中國的新信條，要「堅持韜光養晦，積極有所作為」。[98]乍看之下，可能會以為這是延續過去的政策，但胡錦濤的講法與鄧小平不同，增加了「積極」二字，還進一步將修正後的用語升級為「戰略方針」。在一場重大的外交政策會議上宣布這項決定，表示加入「積極」一詞並不只是在修辭上加強語氣，而是戰略上的根本轉變，只是在表達方式上仍效忠並致敬鄧小平最初提出的「韜光養晦」。這樣的修改或許看似隱晦，但中國暨南大學的陳定定和澳門大學的王建偉兩位學者認為「其重要性不可低估，熟悉高層決策過程的學者和官員指出，『積極有所作為』是新戰略強調的重點」。[99]這個重點應該也影響了楊潔篪在東協區域論壇的行徑。

一般觀察家最初看不出「韜光養晦」和「有所作為」之間的關係，部分因為它是根植於中共的意識形態術語。但是，一旦充分理解這些術語就會知道，胡錦濤呼籲「積極有所作為」遠遠不只是語意略有轉折而已。鄧小平最初提出的「韜光養晦」四字就不是出於馬克思主義的專用語彙——也就是說，這套戰略本身的定位就是中國自己的行事作風。但在江澤民一九九五年和九八年的演說中，就已宣稱「韜光養晦」與原已在鄧小平規訓中的「有所作為」一詞有明確的辯證關係。[100]前外交部長李肇星也附和這樣的講法，他在回憶錄中指出，「韜光養晦」與「有所作為」存在著辯證關係。[101]

這代表什麼意思呢？在馬克思主義理論中，辯證關係通常是兩個對立的概念或力量之間的關係。例如，上與下是對立的，但兩者少了對方就無法成立，因此它們構成了辯證統一（dialectical unity）的關係。儘管存在這種統一性，但辯證關係中的雙方不一定是平衡的（這會導致停滯），一方可能比另一方強大。從這個角度看來，把「韜光養晦」與「有所作為」組成一個辯證關係，在意識形態上意義重大，表示這兩個概念在本質上是對立的。雖然中國無法「一面倒只談其中一個概念」，讓另一個概念完全缺席（李肇星曾對此小心翼翼），但它仍然可以只強調這個辯證關係的其中一半。江澤民在一九九五年的一次演說中，就把鄧小平的規訓說成「韜光養晦，有所作為」，基本上主張中國應該遵循韜光養晦，但在可能的情況下有所作為，當時他強調的是這個說法的前半部分。[102]江澤民說：「我們具備『有所作為』的條件……但我這裡說的『有所作為』，意思是只有那些我們必須做或能做的事情，才是我們應該做的事情，而不是什麼都做。（在國際舞台上）我們試著有所作為時，不能超越現實情況。」[103]

對於要如何理解應強調這套辯證關係中哪一方，江澤民在之後一次演說中澄清「關鍵是掌握（國際）格局」，在中共的話語中指的就是多極化與國際力量對比。[104]當這樣的格局發生變化時，中國就會強調這套辯證關係中的另一方。全球金融危機爆發後，時任國家主席胡錦濤自二〇〇九年起就開始強調「積極有所作為」，修訂了實行近二十年的指導方針。「積極」一詞的加入，顯示強調辯證關係中另一方的時候到了，也表示中國需要採取漸趨自信獨斷的外交政策。胡錦濤在這次演說中表示，「韜光養晦」和「積極有所作為」是「辯證統一的」，但又「不是對立的」，這種說法似乎自相矛盾，因為辯證法就是建立在對立關係的基礎上。[105]胡錦濤的意思並非這些概念不是對立的，而是說它們不是「對立統一」的一部分，這是辯證法中的關鍵概念。中共中央黨校出版社《哲學概念辨析辭典》對中國共產黨的辯證法有詳細闡述，也對這些詞組的含意與重要區別做了官方的權威性解釋。[106]「對立統一」是一對清楚互斥的對立方；「辯證統一」則是一對較不具體、比較抽象的對立方，有相互重疊的可能。以具體說法來解釋，胡錦濤稱「韜光養晦」和「積極有所作為」是「辯證統一」而非「對立統一」，是要表達這兩個概念之間並非二元關係，而是存在著一個光譜。換言之，胡錦濤的意思是，即使中國追求「積極有所作為」，仍可保留其對立概念「韜光養晦」的某些方面。胡錦濤隨後闡述，要「韜光養晦」不必極端到「妄自菲薄、消極無為」，要「積極有所作為」也不必「鋒芒畢露、無所不為」，形同畫了重點。[107]胡錦濤解釋如何走向「積極有所作為」，表示中國要更積極的「利用我國日益增長的綜合國力和國際影響力，更好維護我國利益」，並漸漸遠離「韜光養晦」；相對於過去，他認為此時的「韜光養晦」戰略是要讓中國「力避成為主要國際矛盾的焦點、陷入衝突對抗的漩渦，盡可能減少外部對我國發展的壓力和阻力」。[108]從冷戰到全球金融危機，中國強調的都是這套辯證關係中自我克制的「韜光養晦」，力圖削弱「外部壓力」；金融危機後，中國強調這套辯證關係中更主動的「積極有所作為」一方，試圖變得更自信決斷，特別是在區域當中。

胡錦濤在二〇〇九年談論「積極有所作為」的遣詞用字，與他在二〇〇六年演說中比較消極的用語形成鮮明對比。在二〇〇六年的演說中，特別有一段是敦促中國「不說過頭話，不做過頭事」，不當領導國家；[109]到了二〇〇九年，他卻主張「中國必須從戰略高度……出發」，「爭取在國際事務中有更大作為」，包括「承擔與我國國力和地位相適應的國際責任和義務，發揮我國獨特的建設性作用」，不過對美中形成所謂「兩國集團」（G-2）或承擔重大國際責任的憂慮仍然存在。[110]

胡錦濤二〇〇九年的演說已明確表示要悖離鄧小平的「韜光養晦」方針，這個方向到了習近平掌政後更加顯著。二〇一三年，王毅在一次定調中國新「大國外交」的重要談話中似乎就明確揚棄了「韜光養晦」，以「積極有所作為」取而代之。他說：「今天，中國已經站在了世界聚光燈下。」措辭與鄧小平「韜光養晦」中的韜光（隱藏光芒）形成對比。王毅宣布，因此中國將推行「更積極的外交實踐」，包括承擔新的責任。[111]他在演講中使用「積極」一詞至少十三次，與胡錦濤提出的「積極有所作為」有明確關聯，也展現前後屆政府的一致性。[112]習近平在黨內的演說中，更是一次都沒提過「韜光養晦」，成為自毛澤東以來首位從未用過這個詞語的中共最高領導人。在二〇一三年的周邊外交座談會上，習近平還將胡錦濤的「積極有所作為」改成「奮發有為」，成為他的招牌用語，也是「奮發有為」一詞首次出現在外交政策中。他說：「要更加奮發有為地推進周邊外交，為我國爭取良好的周邊環境，使我國發展更多惠及周邊國家，實現共同發展。」[113]習近平明確表示，在周邊區域發揮更大影響力、促進區域內更密切的往來，是讓中國產生新自信的重要驅動力量。

這樣的態度與前一個時代形成鮮明對比，背後是中國自我認知的轉變。「奮發有為」的基本架構與中共的「大國外交」概念密切相關。隨著中國自認已更加強大，它的大國外交概念也產生變化。「大國外交」這個概念最初用於指涉中國與其他大國的關係，但王毅二〇一三年發表以「探索中國特色大國外交之路」為題的演說，宣告中國本身已是大國，外交上也要符合新的地位。國家主席習近平隨後也賦予這個觀點正當性。他在二〇一四年中央外事工作會議上表達了同樣的觀點：「中國必須有自己特色的大國外交。我們要……豐富和發展對外工作理念，使我國對外工作有鮮明的中國特色、中國風格、中國氣派。」[114]正如閻學通所說，「大國」不再是指外國列強，而是「指中國本身」。[115]徐進和杜哲元也寫道，「引領他國將取代『絕不當頭』政策，後者是適合弱國的政策，或是一種示弱的政策……中國必須更加自信積極，更頻繁地表態，承擔更大的責任」。[116]

總之，中國曾藉由「韜光養晦」來降低美國發起遏制中國行動的風險。全球金融危機之後，中共認為這套戰略已非必要；取而代之的是藉由「積極有所作為」和「奮發有為」達到擴大區域影響力的目標，策略是公開將鄰國與中國連結得更緊密，提供美國以外的平衡與結盟選擇，並且更強力的尋求中國在區域與領土上的利益。隨著目標與方向改變，手段也必須顯著轉變，才符合新戰略的需要。

手段——建立戰略的工具

前幾節已清楚呈現，中國的新戰略並不抽象，高層官員的演說也表明了要如何將戰略轉化為不同治國方略中的具體工具。在二〇〇九年第十一屆駐外使節工作會議的重要演說中，胡錦濤具體闡述了「積極有所作為」和中國此時出現的堅定自信當中的意涵。從根本而言，這表示中國的政治、經濟和軍事行為發生重大且協同一致的變化，且全都著眼於積極的重新形塑區域情勢。關於中國的政治行為，胡錦濤宣稱中國「要更加積極地參與國際規則的制定」，於是中國後來創建了亞投行，並在亞信會議扮演領導角色。[117]在經濟議題上，他宣稱中國「必須更加積極地推動國際經濟金融體系改革」，並提議大力投資基礎設施，[118]「特別是要積極參與和大力推進周邊公路、鐵路、通信、能源通道建設，形成我國同周邊基礎設施互聯互通網絡」，於是有了後來的「一帶一路」計劃。[119]在軍事化領土的爭端上，胡錦濤表示，中國「要更加積極地推動解決關係我國核心利益和重要利益的國際和地區熱點問題……加強戰略運籌，多下先手棋，積極引導形勢朝著於我有利的方向發展」。[120]如此自信堅決的話語，本質上是要求採取主動、依照中國的條件解決爭端，這與胡錦濤在二〇〇六年中央外事工作會議上的措辭大相徑庭。當時他在談論中國的核心利益時說：「對無礙大局的問題，要體現互諒互讓，以利於集中力量維護和發展更長遠更重要的國家利益。」[121]要「更加積極」的參與，需要不一樣的軍事能力，特別是朝向制海與兩棲作戰的能力，而非朝向海上拒止與削弱的能力。

至於習近平提升周邊外交和打造「命運共同體」的努力，基本上是建立在胡錦濤二〇〇九年的演說所奠定的基礎上。

首先，在體制和經濟問題上，習近平在多次談話中明確指出，中國領導的重大計劃如「一帶一路」和亞投行，是他打造「命運共同體」戰略的一部分，是「周邊外交」的核心環節，因此對於達成民族復興也是必要的。他在印尼國會和哈薩克宣布「一帶一路」倡議的演說，以及他在APEC宣布成立亞投行的演說，都清楚表明了上述的連帶關係。前面提過，習近平將二〇一五年博鰲論壇的整體主題定為「亞洲新未來：邁向命運共同體」，同時也提到一帶一路與亞投行等同樣的工具是不可或缺的。在二〇一七年的「一帶一路」論壇上，習近平也明確闡述了這些連帶關係，並表示參與「一帶一路」的各方將「不斷朝著人類命運共同體方向邁進。這是我提出一帶一路倡議的初衷，也是希望通過這一倡議實現的最高目標」。[122] 簡言之，這些都是對中國建立區域秩序的大戰略最核心的經濟和體制工具。

相對於公開演說，習近平在黨內的講話更明白指出這些工具將如何提升中國的區域影響力，特別是他在二〇一三年周邊外交工作座談會上的講話，預示著亞投行、一帶一路和其他重大區域倡議將成型。[123] 在這次講話中，習近平在經濟層面提議要向區域國家提供共同利益、促進相互依賴，這兩者都將「編織更加緊密的共同利益網絡，把雙方利益融合提升到更高水平，讓周邊國家得益於我國發展」。[124] 他也精確解釋了中國要怎麼做到。習近平宣稱，「要著力深化互利共贏格局。統籌利用……等方面資源……利用好比較優勢，找準深化同周邊國家互利合作的戰略契合點，積極參與區域經濟合作」。[125] 在實踐上，他表示「要同有關國家共同努力，加快基礎設施互聯互通」，並明言「一帶一路」和亞投行是達成這個目標的工具。[126] 此外，習近平還希望「加快實施自由貿易區戰略」，而且要「以周邊為基礎」，這是周邊外交地位提升的另一標誌。[127]中國邊疆地區與周邊國家之間的新投資與互利合作也至關重要。習近平稱，總體目標是「構建區域經濟一體化新格局」，他多次宣稱這樣的格局將與中國緊密聯繫。[128]他沒說的是，積極培養這種不對稱的互相依存關係，將為中國帶來極大的謀略空間，同時對鄰國可能形成約束。

其次，在安全方面，習近平看來是將多邊組織視為創造「命運共同體」的手段之一，削弱美國在中國周邊的結盟作用。他在二〇一三年周邊外交工作座談會的演說中，大膽宣布亞洲需要「新安全觀」；為了提供新安全觀，中國要「推進同周邊國家的安全合作……深化有關合作機制，增進戰略互信」。[129]在體制層面，習近平也同樣的明確表示，區域影響力的目標需要北京「主動參與區域和次區域安全合作」。[130]這些談話已預示，中國後來高調利用亞信會議主席國身分提出自己大亞洲願景的亞洲安全架構，習近平在亞信會議敦促亞洲國家建立「命運共同體」，這個共同體的中心就是亞洲新安全觀。他詳細闡述，亞洲新安全觀就是「共同、綜合、合作、可持續的安全」。第九章也將討論，這個分為四項重點的概念明擺著質疑外部結盟，暗示亞洲事務應該由亞洲國家處理。[131]例如，習近平在以「命運共同體」為主旨的二〇一五年博鰲論壇演說中就明白指出，「邁向命運共同體，必須追求共同、綜合、合作、可持續的安全……各國人民命運與共、唇齒相依……我們要摒棄冷戰思維，創新安全理念，努力走出一條共建、共享、共贏的亞洲安全之路。」[132]在十九大政治報告中，習近平談到命運共同體時宣稱，實現目標需要「共同、綜合、合作、可持續的新安全觀」，並呼籲各國「堅決摒棄冷戰思維和強權政治，走對話而不對抗、結伴而不結盟的國與國交往新路」。[133]因此，多邊組織被視為改寫亞洲安全區域準則、強化中國領導力和削弱美國角色的重要工具。習近平在二〇一三年周邊外交工作座談會上廣泛談到這些準則的力量，建議「這些理念，首先我們自己要身體力行，使之成為地區國家遵循和秉持的共同理念和行為準則」。[134]

軍事手段是取得更大區域影響力的工具，這些手段包括強化與鄰國之間的安全紐帶、對解決領土爭端發揮影響力，以及提供安全公共財。在強化與周邊國家安全紐帶方面，習近平呼籲建立「命運共同體」，經常強調中國擴大與亞洲鄰國安全合作的重要。王毅則在二〇一三年的演說中表示，要與周邊國家在「傳統和非傳統安全領域加強合作」，並且要「積極拓展與周邊國家的防務與安全交流」。[135]在安全公共財方面，中國在亞信會議發表的論調很明確，已自視為未來公共安全的提供者。除了反海盜任務之外，中國還提出未來更具野心的計劃。舉例來說，中國國防部長魏鳳和就宣稱，中國將「為共建『一帶一路』提供有力安全保障」，顯示所謂「命運共同體」可能還包括中國軍方將提供安全公共財。[136]此外，二〇〇八年全球金融危機爆發後，中國在領土爭端問題上的姿態轉為強硬，這種轉變是從胡錦濤在第十一次駐外使節工作會議的演說開始。當時的強硬論調一直持續至今，二〇一七年習近平在全國人大的演說就誓言，不允許「任何一塊中國領土」從中國分裂出去。[137]

總體而言，胡錦濤、習近平（與他們任內多名部長級官員）的談話都強烈顯示，中國協同整合了政治、經濟和軍事工具以推動周邊外交和所謂的「命運共同體」。胡錦濤在二〇〇九年強調「積極有所作為」而非「韜光養晦」，這個決定重新形塑了中國的大戰略，也是中國產生「新自信」的驅動力，許多觀察家都發現中國在全球金融危機後出現了這樣的自信。中國這套新戰略，在軍事領域有不少最實質的體現，包括開始建造航母戰鬥群、兩棲艦船及海外軍事設施。我們將在下一章探究這方面的發展。

第八章

「多下先手棋」

——中國如何在軍事上建立亞洲霸權

「二〇〇九年，中國提出建造航母的概念和計劃。這表明中國正式進入建設成為海洋強國的歷史性時期。」[1]

——中國國家海洋局，二〇一〇年

「中國海軍之父」將近半輩子都沒見過大海。劉華清自幼成長於山間，十四歲就加入中國共產黨的戰鬥部隊，曾參與長征，在解放軍是表現傑出的軍官。直到一九五二年二月，三十六歲的他被召往北京，訝異得知自己被任命為新成立的大連海軍學校副政委，才遇上他所說的「與大海結下不解之緣」。[2]

當時的解放軍根本稱不上有海軍。解放軍幾十年來以打游擊戰為主，因此劉華清赴海軍學校報到時，立刻發現大多數學員和教職員都沒有長時間在海上停留的經驗，只有極少數人獲准接受實地訓練，訓練場所是在一艘租來的商用帆船上，學生和教職員都很開心。劉華清將改善海軍學校的實地訓練列為優先事項：到了第二年，他與學員一起在一艘真正的軍艦上接受為期數週的訓練——諷刺的是，這是一艘二戰之前建造的美國海軍退役軍艦。劉在回憶錄中寫道，「這是我有生以來第一次出海」，過程並不順利，「資深的水兵和學員們習慣了海上生活，不怎麼容易暈船……但儘管我是資深軍人，卻不是資深水兵」。整趟實地訓練中，這位中國海軍之父有許多時間都在嘔吐，多數學員也一樣。[3]

數十年後，中國海軍已具備現代化、專業化的戰力。它從早期仰賴帆船和美國退役軍艦，蛻變為如今無論質與量在印太地區都堪與美軍匹敵，要歸功於劉華清的專心致志與領導能力。劉華清在大連海軍學校僅短暫任職，但為他以海軍為主的漫長職業生涯奠定了基礎；在那次對前途影響重大的海上實地訓練後不久，他前往蘇聯伏羅希洛夫海軍指揮學院（Voroshilov Naval

Academy，今稱庫茲涅佐夫海軍學院）深造四年，接受當時中國幾乎沒人經歷過的訓練。隨後他平步青雲，成為中國人民解放軍任期最長的海軍司令、中共中央軍委副主席，之後又躋身中共政治局常委。

劉華清的大夢是打造以航母為中心的海軍，以制海為重心，以維護中國的海外利益。然而，他退休時留下的是以潛艦為中心的海軍，以海上拒止為重心，以防範美國對中國附近海域進行軍事干預。第四章曾探討，劉華清大力推動建造航母，但一再遭到否決，因為當時中國領導人專注於削弱美國的軍事威脅，而潛艦之類的非對稱武器比航母這類較易受攻擊的裝備更適合達成任務，而且航母還可能讓鄰國感到驚恐，促使他們向美國靠攏。劉華清盡職打造出不對稱海軍，但他的決心不變，曾說「不搞航空母艦，我死不瞑目」。[4] 他在二〇一一年去世，未能見到一年後中國首艘航母下水，不過他離世時，中國海軍已如他長久企盼的重新定位，朝制海、遠洋海軍、建造航母的方向發展。本章將探討中國海軍的重新定位。[5] 本章認為，全球金融危機來襲之後，中國認為美國實力下降，中國的大戰略也因此轉變，從專注於削弱美國實力轉移到為中國主導的亞洲秩序奠定基礎。這套大戰略的軍事部分至為關鍵。中國的作者深知，在中國的削弱戰略中，水雷、飛彈、潛艦雖有效拒止了美國的軍事行動與干預，但是當戰略轉向，變成要針對鄰國建立長期軍事影響力以建立秩序時，這些武器就沒有太大作用了。單單利用這類軍事資產，無法奪取或控制遠方島嶼或海域、無法維護海上交通線、無法讓中國干涉鄰國事務，也無法提供安全公共財。因此，中國需要不一樣的軍隊結構，需要一種更適合制海、兩棲作戰和戰力（權力）投射的軍隊結構。劉華清的文章曾暗示，中國領導人長期以來一直想要這樣的軍隊結構，但進行投資時發現有所限制，因此大幅延後了相關計劃，只做極小規模、不構成威脅的投資。全球金融危機大幅消除了原有的限制，中國自危機脫身更有自信，也不再認為美國的實力和決心有那麼強大。中國也認為，一九九〇年代曾擔心發展軍力後會遭到驚懼的鄰國圍堵，但如今時移事往，當年擔憂的情況已不太可能發生。於是在全球金融危機結束後不久，中國就大幅增加投資於建造航母、建置更強大的水面艦艇、提升兩棲作戰能力，甚至建設海外基地；與此同時還在南海興建軍事設施，對領土的主張更加強硬。

為了提出論證，本章沿用第四章探討的方法，分析具官方權威性的中國文本，以及中國行為的四個主要面向，包括：中國建置哪些武器、何時建置（取得）；中國認為這些武器可能如何作戰（理論準則）；中國軍隊如何部署、在哪裡部署（兵力態勢）；以及中國如何準備作戰（訓練）。

探究文本和這些行為上的主要面向，有助於檢驗關於中國的軍事投資及行為的互斥理論。本章將論證，對於中國在全球金融危機後的軍事行為，最佳解釋就是：北京尋求能更有效應對印太地區鄰國的戰力，為取得區域霸權奠定軍事基礎，這一切都是中國更廣泛的後金融危機大戰略——建立區域秩序的一環。

其他盛行的解釋包括：中國在大多數情況下會仿效他國的戰力（擴散理論、戰力採用理論）、中國的行為是受到強大的既得利益階層影響（官僚政治）、中國主要的關注焦點仍是美國的威脅（削弱）等等。但這些都無法充分解釋中國的行為轉變。本章將呈現，這些解釋都無法說明中國為何延後建置它早就能取得的戰力；至於以中國仍關注美國威脅來解釋，也無法說明它為何尋求特別容易受美軍攻擊的戰力。對於中國投資建造航母、取得更強大的水面艦艇、興建海外設施，最合理的解釋就是：這些戰力是建立區域秩序的其中一環。

中國軍事文獻

中國有許多官方和半官方文本都展現了全球金融危機後中國軍事戰略的轉變。無可否認，這套探究文本的方法確實有侷限：許多一九八〇年代或一九九〇年代可取得的資料，在過去十年間已無法取得；有幾位二〇〇二年之前卸任的中央軍委副主席出版了我們仍能取得的回憶錄或文選，但在他們之後的副主席就再也沒出過類似書籍。那些還存在的文獻（主要是高層領導人的演說和白皮書）顯示，北京在全球金融危機後決定採行建立戰略。這個決定讓中國不再只選擇投資有助於削弱美國的戰力，還要投資那些能投射兵力、發動兩棲入侵行動、在印太地區進行干預以保護海外利益，以及提供所謂的「安全公共財」的戰力。

戰略的轉變

在全球金融危機之後，中國高層領導人決定重新調整中國的大戰略，以在中國周邊建立秩序為主，特別是藉由擴大區域影響力、保障中國的領土主權和海外利益來達成。這種轉變的跡象在此之前已不時出現。例如，胡錦濤曾要求解放軍為「新的歷史使命」做好準備，包括從事更多海外參與。不過中國的文本與行為都顯示，在全球金融危機之後，中國更顯著的朝這個方向展開行動。中國文本大致突顯了戰略轉變的兩大原因：（一）希望更妥善維護中國的海洋權益；（二）希望保護中國不斷拓展的海外利益，特別是在印太地區。

首先，國家主席胡錦濤在二〇〇九年駐外使節工作會議的演說（將中國的戰略修正連結到全球金融危機），就已清楚呈現軍事戰略上的轉變。就是在這次演說中，胡錦濤修改了「韜光養晦」方針，鼓勵「積極有所作為」，並明確指出要展開更多作為的某些領域是有地域性的：中國要「更加積極地推動解決關係我國核心利益和重要利益的國際和地區熱點問題……在涉及我國核心利益的問題上，我們要加強戰略統籌，多下先手棋，積極引導形勢朝著於我有利的方向發展」。[6]如此強硬堅決的語氣，基本上是要求主動出擊，照中國的意思解決爭端。相形之下，胡錦濤在二〇〇六年的中央外事工作座談會談及核心利益的措辭就較為溫和：「對無礙大局的問題，要體現相諒互讓，以利於集中力量維護和發展更長遠更重要的國家利益。」[7]前一章也提過，中國外交部長楊潔篪在二〇一〇年闡明了中國的外交新取向，他向關注中國在南海主張的東南亞國家說：「中國是大國，這裡的其他國家都是些小國，這是無法改變的事實。」[8]

胡錦濤對於積極解決中國領土爭端和維護海外利益的重視，在習近平繼任主席後進一步強化。習近平的作風與胡錦濤同樣透露出微妙轉變，顯示中國已從和平發展轉向。在中央政治局二〇一三年針對「和平發展」的集體學習中，習近平直言：「我們愛好和平，堅持走和平發展道路，但絕不能放棄我們的正當權益，更不能犧牲國家核心利益。」[9]在同年另一次關於「建設海洋強國」的政治局集體學習中，習近平談到中國的海洋主權時，幾乎一字不差重複同樣的話。[10]他談到各種領土爭端時說，中國「要做好應對各種複雜局面的準備」，「要統籌維穩和維權兩個大局」，意思就是在不開戰的情況下加強維護中國的主權，[11]特別是確保「維護海洋權益和提升綜合國力相匹配」。[12]中國在全球金融危機後實力漸增，在領土爭端上也相應採取更堅決的態度。二〇一四年，外長王毅被問及中國的姿態變得強硬一事，他是這麼回答的：「我們絕不會以大壓小，但也絕不接受以小取鬧。在涉及領土和主權的問題上，中國的立場堅定而明確。」[13]

其次，中國的重心不僅僅在領土爭端，也更加關注海外利益，特別是中國經濟所仰賴的印太各地區資源流動。二〇〇八年的中國國防白皮書首度指出「圍繞戰略資源……的爭奪加劇」，因此解放軍必須發展在「遠海」運作的能力，這裡所謂戰略資源就是拐著彎指石油。[14]之後自二〇〇九年開始，胡錦濤就在當年的駐外使節工作會議上提高對「海外利益」的重視。雖然他在二〇〇四年的駐外使節工作會議演說中也曾提及類似內容，但二〇〇九年提出的相關討論所受關注大得多，顯示保護海外利益的重要性提升，這也和中國日益強大有關。他特別在演說開頭就提及海外利益，表示中國的國力越強，海外利益就越多，「海外利益越拓展」，面臨的「各種壓力和阻力也越大」。[15]與以往演說迥異的是，他列舉中國外交政策的各項任務時，納入「維護和拓展自身海外利益」，並以一整段講稿來闡述。這是他首度在重大演說中宣稱「海外利益已經成為我國國家利益的重要組成部分」。[16]

同樣的觀點也延續到習近平上任之後。二〇一二年的國防白皮書，開頭就明確強調中國海外經濟利益的重要性，這在歷來的中國國防白皮書是前所未見的。二〇一三年的國防白皮書更首度出現探討「維護海外利益」的獨立小節，將「海外能源資源」、「海上戰略通道」都定義為海外利益，並指出這些利益在中國的安全情勢中「成為重要組成部分」，而中國海外利益的安全問題也「日益突顯」。習近平也經常強調這些主題，包括在二〇一四年一場演說中表示：「海上通道是中國對外貿易和進口能源的主要途徑，保障海上航行自由安全對中方至關重要。」[18]

到了二〇一五年的國防白皮書，「維護海外利益安全」已被列為中國軍隊主要擔負的八項「戰略任務」之一。以往中國對於要達成的目標都以「總任務」、「總目標」稱之，這裡將海外利益明確稱為「戰略任務」，頗具重大意義。[19]這份白皮書還將海外利益定義為「能源資源，海上戰略通道*，海外機構、人員和資產」。白皮書也列出對「海外利益安全」的特定威脅，包括

「國際和地區局勢動盪、恐怖主義、海盜活動、重大自然災害和疾病疫情」，並強調這些威脅的嚴重程度，認為中國海外利益可能受損的問題已經「突顯」。

隨著中國相對於美國的實力逐漸強大，致力於領土主權與海外利益已成為可能，且重要性日增。為達成這個目標，中國必須為有助建立區域秩序的廣泛軍事任務奠定基礎。

「建立」戰略

中國在全球金融危機後開始實施的建立戰略，其中一環就是開始強調海權的重要。中國過去將軍隊打造成最適用於削弱美國實力的結構，但這樣的結構無法用來維持或奪取中國宣稱擁有主權的島嶼與海域，無法從事保護中國利益的海外干預行動；無法在中國仰賴的海上交通線進行維安；也無法為區域提供可提升中國領導聲望的安全公共財。

中國認為要保障自己在區域的利益必須具備哪些戰力（也就是建立戰略需要哪些工具），都已在中國數十年來的政治與軍事文本中闡明，下文將呈現一部分事例。這些理論準則文本，以及從周恩來到劉華清等高層領導人的演說都明確指出，航空母艦和具備反潛戰、防空戰、水雷反

---

* 譯註：即Sea Lines of Communication (SLOCs)，中共官方多稱為「海上通道」或「海上戰略通道」，本書譯為「海上交通線」。

制、兩棲作戰等能力的水面艦艇，都是因應東海、南海、台灣海峽、朝鮮半島等區域突發事件的必要軍備，對於保護中國的海外利益與資源輸送也不可或缺。換言之，如同這些事例所呈現的，中國決定著重於建置這些戰力並非因為對其效用的看法改變，也不是因為財政狀況改變；最主要的原因還是政治環境出現變化和隨之產生的新戰略。

全球金融危機之後，中國強調，要保障海上安全利益，就必須增加投資於制海平台，特別是此前刻意忽略的遠洋戰力。簡言之，要實行建立戰略就必須投資不一樣的海上戰力。中國國家海洋局在發展民用與軍事海洋戰略上都是要角，該局在報告中已表明，中國的戰略大約在此時出現轉變。中國雖然在二〇〇三年就野心勃勃設下建立海權的目標，又在二〇〇四年鼓勵中國海軍將「新的歷史使命」帶往海外，但直到二〇〇九年才真正開始執行這些任務。報告也指出，「二〇〇九年，中國提出建造航母的構想與計劃，這顯示中國已進入將國家建設成為海洋大國的歷史性時代」。報告並稱，「二〇一〇—二〇二〇是達成這項戰略使命的歷史性關鍵階段，目標是在這段期間爭取成為中等海洋強國」。[21]

幾年後發表的二〇一二年國防白皮書，首度主張「中國是陸海兼備的大國」，強調要重新注重區域性的海洋挑戰，解放軍也要持續朝這個方向重新定位。白皮書也主張中國必須建置「遠海」戰力，這項主張符合建立戰略，也翻轉了以往在削弱戰略階段拒絕優先建置航母與遠洋水面艦艇的作法。白皮書強調「保障國家和平發展」是「神聖職責」，要實現這個目標，必須在印太地區扮演更積極的角色。同年，胡錦濤在十八大政治報告中宣布中國的領導階層必須「將中國建設為海洋強國」，並且「堅決維護海洋權益」，[22]形同正式宣告中國要著重於遠海發展。之後的多項文件也加強著墨於此。例如，習近平二〇一三年主持了一次關於將中國建立成「海洋強國」的中央政治局集體學習，討論中國的海洋戰略，負責發展該戰略的中國國家海洋局海洋發展戰略研究所也有資深官員參與；習近平在這次集體學習中向政治局委員發表演說，強調建設海洋強國是胡錦濤時代就發展出的宏大計劃其中一環：「黨的十八大作出了建設海洋強國的重大部署。實施這一重大部署……對維護國家主權、安全、發展利益……進而實現中華民族偉大復興都具有重大而深遠的意義。」他並表示，必須「推動我國海洋強國建設不斷取得新成就」；不令人訝異的是，他也反覆強調要「提高海洋維權能力，堅決維護我國海洋權益」。[23]次年，李克強也在政府工作報告中提出同樣的論點，並指出「海洋是我們寶貴的藍色國土」。[24]不久後，習近平又在視察一間主要的造船廠時說：「海洋事業關係民族生存發展狀態，關係國家興衰安危。」他並強調，海洋事業「要順應建設海洋強國的需要」。[25]

中國國防白皮書也持續突顯這項新戰略。中國二〇一五年的國防白皮書稱，「必須突破重陸輕海的傳統思維，高度重視經略海洋、維護海權」，又指出中國必須「建設與國家安全和發展利益相適應的現代海上軍事力量體系，維護國家主權和海洋權益，維護戰略通道和海外利益安全」。簡言之，中國必須建設成海洋強國。

這個目標直接影響軍隊的運作，軍隊結構也必須從根本改變，必須具備的條件與以往完全不同。這份白皮書指出：

海軍按照近海防禦、遠海護衛的戰略要求，逐步實現從「近海防禦型」向「近海防禦與遠海護衛型結合」轉變，構建合成、多能、高效的海上作戰力量體系，提高戰略威懾與反擊、海上機動作戰、海上聯合作戰、綜合防禦作戰和綜合保障能力。

白皮書的作者之一在官方評論中對此詳細闡述：「維護海外利益安全，關鍵是要通過多種形式的國際軍事安全來實現，包括國際維和、遠海護航、聯合反恐、聯合軍演、海外撤僑、國際救援等軍事行動。」[26]中國將投資建置更多航母、水面艦艇等戰力投射平台來實現這種願景；在本章探討的事例中也的確是如此。

航空母艦

中國取得航母的關鍵人物，是一名在廣州軍區籃球隊打了十二年球的球員。雖然看似荒謬，不過被許多人稱為「國家英雄」、「紅色資本家」的徐增平，的確是解放軍官員設法購買「瓦良格號」（Varyag）航母的主要中間人。瓦良格號的艦體出自蘇聯時期最先進等級的航母，但並未完工，未完成的艦體在烏克蘭一處船塢裡逐漸衰敗。過去十年間，徐增平逐漸披露了他在這樁收購案中扮演的角色。收購瓦良格號艦體讓中國擁有首艘航母「遼寧號」，也取得之後建造更多航母的重要藍圖。

徐增平在一九七一年加入解放軍，一九八〇年代退役從商，成立了一間他宣稱藉以致富的貿易公司，隨後偕妻子一同移居香港。他的妻子過去是中國女籃國手，和姚明的母親曾是隊友。[27]移居香港約十年後，徐增平結識了解放軍海軍中將賀鵬飛。賀希望徐擔任中間人協助中國海軍購買瓦良格號，兩人會面不下十餘次。徐增平後來接受記者陳敏莉（Minnie Chan）訪問時憶述：「當他（賀鵬飛）握著我的手說『請幫我這個忙——去買下（這艘航母），把它帶回來給我們的國家、我們的軍隊』的時候，我完全被他說服、打動了。」[28]徐增平說，當時的解放軍總參謀部情報部副部長姬勝德（此人之後曾在一九九〇年代向美國政壇候選人匯款數十萬美元）是「真正的主事者」。他「親自認可我的規劃，給我很多支持和專業建議」。[29]

一九九七年三月，徐增平決定接下收購瓦良格號的任務。為避免西方國家反對這項收購案（也因為中國仍不願悖離「韜光養晦」方針，不想公開買下一艘惹眼的航母令他國驚恐），徐增平與同事深知，必須向全世界隱瞞自己的財富與意圖，也要隱瞞自己與政府的關係。諷刺的是，他們是在中國政府支持之下這麼做。徐增平接受這項任務後，幾乎立刻開始打造古怪大亨的形象，對外宣稱他買航母是要用來在澳門開一間海上賭場。同年六月，他的公司贊助了一場慶祝香港回歸中國的知名宣傳活動，找來台灣特技演員，人稱「小黑」（Blackie）的柯受良開車飛越黃河的壺口瀑布。[30]

到了八月，徐增平在澳門成立名為Agencia Turistica e Diversoes Chong Lot的空殼公司，耗資近一百萬美元取得澳門政府批准成立海上賭場的文件。[31]之後，他又耗資近三千萬美元買下香港最貴的別墅。徐增平詳述：「打從一開始，我就得想盡辦法讓外界相信我買航母純粹是個人投資。最簡單的方法就是買下香港最奢華的豪宅，因為西方國家不相信北京會給我錢去買一棟別墅。」[32]買下那棟豪宅只是精心設計的欺世計謀，徐增平的照片因此登上雜誌報導，照片中的他西裝筆挺、戴著時尚有型的粗框眼鏡，妻子倚在身邊，背後襯著金碧輝煌的豪宅裝潢。[33]徐增平也注意到，有各種來源不明的資金流入這項收購航母的計劃，例如他將其中一間空殼公司的股權賣給一家中國國企，就拿到三千萬美元。他之後承認「所有交易都是在北京（而非香港或澳門）的一間會計師事務所完成，因為我們不能讓外界知道有國企涉入航母交易」。[34]他也從中國國有的華夏銀行取得資金。[35]一些香港富豪亦協助籌措買航母的款項，其中一人在那年給了他三千萬美元，「不要求任何擔保」。[36]徐增平用這些資金在基輔成立了辦公室，並且在北京也設立辦公室，意圖昭然若揭。他僱用十多名造船與海事專家協助進行這項交易，包括原為中國海軍航空兵裝備科技處副處長的肖雲。肖雲為此卸下軍職，如此才能擔任徐增平在北京辦公室的主管。中央軍委的前官員則擔任徐增平與解放軍之間的中間人，確保能掩護政府涉入其中的事實。[38]

徐增平讓自己登上雜誌封面故事、取得資金、並設立好辦公室以後，動身前往基輔。自一九九七年十月至一九九八年三月，徐增平拚了命要完成航母交易。他甚至曾經獲准登上瓦良格號參觀。那是一個冬天，荒廢生鏽的艦身覆蓋著白雪，形成一幅不協調的景象。他內裡穿著白色扣領襯衫與棕色西裝背心，再加上不怎麼搭配的The North Face亮黃色滑雪外套與成套長褲。「那是我第一次踏上一艘航母，（對航母的巨大船身）震驚不已。」[39]之後的幾個月，徐增平花了數百萬美元行賄，並且和負責出售航母的烏克蘭官員夜夜拚酒。他回憶：「那時我簡直是泡在烈酒裡。最關鍵的那四天，我帶了五十多瓶（酒精濃度百分之五十六的中國烈酒二鍋頭）跟他們喝，但當時我還是覺得有精力達成交易，而且總能保持頭腦清醒，因為我喝酒是有目的的，烏克蘭人只是為了喝醉而喝酒。」[40]徐增平最後和烏克蘭官員敲定了兩千萬美元出售航母的交易，但他想要的不只是航母本身，還想要航母的藍圖和引擎。這當然很難說得過去，因為他檯面上的計劃是要將航母改建為海上賭場。當時的他告訴自己：「圖紙可比航母還珍貴，必須一起帶回來。」[41]最後烏克蘭方面終於讓步，將重達四十五噸的技術文件也一併出售，對於中國續建改造瓦良格號，以及之後研發自建航母都有無可估計的價值。至於瓦良格號的引擎（比當時中國製造的任何引擎都先進），雙方則達成協議要對外宣稱已經移除。徐增平說：「引擎已移除（的報導）全都是要隱瞞西方國家的幌子。」他細述，引擎其實全都在艦身裡，「全新而且用潤滑油維持密封」，如今為中國第一艘航母遼寧號提供動力。[43]交易完成後，徐增平接下來的任務是將航母運回大連造船廠。這個過程前後耗時四年，因為從土耳其取得經博斯普魯斯海峽出黑海的許可有所延誤。這一次，中國政府必須介入。江澤民二〇〇〇年四月訪問安卡拉，承諾開放土耳其商品的市場准入，並同意約二十項通行安全條件、支付十億美元風險保證金，才讓瓦良格號得以通行。[44]二〇〇二年三月，瓦良格號從烏克蘭開始的漫長旅程，終於在大連劃下句點，但又展開另一趟更漫長的旅程。長達七年之後，中國才開始對瓦良格號認真展開續建工程，將它改造為可運作的航母。中國為取得這艘航母而巧妙欺瞞、縝密策劃、施展外交手腕、支出巨額資金（收購費用總計超過一億兩千萬美元），到頭來卻落入讓人漫長等待的掃興結尾。收購這艘航母是為了未來要建置遠洋海軍，但當時的中國仍小心翼翼，避免引發與美國及周邊國家對立的情況，因此那樣的未來尚未來到。

瓦良格號停泊大連港後，據報導，江澤民與胡錦濤都在次年前往視察，但並未批准將它全面翻修為可運作的航母，只同意針對翻修進行一系列的研究。這些研究在二〇〇四至二〇〇五年間進行。[45]最後一批研究完成時，中央軍委宣布研究結束，瓦良格號被拖至大連造船廠的一個船塢，進行清潔、重新塗裝、噴上防鏽塗料，然後完成基本整修工程，以保存艦體。整修工程在二〇〇五年結束，瓦良格號隨即被擱置長達數年（有些中國文本稱之為『三年靜止』），未進行任何主要工程。有報導稱，當時或許做了一些艦身內裝工程，但中國還沒準備好應付建置一艘航母會引發的政治與戰略成本，因此不能進行可能被外國政府察覺的重大翻修。至少到二〇〇八年，中國國防科學技術工業委員會一名發言人仍公開表示，瓦良格號的主要續建工程尚未展開。[48]

直到全球金融危機後，中國才開始認真翻修這艘航母艦體。[49]負責大戰略當中海事部分的中國國家海洋局指出，這是中國大戰略正式修改後的計劃之一。他們在二〇一〇年的報告中表明戰略已有所改變：「二〇〇九年，中國提出建造航母的構想與計劃，這顯示中國已進入將國家建設成為海洋大國的歷史性時代」。[50]

一些以中國軍方人士訪談為根據的說法指出，中國的航母計劃是在二〇〇九年四月一次政治局擴大會議中通過的。先前中共高層因為擔心「會引發周邊國家憂慮中國的軍事威脅」而避免做出這項決定。二〇〇九年五月，在傳言中的這次政治局會議結束後一個月，瓦良格號航母被拖到一處新的船塢，當局任命了新的總監造師（楊雷）負責整個計劃，也和大連造船廠簽訂了合約。航母艦體上原始的蘇聯海軍徽章與俄文名稱終於被移除，主要的改建工程隨即展開，[52]自二〇〇九年至二〇一一年底總計耗時約十五個月。[53]

大約在此時（可能早在二〇〇九年），中國也開始計劃根據瓦良格號的設計圖建造首艘國產航母（002型）。二〇一三年展開實際規劃，二〇一五年三月開始建造，二〇一八年進行海試。[54]中國第三艘航母（003型）則自二〇一五年開始建造，尚未完工，預料會採用直通式甲板而非滑跳甲板，並搭載電磁彈射系統。[55]根據中國海軍官員的非官方評估，預料中國還會再建造其他003型航母。中國也在研發核動力航母（004型），中國船舶重工集團曾意外洩漏相關計劃。

總之，中國建置航母的時程顯示，全球金融危機後，中國就迅速將海軍轉型為以航母為基礎的結構，之前數十年對航母發展的遏制立刻結束，火力全開在十年間就完成兩艘航母，第三艘也接近完工，第四艘正在建造，核動力航母的計劃也已展開。

這裡產生了一個重要問題：中國的航母建置計劃為何在二〇〇九年開始？第四章已說明，答案和中國是否有能力建置航母關係不大，航母計劃也不是因為官僚機構抗拒而延遲，因為就連位居軍方最高層兼中央政治局常委的高官都支持這項計劃。這些因素都無法解釋中國對建置航母的態度為何在二〇〇九年出現轉變。

另有觀點認為，中國建立遠洋海軍的動機是出於民族主義，或可能是對航母的效用改變了看法；但這兩種解釋都無法成立，原因無他——中國長期以來一直認為，要因應區域突發事件，航母是不可或缺的。如果動機是出於國際形勢而非中國的戰略利益，那麼在天安門事件後，中共的合法性最受質疑之時，它應該會先取得一艘僅能勉強運作的展示用航母再改造為軍用（巴西與泰國就是這麼做）。但中共刻意不這麼做，甚至因為政治風險而拒絕公開收購瓦良格號；而它當時收購的另三艘航母墨爾本號（HMS Melbourne）、明斯克號（Minsk）、基輔號（Kiev），不是被解體，就是改造成主題樂園和飯店，並未服役。[57]自二〇〇九年起，中國建置航母的雄心已遠大於形勢所需：北京要建造四至六艘航母、航母戰鬥群、運輸補給的基礎設施，以及海外設施——這一切會永久改變中國的軍隊結構。

對於中國的行動路線，最合理的解釋也是最顯而易見的：北京五十多年前就已了解，擁有航母與遠洋海軍能幫助它達成戰略目標，特別是在周邊區域。早在一九七〇年，解放軍首任海軍司令蕭勁光就曾說：「中國海軍需要航空母艦。一個艦隊在遠海活動，沒有航空母艦就沒有制空權，沒有制空權就沒有……勝利。」[58]一九七三年，中國總理周恩來就將擁有航母連結到中國的海洋主權：「我們南沙、西沙（群島）被南越占領，沒有航空母艦，我們不能讓中國的海軍再去拚刺刀。」[59]直到許多年後，中國海軍高官還一直維持這個看法。一九八六年十一月，劉華清參與「海軍發展戰略研究小組」，涵蓋政府各部門的「軍事與文職領導幹部及知名專家」。他在回憶錄寫道，「從保護中國海洋權益、收復南沙與台灣，以及應對其他戰略形勢所需的角度」，小組成員「建議興建一艘航母」。他進一步指出，若沒有航母，單靠水面艦艇將難以保障中國的利益。次年，他向解放軍總參謀部表示，「在思考海上編隊時，我們過去只想到驅逐艦、護衛艦、潛艇；但進一步研究之後，我們意識到，如果沒有空中掩護，這些編隊不可能在岸基機的作戰半徑之外作戰」，況且即使在岸基機的作戰範圍內（例如台灣發生狀況），空中掩護也根本無法在危機發生時迅速抵達。[61]劉華清寫道，解放軍總參謀部普遍同意他的報告，開始提升對航母建置問題的重視。這顯示，至少早在一九八七年，中國還將重心放在應對範圍較狹隘的區域突發事件時，就已強調擁有航母的必要。這樣的看法在冷戰結束後也繼續維持。一九九五年，劉華清在一項關於航母的高層會議中說：「防衛南海、和平統一台灣、保衛海洋權益，這些都需要航母」。[62]

一九九〇年代初期，中國對海外資源與大宗商品流動的依賴漸增，對航母的需求也隨之升高，因為航母能冒險進入印度洋。

如果中國追求建置航母的雄心有所改變，不是因為自己的能力有變、不是因為官僚政治有變、不是因為國際情勢引發的焦慮有變、不是因為對航母效用的評估有變，那原因會是什麼？答案就在中國的大戰略中。雖然北京明白，航母可以在區域衝突時對付鄰國、可以用於實施制海，但這些目標並不符合中國當時的削弱戰略。北京批准對未來建置航母艦隊進行研究與規劃，但一直等到時機對了才啟動航母計劃。二〇〇八年爆發全球金融危機後，時機明顯有所改善，此時中國著重的是「積極有所作為」，而不再是「韜光養晦」。因此，中國公然開始建立區域霸權的基礎，這表示要將因應與周邊國家的衝突視為優先要務，而且要有能力實施制海戰略、進行兩棲登陸、巡邏海上交通線。在建立這些能力時，北京不再像以前那樣擔心會讓鄰國或美國提高警覺。基於上述原因，「以航母為主力的較大規模海軍」成為此時要達成的戰略目標。

對這個論點的反對意見當中，最有說服力的說法是認為中國啟動航母計劃是依據早已制定的軍隊現代化時間表，這份時間表大致上與大戰略無關。從這個角度看來，二〇〇九年啟動航母計劃的決定只是巧合，與全球金融危機或大戰略的轉變無涉；而且航母建造是非常複雜的工程，需要漫長的準備期，二〇〇九年啟動的航母建造計劃，不太可能是因應二〇〇八年發生的事件。

這個說法很有說服力，但不見得正確。舉例來說，即使中國在一九九〇年代及二〇〇〇年代初期保持低調，但仍將航母計劃維持在一旦做決策就能立刻順利啟動的狀態。為此，中國領導人委託相關單位研究艦載航空部隊、撥款研發航母相關科技、以國家力量支持收購瓦良格號、動用政治力介入讓它得以通過博斯普魯斯海峽、授權研究瓦良格號設計圖，備妥升級改造瓦良格號的計劃、甚至為未來成立艦載航空部隊展開數個訓練計劃。這一切準備意味著中國可在戰略條件適當時迅速啟動航母計劃。

而且，這些準備動作大多是悄悄進行，而當時中國願意批准進行的事項都有堅定而明確的限制。在全球金融危機爆發前，北京明顯不願採取可能讓其他國家敬而遠之的明確舉動：當時它沒有將瓦良格號移至（外界可看到的）新船塢進行主要改裝工程，也沒有將瓦良格號改名為中國海軍的船艦、甚至未開始建造任何一艘航母（更別說是四艘）。如果中國當時已有計劃要組織遠洋艦隊，就會進行這些步驟；但因中國拒絕做這些事，導致航母計劃也停滯不前。航母發展的延宕並非依據技術官僚訂定的現代化時間表，比較可能是出於政治因素，且相當程度上是受到大戰略考量的影響，這是基於幾個原因：第一，如同第四章及本章的個案研究所呈現，由於中共菁英官員擔心會讓周邊國家疏遠中國，最高領導層屢屢將航母計劃延後，江澤民曾拒絕一項完整的航母計劃，只同意進行初步研究。第二，如果中國是依據已制定的軍隊現代化時間表準備建置航母，這項航母計劃在中國修改了大戰略的二〇〇九年啟動，而非其他時候，很難視為純屬巧合；此外，中國長年以來在航母計劃上相對無動靜，二〇〇九年卻突然規劃出積極改裝續建瓦良格號的時程，再度顯示中國並未遵循一套預設的時間表。第三，中國在二〇〇九年不僅開始改造瓦良格號，也開始公開推動建造更多航母，再度顯示建置航母的現代化工程並非依據已制定的時間表進行，而是受到戰略改變的影響。第四，本章先前提到，中國國家海洋局的官方文件指出，二〇〇九年是關鍵的一年，中國政治領導層針對航母計劃做出重大決策，其他資料也顯示航母計劃是由中央政治局在二〇〇九年拍板定案。

總而言之，儘管中國過去已具備相關能力，也涉及戰略利益，但仍避免建造航母，因為當時它採取削弱戰略，知道若擁有航母會向美國及鄰國發出錯誤信號——而且當時擁有航母極易受到攻擊。二〇〇八年全球金融危機爆發後，中國開始著重建立區域秩序，不再認為要為了擔心驚動華府或周邊區域而自我克制。航母具備的眾多能力，完全符合此時中國的戰略目標，也就是逐漸傾向於落實海洋主權、培養區域干預的能力。於是，中國自此躋身具備航母作戰能力的大國行列。

水面艦艇

中國在全球金融危機後所做的戰略修正，不僅包括聚焦發展航母，也涵蓋水面艦艇的大幅變革。北京深知，具備兩棲作戰、反潛戰、防空戰、水雷反制等戰力，將讓中國得以實現在建立區域秩序的戰略中想達成的任務。但中國數十年來都不曾優先發展這些戰力，而是首重水面作戰。這當中也產生一個謎團：為何在之前的二十多年間，中國發展水面艦時系統性的首重水面戰力而非其他主要戰力；又為何在二〇〇八年改弦易轍？本節要論證，中國從削弱轉變為建立的大戰略，是水面艦發展方向改變的原因。本節將探討中國在（一）主力水面艦；（二）水雷反制艦艇；（三）兩棲作戰投資等各方面的轉變。

主要水面艦

有評論指出，中國在一九九〇年代與二〇〇〇年代的主要水面艦艇都「配備非常強大的反艦飛彈」，儘管許多艦艇也具備「有限的防空與反潛戰力」。[63]中國一再刻意提升有助於削弱美國的反艦戰力，即使有能力仍延遲投資於防空、反潛等戰力。對於制海、保護海上交通線或兩棲作戰等建立區域秩序所需的任務，防空與反潛是不可或缺的能力。直到中國的戰略由「削弱」轉向「建立」，這種情況才改變。

懷疑論者也許不同意大戰略的改變能解釋這些決策，而認為應以戰力採用理論來解釋。他們會主張，中國對反艦戰過度投資，但對於防空與反潛戰投資不足，只是因為防空與反潛戰對於財政或組織的挑戰較大。但進一步分析後會發現，實際情況更為複雜。中國投資反艦戰力，原因不是它比較容易或成本較低，而是認為它不可或缺。中國的分析人士長年撰文探討蘇聯使用飛彈飽和攻擊（missile saturation attacks）對付美國航母：「一旦（美國航母）同時面臨各種導彈發射平台戰鬥群的威脅，他們的作戰反應只能是將自身的技術優勢利用到極限……將敵人一一消滅」，這樣的作戰方式終將失敗。[64]中國軍事科學院出版的一本關於巡弋飛彈的書，也同樣明確指出「航母……無疑將成為未來海戰的主要目標」及巡弋飛彈的重點攻擊目標。[65]中國的各種文件指出，如果在飽和攻擊中使用飛彈，美國的航母戰鬥群很可能無法扭轉這種不利於他們的武力比例。[66]因此，美國一項官方估計顯示，中國在周邊區域部署的這類飛彈數量達美國海軍的七倍。[67]從中國的水面戰力建置決策中，可明顯看到其重心在於反艦作戰。中國在後冷戰時期的首型驅逐艦「052型旅滬級」，雖配備遠勝前一代的反艦武器（威力強大的鷹擊－83反艦飛彈），卻仍保留已明顯過時的刺蝟砲和防空系統（紅旗－7近程防空飛彈）。[68]

一九九七年，匿蹤效果更好、推進力更強的051B型／旅海級（Luhai）驅逐艦下水，但仍保留前一代配備的防空武器，僅稍微改良反潛武器（魚雷與直升機，且數量非常有限），偵測能力也未見改善。最顯而易見的是，中國隨後更從俄羅斯採購了四艘現代級（Sovremenny）飛彈驅逐艦，它們配備了反艦武器P-270蚊子飛彈（Sunburn/Moskit，北約稱日炙飛彈），這款飛彈是公認的「比美國現存所有反艦巡弋飛彈都強大」，而且就是為了對付美國航母戰鬥群而設計。[69]然而，這些新艦艇的反潛戰力卻僅僅和中國自製驅逐艦相當，也僅配備戰力略強的防空武器，即射程十五浬的「點防空武器」。[70]

中國隨後開始研發試驗新型驅逐艦，包括051C型／旅州級（Luzhou）、052B型／旅洋I級

（Luyang I）、052C型／旅洋II級（Luyang II），它們都在二〇〇四年至二〇〇七年間服役，普遍採用較差的反潛技術及定點防空武器。中國巡防艦*的現代化也走類似路線；中國還投資大量完全缺乏生存能力的小型飛彈快艇，可搭載八枚令人生畏的鷹擊－83反艦飛彈，但不具備任何有作用的防空和反潛作戰能力，其用意不言可喻。美國海軍情報局就指出，反艦戰力一直是解放軍的「核心強項」。[71]

中國當時若將防空和反潛戰力視為優先發展事項，確實有能力建置這些戰力。例如在防空方面，中國的051型／旅大級（Luda）、旅滬級、旅海級、現代級、旅州級驅逐艦都部署相對較次等的防禦系統，但當時中國其實有可能進口更優良的俄製系統。直到二〇〇七年，中國才在一艘旅洋II級飛彈驅逐艦上安裝了紅旗－9中長程防空飛彈，這是中國首次在海軍艦艇上安裝先進的防空系統。[72]在反潛戰力上也是類似情況，中國直到二〇一〇年代仍持續部署刺蝟砲，儘管魚雷的效能更佳且相對便宜。直到一九九七年，中國才終於建造了一艘可部署反潛魚雷的軍艦，直到二〇〇五年才擁有拖曳式聲納陣列。[73]

* 譯註：此處原文為frigate，台灣、香港將frigate譯為「巡防艦」，corvette譯為「護衛艦」，中國則將前者稱為「護衛艦」，後者稱為「輕型護衛艦」。

相形之下，印度自一九八〇年代起就部署了反潛魚雷（在拉傑普特級〔Rajput〕驅逐艦和阿布海級〔Abhay〕巡防艦），並自一九九〇年代起配備拖曳聲納陣列（在德里級〔Delhi〕驅逐艦和布拉馬普特拉級〔Brahmaputra〕巡防艦）。這表示中國本來也能辦到。況且，中國從未認真嘗試採購俄羅斯的無畏級（Udaloy）驅逐艦，此型驅逐艦具備先進的反潛和防空能力，目的是在具備反艦作戰能力的現代級驅逐艦之外，補足其他能力，而北京確實已購入現代級驅逐艦。不過，這一切似乎都在中國轉向建設戰略後出現變化。舉例來說，中國在二〇一二年首次大幅提升了防空與反潛戰力，部署在先進的旅洋II級飛彈驅逐艦上。在防空方面，旅洋II級部署的是號稱「類似神盾艦」的系統，成為「第一艘能執行攸關保衛遼寧號的區域防空任務的中國軍艦」。[74]令人玩味的是，當時最後一艘旅洋II級驅逐艦建造於二〇〇五年；中斷了一段時間後，二〇一〇年至二〇一二年之間又製造了大約四艘，明顯是為了護衛航母。旅洋II級停產後，中國開始建造052D旅洋III級，全部配備先進的反潛與防空戰力。然而最受人矚目的是，旅洋III級的先進配備終於揭露了中國海軍正準備迎接反艦作戰之外的任務，而且是大規模的準備。事實上，中國在全球金融危機後就展開一系列造艦工程，計劃建造多達二十艘旅洋III級飛彈驅逐艦，首艘已在二〇一四年服役。這樣的造艦規模，也許是中國展開新軍事戰略最明確的跡象。繼旅洋III級之後的055型刃海級（Renhai）驅逐艦，則在二〇一四年同時動工建造六艘。建造將近三十艘具備更精密反潛與防空戰力的先進驅逐艦，意義非常重大。雖然有部分型號的艦艇在全球金融危機前已開始發展，但建造時程強烈顯示，中國是在全球金融危機後擴大建置驅逐艦；而且，共計二十六艘、數量最多的驅逐艦，都是在全球金融危機引發戰略轉變之後的幾年間開始建造的。

水雷反制

中國若想投射海軍力量或從事兩棲作戰，水雷反制（MCM）將是非常重要的能力，擁有大量掃雷艦在軍事上是必要的。中國的軍事文獻早已深知此事。二〇〇六年版的《戰役學》明確指出，在任何兩棲行動中，中國都必須清除登陸區附近的水雷。[75]二〇一二年版的《聯合戰役學教程》也同樣指出，涉及島嶼的作戰都需要水雷反制措施。

儘管如此，中國依然直到冷戰結束近二十年後才大舉投資於這些戰力，這件事既重要又令人費解。這表示，在中國推行削弱美國實力的大戰略時，這些任務並非優先事項。相反的，中國在全球金融危機後開始投資建置水雷反制能力，顯示它對建立區域秩序所需的各項行動興趣大增。

從一九九〇年代到二〇〇〇年代，中國在這整個時期對水雷反制的投資之少，出人意料。美國海軍戰爭學院教授伯納德．柯爾在二〇一〇年就曾指出，雖然中國當時大舉建置進攻性水雷戰力（第四章曾探討），但中國海軍「並未同時針對獵雷與掃雷任務建置設備」。[77]數十年來，中國只有為數不多的一九五〇年代掃雷艇，包括約二十七艘蘇聯設計的T-43/010型遠洋掃雷艇及八艘近岸掃雷艇，大多陳舊過時且效能不佳，估計有百分之七十五都編入後備艦隊。[78]直到二〇〇七年，中國在第一艘水雷反制艦艇服役近二十五年後，終於推出新型掃雷艇081型／渦池級（Wochi），可同時提供掃雷與獵雷能力，並取代老舊的T－43掃雷艦隊。[79]此時，俄羅斯在最初出售給中國的掃雷艦之後，已推出多達十款後繼版本。

與戰力採用理論的說法相反，中國有限的水雷反制能力並非因為成本考量或組織複雜性，而是出於選擇。若以噸位計算，掃雷艇無疑是很昂貴的武器，因為它們只具備被動的水雷反制能力——包括木質與玻璃纖維船體及專用螺旋槳，以降低可能觸發地雷的磁力、壓力和聲學特徵。即使如此，它們仍然遠比主要的水面戰艦便宜。至於組織構成挑戰這種解釋，自一九五〇年代以來，中國和開發中國家的海軍都在進行掃雷行動。雖然從那時開始，水雷反制技術就持續發展（目前已使用船舶聲納或直升機來辨識水雷，並以直接引爆、潛水人員拆除、遠端控制等方式加以摧毀），但這些技術並不是特別複雜。自一九九〇年代以來，包括印尼、巴基斯坦、沙烏地阿拉伯、土耳其在內的許多開發中國家都曾從事這類行動。歸根結柢，中國原本無須依賴過時的一九五〇年代掃雷艇超過二十年，它其實有能力自製掃雷艇，或採購俄羅斯較先進的型號。當中國轉向以建立區域秩序為重的大戰略之後，作法就改變了。二〇〇〇年代中期，中國建造了一款新型水雷反制艦艇，但為數不多，之後就未再建造其他掃雷艦，但在全球金融危機後，中國顯然重啟了生產線。此後，它建造了多款先進的水雷反制艦艇。美國海軍情報局就指出，中國的採購和訓練都有所改變，反映它開始重視水雷反制戰力：

中國也大舉投資於提升水雷反制能力。近年來有大量先進的水雷反制專用艦艇加入艦隊，包括性能強大的渦池級掃雷艦，以及新型的082II型／渦藏級（Wozang）獵掃雷艦，作為遙控529型／Wonang級*近岸掃雷艇的母艦。中國要藉由先進的聲納及滅雷器具來提升獵雷能力，解放軍的演習也例行性涵蓋佈雷和水雷反制行動。[80]

中國開始重視水雷反制，與以往對水雷反制的忽略形成鮮明對比，也有力證明了中國的戰略出現變化。

兩棲戰力

中國向來認為，兩棲作戰能力對於在東海及南海或台灣海峽的軍事行動是不可或缺的，在攸關建立區域秩序的其他任務中也是必要的。但數十年來，中國在這兩者的投資都遠遠低於其能力所及。在北京推行削弱美國實力的大戰略時，攻擊性較強的兩棲作戰能力未受太多重視；到了全球金融危機後，中國轉而實施企圖建立區域秩序的戰略時，則開始優先發展兩棲戰力。解放軍海軍自成軍至二〇一〇年為止，儘管有能力投資提升兩棲戰力，但一直沒有「建立大型的兩棲部隊」。[81]一九八〇年代後期以來，中國只花了少許心思在提升兩棲戰力。直到二〇〇〇年，中

* 譯註：此一北約代號尚無中文譯名。

國海軍的大部分船艦仍無法在遠洋航行；當時它擁有的約五十五艘中型至大型兩棲戰艦中，有許多船齡已超過四十年，且處於後備狀態。[82]一九九〇年代中期至二〇〇〇年代初期，中國開始建造更多登陸與補給艦以替換過時的艦艇，其中包括072III型／玉亭I級登陸艦（Yuting-I）、072A型／玉亭II級登陸艦（Yuting-II）、073A型／雲舒級登陸艦（Yunshu）、074A型／玉北級登陸艦（Yubei）。這些作為透露的真相不言自明，如同伯納德．柯爾所說，這只是「為了讓兩棲部隊現代化，而不是大幅擴展兩棲作戰能力」，此時解放軍海軍「仍然只能運輸大約一個師的全副武裝機械化部隊」，這樣的情況自二〇〇〇年之後幾乎沒有改變。[83]直到二〇〇六年071型／玉洲級船塢登陸艦（Yuzhao）建造完成，中國才開始擁有大規模的海上運輸與補給能力，但此後十年間也只建置了四艘船塢登陸艦。

即使如此，這些船塢登陸艦（LPDs）「武裝程度相對較少，只配備一門七十六公釐火砲和四門三十公釐近迫武器系統（CIWS）」，顯示其實際價值可能不在兩棲作戰，而是進行戰爭以外的軍隊任務，例如救災。[84]除了艦艇之外，海軍陸戰隊也是中國兩棲戰力的重要元素。儘管中國在一九七九年、一九九八年分別成立了一個海軍陸戰旅，總兵力約有一萬至一萬兩千名現役士兵，但在這個時期並未擴大陸戰隊人數。[85]

中國對兩棲戰力延遲投資，無法以戰力採用理論來解釋，因為據此理論，成本考量或組織複雜性才是延遲的原因。但許多技術能力不一的開發中國家都已建造或採購了登陸艦艇，包括阿爾及利亞、巴西、智利、印度、印尼、秘魯、菲律賓、新加坡、南韓。中國的造船業在二〇〇七年之前多年，絕對已具備建造船塢登陸艦的能力。至於海軍陸戰隊，要建立或擴大陸戰隊，成本並不特別高昂，運作上也不是非常困難。包括巴西（一萬五千名海軍陸戰隊員）、哥倫比亞（兩萬四千名）、南韓（三萬名）、泰國（兩萬名）等國的海軍陸戰隊都已成立數十年，而中國也擁有一萬名海軍陸戰隊，這有限的兵力並非不能擴大。事實上，早在數十年前的一九五〇年代，在入侵台灣似乎可行的時候，中國曾擁有近十萬名陸戰隊員，但在美國介入阻擋侵台計劃後，中國就撤銷了海軍陸戰隊。[86]中國對海軍陸戰隊和兩棲戰力的投資相對較少又較遲，並非出於成本因素或複雜程度，而是戰略考量——要削弱美國，這些戰力根本沒有必要。

中國轉向建立區域秩序的戰略後，就開始大舉投資建置運輸艇和兩棲步兵，大幅提升了運載能力。中國在二〇〇七年僅有一艘071型船塢登陸艦，二〇二〇年已大幅增至七艘。雖然071型在全球金融危機前就開始建造，但之後中國應該是擴大了生產線。同樣是在全球金融危機發生後，中國才開始生產三艘巨大的075型兩棲攻擊艦，它的排水量幾乎是071型船塢登陸艦的兩倍，裝備大幅強化，性能也大幅提升——包括可搭載三十架直升機。這總計十艘的大型兩棲運輸艦，將使中國的兩棲攻擊能力僅次於美國；而這些艦艇在十年前一艘都不存在。此外，中國的中型登陸艦也顯著增加。中國在二〇〇〇年代建造了九艘這類登陸艦後就停止生產，直到全球金融危機之後才重啟，至二〇一六年產量就幾乎增加一倍，而且還在進行更多建造計劃。除了軍艦以外，中國的海軍陸戰隊長達數十年都穩定維持在不超過一萬兩千人的水準，至全球金融危機後也大幅擴增。中國在二〇一七年將海軍陸戰隊人數增加一倍，隨後又宣布要增加到先前人數的十倍，達到至少十萬人[87]。這是非常龐大的規模，特別是因為整個中國海軍人數僅約二十三萬五千人，因此建立海軍陸戰隊成為全盤改變整個海軍的決定。中國前海軍政治委員劉曉江就曾表示，海軍陸戰隊大幅擴編，表示其應對重點在「可能發生的台海戰爭、東海與南海的海上防禦」，以及印太地區的新任務，還有「國家的海上生命線（maritime lifelines）與位在國外的軍事補給站，如吉布地和巴基斯坦瓜達爾港（Gwadar）」。[88]換言之，這和著重於確保中國的海外利益、尤其是在亞洲利益的建設戰略相符。

海外設施與干預行動

過去幾年間，中國民眾一再將充滿相似自大心理的電影推上票房冠軍。這些電影，包括《戰狼》及其續集《戰狼2》、《湄公河行動》、《紅海行動》等等，劇情主要描繪中國軍隊在海外進行營救中國公民、保護中國投資、提供國際公共財等各種行動。中國軍方為這些電影提供部分資金，也協助動作場面拍攝，最重要的是提供了故事靈感。這些電影的情節，取材自中國軍方最初涉足保護海外利益的幾次任務，包括自利比亞與葉門撤離中國公民、打擊海盜、以及二〇一一年中方將一名殺害十多名中國公民的毒梟引渡至中國等等。在《紅海行動》中，中國派出特遣突擊隊赴亞丁灣營救被綁架的中國公民，又阻止一個不法集團將核原料擴散，最後凱旋歸國。返國途中，這支突擊隊在南海遭遇美方船艦，命令對方撤離。片尾播放工作人員名單時，畫面上還出現一架中國殲-15戰機，從原為瓦良格號的遼寧號航空母艦起飛，朝向看似闖入海域的美國船艦飛去。

中國民眾對這類電影的興趣持續不減（其中兩部電影曾躋身中國史上票房最高電影的前三名），反映出中國尋求成為「海洋強國」的原因，也反映出它的重要性。概略回顧一下中國在整個印太區域漸趨積極的行動，無論是針對打擊海盜或領土爭端，都會有所啟發。二〇〇八年十二月二十六日，中國開始向亞丁灣派遣海軍反海盜特遣部隊——頭十年共派出「三十一批護衛艦隊、一百艘軍艦、六十七架艦載直升機以及超過兩萬六千多名士兵」。[89]中國軍隊自此經常在印太地區多座港口進行補給和再補給。二〇一一年，中國派軍艦支援三萬名公民撤離利比亞。同年，有十三名中國商船船員在湄公河流域遇害，北京積極運作，將六名外籍嫌犯引渡到中國受審；中方與緬甸、泰國、寮國聯手，在湄公河流域進行首次境外聯合巡邏任務；甚至曾考慮在境外對一名毒梟進行無人機攻擊。[90]二〇一三年，中國宣布在東海劃設防空識別區。二〇一四年初，中國與吉布地依據雙方簽署的「安全與國防戰略夥伴關係」展開協商，要在吉布地成立中國首個正式的海外軍事基地。[91]同年，中國明顯改變以往的取向，開始在南海建造人工島礁並加以軍事化，建造了機場、碼頭和其他設施。與此同時，中國還在東海的日本管轄水域數度出現打破慣例的挑釁行為。二〇一五年，中國從葉門撤離約千名公民，又以軍用直升機自尼泊爾撤離逾百名公民。上述種種行動表明，中國在印太地區扮演「海洋強國」的意願遠勝以往，與中國改採建立大戰略的轉變相符。[92]

中國要採取建立戰略，它的海軍就必須能從事戰力投射、進行兩棲作戰、執行制海戰略、巡邏海上交通線，中國也已盡責打造出這樣的海軍。但除此之外，它還必須悖離鄧小平時代的兩大承諾，也是以往在削弱大戰略時期不可撼動的原則：（一）避免海外干預；（二）避免建設海外基地。

自全球金融危機發生後，認為應擺脫這些原則的呼聲大增。首先，在避免海外干預的原則上，曾參與草擬多部中國國防白皮書的作者陳舟少將就多次主張放寬。全球金融危機發生一年後，陳舟撰文寫道：「一個國家能否有效保護國家的海外利益……也是非常敏感的一點，因為涉及他國的『主權利益』。他接著指出，「歷史上，在一次大戰之前，國際社會公認國家使用武力保護海外公民的生命財產是正當的」，但他觀察到，由於中國「國力相對較弱」，「我們認為這種觀點等同於侵略與干預」。當然，之後的情況已出現變化。他指出，「隨著我國綜合國力增強，我們必須保護能源資源和運輸通道的安全，保護中國公民的合法權益……我們必須將這些視為國家安全很重要的一面」。在這些情況下進行干預「是國家的權利和實力，也是國家的責任和義務」。陳舟認為，這不是偽善悖離以往的原則，因為中國與西方是不一樣的；中國遵循的是「和平共處五項原則」，西方國家則「通過戰爭和不平等條約」確保自己的利益。因此，「我們的利益擁有真正的合法性和正當性」，在國外使用武力保護中國利益是有理的。[93]儘管陳舟的說法扭曲邏輯，但為中國打破以往不干預原則的行為抹上了一層知性的脂粉。

其次，為了支持中國的海外存在，並維護包括「一帶一路」在內的中國利益，中國不得不打破另一個原則：避免建立「海外設施」。中國數十年來一直承諾「不在國外駐軍或建立軍事基地」，甚至在幾份官方的國防白皮書裡都有這些語句。[94]由於中國以往承諾絕不建立海軍「軍事基地」，解放軍就換個說法來稱呼它想成立的設施，包括「戰略據點」、「海上驛站」、「保障基地」，或者乾脆只用「設施」等委婉用語。全球金融危機發生後，越來越多評論開始強調這些設施的重要性，這些言論最後終於進入官方文件中。解放軍總參謀部副總參謀長孫建國上將在《求是》撰文寫道，在二〇一二年中共十八大中，已指示要「穩步推進海外基地建設」。這個進程很可能在此之前就已開始進行。[95]

此外，中國二〇一三年出版的《戰略學》也主張：

> 我們必須建設背靠大陸、輻射擴張至周邊地區，並且進入兩大洋（即太平洋和印度洋）的戰略要地，為海外的軍事行動提供支持，或作為軍事部署的前沿基地，並在相關區域發揮

政治和軍事上的影響力。[96]

這種說法清楚表示，這些設施是建立區域秩序的大戰略的一環。次年，制定中國海洋戰略的國家海洋局前局長劉賜貴寫道，「海上驛站」和建立連通性是在「一帶一路」計劃中海上安全部分的首要任務。他寫道，「要抓住關鍵通道、關鍵支點、關鍵項目」，並且「和沿線國家共建海上公共服務設施」。「海上通道的安全是維持海上絲綢之路穩定發展的關鍵，港口和碼頭是保障海上通道安全的重中之重」。[97]

這些港口「不僅要具備貨物裝卸功能，還要提供補給和物流服務，最重要的是確保周邊航道的安全」。[98]劉賜貴所提的「海上驛站」可以「與所在國家分別建設，可以由中國與其他國家共同建設，也可以租賃現有港口作為運作基地」。這些看法並非他獨有。中國國防白皮書的作者陳舟少將寫道：「我們應該擴大海上活動範圍，努力在一些重要的戰略地區展示我們的存在，以外交和經濟手段建立戰略支點，並且利用我們在相關海域從相關國家取得合法使用權的停泊點和補給點。」[99]官方性質較不明顯的人士更是直言不諱。[100]解放軍國防大學教授梁芳就主張，要保障「一帶一路」的安全，有兩項必要條件：[101]首先，要展現更強大的海外存在，維持「以航母編隊為核心的近海機動作戰部隊」；其次，中國還必須「建立海外軍事存在體系」。梁芳認為，「從戰略角度而言，我國應該選擇在有高度利益及利益集中的地區，建立海外的戰略存在」。

要建立的不一定是基地，可以是「我國海軍艦艇的臨時停泊點和補給點」，例如兩用商港。中國對這類海外設施的重視，應該是幾項海洋關鍵決策的引導來源，尤其是在海外港口投資方面。二〇一四年，研究戰略與準則的解放軍海軍研究院專家列出未來可建立軍事基地的七個地點：孟加拉灣、緬甸、巴基斯坦瓜達爾港、吉布地、塞席爾、斯里蘭卡漢班托塔港（Hambantota）、坦尚尼亞三蘭港（Dar es Salaam）。[102]美國海軍戰爭學院學者康納．甘迺迪（Conor Kennedy）閱覽中國各種消息後發現，中國將多個在海外建設港口的計劃稱為潛在的「戰略據點」。

目前在吉布地的基地就被冠上這個稱號，未來可能在巴基斯坦（瓜達爾港）和斯里蘭卡（漢班托塔港）的設施亦然。中國對於幾處區域性港口的投資是謹慎決定的，著眼於它們未來在軍事上的用途。解放軍多名作者的確提到，有必要規劃多個基地或「據點」，但初步只讓其中一些基地「繁榮發展」。[103]例如，中國已大舉投資瓜達爾的港口（目前由巴基斯坦海軍使用）和機場。解放軍的作者公開寫道，瓜達爾可能成為解放軍特遣部隊休息和補給的長期據點，未來甚至可能成為支援基地，如同目前在吉布地的基地。某種程度上，瓜達爾未來的軍事潛力早已是定局。有解放軍官員就說：「菜已經在盤子裡；我們任何時候想吃就吃。」[104]在此同時，解放軍已將巴基斯坦的喀拉蚩港用於補給。在中國展開建立大戰略後，瓜達爾港的地位變得更重要：二〇〇八年之前，中國海軍僅到訪五次，之後則到訪十七次。[105]中國也大幅投資斯里蘭卡的漢班托塔港。此前解放軍曾在可倫坡港停靠一艘潛艇和一艘軍艦，之後再要求類似權利但未能如願；在斯里蘭卡無法償還建設漢班托塔港的貸款後，中國接管了這座港口，甚至要求取得軍事使用權。[106]中國對於在緬甸、孟加拉、馬爾地夫和非洲東海岸等橫跨區域的其他投資計劃，無疑也以類似方式看待，也認為它們對中國打造區域秩序至關重要。

這些計劃以及解放軍對航母和先進水面艦艇的逐漸重視，顯示了中國軍隊不再以削弱美國為重心，而是要著手建立維持區域秩序所需的軍事控制型態。這項新的要務，也就是胡錦濤二〇〇九年所說的「多下先手棋」，將不僅限於軍事領域。下一章將探討，中國日漸強硬的作風，也將對亞洲區域組織產生決定性的影響。

第九章

「打造區域架構」

——中國如何在政治上建立亞洲霸權

「亞洲的事情，歸根結柢要靠亞洲人民辦。亞洲的問題，歸根結柢要靠亞洲人民來處理。亞洲的安全，歸根結柢要靠亞洲人民來維護。」

——習近平，二〇一四年

二〇一四年十月，中國國家主席習近平飛往哈薩克首都阿斯塔納。接下來的事說來有些矛盾——這是一個組織的歷史性時刻，而它其實沒沒無聞。

亞洲相互協作與信任措施會議（CICA，簡稱「亞信會議」或「亞信」）是名稱最長的多邊機構之一，但即使名稱多了幾個字，也無法彌補它欠缺明確訴求的事實。這個機構最初是由哈薩克總統努爾蘇丹．納札爾巴耶夫（Nursultan Nazarbayev）在一九九二年一次演講中提議並領導籌組，但之後耗時約十年才正式成立，期間經過一連串非正式會議和發表後又失效的聲明。在這個組織的歷史中，大部分時間都由哈薩克以非正式和正式的形式領導，之後又由土耳其領導了四年（二〇一〇年—二〇一四年）。此時此刻，則將由中國接手領導。

中國當上亞信主席並非偶然，早在二〇一二年它就開始積極尋求這個席位。這個組織在旁人眼中既無名氣亦無權勢，但中國在這裡看到機會。北京一直想方設法，希望在亞洲建立能反映中國喜好的安全架構，但在東協主導的各項論壇組織及美國的結盟勢力中頻頻受阻。而亞信的成員國分布在歐亞大陸，繞開了東協的中心地位；最重要的是，美國和日本不在其中。要領導這個組織相對簡單，而且中國還能在此時提升它的地位。它期盼亞信成為一個平台，用於推動那些可以削弱美國結盟勢力的準則，並打造中國想望的區域架構，而且這樣的區域架構是美、日無法從中作梗的。有中國智庫就指出：「亞信能提供堅實的制度基礎，為打造亞洲的安全架構提供最短路徑。」這裡所指的安全架構，是要反映中國想優先達成的事項。[1]因此，習近平成為亞信領導人後，在首次演說中發布「亞洲新安全觀」（是從一九九〇年代的版本更新而來），並攻擊美國的結盟勢力；習近平在這場演說最著名的段落中宣稱「亞洲的事情，歸根結柢要靠亞洲人民辦。亞洲的問題，歸根結柢要靠亞洲人民來處理。亞洲的安全，歸根結柢要靠亞洲人民來維護。」換句話說，這裡不需要美國，也不需要與美國結盟。

這段話讓許多人震驚，西方的一些中國事務分析家甚至不把它看在眼裡，以為只是一次脫軌演說，撰稿的外交官太拙劣，稿子又未經審核罷了。[2]但他們的不屑一顧其實是誤判，部分原因是，習近平說的這段話本來就是中國的長期目標，只是全球金融危機將這些目標進一步放大。中國以往為亞信準備的會議文件曾被不當張貼在亞信官網的不起眼角落，這些外洩文件明確顯示，全球金融危機後，中國曾在亞信內部會議中提出相關主題的倡議。這些文件和它附帶的PowerPoint簡報檔案倡議亞洲應從與美國合作的「封閉性雙邊軍事同盟」轉型為沒有美國的「新型架構」。一段時間後，這些原本在閉門會議討論的內容，逐漸出現在公開談話中。二〇一二年，中國外交部副部長就想以一份批評美國及其結盟勢力的俄中共同提案作為亞信建立亞洲安全架構的基礎，他還提議其他國家也遵循這個排除區域外國家的願景。他宣布：「我們建議，要為所有亞洲國家制定以中俄倡議為根據的詳細行為規範。」[3]

中國受全球金融危機觸發而展開在亞洲建立中國秩序的行動，已持續數年，在習近平二〇一四年發表演說及之後領導亞信期間達到巔峰。因此，習近平在此時宣布「亞洲的事情要靠亞洲人民辨」，明顯並非偶然；距離這次演說多年之後，中國外交官在亞信仍一直這麼說。中國主導亞信後，終於有機會具體落實它要排除外來國家的區域秩序願景。

本章要討論中國藉由亞洲區域組織來建立區域秩序的種種作為，並回答兩個難題：（一）明明已有較成熟的現存組織，為何中國要創立所費不貲的新論壇會議，又致力提升原本沒沒無聞的論壇會議？（二）中國過去對亞洲的區域組織制度化抱持抗拒態度，為何此時卻願意支持區域組織制度化？上述問題的答案，都與全球金融危機後中國大戰略的變化有關。北京想要的是它能領導的新組織，它支持這些組織制度化，是因為有助於建立中國領導的秩序，也因為美國未參與這些組織。北京曾對亞太經濟合作會議（APEC）或東協區域論壇（ARF）感到緊張膽怯，那樣的反應已成往事。現在，中國要建立自己的論壇組織，這些組織要符合中國的想望。建立秩序需要能規範鄰國行為的「控制型態」，而多邊組織可以提供強制（特別是經濟方面）、共識（藉由公共財或利益豐厚的交易）以及正當性（藉由領導地位和制定規範）。中國的努力遍及多個組織，並非每個組織都成功，但有兩個特別值得關注：亞信與亞投行。在中國建立亞洲多邊秩序的工程中，如果說亞信是其中的安全層面，亞投行就是經濟層面。這兩個組織中，雖然亞投行遠比亞信重要，但兩者綜整之下，呈現了中國偏好的立場有哪些，以及它的戰略野心有多廣。在當時的中國戰略制定者心目中，這兩個組織共同提供了一條途徑，讓中國能照自己的意思打造亞洲秩序。

中國的政治文本

全球金融危機後，中國對國際組織的論述出現變化。雖然我們無法取得中共內部過去十年間的某些核心外交文件，但國家主席胡錦濤和習近平的演說都披露了中國的戰略轉變，從利用區域組織削弱美國或安撫戒慎提防的鄰國，轉為想為區域秩序制定規範。胡習兩位領導人都提升了中國對周邊地區的注重程度，也就是展開了「周邊外交」。他們將多邊組織視為在亞洲建立「命運共同體」的工具，這些組織要反映的是中國的利益。

全球金融危機與政治戰略

在提出中國的後全球金融危機時代戰略轉變的演說中，胡錦濤也呼籲要更加重視「周邊外交」。這種重視與過去的重視有本質上的差異。

本書前面的章節已說明，中國在「三連發事件」及一九九七年亞洲金融危機後，都曾對與鄰國之間的「周邊外交」提高興趣，亞洲金融危機也讓中國有機會藉著經濟讓步博取鄰國的好感。[4]之後中國仍然重視周邊外交，但動機大致上是出於防禦性的考量，與削弱美國的結盟效果或包圍有關。那些年，中國官員主要擔憂的是被鄰國包圍，以及相信「中國威脅論」的鄰國對中國有所提防；這樣的擔憂形塑了中國如何參與國際組織。

全球金融危機後，這種憂慮減少了，「周邊外交」的目標出現變化。胡錦濤在演說中一反以往，顯得出奇的自信。他強調，中國已減輕外部壓力，並且在區域擁有更大的謀略空間。他也表示，在全球金融危機發生後，「我國整體戰略環境進一步改善」，「我國對周邊事務的影響進一步擴大」。[5]中國不再那麼擔憂鄰國出現對抗心理，胡錦濤有關領土爭端的措辭就是很好的例子。胡錦濤在二〇〇六年中央外事工作會議的談話明顯較為溫和；相形之下，他在二〇〇九年的談話一反之前強調擱置衝突的態度，轉而表示：「要正確把握維權與維穩的關係，穩妥處理我國同周邊國家海洋權益、領土、跨界河流爭端……對有關國家侵害我國權益的行為進行堅決鬥爭，捍衛我國核心利益。」[6]這類說法過去曾出現在極少數談話中，但用語通常較為和緩。然而胡錦濤在二〇〇九年的談話進一步指出，中國必須在領土問題上「進行堅決鬥爭」。這種新的強勢路線顯示，中國以往多邊政策背後的基本推動力出現變化，此時中國想更積極的重新形塑亞洲區域。因此，中國的區域多邊主義也必須改變。

胡錦濤二〇〇九年的演說確認了這樣的轉變，並指出中國的外交在全球金融危機後需要調整，採取更強硬自信的作法。他表示，「外交工作要適應世界格局變化，全方位、多層次加以推進」，[7]「要做出調整，「必須積極開展多邊外交」。他又指出，中國「要積極參與多邊事務，充分利用多邊外交手段和多邊機制維護我國國家利益」。他認為多邊外交「空前活躍和重要」。[8]此外，特別是在周邊外交方面，胡錦濤認為多邊機構內部要大力加強「安全、經濟、人文等領域的務實合作」，「積極促進東亞區域合作」。[9]這些說法出現在改變中國外交戰略以回應全球金融危機的演說中，直接影響就是中國會在多邊外交上採取更多行動，這對中國在區域的目標至關重要。

胡錦濤發表這場談話後，與鄰國之間的「周邊外交」在中國大戰略中漸趨重要，成為創造「命運共同體」的其中一項工程（「命運共同體」已成為「建立以中國為首的秩序」的假借用語），而多邊機構在其中扮演了關鍵角色。二〇一一年，中國首次發布倡議「命運共同體」的白皮書。[10]兩年後的二〇一三年，中國外交部長王毅宣布，與鄰國的「周邊外交」是中國外交政策的「優先方向」，隨後習近平史無前例召開「周邊外交工作座談會」，這是中國自二〇〇六年以來首次召開如此大規模的外交政策會議，也是首次召開以周邊外交為主題的會議。在這次會議中，習近平將中國的外交直接連結到「中華民族偉大復興」的終極目標，並宣稱北京的目標是實現區域性的「命運共同體」，以顯示中國建立區域秩序是懷著莊嚴的抱負。次年，在二〇一四年中央外事工作會議上，習近平首度調整「外交總體布局」，將周邊外交的地位提升至比應對美國等大國還重要。

多邊機構是實現「命運共同體」的平台，而習近平在亞洲的區域性會議上持續不懈提升這個概念的重要性。若對中國當時正集中精力打造「命運共同體」仍有質疑，可參照二〇一七年發布的《中國的亞太安全合作政策》白皮書，內容明確指出：「中國領導人多次在不同場合闡述命運共同體理念。積極推動……亞洲命運共同體和亞太命運共同體建設。」[11]。這些文本都有力的顯示，建立區域秩序開始成為中國大戰略的主要重點，甚至是核心優先政策。在本章概述的亞投行和亞信的個案研究中，相關論述將更清楚呈現，中國在此時確實更加著重於形塑區域架構。

「建立」戰略

第四章已記述，中國對美國實力的評估在全球金融危機後大幅調整，也讓中國的區域戰略更著重影響周邊國家，不再只是保護自己避免受到周邊國家影響。在一九九〇年代和二〇〇〇年代初期，中國的「周邊外交」是以因應「中國威脅論」為主；現在的首要之務則是為區域秩序建立基礎，安撫鄰國不再是優先重點。

在中國擴大區域活動時，多邊機構將發揮重要作用，特別是在中國形塑區域架構的新的話語方面。多邊機構將讓中國得以奠定秩序的基礎（也就是強制、共識和正當性），這些訴求都反映在一些有關多邊機構的話語中。

上述三種控制型態在中國的話語中相互交織，包括胡錦濤二〇〇九年的演說、中國二〇一一年的白皮書和中共十八大的領導人談話等等。這些話語共同描繪出中國塑造亞洲區域安全和經濟多邊格局的新戰略輪廓。

在二〇〇九年駐外使節工作會議的演說中，胡錦濤倡議將區域經濟融入中國的經濟，「要著力推動深化亞洲區域合作，注意促進周邊區域、次區域合作同我國國內區域發展戰略對接」。[12]胡錦濤也在中共十八大強調這個理念，著重多邊和區域以及次區域倡議，同時更關注基礎設施：「（我們要）統籌雙邊、多邊、區域和次區域開放合作，加快實施自貿區戰略，推動同周邊國家（基礎設施）互聯互通。」[13]如此一來，亞投行這樣的機構將用來提供經濟公共財，而中國以可帶來好處的經濟夥伴之姿與較小的鄰國融合，就有了某種程度的正當性。在這些談話中，胡錦濤都強調「積極」參與多邊事務，也就是他所提醒的：中國現在已不僅要「韜光養晦」，還要「積極有所作為」。中國想藉由這些作為得到其他區域國家的依從。二〇一一年的白皮書指出，區域國家應該「對其他（亦即中國的）區域合作構想持開放態度」，也明確表示中國將在區域內「開闢更加廣闊的空間」。

習近平上任後領導的中國，對於利用多邊機構形塑亞洲的興趣更加顯著且明確，不過許多面向都依循前主席胡錦濤提出的形式。習近平任內許多重要政策，如接任亞信主席、創立亞投行，應該也都是胡錦濤任內制定的，展現了戰略的延續性。習近平有關區域事務的多數演說，包括二〇一三年在APEC、二〇一四年在周邊外交工作座談會、二〇一四年在中央外事工作會議、二〇一四年在亞信、二〇一五年在博鰲論壇、二〇一七年及二〇一九年在一帶一路論壇等等，都清楚表明中國渴望形塑亞洲的區域經濟和安全架構。對於建構秩序非常重要的「控制型態」（強制、共識、正當性）也出現在習近平關於多邊機制的論述中，且特別著重於互利交易和新的公共財。舉例來說，他在二〇一三年倡議成立亞投行的演說中，聲稱中國具有領導權，在二〇一四年就任亞信主席的演說中，則表明要提供經濟與安全公共財。他在倡議成立亞投行的演說中明確指出，「中國是亞太大家庭的一員，中國的發展離不開亞太，亞太的繁榮離不開中國。」[14]他還表示，中國經濟「造福亞洲」，對於亞洲的經濟增長有百分之五十的貢獻。中國二〇一七年發布的《亞太安全合作白皮書》也宣稱北京將提供公共財：「中國將承擔更多國際地區安全責任，為亞太地區乃至世界提供更多公共安全產品。」[15]第八章曾談過中國有關確保「一帶一路」倡議得以實施的說詞，也呼應了這樣的目的。

與此同時，中國也更積極的約束鄰國的安全夥伴關係。這一點在亞信表現得最為明顯，習近平在亞信宣稱亞洲必須「建立新的區域安全架構」，藉此反對與美國結盟。在這次和之後的亞信會議中，習近平提出了「共同、綜合、合作、可持續的亞洲安全觀」，其中「共同」和「合作」這兩個用語都連結到削弱美國結盟的作為。而中國自身的行為（包括懲罰南韓等部署美國飛彈防禦系統的國家）亦顯示，這些反對與美國結盟的規範，不時還會伴隨著雙邊懲罰。中國的智庫學者常清楚指出其中的關聯，而多邊組織提供了機會，能將這種關聯提升為區域性的規範。

上述在亞洲建立「命運共同體」的作為，有大約十年的時間一直是中國區域外交的主要焦點。接下來我們要探究中國建立「命運共同體」的兩個關鍵事例：創立亞投行，以及在亞信內部的積極活動。

亞洲基礎設施投資銀行（ＡＩＩＢ）

二〇一六年一月十六日，簡稱「亞投行」的亞洲基礎設施投資銀行（Asian Infrastructure Investment Bank，簡稱ＡＩＩＢ）宣布「開張營運」，滿頭華髮、熱愛英語文學的金立群當選首任行長。[16]金立群是經驗老到的財金官員，從二〇一三年習近平提出成立多邊開發銀行的構想，到二〇一六年開業營運，他一路照看著這間銀行曲折發展的成立過程。如今，這間由他協助成立的銀行也將由他領導。

金立群成長於教養良好但窮困的家庭，他對英語文學的熱愛在當時的中國並不常見。文化大革命期間，他被分配到農村勞動了十年，將微薄年薪的四分之三和每天種地後所剩無幾的時間，都投入在持續鑽研英語文學。[17]他後來曾說，「我那時有一台破舊的雷明頓（Remington）打字機和一本韋氏（Webster）字典」，還有一台他總是用來收聽英國廣播公司（ＢＢＣ）頻道的收音機，這讓他的英語帶有一絲「一九七〇年代的ＢＢＣ標準口音」。[18]文革結束後，二十九歲的他憑藉自學考上北京外國語學院研究生，成績出色，校方還願意聘請他留校任教。金立群憶述，「我夢寐以求的學術生涯正要開始」，但情況有了變化。中國在那年加入了世界銀行，在華府新成立的辦公室需要會說英語的職員，許多人鼓勵金立群前往，於是他轉換跑道，投身金融業。在世銀工作十餘年後，他又成為亞洲開發銀行（Asian Development Bank，簡稱「亞銀」）首位中國籍副行長，他在多邊金融領域累積的履歷和人脈，中國官員無人能出其右。當中國決定創立自家主導的開發銀行時，金立群自然是很合理的行長人選。

金立群與他協助創建的亞投行有頗多相似之處。兩者都是表面上很國際化；金立群的書架上有不少莎士比亞和福克納的著作，亞投行的成員國則不乏美國的盟友和合作夥伴。兩者也都受到西方影響，金立群優雅駕馭國際間的商業規範，亞投行則號稱符合國際規則與架構。儘管如此，其實兩者仍然都牢牢根植於中國。

金立群以身為中共黨員自豪。他曾在受訪時表示，雖然他生於中共建政前兩個月，但老家江蘇省當時已在中共控制之中。他急切表示：「我是在紅旗之下出生的。」[20] 對於美國一直維持全球領導地位，他不時會公開提出質疑。在近年一篇談中國崛起與美國秩序的文章中，他寫道：「歷史上從來沒有一個帝國能永遠統治世界的先例。」[21] 儘管金立群領導的亞投行以國際化形象包裝，但在他眼中，這家由中國創立、中國是最大股東也是主要的政治靠山、總部也位於中國的銀行並不那麼國際化。他曾明白表示：「我希望繼任的行長也是中國人」。[22]

中國創立亞投行，與之前反對東協、東協區域論壇，甚至上海合作組織制度化的立場（本書第一部曾探討）明顯相悖，這件事「標誌著中國開始成為制度創立者」，也標誌著中國的大戰略從在區域中「削弱」轉向在區域中「建立」。[23] 然而，金立群雖然實踐了這樣的戰略轉向，但引發戰略轉向的並不是他，而是更高層的決策。

中國決定創立亞投行，動機源自二〇〇八年全球金融危機。從中國最初推動亞投行的方式可見，它要的是一個自己可以單獨主導的工具，用於推動自己的政治目標和剛啟動的一帶一路倡議。在一段時間之後，中國與亞投行成員國達成了一項交易：中國將一部分政治控制權和發言權讓給某些成員國；這些成員國則加入一帶一路倡議，讓中國的強權與領導地位正當化。

亞投行與其他強權國家創立的多邊開發銀行一樣，是要幫助這些大國達成建構秩序的目標。亞投行可以（一）強化中國的強制力；（二）藉由提供公共財與協商交易，奠定達成共識的基基礎；（三）讓中國的強權正當化。

其他解釋

中國為何要創立亞投行？有些意見認為，亞投行的成立是要幫中國輸出過剩產能，藉由向外國政府提供基礎建設計劃的資金，讓這些計劃僱用中國的企業與工人。但中國的過剩產能遠超過亞投行的融資能力，單是鋼鐵業每年的過剩產能就高達約六百億美元，是亞投行一年可能想放貸金額的三倍。[24] 行長金立群也不諱言，「以中國經濟的規模」，亞投行吸收不了中國的過剩產能。[25]

另有意見認為，中國決定成立亞投行是真心誠意想解決亞洲各國基礎設施落差。然而，即使亞投行雄心萬丈的計劃每年放貸一百億至兩百億美元，以亞銀估計每年需八千億美元才能支應亞洲興建基礎設施來看，亞投行的放貸計劃仍是杯水車薪。[26]亞投行的規模不如早已存在的世銀和亞銀，而中國也已有自己的開發銀行可用，也就是國家開發銀行和中國進出口銀行。這兩家銀行的規模遠大於世銀，向開發中國家放貸的金額在某些年份也高於世銀，而且不會「限制中國的操控自由」，因為放貸時不必受到「多邊機構會有的正式管理規定和外部監督」。[27]由此產生一個謎題：為什麼中國選擇創立一個可能限制自己操控自由的機構？這個機構的作用又是什麼？

這個謎題的答案，與許多國家最初創立多邊開發銀行的根本原因有關。經濟學家丹尼．羅德里克（Dani Rodrik）認為，在這個雙邊援助與完善的國際資本市場皆已存在的世界裡，多邊開發銀行應該是沒有必要的。他認為，多邊開發銀行存在的理由，是要藉由它們的放款承諾發出投資環境良好的信號，這個信號與放款本身，要與特定國家的政治利益分開。[28]但經濟學家克里斯多福．基爾比（Christopher Kilby）指出，這樣的功能只要一家銀行就能提供服務，為什麼世界上有這麼多相互重疊的區域多邊開發銀行？[29]原因不在於經濟，而是與強權大國的政治利益有部分關聯。這種政治上的因果，解釋了中國為何要創立亞投行。

強權國家會利用多邊開發銀行來建構秩序。這些多邊開發銀行的創始國會放棄部分控制權，吸引較小的國家加入，透過這些較小國家讓自己的強權及新成立的多邊開發銀行具備正當性，藉此實現政治上的意圖。例如，美國在冷戰期間創立美洲開發銀行（Inter-American Development Bank，簡稱ＩＡＤＢ），用於遏制共產主義蔓延，以威脅停止供應資金等手段控制該銀行，並確保該銀行在一般情況下不向共產主義國家放貸[30]。同樣的，日本也「對亞銀的資金分配具有系統性影響」；一項研究發現，日本曾在為取得聯合國安理會席位進行遊說時，向或許有能力支持它的亞洲國家提高放貸金額。[31]

從更廣泛的角度來看，這些銀行藉由放款條件和釋放信號來制定區域秩序的規範與準則；而銀行報告、指數、召集會議的權力、是否放貸等等，也通常與人權、政府透明度、原住民權利、環境考量、國有企業的角色，以及許多其他屬於基礎政治的問題相互交織。

其實，中國此前就曾反對將人權和其他自由主義的價值觀納入世銀的報告和放款考量中。中國創立亞投行是想藉此建構秩序，也想藉此獲取發展收益，從歷史的角度觀之應不足為奇。

建立

中國尋求創設亞投行（一）始於全球金融危機之後；（二）罕見的耗費心力促進亞投行制度化；（三）有益中國建構秩序。接下來我們要探討這三大重點。

全球金融危機後的機遇

中國對創立亞投行的興趣是從二〇〇八年全球金融危機開始浮現，之後在二〇〇九年的博鰲論壇上首度提議成立亞投行。北京提出新的重大倡議時，經常在這個由中國成立的論壇試水溫，例如二〇〇三年提出的「中國和平崛起」。中國高層智庫「中國國際經濟交流中心」（簡稱「國經中心」）在二〇〇九年博鰲論壇提議成立「亞洲基礎設施投資銀行」和「亞洲農業投資銀行」。[32]這是頗具官方權威性的提案：國經中心與中共領導高層有密切關聯，其辦公室距離中共中央機關所在的中南海「只有幾百公尺」，且由國務院前副總理曾培炎領軍。[33]國經中心是中國國務院在全球金融危機後特地成立，成立後的首要重大任務是研究應對金融危機的政策，還召開了一次以金融危機為主題的大型會議，甚至連國務院總理溫家寶和常務副總理李克強都先後出席。當時的董事會成員都是具外交政策背景的有頭有臉人物，包括前外交部長唐家璇和中共中央外事辦公室前主任劉華秋。除此之外，國經中心的亞投行提案很可能與中共中央政策研究室的工作有關，在二〇〇九年博鰲論壇提議成立亞投行的國經中心官員鄭新立，數月前還坐在中央政策研究室副主任的位子上。[34]中央政策研究室是具有高度官方權威的機構，中共大部分指導性意識形態與長期政策，它都是幕後推手，亞投行的構想很可能也源自於它，這顯示亞投行在中共的戰略規劃中具有核心地位。總之，國經中心這個在全球金融危機後為提供政策調整建議而創立、又與達官顯要頗有往來的智庫，派出一位不久前仍擔任中共中央政策研究室副主任的高官，在一個經常用來為中國重大構想試水溫的中國論壇上提議要成立亞投行，這一切強烈顯示中國領導層在全球金融危機後不久，就考慮成立一家中國領導的開發銀行。

在博鰲論壇提議成立亞投行後，鄭新立等國經中心的官員持續呈交亞投行相關報告給領導高層；儘管如此，亞投行仍耗時多年才成立。其中部分原因，依鄭新立的說法是「我認為頭幾年的情況條件還不成熟。」他說，一直到中共十八大，才終於「條件成熟了，習主席也在十八大作出了決定」。[35]鄭新立也澄清，領導高層要成立亞投行的理由分為三個層次：（一）亞洲需要的基礎設施建設資金，世銀或亞銀無法滿足；（二）中國必須為外匯儲備找到用處；（三）亞投行可提供中國機會，透過對基礎建設計劃的經濟支持，將鄰國的經濟與中國連結，藉此發展與鄰國的關係。習近平二〇一三年出訪印尼時宣布要成立亞投行，讓東道主訝異不已，鄭新立正是這次出訪的隨行人員之一。[36]由於鄭新立對亞投行成立頗有貢獻，官媒將他譽為「亞投行之父」。[37]亞投行迅速成為中國政府跨部門共同努力的重點。金立群就指出：「中國政府機構、財政部長、外交部長、中央銀行等，都參與了這家新銀行的概念形成」，並構思「這家新銀行的架構」。[38]

與亞投行有密切關係的其他人士，也將它的成立與全球金融危機連結。金立群曾撰文探討布列敦森林制度（Bretton Woods system）的未來*，他在文中以強烈措辭指出，亞投行起源於全球金融危機後美國被認為已衰落。他指出，「打從一開始，布列敦森林制度的功能和永續性就取決於美國的實力」，但此時美國改革及維持這個制度的能力降低，並且「在陷入國內政治泥淖的同時，可能喪失在國際間的重要性」。[39]他在文章結論中，對美國的衰落有篇幅頗長的思索。

---

* 譯註：二戰結束後所形成以美元為中心的國際貨幣匯率制度。

自從愛德華．吉朋（Edward Gibbon）的巨著《羅馬帝國衰亡史》問世之後，「衰亡」一詞就被用於形容歷史上已消逝帝國的傳奇故事，也被任意應用於近代歷史上往昔光熱已不復見的國家。大國的「衰落」似乎是一種過程，但「滅亡」不是必然的結局。在某些情況下，一個國家不會直接衰落或滅亡，只會出現國與國之間權力平衡不斷變化的結果。新的強權國家可能會輕推那些大國，藉此暗示自己需要更多伸展空間……那些偏好保持現狀的人，也許應該細思電影《浩氣蓋山河》（The Leopard）裡一句發人深省的名言（是電影中一名貴族在社會變革的浪潮湧現時所說）：「只要我們希望事態保持現狀，事態就非變不可。」[40]

金立群這段文字，將中國推動建立強權連結到美國被認為已走向衰落。中國領導高層也特別突顯這股推動力，將亞投行的創立連結到中國自信漸增、充滿雄心想取得領導地位、提供公共財等等。習近平在亞投行開幕致辭中宣稱：「創立亞投行是建設性的舉動」，目的是要「讓中國能承擔更多國際義務」，「提供更多國際公共產品」。[41]他還宣稱「歡迎各國搭乘中國發展的便車」。亞投行行長金立群也同樣表示，「現在的中國更加發達了，有能力為亞洲其他發展中國家提供金融資源。現在輪到我們為其他亞洲國家做點事……輪到我們做出貢獻了」。[42]「亞投行之父」鄭新立更宣稱，成立亞投行是為了讓周邊國家受惠，並且將周邊國家的經濟與中國的經濟聯繫在一起：「中國作為亞洲的大國，必須幫助鄰近國家，讓它們能搭上中國發展的列車。一旦基礎建設的根基打好了，我們就能開始與他們交流，能將這些國家的資源優勢轉為經濟優勢，並且滿足我們對自然資源和農產品上的需求」。[43]這些談話整體顯示亞投行被視為提供公共財的機構，將周邊國家的經濟與中國的經濟引擎相連結，如此有助於打造區域秩序。雪梨理工大學政治學者陳麗霞（Lai-Ha Chan）做出結論：「簡言之，中國成立亞投行是為了實踐打造區域秩序的大戰略。」[44]

支持完善制度化

從中國為促進亞投行制度化而進行的談判，也能洞察它在制度上的偏好。亞投行作為一家開發銀行，是制度最完善的中國主導機構之一，具備秘書處、章程、專屬職員、定期會議、成員國義務和監測條款。

但中國二〇一四年首次提出要創立亞投行時，設想的似乎是一間由中國主導的經濟治國工具，而不是一間秉持高標準的開發銀行。在制度層面，中國最初希望亞投行：（一）限縮成員國範圍，排除區域外國家；（二）讓持有半數股份的中國握有否決權；（三）銀行職員掌握大權，外部監督力道薄弱；（四）肩負推進一帶一路倡議的使命。中國希望這家銀行由中國主導，且幾乎不限制北京利用它遂行政治目的。西方和亞洲多國則相反，希望亞投行是「以商業為導向，以規則為基礎實施放貸，運作透明化，經由環境與社會保障來維持現有最佳作法」。[45]這兩種動力之間的拉扯，形塑了亞投行在下列四個主要領域的制度化：成員資格、否決權、職員編制、機構使命。結果顯示，中國在制度化的協商過程中做了讓步，其他國家則認可了中國權力的正當性。

首先，在成員資格方面，中國最初以為想加入亞投行的國家不多，打算自己掌握主導地位。亞投行行長金立群談及此事時，曾間接引述習近平的指導意見：「即使最後只有一個國家加入、只有中國單獨管理這個機構，我們照樣會進行（亞投行的創立）。」[46]中國二〇一三年十月剛開始招募亞投行成員國時是排除對手國家的，應該是擔心這些國家能左右成立過程，使其對中國不利。在亞投行展開籌備七個月後，日本與印度政府坦言，中國根本未曾就亞投行與他們接觸，遑論邀請他們加入。印度財政部長直言：「中國尚未與我們談論過亞投行。我所知道的都只是報紙上讀到的。」[47]有關亞投行的首輪多邊討論，是在二〇一四年五月於哈薩克召開的亞銀會議場邊進行，當時北京邀請了多個亞洲國家，但「印度、日本和美國均未獲接觸」。[48]

亞投行創始成員國在二〇一四年十月簽署諒解備忘錄（MOU），啟動了亞投行的制度化；中國針對這份諒解備忘錄進行談判時，也排除區域外國家參與。當時中國財政部長樓繼偉宣稱，中國遵循「域內國家優先於域外國家」的「原則」。[49]中國最初未邀印度參與亞投行，二〇一四年三月舉行亞投行首次籌備會議時也將印度排除在外，不過之後改弦易轍，於二〇一四年七月邀請印度加入。[50]

三個月後，有二十一個亞洲國家參與首次諒解備忘錄簽署儀式。[51]一段時間過後，中國仍不歡迎區域外國家加入亞投行；樓繼偉在全國人大會議中舉行的記者會宣稱，亞投行「先向區域內開放，暫時先不考慮區域外國家的參加要求」。[52]不過亞投行看到區域外國家參與的好處後，也逐漸改變路線，在英國二〇一五年三月加入之後，其他區域外國家也紛紛加入。[53]

在制度化的第二個層面上，中國努力在亞投行維持影響力龐大的否決權。中國一開始推動成立亞投行時，提出的資本規模是五百億美元，其中絕大多數資金來自中國，因此中國擁有否決權也讓外界難以置喙。亞投行的確也尋求外國資金，但對金立群來說，外國資金並非不可或缺，因為「即使最壞的情況發生，我們仍有巨大的中國市場」可供開拓融資管道。[54]由於亞洲成員國對於中國主導亞投行資金又不願讓出投票股權頗有微詞，因此中國在二〇一四年六月將亞投行的法定資本自五百億美元倍增至一千億美元，還表示將出資五成，並取得半數投票權。[55]

隨著更多國家表示有興趣加入亞投行，中國降低了自己的股本和投票權占比，二〇一五年三月宣布不爭取正式否決權，亞投行也將依共識運作。[56]但中國最後又回過頭來尋求非正式否決權，取得百分之二十六點零六的投票權，足以擋下需要四分之三多數同意的決策。這樣的出爾反爾發生在亞投行成員擴大之後，一名中國社會科學院前研究員指出，「這反映了中國內部擔憂若未享有否決權，銀行控制權將落入西方國家手中」。[57]為了維持自己的影響力，中國將區域外成員國的投票權的上限定為總投票權的百分之二十五；其餘百分之七十五由亞洲國家持有，而中國當然是居主導地位的亞洲經濟體。中國在亞投行的投票權（百分之二十六）超過美國在世銀的投票權占比（百分之十五點零二），也超過日本在亞銀的投票權占比（百分之十二點八四）；亞投行的第一大和第二大投票權占比（中國百分之二十六、印度百分之八）與持股占比（中國百分之三十一、印度百分之九），在所有多邊開發銀行中是差距最大的。[58]此外，由於太多決策必須取得四分之三多數才能通過，中國的非正式否決權比「其他多邊開發銀行大股東的權力」更大。[59]根據二〇一五年的協議條款，中國的否決權實際上可控制亞投行的任何資本變動，以及成員國的認購資本，還有董事會、行長及協議條款的一切變動，甚至涵蓋其他更普通的事項。[60]說到底，中國在亞投行的地位是安全無虞的。北京外國語大學法學院教授顧賓就說，若有國家「錯過成為創始成員的機會」，現在才加入亞投行，就不太可能產生重大影響力，「因為只有少量未認購股份可供新成員認購」。[61]中國還可以否決任何會危及其否決權的決策（例如為亞投行增資）；即使它以些微差距失去否決權，仍有盟友國家會站在它這邊投票。

制度化的第三個主要領域是亞投行的職員編制和監督機制。大多數跨國開發銀行都有一個常駐董事會，對政治操縱進行監督與制衡。[62]然而，中國最初拒絕成立常駐董事會，提議以定位模糊的「技術小組」來填補這個角色；直到後續有新成員國加入，中國才妥協並同意成立一個無給職的十二人非常駐董事會。[63]其實，各銀行即使有常駐董事會，通常也能保留相當大的自主決定權，只要拖延處理股東提出的倡議或暗中削減董事會的指示效力即可。[64]中國則決定成立一個權力較弱、無給薪、非常駐的董事會，顯示亞投行的決策反映的是行長與高階管理層的偏好，而這些高階官員的人選大致也都是由中國決定。與其他多邊開發銀行很不一樣的是，亞投行的融資操作政策顯示，它的非常駐董事會會直接將權力授予行長——這與其他銀行的運作模式大不相同。[65]

第四，中國成立亞投行的初衷，是要用作支持中國一帶一路倡議的工具。亞投行簽署諒解備忘錄一個月後，習近平在受訪時表示：「中國發起並與部分國家共同創建亞投行，是要為『一帶一路』沿線國家基礎建設的發展提供財務上的支持，並促進經濟合作。」[66]

中共中央領導小組的幾次會議聲明都放大了這樣的思維，內容稱亞投行的「主要任務」是為一帶一路提供資金；全國人大會議的聲明更解釋亞投行是「為了更好地支持『一帶一路』的建設」而創立。[67]直到二〇一六年中，在歐亞國家齊聲批評後，北京才終於正式拉開一帶一路倡議和亞投行之間的距離。金立群在一次與商界領袖的會面中宣稱，亞投行「將為所有新興市場經濟體的基礎建設計劃提供融資，即使是不屬於『一帶一路』的經濟體」亦然。[68]然而，亞投行二〇一六年支持的十三項基建計劃，仍全部屬於一帶一路。中國社會科學院一名前研究員就說：「在推進亞投行的創立和『一帶一路』的過程中，中國的決策者似乎沒有預料到會面臨兩者必須在一定程度上保持距離的局面……為此宣稱『亞投行不是只為一帶一路而存在』，是明智之舉。」[69]

總而言之，中國是支持亞投行制度化的。比起中國過去參與APEC和東盟區域論壇時處處阻撓，亞投行的規則與決策過程清楚得多，因為中國已準備要主導建立區域秩序。中國最初是計劃利用亞投行更有效的追求自家利益；但在亞投行成立時，它已做出妥協，以解決成員國憂心亞投行成為中國工具的問題；這個問題一解決，反讓北京的領導地位正當化。習近平主席在亞投行開業時的致詞就說，中國希望亞投行「在治理結構、業務政策、保障和採購政策、人力資源管理等方面都體現出國際性、規範性、高標準」。[70]亞投行在中國妥協後成立，其令人側目之處在於中國如何「成功滿足了成員國在憂心之下做出的要求，卻仍握有對亞投行的主要控制權」。[71]亞投行的總部設在中國；中國是最大出資國；中國握有對所有決策的否決權；非常駐董事會只有微弱的制衡權力；職員大部分是中國公民，行長還曾經擔任中國財政部副部長。[72]

建立秩序

亞投行對中國建立秩序的戰略有幾種助益：（一）為中國提供約束鄰國的強制力；（二）幫助中國制定規則並達成共識交易；（三）為中國提供正當性。

第一種助益是，亞投行將中國的強制力加以制度化，在中國行使強制力時提供掩護，降低中國單邊行使這些強制力時會產生的摩擦。中國對亞投行的成員資格、否決權、銀行職員人選等握有控制權，職員與行長在放貸時也握有相對自主權，這些都為中國在經濟治國方略的運用上創造了更多可能。如果亞投行採用某種形式的放款條件，無論是明示或暗示性的加入符合中國自己在政治或經濟上偏好的條件，都會箝制亞洲開發中國家的自主性，也讓這些國家為了取得資本，更可能在外交政策上與中國靠得更緊密。

部分中國官員和學者確實曾私下暗示，那些與中國有爭議的國家不太可能取得亞投行的資金。[73]另有學者觀察到，「經濟上依賴中國、安全上依賴美國」這兩者之間已漸趨對立，難以並存，而中國可利用經濟誘因來擴大自己的謀略空間。[74]

中國過去就曾在多邊組織中對他國施加影響力。例如它拒絕批准亞銀在印度的多邊發展計劃，因為部分資金將用於中國宣稱擁有大部分領土的阿魯納查邦（Arunachal Pradesh）。[75]亞投行也讓中國有機會將中國主導秩序中的重要角色賦予其他國家。亞投行副行長由哪些國家雀屏中選，就已咸認與中國的政治利益有關。

南韓因為很早就支持亞投行，曾獲承諾可取得一席亞投行副行長的職位，但最後這個位子卻落入法國手中，相關決定與南韓部署美國的飛彈防禦系統有關。[76]中國也曾私下向澳洲提議，只要在二〇一四年十月加入首批成員國簽署諒解備忘錄，就能取得亞投行的高層官員職位，但澳洲有所遲疑，中國認為澳洲是受到美國和日本的壓力，因此撤回提議。[77]即使中國未如此利用亞投行，這間銀行仍能協助建立經濟流動，將亞洲鄰國的經濟與中國經濟綑綁，未來可產生強制力。曾任外交官的中國復旦大學教授任曉在探究中國這些動機的文章中寫道，「地緣經濟和地緣政治一直在共同作用」，「宣稱中國只單純抱持利他主義，並非事實」。他指出，中國相信藉由亞投行可以「得到朋友，也能得到在區域的影響力」，並且「讓附近國家無論是作為中國製造商的供應者，或是作為中國商品的消費者都更具吸引力」。[78]。亞投行產生的規則與制定標準的權力，可以影響亞洲經濟體的命運。澳洲官員就擔心亞投行擬定的方針似乎未提及燃煤技術；而基礎建設計劃的利潤豐厚，中國針對可參與的廠商訂下條件規範，也藉此掌握了對鄰國的約束力。[79]就如同日本和美國會利用開發銀行來推進政治上的目標，中國也可以這麼做。

第二，亞投行不僅為中國的強制力提供基礎，也為中國打造有共識的秩序提供基礎。前文曾提及，中國高層領導人多次宣稱亞投行是中國提供公共財的作為之一；例如外交部長王毅二〇一六年三月就曾向記者表示，亞投行「表明中國正在從國際體系的參與者快速轉向公共產品的提供者」，中國在區域的努力「奉行的不是門羅主義，更不是擴張主義，而是開放主義」，而亞投行與一帶一路倡議顯示，「中國有信心走出一條與傳統大國不同的強國之路。不同（之處）在……不搞恃強凌弱」。[80]習近平是在印尼宣布要成立亞投行，並強調北京「會優先考慮東協國家的需要」。[81]在中國官員的公開演說中，經常將亞投行描繪成更能讓其他國家從中國崛起受益的管道，一帶一路倡議就是其中一種形式。此外，亞投行也提供了形塑亞洲秩序內涵的機會。第三種助益是，亞投行為中國帶來了正當性。第五章曾說明，亞洲的秩序建構由誰領導，對中國而言一直是敏感問題。以往美國想藉由ＡＰＥＣ取得領導權、日本想藉由東協取得領導權，都遭到中國從中作梗。[82]

中國創立亞投行，就是要爭取打造秩序的領導地位，讓成員國在亞投行內部享有某些政治影響力，反能讓這些國家認可由中國領導的正當性。對中國領導地位的重視是一大關鍵。金立群曾說：「世界和亞洲缺的不是（基礎建設的）資金，而是動機和領導」，這一點，中國可以透過亞投行提供。與中國政府有關聯的中國國際研究基金會（China Foundation for International Studies）一名學者就認為，「亞銀主要由日本領導，世銀主要由美國領導，於是亞投行主要由中國領導。」[83]任曉也認為，亞投行標誌著中國「推動成立一個要由它自己主導的區域性組織」。[84]與中國以往的努力對比，這回中國沒有選擇和其他國家合作，沒有讓亞投行從東協加三或任何其他制度化論壇衍生出來。為了提升亞投行的地位，中國官員還不時嚴詞批評其他機構；財長樓繼偉就曾指亞銀「目前的量能的確不足」，而中國有優越經驗，中國國內的「國家開發銀行一直在做商業貸款，業務規模遠大於亞銀和世銀的總和——而且是在不到二十年內發生」。[85]樓繼偉還批評亞銀過於官僚主義。[86]金立群則稱亞銀的治理體系是「災難」。[87]中國官員也對世銀有類似的批評。

亞投行與其他多邊開發銀行一樣，也幫助創始國將自己支持的規範和準則正當化。例如世銀和國際貨幣基金（IMF）讓美國得以推動符合其利益的經濟規範，世銀的經商環境指數（Ease of Doing Business indicator）甚至重塑了開發中國家的政策和國內政治。北大學者王緝思就明白表示，亞投行的創立，是要確保全球經濟治理更符合中國而非西方的準則與價值觀。[88]當時已預計將擔任行長的金立群在博鰲論壇介紹亞投行時，也讚許中國的發展經驗，並稱亞投行將可協助他國效法：「中國的發展方法是合乎邏輯的。中國的經驗可以移植到任何其他國家。中國能做到，其他國家沒有理由做不到。」[89]其他官員如樓繼偉則對於要以西方作為榜樣提出批評：「我多次表示過，我不認可最佳實踐，誰是最佳？……我們要考慮他們（開發中國家）的訴求。西方提出的規則，有些我們認為並不是最佳……我們不認為現存制度都是最佳的。」[90]中國認為在決定是否放款時不必重視政治、人權相關議題及良好治理標準，而亞投行的成長發展勢將推波助瀾，使這種觀點成為準則。如此一來，支撐西方大部分政治權力與影響力、同時對中國政權穩定構成威脅的自由主義價值觀，其正當性就可能遭到亞投行逐漸削除。

亞洲相互協作與信任措施會議（CICA）

亞信會議的創建構想是在一九九二年提出，一九九九年舉行首次主要會議，二〇〇二年起每四年舉行一次領導人層級的會議。該組織最初由哈薩克領導多年，二〇一〇年土耳其接任輪值主席國，幾乎沒有知名度，與其他組織也幾無關聯，強權國家對它也沒什麼興趣，組織的制度化緩慢且基本上相當空洞。二〇一四年，這一切起了變化。中國接手領導亞信會議，並迅速著手提升它的地位，要將它當成創建或討論亞洲新安全架構的工具。不過中國對亞信會議大舉投入心力頗令人費解。

其他解釋

中國決定領導亞信會議，頗令外界困惑，因為這個原本沒沒無聞的組織並沒有具體目標，也缺乏重要能力。亞信會議名義上是要倡議建立軍事與政治上的信心建立措施（CBMs，中國譯為「信任措施」）；探討應對恐怖主義；並討論經濟、環境、人道等議題。[91]然而在實際作為上，這些信心建立措施只是無牙老虎，徒有行動計劃而無行動作為，只要求各國基於自願來決定是否遵循；而且其中大多行動都毫無新意，如相互進行軍事訪問、軍人履歷交換、貿易或移民的規章制度協調、資訊交流等等。[92]亞信會議的組織制度化程度極低，它承認秘書處大致上只有後勤作用：僅提供「開會與其他活動的行政、組織與技術支援」，且缺乏監測機制；關於實施信心建立措施的相關資訊，也只要求成員國自願提供。[93]由於這種種弱點，亞信會議相較於其他組織，整體而言未能履行它名義上的職能。

儘管亞信會議著重於建立信心建立措施，但與東協和東協區域論壇不同的是，它直到二〇一四年之前，都未提出任何有關預防性外交或衝突防範的確定議程。此外，從冷戰期間的歐洲到後來的上海合作組織成員國，所制定的信心建立措施都嚴格限制軍事人員的活動和部署，但亞信會議從未制定出達到這種約束程度的措施。它不時宣稱重視反恐，卻又欠缺與上合組織相似的協調能力來因應恐怖主義問題。亞信會議充其量只是紙上談兵，甚至連紙上談兵也很難辦到：它每四年舉行一次領導人峰會，而APEC、上合組織每年都會舉辦此類會議。所以，中國為何要投入並試圖領導亞信會議？

建立

儘管面臨上述挑戰，中國仍決定對亞信組織投入心力，不是因為看好該組織現有的能力，而是看準它未來的潛力。中國將亞信組織視為建立泛亞洲安全框架的範本。所謂泛亞洲安全框架是以中國的影響力為主要特徵，而且是存在於美國主導的結盟體系及東協主導的東南亞多邊論壇組織之外。

全球金融危機後的機遇

中國長期參與亞信會議，但在全球金融危機後，它開始利用亞信會議來推動自己想望的亞洲安全架構——一個針對美國設計的安全架構。本章開頭的介紹曾指出，這個進程始於亞信會議在二〇一〇年召開全球金融危機後首次峰會的前夕。當時中國與俄羅斯剛簽署「關於加強亞太地區安全的俄中聯合倡議」（Joint Russian-Chinese Initiative on Strengthening Security in the Asia Pacific Region），在亞信會議二〇一〇年的峰會和之後的特別工作組會議上，中俄兩國都推動通過這項倡議，作為「未來區域架構」的基礎。以英語寫成的中俄聯合倡議準備文件與簡報資料檔案（應該是由中方而非俄方準備的，因為文中的引號使用中式符號）披露，這份倡議是針對美國及其盟友，並直接連結到因全球金融危機而產生的政治新形勢。[94]其中一份文件開頭就說：「全球金融與經濟危機加速了一連串趨勢……改變全球政治與經濟的權力平衡，引發整個國際關係體系發生深刻變革。」文件續指：「全球金融危機突顯了……新的經濟強權和政治影響力中心正在崛起，政治活動的重心也同樣在向亞太地區轉移。」「在全球轉變的衝擊之下，亞太地區展開了重塑區域架構的進程。」[95]文件接著批評以美國為基礎的區域架構：

> 目前亞太地區的安全架構是以不透明的軍事結盟為基礎，越來越明顯的是，它已不符合當前多極世界的實際情況，也不符合亞太地區面臨的多重威脅與挑戰的性質和規模。亞太地區仍缺乏能保障此一廣袤地區和平穩定且組織完善的機構體系。這些因素突顯了詳細制定更多措施以加強亞太地區安全的急迫性。[96]

這份文件主張，「未來的區域架構應該是開放、透明而平等的」，「應該基於非集團（non-bloc）原則」，而非採取美國的作法。文件指出，這「正是俄中兩國領導人」於「去年九月在北京舉行的俄中峰會期間」達成的共識。[97]簡言之，在全球金融危機之後，將亞洲區域架構改造為以反對美國結盟的中俄區域架構為基礎，時機已然成熟，而亞信會議正是建立此一架構的工具。

中國外交官在亞信會議發表的高階演說，突顯了中國推動改變亞洲安全架構與全球金融危機有關。二〇一〇年，中國國務委員戴秉國主張，亞信論壇成員國應「著眼於後金融危機時期，增進信任與協作，鍥而不捨地追求」亞洲的新安全架構。[98]全球金融危機後，世界的確進入了新的時代，因為這場危機改變了一切。戴秉國認為，這場危機揭示「多極化趨勢從來沒有像今天這樣清晰」，「國際關係民主化」的呼聲從未如此強烈。他宣稱，「世界事務由一兩個或幾個國家決定的時代已經過去」。在後金融危機時代，亞信會議將成為一個工具，「充分利用亞信論壇等地區多邊交流合作機制，是營造良好地區環境的重要途徑」。[99]在二〇一二年的亞信大型會議上，中國外交部副部長程國平延續這個論點的思路，提出一個新的標誌性概念，宣稱各國之間的相互依賴產生了「命運共同體」。程國平比戴秉國更進一步提出一條路徑，以先前提出的中俄區域安全架構為基礎繼續推進，還表示這個架構應該適用於所有亞洲國家的行為。[100]兩年後，習近平在二〇一四年亞信峰會上提及中俄倡議，稱它「為鞏固和維護亞太地區和平穩定發揮重要作用」。[101]

中國在場邊只能做這麼多，要推廣這些觀點，它必須對亞信會議取得一定程度的控制權。亞信會議成立以來，大部分時間都由哈薩克領導，之後由土耳其接手領導四年（二〇一〇—二〇一四年），儘管曾討論輪值主席國的計劃，但直到當時還未確定輪值順序。中國最後當上亞信會議主席國，是經過積極運作的，而且至少二〇一二年就已展開運作。中國首度公開提到爭取亞信會議主席，是在二〇一二年的亞信峰會上。當時擔任外交部副部長的程國平不僅提議建立新的區域架構，在同一場演說中也宣稱「我們已申請擔任二〇一四至一六年的亞信主席國」，還請求「其他會員國的支持」。[102]儘管如此，但二〇一二年的峰會聯合聲明並未提及關於中國擔任主席國的任何共識。

二〇一三年，習近平訪問阿斯塔納會晤哈薩克總統納札爾巴耶夫，中國爭取亞信會議主席的行動在此時獲得龐大助力。中國外交部有關中哈兩國領導人私下談話的新聞稿稱，雙方一直在討論亞信會議，「哈方支持中方擔任二〇一四年至二〇一六年亞信輪值主席國，支持中方舉辦二〇一四年亞信峰會」。[103]兩國政府還發表聯合聲明，正式宣告哈薩克力挺中方擔任亞信會議主席國；聲明也支持亞信會議制度化，宣布「雙方將繼續發展並強化亞信會議的進程」。[104]聲明一發布，中國基本上就取得了任期兩年的亞信會議領導權，並在第一個任期進行約一半時，又成功將任期延長至二〇一八年——雖然亞信會議以往曾宣布主席國只能做一任，為期兩年。[105]

支持完善制度化

中國一取得亞信會議的領導地位，就開始熱切推動它的制度化。程國平在二〇一二年亞信會議成立二十周年就說，「中方支持亞信（從原本組織鬆散的論壇）發展成為正式國際組織」。[106]懷著這樣的雄心壯志，習近平在二〇一四年的亞信峰會發表演說時，就針對亞信會議的未來提出寬闊的願景：「中方建議，推動亞信成為覆蓋全亞洲的安全對話合作平台，並在此基礎上探討建立地區安全合作新架構。」[107]為達此目標，中國採取三大主要途徑積極增進亞信的制度化——與它在ＡＰＥＣ和東協區域論壇極力反對制度化的立場大相逕庭。

首先，亞信會議自二〇〇二年成立以來，僅每兩年舉行一次峰會或部長級會議，期間另舉行特別工作組或高層官員會議，制度化程度遠不及年年舉行領袖峰會的東亞區域論壇、ＡＰＥＣ或東亞峰會。為此，習近平主張增加定期召開的高階會議：「中方認為，可以考慮根據形勢發展需要，適當增加亞信外長會乃至峰會頻率，以加強對亞信的政治引領，規劃好亞信發展藍圖」。[108]中國在這方面取得少許進展，成功推動了二〇一七年額外召開的部長級會議，並鼓勵亞信成員國在聯合國大會期間舉行場邊會議。[109]上海國際問題研究院撰寫的「亞信智庫論壇」官方文件還提出更宏大的計劃，包括定期舉行國防部長與公安部長會議等等。[110]這些措施將讓亞信會議的制度化程度更接近東協的相關論壇組織。

其次，中國著手提升亞信會議秘書處的能力，包括執行監測和監督等任務，讓它更有能力促進各國實施信心建立措施。習近平在二〇一四年就說：「中方建議，加強亞信能力和機制建設，支持完善亞信秘書處職能，在亞信框架內建立……各領域信任措施落實監督行動工作組。」中國參與ＡＰＥＣ和東協區域論壇時，大力反對監督各成員國落實信心建立措施，到了亞信會議卻大不相同。智庫撰寫的論壇官方文件更進一步詳述，中國希望秘書處可取得更多經費、編制更多職員，並且獲得明確的「監督信任措施落實的授權」以及「危機管理與應急機制」。[111]

第三，中國希望擴大亞信會議在多個領域相互交流，習近平就敦促建立「成員國防務磋商機制」及「深化反恐、經貿、旅遊、環保、人文等領域交流合作」。[112] 一年之內，中國就在亞信啟動多項新的倡議，包括召開亞信青年委員會、實業家委員會、非政府論壇、智庫論壇——幾乎都與中國對亞信提供資金與支持同步運作。此外，中國也計劃定期舉行亞信成員國之間的「亞洲意識對話」。在這種種舉措之前，亞信會議是相當薄弱的組織。這些作為開創了擴展亞信會議職能的先例，中國也持續加以推動。

建立秩序

在中國尋求落實自己對亞洲區域安全架構的想望時，亞信會議提供了許多實質助益，藉由下列方式幫助中國在亞洲建立區域秩序：（一）提供中國約束鄰國的手段；（二）推廣中國主導秩序的共識基礎與內涵；（三）提升中國的領導力和正當性。

第一種方式，中國試圖利用亞信會議來約束鄰國與美國合作的能力，手段包括推動相關準則，將那些與美國結盟、甚至與美國在安全領域合作的舉措都予以污名化。本章開頭曾指出，中國早在二〇一〇年就曾利用亞信會議推動這個目標，當時中俄兩國在亞信峰會上提出了一套明確反對結盟的區域安全架構。在二〇一一年、二〇一二年、二〇一四年的亞信會議上，中國都繼續推動這份中俄聯合倡議，[113]其終極目標是要約束區域國家在安全方面的行為。中國外交部副部長程國平二〇一二年提議以中俄倡議作為亞洲的行為規範基礎時，已明白表述這一點。[114]到了二〇一四年，這些概念更成為習近平在亞信峰會的演說最明顯的重心。他批評美國主導的安全架構，稱「不能身體已進入二十一世紀，而腦袋還停留在冷戰思維、零和博弈的舊時代」。同樣的，他宣稱「強化針對第三方的軍事結盟，不利於維護地區共同安全」，這是在反對那些提防中國崛起的亞洲國家在安全領域與美國擴大合作。[115]他最具爭議的「亞洲的事情歸根結柢要靠亞洲人民來辦」這段話，就是基於這種心態的自然流露。二〇一七年，中國外交官王童在二〇一七年亞信部長級會議發表談話，措辭幾乎與習近平相同：「中方認為，亞洲的安全問題只能由亞洲國家和亞洲人民解決，他們也有解決這些問題的機遇和期望。」[116]

其次，中國也利用亞信會議將自己定位為經濟與安全公共財的提供者，將周邊的經濟體嵌入與中國相互依賴的「命運共同體」。按習近平的說法，在這個命運共同體裡，中國的崛起「造福亞洲」。[117]中國提出的「命運共同體」和「亞洲新安全觀」等關鍵概念，既強調中國在亞洲經濟相互依賴關係裡的中心地位，也批評了美國的結盟；兩者同時提出，突顯了中國多年前在東協提倡的概念已進一步演變。中國企圖讓這些概念成為亞洲安全架構的核心。亞信會議執行董事龔建偉就宣稱，「亞信一直朝向（建立安全架構的）目標穩步邁進，習近平主席則試圖通過提出『亞洲新安全觀』來加快步伐」。[118]習近平在二〇一四年亞信峰會提出以「亞洲新安全觀」作為亞洲新安全架構的基礎，而亞洲新安全觀需要「共同、綜合、合作、可持續的安全」。[119]習近平在談話中仔細解釋亞洲新安全觀的每一個要素，二〇一七年發布的《中國的亞太安全合作政策》白皮書也詳細闡述了這些要素：（一）「共同安全」就是指涉「命運共同體」，也包括對美國結盟的直白批評，因為美國只為某些國家提供安全保障，但不為其他國家提供同樣的保障。[120]（二）「綜合安全」是指傳統與非傳統的安全威脅，相對之下較無爭議；（三）「合作安全」是指亞洲國家要藉由「對話和深入溝通」共同解決問題，並隱晦批評對中國領土爭端等問題的外來干預。[121]（四）「可持續安全」則是主張亞洲國家「要發展和安全並重，以實現持久安全」。亞信智庫論壇文件中解釋，這是在暗指亞洲的「雙軌」狀態，即中國提供發展、美國提供安全；而白皮書中警告要發展才能實現安全，用意是要將中國在「雙軌」中的角色提升，超越美國的角色。

綜整以上四點的「亞洲新安全觀」，將區域安全定義為由一個「命運共同體」組成，其成員由中國發展獲得好處，避免結盟，不讓區域外國家干預爭端，中國發展帶來的利益重於外來的安全保障。「亞洲新安全觀」已成為亞信會議的基礎，出現在它的每一份聯合聲明中。王毅在二〇一七年就得意宣稱「中方出任亞信主席國以來，共同、綜合、合作、可持續的亞洲安全觀得到廣泛認同」。[122]亞信會議執行董事龔建偉則宣稱，「我們誠摯希望所有成員國共同努力，接納並實行這個新安全觀，以實現亞信會議的終極目標」，中國希望「讓這個理念成真，創建更好的亞洲安全架構」。[123]亞信會議的智庫官方報告更明確指出，「亞洲新安全觀」的最終目的是取代美國主導的秩序：「不同的亞洲安全架構之間，分歧正逐漸擴大。由中國提出、亞信會議採納的亞洲新安全觀，呼籲建立共同、綜合、合作、可持續的新亞洲安全觀；美國（則相反）仍然堅持軍事結盟和集團式的安全保障。」[124]

亞洲新安全觀還有一個決定性的關鍵元素，就是它與一帶一路倡議的連結，後者提供可支持這個「命運共同體」的公共財。由於一帶一路計劃對中國的建立秩序工作至關重要，中國一直努力確保亞信會議支持一帶一路，賦予一帶一路更大的正當性，並將它放在亞洲安全秩序的中心位置。亞信會議執行董事龔建偉就將一帶一路直接與亞信會議連結，稱「中國的『一帶一路』倡議，是本著亞信會議的真正精神推動區域合作的又一重要措施」。[125]中國外長王毅更將這些概念都綑綁在一起，描繪出將發展與安全合為一體的區域願景：

展望未來，我們應以亞洲安全觀為引領，推動構建亞洲地區安全合作架構。將亞信理念與絲路精神相互融合，在亞信框架下探討「一帶一路」建設與各國發展戰略對接。挖掘亞信的聚合效應，打造安危與共、命運相繫的亞洲命運共同體。[126]

第三，亞信會議有助於中國主導亞洲的區域主義論辯。中國的二〇一七年《亞太安全合作白皮書》指出了亞洲區域主義的三種路徑：「亞太地區既有（一）東盟主導的多個安全合作機制和（二）上海合作組織（SCO）、亞洲相互協作與信任措施會議（CICA）等平台，也有（三）歷史形成的軍事同盟。」[127]中國偏好第二種路徑，因為亞信會議讓它得以繞過東協的領導和美國、日本的干預。正如中國新聞工作者穆春山（音譯，Mu Chunshan）所說，亞信會議是泛亞洲地區唯一「不包括美國及其重要的亞洲盟友日本在內的國際合作平台」，因此中國可以照自己的意思形塑它。[128]

此外，亞信會議對於形塑區域主義的相關討論也大有助益。由於成員國眾多，它可以頗具說服力的自稱是具有代表性的亞洲論壇組織——中國就再三呼籲外界重視這一點。從二〇〇二年到二〇一二年，中國官員在亞信會議的演說都只稱它是「重要組織」，但二〇一四年中國接任主席國後，就開始明確使用比較性的措辭，將亞信會議的地位提升至其他組織之上。[129]習近平在二〇一四年亞信峰會就宣稱，「亞信是亞洲覆蓋範圍最大、成員數量最多、代表性最廣的地區安全論壇」。亞信執行董事龔建偉則宣稱，亞信「是亞洲唯一的同類型組織」。[130]王毅在二〇一六年表示，亞信會議是「亞洲最大、最具代表性的安全論壇」。次年，他又宣稱亞信會議成立二十五年，「亞信已成為亞洲覆蓋範圍最廣、成員數量最多、代表性最強的安全論壇」。[131]種種陳述方式都意在表明，亞信會議比其他組織更有資格作為建立亞洲安全架構的基礎。

發布在中國政府亞信會議官方網站上的中國智庫報告，不僅再三傳達上述論點，還指出亞信會議最終可能成為亞洲版的歐洲安全暨合作組織（OSCE），或者可能稱之為「亞洲安全暨合作組織」（OSCA）。上海國際問題研究院的一份報告被放在這個網站上的顯眼位置，報告主張，由於亞信會議頗具代表性，「能為亞洲安全架構提供堅實的制度基礎，並繪製出建立亞洲安全架構的最短路徑」。[132]另一份報告指出：「若能充分挖掘亞信的潛力和優勢，推動它轉型並發展成為亞洲安全合作組織（OSCA），對於建立未來的亞洲新安全架構將大有助益。」[133]其中部分原因是亞信會議可以扮演鞏固關係的角色。中國外交部副部長程國平在亞信會議高官委員會就說，「亞洲的次區域安全合作蓬勃發展，但合作機制碎片化、功能重疊，因此必須整合各方資源，搭建更廣泛、更有效的合作平台，並且構建區域安全合作的新架構。在這個過程中，亞信可以發揮核心作用，利用地理範圍大、包容度強和信任措施等方面的優勢來發揮影響力」。[134]

中國還尋求利用亞信會議建立可由中國主導的亞洲共同身分認同，方法包括贊助亞信非政府組織論壇和亞信智庫論壇。[135]中國一九九〇年代在APEC和東協的類似舉措，在亞洲區域主義相關討論中居重要地位；二〇一四年起，中國也希望亞信會議能扮演相關討論的重要場域。王毅在二〇一六年就曾解釋，亞信這些論壇意在「鼓勵各方在『二軌』及非政府層面積極探討如何建立亞洲安全新架構」，藉此「為亞信未來發展和轉型升級創造條件，凝聚共識」。[136]習近平也曾同樣表示，這些論壇將「為傳播亞信安全理念、提升亞信影響力、推進地區安全治理奠定堅實社會基礎」。[137]當然，這些進程在相當程度上都是由中國主導推動的。這些努力的目標之一，是將亞洲國家與西方國家對比。亞信智庫論壇的報告和中國官員的談話顯示，他們相信「缺乏共同的

『亞洲意識』或共同的亞洲身分認同，使得在亞洲建立總體安全機制的前景更加複雜」。[138]智庫論壇的另一份報告指出，中國的主要目標應是「藉由實質的跨文明對話與更密切的經濟合作，培養亞洲整體的命運共同體意識」。[139]為此，習近平二〇一四年倡議定期舉行「亞洲文明對話大會」，中國也在二〇一八年成功整合。*雖然這類伎倆不太可能克服亞洲內部的各種歧異，但中國顯然認為，這類手段可以逐漸將整個區域緊密結合在中國的領導之下。

亞洲的區域性組織若要靠自己實現上述目標，充其量只能做到這裡。除了區域組織之外，中國可能將區域緊密結合的另一種方式是經濟上的治國方略，以及隨之而來的控制型態（包括強制性與自願性的）。下一章將說明，經濟手段至少有一個關鍵面向與多邊機構很相似：兩者在表面上都是治國方略中看似自由的領域，但也都能改變用途以達成更赤裸的政治目標，例如建立區域秩序。

* 譯註：此處可能為作者筆誤，中國於二〇一九年五月九日宣布，將於五月十五日在北京召開亞洲文明對話大會，號稱有亞洲四十七國及區域外國家共兩千多人參與。

第十章

「搭乘我們的發展快車」

——中國如何在經濟上建立亞洲霸權

「要積極參與和大力推動周邊公路、鐵路、通信、能源通道建設，形成我國同周邊基礎設施互聯互通網絡。」[1]

——胡錦濤，二〇〇九年，四年後中國提出「一帶一路」倡議二〇一二年，北京大學國際關係學院院長王緝思教授在民族主義小報《環球時報》發表了一篇頗具影響力的文章。王緝思結交許多達官顯要，還曾是中國最高領導人胡錦濤的非正式顧問，他的這篇文章引發許多討論。中國在國境以東面臨許多安全上的挑戰：海上爭端、島鏈爭議、懷有戒心的鄰國、美國海軍。王緝思認為，從陸路「西進」是頗具吸引力的另一種選擇。[2]

王緝思認為：「同西歐、東亞等地區不同，西部各國間沒有也不可能出現美國主導的地區性軍事同盟。」[3]而中國則擁有豐富資源，又有大片廣袤陸地可通往西側各國，還有過剩的產能和美元儲備，可以在這片陸地上建設能源管線、鐵路、高速公路，甚至橫跨整片陸地的網路基礎設施。如此一來可減少中國對海洋的依賴，也讓這個區域與中國的關係更緊密。這就是一種建立秩序的型態。雖然王緝思的構想之前也有其他人提過（包括胡錦濤，他幾年前就呼籲在中國各地建構起類似的基礎建設系統），但王的建議似乎頗受青睞。許多中國菁英指出，王緝思的文章引起了中國領導階層的注意，在習近平翌年發表的「一帶一路」倡議中，王緝思的建議對其中陸地部分的「一帶」構想也頗有貢獻。這樣的說法或許沒錯，不過強調興建基礎建設的類似想法，胡錦濤早在幾年前全球金融危機後發表修正中國大戰略的談話中就已宣示。[4]無論王緝思的提議是協助催生了一套新的倡議，還是協助讓原有的倡議生效，中國的政策軌跡已漸趨清晰：中國將利用經濟實力與提供基礎建設資金來實現地緣戰略目的，包括建立秩序。

王緝思過去就曾鼓勵崛起的中國應該西進，避開來自東面的各種敵意。但在大約一個世紀前，崛起中的德國也決定東進，避開充滿敵意的西方。德國領導人當時企圖修建一條一千英里長的鐵路，自柏林通抵巴格達，再連到波斯灣。對德國而言，這條「柏林—巴格達鐵路」不僅能繞開難與匹敵的英國海軍，也能將德國的影響力延伸深入中東地區，並開闢鄂圖曼帝國作為出口市場和原料供應地，還能讓德國保護在非洲的海外財產。興建巨型基礎建設的野心並非德國獨有：英國就建造了蘇伊士運河，美國修建了巴拿馬運河，日本人也曾想在泰國的克拉地峽修建自己的運河，藉此繞過英國控制的新加坡與麻六甲海峽。眾所皆知，地理可以重塑地緣政治。

德國的鐵路計劃原本已有顯著進展，而且可能徹底改變歐亞大陸的戰略地理，但因一次世界大戰爆發而未能完成。就在這個計劃未竟之地，中國推動「一帶一路」倡議，延續發展基礎建設。從更宏觀的角度而言，中國為建立秩序而使用的經濟工具，和德國一樣並不僅限於基建融資。就像當年崛起的德國擔憂並試圖降低英國對金融的控制，如今崛起的中國則是長期擔憂並試圖阻止美元占據主導地位。中國的對策是要削弱美國的實力，同時建立中國本身在金融上的優勢。

中國在基礎建設和金融領域的各種作為，主要動機並非追求絕對經濟利益或出於中國利益集團的要求，而是要培植經濟上的影響力。第六章討論過，這種影響力能以多種型態呈現。經濟影響力可以是針對關係的，以操縱國家之間的相互依賴關係為主（例如簽訂雙邊貿易協定）；也可以是針對結構的，著重於形塑全球經濟活動的體制和框架（例如控制貨幣）；還可以是針對他國國內事務的，也就是重塑一個國家的國內政治和執政偏好（例如籠絡菁英）。

本章要探討中國建立這些影響力的各種作為，說明中國的一帶一路倡議和金融上的治國方略，很大程度上是由全球金融危機催生，因為這場危機讓北京更有自信能利用經濟工具來打造秩序。在分析中國的經濟行為之前，我們要先檢視中國在經濟領域的論述變化。

中國的經濟文本

中國在經濟上的作為有很多年都聚焦於削弱美國的經濟影響力，並確保中國能夠取得市場、技術和資本以持續發展。到了後金融危機時代，中國的文本顯示其經濟戰略出現兩大轉變。第一，中國開始將重心放在經營「周邊外交」中的經濟領域，也就是藉由深耕與鄰國的關係、影響結構、影響鄰國的國內政治與經濟等影響力型態，建立由中國主導的秩序。創造這種影響力的主要工具是大幅投資基建計劃，以及特許式貿易（concessionary trade）與貿易制裁。第二種轉變則是在全球金融中更加活躍，這是美國非常脆弱的領域，而且脆弱程度日益加劇。中國採取的新手法是在美國主導的金融架構之外，建立另一種選擇。如同削弱戰略時期，中國在建立戰略時期的經濟活動雖不是完全出於戰略動機，但在中國更宏大的戰略中，經濟手段顯然是其中一環。

戰略的第二次轉變

在全球金融危機之前，中國一直另有重心，甚至到二〇〇六年仍是如此。在那年的中央外事工作會議上，中國盤點在外交政策上的各種設想時，仍將大戰略明白聚焦於「韜光養晦」及削弱中國面臨的外國壓力。[5]短短兩年後，二〇〇八年的全球金融危機引發大幅轉變。在中國認知中，美中之間的相對實力差距明顯縮小，國家主席胡錦濤隨後在二〇〇九年的談話中正式修改了「韜光養晦」路線，轉而強調「積極有所作為」。[6]過程中，胡錦濤揚棄了他在二〇〇六年談話中有關「不說過頭話，不做過頭事」、不當領導國家的長篇大論。[7]

到了後金融危機時代，中國在經濟上的訴求發生變化，北京明顯更加注重在周邊區域建立秩序。胡錦濤在二〇〇九年重新設定中國大戰略的演說中呼籲加強「周邊外交」，並強調中國面臨的外部壓力已降低，在區域的謀略空間擴大。[8]他宣稱，金融危機發生，「我國整體戰略環境進一步改善」，「我國對周邊事務的影響進一步擴大」。[9]這樣的形勢創造了機會，讓中國得以從事更積極的經濟行為，因此胡錦濤說「要加強經濟外交」。[10]他的談話清楚表明，對經濟外交的重視不僅限於周邊區域，也涵蓋國際金融體系。

中國領導人在之後數年間不斷強調這些議題。第七章曾提到，胡錦濤發表以「命運共同體」為題的談話後，「周邊外交」的地位在中國大戰略中持續提升。二〇一一年，中國發布了倡導亞洲「命運共同體」的白皮書，「命運共同體」也迅速成為中國在亞洲建立秩序的簡稱。[11]兩年後的二〇一三年，中國外交部長王毅宣布，與鄰國的「周邊外交」是中國外交政策的「優先方向」，表面上比應對大國更重要，也首度將周邊外交連結到「命運共同體」的概念。[12]同年，習近平史無前例召開「周邊外交工作座談會」，這是中國自二〇〇六年以來首次召開如此大規模的外交政策會議，也是首次召開以周邊外交為主題的會議。習近平在談話中表明，周邊外交在中國外交政策中位居核心，無比重要，認為它對於實現中華民族偉大復興不可或缺，還宣稱周邊外交的目標是實現區域性的「命運共同體」。[13]

學界和智庫的評論也順勢而為。閻學通就寫道，「鄰國或周邊國家對中國崛起的意義越來越大於美國」，這表示中國要加強著重於周邊國家，不再將應對美國壓力置於首位。[14]翌年在二〇一四年中央外事工作會議上（這是重大的外交政策會議，中共以往只舉行過四次，且通常只在重大轉型時刻召開），習近平將周邊外交的地位提升至比應對美國等強權大國更重要。[15]相同的論調在二〇一四年政府工作報告中再次出現，顯示它已成為正式政策。[16]習近平甚至以「命運共同體」作為二〇一五年博鰲論壇的主題，而中國二〇一七年發表的《亞太安全合作政策》白皮書也指出：「中國領導人多次在不同場合闡述命運共同體理念。積極推動……亞洲命運共同體和亞太命運共同體建設。」[17]這些文本都有力的顯示，建立區域秩序開始成為中國大戰略的主要重點，甚至是核心優先政策。

除了日益關注周邊國家，中國也開始更積極推動國際貨幣制度的改革。自二〇〇八年起，中國官員採取前所未見的舉措，經常呼籲貨幣多元化，也呼籲要降低美元在國際準備貨幣中的角色。在本章有關金融架構替代方案的案例研究中，會有相關的詳細討論。在二十國集團（G20）等各項頂尖經濟論壇上發表這類言論的官員，不僅有中國人民銀行行長，還包括胡錦濤和其他中共高層領導人。胡錦濤本人在二〇〇九年的演說中也明確概述這項戰略，此後它就一直是中國的特色政策之一。

「建立」戰略

中國建立區域秩序的各種作為，是在胡錦濤要求「積極有所作為」的號召之下產生的。胡錦濤宣示，中國「要更加積極地參與國際規則的制定」，也要更積極參與國際機構，於是中國後來創建了亞投行，並領導亞信會議。[18]在金融議題上，他宣稱中國「必須更加積極地推動國際經濟金融體系改革」，同年中國就在這方面出現各種新的作為，包括促進貨幣多元化以去除美元的中心地位，同時推動與現有體系平行的國際金融體系，胡錦濤稱這必須透過與「發展中國家的協調和合作」來進行。[19]他還提出要大幅投資基礎建設，這是中國經濟戰略的一環。當時已預期會推動一帶一路倡議的胡錦濤說：「要積極參與和大力推動周邊公路、鐵路、通信、能源通道建設，形成我國同周邊基礎設施互聯互通網絡。」[20]簡言之，最早從二〇〇九年開始，在中國更積極的經濟戰略中，貿易、基礎建設、貨幣多元化就已是核心要素。

胡錦濤和習近平的演說清楚表明了中國在區域經濟上的作為與建立戰略的關係。胡錦濤在二〇〇九年的演說中強調「經營好周邊是我國……的重要外部條件」，並指出經濟上的務實合作（「特別是」基礎建設相關協議）是周邊外交的一部分。[21]中國必須「堅持與鄰為善、以鄰為伴的周邊外交方針，從總體上加強周邊整體戰略規劃，以增進互信，促進合作」。[22]

創造中國與鄰國間更大的經濟互補性可以實現上述目標。胡錦濤就呼籲要「強化我國同周邊國家的共同利益紐帶……注意促進周邊區域、次區域合作同我國國內區域發展戰略對接」。[23]胡錦濤還強調，「要更加積極地參與國際規則制定，更加積極地推動國際經濟金融體系改革，更加積極地維護廣大發展中國家利益」。[24]

胡錦濤演說中的許多議題，中國政府在之後數年間也一再強調。中國二〇一一年的白皮書首次提出「命運共同體」概念，強調「相互依賴」、「利益互融」、「你中有我、我中有你」的重要性。基於國家規模的差異，這個概念骨子裡其實意味著其他國家對中國的不對稱依賴。[25]這份白皮書還呼籲依照胡錦濤提出的路線進行區域合作，到了習近平治下更充分實施這些路線。對於周邊地區，中國主張「密切經貿往來」，並將「推進地區經濟一體化進程」，還費心提醒周邊鄰國，「中國的繁榮發展和長治久安對周邊鄰國是機遇而不是威脅」。[26]這一切都預示著中國四年後宣布的「一帶一路」倡議，以及與多國簽訂特許式貿易協議。

習近平繼任主席後，更加明確的討論這些作為。經濟方面，習近平在二〇一三年周邊外交工作座談會提出要提供共同利益，並促進相互依賴，兩者都將「編織更加緊密的共同利益網絡，把雙方利益融合提升到更高水平，讓周邊國家得益於我國發展」。[27]

他並精確說明中國要怎麼辦到，「要著力深化互利共贏格局，統籌……資源，利用好比較優勢，找準深化同周邊國家互利合作的戰略契合點，積極參與區域經濟合作」。[28]

在實踐上，他主張「要同有關國家共同努力，加快基礎設施互聯互通」，他並將一帶一路和亞投行明確列入實現上述目標的工具。[29]

此外，習近平還希望「加快實施自由貿易區戰略」，並且要「以周邊（國家）為基礎」，這是提升周邊外交的另一跡象。擴大投資以及深化中國邊境地區和鄰國之間的合作也非常重要。

習近平稱，總體目標是「構建區域經濟一體化新格局」；他多次表示這樣的格局將與中國緊密連結。[31]他沒說的是，積極培養這種不對稱的相互依賴，將為中國帶來很大的運作空間，並且可以用來箝制鄰國。不過，到了二〇一七年首屆「一帶一路」國際合作高峰論壇，習近平明確表示這些作為是他創建「命運共同體」相關工作的一環。他認為，參與一帶一路的各方都將「不斷朝著人類命運共同體方向邁進。這是我提出這一倡議的初衷，也是希望通過這一倡議實現的最高目標」。[32]他在另一次演說中表示，中國正在享受「快速增長」，因此也「張開雙臂歡迎各國人民搭乘中國發展的『快車』、『便車』」。[33]簡言之，這些都是中國建立區域秩序的大戰略中核心的經濟與制度工具。

基礎建設投資與一帶一路倡議

投資基礎建設不僅能促進貿易與相互連通，還提供「經濟力量投射」的機會——透過經濟力量投射，也就有機會重塑強權國家競爭的戰略地理。如同以往的強權國家，北京也利用基建投資作為建立秩序的工具，最明顯的例子就是中國的「一帶一路」，與支持一帶一路的金融體系。

其他解釋

本節主張，一帶一路中許多計劃都出自戰略上的動機，但一帶一路相關文本中仍常見幾種其他的解釋。首先，有看法認為一帶一路的主要動機是中國要追求絕對經濟利益。然而一帶一路中的大部分計劃都只導致虧損，這種解釋也掀起質疑。舉例來說，有分析顯示，一帶一路中的港口建設計劃在評估獲利能力時原本很簡單，因為海上貿易量遠大於陸上貿易，但這些港口卻普遍陷入經營困境。華府智庫「高階國防研究中心」（C4ADS）分析這些港口的財務狀況後，發現有「幾個明顯無利可圖的案例——顯示北京積極尋求的是利用這些港口在地緣政治上的潛力」。[34]例如，中國投資八十億美元在馬來西亞位於麻六甲海峽附近的一處港口，但世界銀行評估這座港口完全是多餘的，因為附近已存在的港口都還處於吞吐量未達標的狀態。中國在斯里蘭卡投資興建的漢班托塔港（Hambantota），自啟用以來已虧損數億美元，幾乎沒有實質的貨物轉運量（其貨物轉運量只有附近可倫坡港的百分之一），但中國仍然承擔這些負債，並承租該港口九十九年。[35]中國在巴基斯坦興建的瓜達爾港也同樣無法獲利，但中國仍持續投資並承租四十年，且同樣承擔負債。這些投資缺乏經濟上的理據，但我們會看到其中有戰略動機的證據。

第二，有看法認為，這些計劃的財務狀況不佳，可能是有權勢薰天的既得利益集團從中牟利。況且，一帶一路倡議被視為支持中國國內經濟的手段之一，為相關產業創造參與海外基建的機會。不過這個解釋也有問題。美國學者大衛・達勒（David Dollar）就指出，即使在最樂觀的情況下，一帶一路也難以吸收中國的過剩產能。他指出：「單單在鋼鐵產業，每年要有六百億美元的額外需求才能吸收中國的過剩產能。這個數字還不包括水泥、建築和重型機械等產業的過剩產能。」他的結論是，一帶一路倡議和它支持的基建計劃「規模遠遠過小，對於解決中國的產能過剩問題幾乎沒有幫助——即使這些計劃的承包商全都來自中國也一樣，而這些計劃也不可能全由中國廠商承攬」。[36]況且，債務國無法償還中國貸款的比例日漸增加。斯里蘭卡已是如此，馬爾地夫等國也很可能陷入同樣的情況。馬爾地夫約有百分之二十的政府預算用於向中國償債。虧本放貸就經濟而言完全說不過去，但結果若能得到戰略資產，那麼從戰略角度而言就有其道理。

第三，有些人認為一帶一路的目標與經濟和戰略都無關，主要動機其實是為了爭地位——他們認為這是習近平的面子工程。但一帶一路的發展時間軸與這種解釋不符。我們會看到，許多重大的基建計劃（例如，瓜達爾港、漢班托塔港以及橫跨中亞的幾條鐵路和天然氣管線）是在習近平上任前就已展開，當時一帶一路倡議也尚未提出，不過在中國政府的話語中，已以戰略術語明確描述這些計劃。第四，許多批評者認為一帶一路倡議基本上並不重要。他們認為，如果中國所做的一切，現在都被政府塞到一帶一路的名義之下（從「極地絲綢之路」到隱約構想的太空版一帶一路），那麼這個詞語根本不代表任何意義。這種批評非常有道理，不過即使「一帶一路」這個名稱經常頗為空洞，其中的許多計劃仍然非常實際。只關注這個名稱，會模糊掉一帶一路裡外的基礎建設造成怎樣的長遠經濟影響力。如果一帶一路指的是中國多年來在印太區域進行的各項重大計劃（這些當然都是一帶一路倡議的初始重點）——那麼無庸置疑，這些招牌計劃當然都是出自戰略規劃的動機。

大戰略的解釋

從這些狹義的角度來理解，一帶一路倡議的戰略性質至少和它的經濟性質或國內政治性質相當（甚至戰略成分大得多），它創造了針對關係、針對結構、針對他國國內政治等多種型態的影響力，對於建立秩序非常重要。現在我們要一一探討這三種影響力。

對於關係的影響力

首先，一帶一路創造了幾種重要型態的關係影響力。對於那些接受北京貸款的國家，一帶一路形成財政上的影響力，例如無力償還貸款的斯里蘭卡和馬爾地夫。馬爾地夫的狀況在前文曾提到，該國約百分之二十的政府預算用於償還向中國貸款的利息。至於斯里蘭卡，每年償還的貸款（絕大部分是給中國）幾乎已等於政府歲入總額。[37]貸款利率也頗高，擴建漢巴托塔港的貸款利率接近百分之六，相較之下，日本借出的基建貸款利率僅約百分之零點五。[38]無力償債給中國的國家，不時還會再向北京的其他銀行借更多貸款，加重債務惡性循環。[39]

一帶一路也讓貿易上的不對稱相互依賴成為可能，特別是隨著中國與鄰國之間的連通性改善，有效增加了中國與鄰國之間的雙邊貿易，因而導致這些鄰國對中國產生依賴。中國的重點顯然是要讓自己成為亞洲經濟的中心。在一帶一路倡議成熟之前，習近平在二〇一三年周邊外交工作座談會的談話中，就已談到基建投資和亞投行將如何「加快中國與周邊國家的基礎設施互聯互通」，並「編織更加緊密的共同利益網絡，把雙方利益融合提升到更高水平，讓周邊國家得益於我國發展」。[40]二〇一七年，習近平將一帶一路明確列為打造亞洲「命運共同體」的其中一環，並在多次演講中明白指出，與中國相互依賴、在經濟上緊密交織，是這個命運共同體最重要的準則。中國多名高官也提出同樣的觀點，包括發表亞投行創立計劃的中共中央政策研究辦公室高級官員鄭新立，這突顯了上述準則是一帶一路的核心。[41]在非官方的領域中，也有許多中國學者表示，希望能利用這種相互依賴來約束鄰國。

此外，除了金融和貿易上的關係影響力之外，一帶一路也創造了對於維護基礎建設的影響力，因為許多中國的基建工程必須由中國工程師來維護，特別是從水力發電到高速鐵路等許多市場都由中國國企主導。[42]

對於結構的影響力

在結構方面，一帶一路讓北京得以創造出連通性，而且這種連通性基本上將其他國家排除在外。其中一種連通型態是透過各個商港，某種程度上可以形成海上貿易的新隘口。目前有越來越多港口由中國國企經營或承租——如此一來，對於亞洲的貿易結構可產生重要的經濟影響力。例如，中國在斯里蘭卡的可倫坡港口建設計劃，就很可能形成一個由中國實際控制的「人工隘口」。印度未來近百分之三十的海上貿易將經由可倫坡港轉運，大型貨櫃船的貨物會在此裝載至較小的船上，再進入印度的港口。[43]這個人工隘口有百分之八十五由中國招商局控股公司（China Merchants Holding Corporation，以下簡稱「招商局」）控制，漢班托塔港目前也由該公司管理，而該公司當然也由中國政府控制。[44]中國投資可倫坡港看來並未帶來經濟上的利益。事實上，該港口虧損嚴重，預計至少十年內都無法達成收支平衡；由於財務狀況太差，與招商局合夥的主要民間企業艾特肯史賓斯集團（Aitken Spence）不得不出售這項港口計劃的持股。與中國政府不同，該公司的目標是要在這項投資中獲利的。[45]可倫坡港口計劃的財務前景不佳，中國卻堅定投入這樁在經濟上問題很大的風險投資，或許只有戰略動機才能解釋。招商局在坦尚尼亞巴加莫約（Bagamoyo）造價一一〇億美元的大型港口計劃，當時已展開初步建設，即將成為全非洲最大港口。它會經由中國建造的鐵路連接到剛果民主共和國、尚比亞、盧安達、馬拉威、蒲隆地、烏干達等位處內陸的資源供應國家。[46]這些國家的貨物將仰賴巴加莫約港進入國際市場，而巴加莫約港應該會由招商局管理，將在印太區域西側形成由中國擁有的隘口。

此外，北京不僅會輸出中國在鐵路等傳統基建方面的工程標準，還會輸出能支援網路或5G行動通訊等新型高科技的基礎設施，藉此讓他國依賴這些運輸或網路連結路徑——亦即，北京可更容易和亞洲國家形成封閉關係，使這些國家更難伸出多樣化的觸角與西方國家接近。可以想像一下，譬如說，未來在一帶一路國家，美國製造的自動駕駛車可能無法連接到由中國提供的無線網路。[47]

對於國內政治的影響力

在他國的國內政治方面，一帶一路創造了顯而易見的機會，可以收買那些在受援助國舉足輕重的選民，進而影響這些國家的政治。中國其實已擺明要利用參與這些基建計劃的國有企業去行使這些目的。《紐約時報》證實，「二〇一五年斯里蘭卡大選期間，中國的港口建設經費中有大筆款項直接流向拉賈帕克薩的競選幕僚和競選活動」。[48]這些資金，其實是由承包港口建設工程的中國國企「中國港灣工程公司」自該公司在渣打銀行的戶頭直接付給時任總理馬辛達・拉賈帕克薩（Mahinda Rajapaksa）的多名幕僚——選舉前不到十天內就給了大約三百七十萬美元。類似的報導顯示，包括中國港灣與中國交通建設公司也都曾賄賂孟加拉與菲律賓的高官。[49]

無可否認，無論是否出於北京當局的意圖，上述影響力型態都會存在，但部分證據表明，這些影響力在很多情況下是刻意為之，以經濟角度來看並非明智的決策——這也強烈顯示，在中國佈局更宏大的大戰略中，基礎建設是非常重要的部分。

軍事上的重要性

一帶一路的某些計劃明顯有重要軍事意義，讓中國有機會取得海外軍事設施，在第八章和第十二章有更詳細的相關討論。如果北京要在印太區域打造秩序，必須有能力確保其軍隊能隔著極遙遠的距離投射戰力。北京的多座港口計劃，將使中國有能力在整個印太區域進行再補給，如此不僅可避免中國的資源流動受到美國或印度可能的干預，還讓中國（在必要時）能在海外進行干預。因此，部分外洩的一帶一路規劃文件中，港口建設均列為優先事項。中國政府在這些文件中堅持「加快制定海上絲綢之路建設規劃」，[50]「以港口建設為重點」。[51]

更確鑿的證據是，中國軍方高層官員曾私下向外國代表團透露，這些港口都建設成軍民兩用設施，因為中國已預計未來會用於軍事目的——這些軍方高官言論背後的重要脈絡是，中國已在吉布地擁有首座海外軍事基地，在南海也軍事化擴建人工島礁，但這兩者都與北京以往有關軍事基地與軍事化的承諾背道而馳。[52]曾和中國談判港口使用權的巴基斯坦與斯里蘭卡政府官員指出，談判涵蓋了戰略與情報相關利益。斯里蘭卡實質上是將港口賣給中國，因為中國官員拒絕考慮中國不持有所有權的選項，他們向斯里蘭卡官員表明，長久以來一直想要收購港口。關於中國軍方能否使用港口設施，中方官員也一直不肯確切設限——直到印度介入後，中方才同意加入一項條款，規定中國必須先取得斯里蘭卡許可，才能將該港口用於軍事目的。[53]

其實，許多準官方消息人士在談論這些港口計劃時，都將它們視為長期的軍事投資。中國軍事科學院研究員周波承認，「中國海軍真正感興趣的是在印度洋取得進入的通道與使用權，而不是取得基地」。[54]當然，取得通道與使用權也有助於達成經由這些重要水域來投射戰力的目標，只是軍事足印*較輕巧。周波和其他學者就承認，取得通道與使用權的關鍵元素就是利用這類港口建設計劃。解放軍國防化學院前副院長徐光裕曾指出，中國在坦尚尼亞等多地的商港建設計劃都有軍事目的。他認為，中國海軍航程越來越遠，「很需要建立補給基地，給艦隊提供後軍支

* 譯註：footprint，即海外駐軍、軍事基地、補給站等設施。

持。這是一個正常需要，只是國外不習慣中國出遠海」。[55]

澳門國際軍事學會認為，這類港口具備「潛在軍事用途」，但中方會在港口建成後再過一段時間、而且在必要情況下才會允許軍艦停靠，以免為「中國威脅論」煽風點火。[56]一帶一路是非常複雜的倡議，中國所有的海外經濟投資無法只用一種解釋來說明。然而本節要呈現的是，中國與以往其他強權國家並無不同：在某些重要情況下，它一樣會利用基礎建設來強化對關係、結構和國內政治的影響力，並藉此在它倚賴的海域取得軍事通道與使用權。中國以往只尋求削弱美國時，這些幾乎是無法想像的，這也有力的證明了中國的重心轉向建立區域秩序。

另行建立金融體系

受到二〇〇八年全球金融危機的鼓勵，中國投資成立許多與現有組織平行的組織，讓自己取得對全球金融的結構性權力。一種貨幣位居全球金融的中心地位，就產生了金融權力。以美國的情況而言，其金融權力就來自於美元的霸權地位，美國因此得以「將銀行和金融機構變成政策工具，即使它們不在美國境內」。[57]美國的金融霸權是中國可如何建立秩序的範例，卻也是中國必須削弱的威脅。

二〇〇八年爆發的全球金融危機，加上中國認為美國經濟模式的威信已衰落，促使中國以各種手段協同進行，逐步建立能影響全球經濟的各種結構性權力來源，同時削弱美國的金融權力。中國的相關努力橫跨三大領域。第一，中國企圖逐漸弱化美元的地位，同時推廣人民幣；第二，中國尋求建立能取代ＳＷＩＦＴ銀行間支付系統的替代系統，以削弱西方的影響力，並讓中國控制人民幣支付；第三，中國試圖推動其他信評機構，以取代國際「三大」（big three）主權信用評等機構（均位於美國）。「三大」的評等不僅形塑資本市場，還能影響國家與企業的命運。有些人也許認為，中國這些作為是要追求絕對經濟利益，或出於利益集團的遊說力量，但本節的分析將說明，實情並非如此。對於中國在全球金融領域的積極作為，最佳解釋仍須從大戰略出發。要避開美國的結構性權力，就必須退出現有體系（這形同經濟自殺），或另外建立一套平行的基礎設施——因此，中國選擇了後者。

去美元化、推廣人民幣

全球金融危機後，中國開始呼籲國際貨幣體系應多元化，包括降低美元的作用，並推動其他選項，如國際貨幣基金（ＩＭＦ）的特別提款權（ＳＤＲ）和人民幣。中國這麼做，動機會是追求經濟利益或利益集團勢力影響嗎？學者王紅纓（Hongying Wang）的答案是否定的。她表示，中國的立場「無法簡單用經濟利益解釋」。[58]美元若大幅貶值，將損害中國的出口導向型經濟，中國所持有以美元計價的巨額資產也將縮水。

王紅纓認為，中國的政策可用民族認同來解釋，但證據顯示這種解釋並不正確。中共內部文件（包括胡錦濤在中央經濟工作會議上的講話稿）顯示，胡錦濤呼籲降低美元的作用時，並未附帶有關中國地位的民族主義激昂言論，他在G20發表的談話中也沒有這類表述。而且胡錦濤批評美元時，甚至未提及要將人民幣國際化；若是更信仰民族主義的領導人，可能會呼籲將人民幣國際化作為身分象徵。

中國的行動顯示，它長期以來強烈期盼一種國際經濟架構，在此架構中，美元僅是眾多準備貨幣中的一種；因此，中國倡議推廣人民幣也是合理的。北京逐漸將人民幣國際化當作一種工具，不僅藉此加速貨幣多元化，也為中國自身在亞洲的結構性權力奠定基礎。

二〇〇八年全球金融危機後，中國開始了這方面的工作。中國領導階層在金融危機後越發質疑美元的準備貨幣地位。當然，許多中國官員數十年來就一直批評國際經濟秩序不公平，要求改革，中國央行主要官員不時也會批評貨幣制度「不合理」，呼籲對先進經濟體採行更嚴格的貨幣監督。[59]從這個意義看來，二〇〇八年全球金融危機讓中國改變較大的不是它的偏好，而是它的自信：中國因此更相信自己能重新形塑所處的國際經濟架構。加拿大學者葛瑞格里・金（Gregory Chin）就指出，金融危機後，「中國領導人將金融與貨幣政策和貨幣外交提升為首要之務」。[60]金融危機爆發那年，中共中央經濟工作會議確立了中共的貨幣政策路線，迅速得出結論：「國際貨幣多元化會有所推進，但美元作為主要國際貨幣的地位沒有發生根本改變。」[61]換言之，推動貨幣多元化需要多方一致的努力。

胡錦濤主席是推動貨幣多元化的重要象徵性人物與支持者，他很快就「成為中國的全球貨幣思維主要發言人」。與金融危機爆發前十年相比，這是很大的轉變。當年中國在貨幣領域的治國方略基本上是「央行高級技術官僚的專利，財政部官員也掌握較小幅的控制權」。[62]在二〇〇八年的G20峰會，也就是G20首次協調應對金融危機的會議中，胡主席呼籲各國領導人「改善國際貨幣體系，穩步推進國際貨幣體系多元化」。[63]中國人民銀行時任行長周小川在二〇〇九年的一篇文章中，從更操作面的形式闡述了這些觀點，特別主張以SDR替代以美元為基礎的體系。這篇文章題為〈關於改革國際貨幣體系的思考〉，為了發揮影響力，特別選在二〇〇九年倫敦G20峰會前夕發表，內容引發不少討論。周小川在文中指出，以美元作為準備貨幣「是歷史上少有的特例」，「此次危機再次警示我們，必須創造性地改革和完善現行國際貨幣體系」。雖然周小川措辭隱晦，並未直接提及美元，但在文章發表後不久即召開的二〇〇九年中央經濟工作會議上，胡錦濤就直接表明他打算推動降低美元作用的貨幣多元化：「國際金融危機發生以來，國際社會普遍認識到，以美元主導的國際貨幣金融體系的內在弊端，是導致世界經濟失衡和國際金融危機的重要原因。」[64]因此，「促進國際貨幣體系多元化、合理化」對於改革非常重要。胡錦濤明確表示，削弱美元的中心地位是關鍵目標，但不會迅速達成。他續指，「同時，我們必須看到，美元的主導地位是由美國經濟實力和綜合國力決定的，在相當長時期內，難以根本改變」。

中國的戰略將是長期性的：「我們必須堅持全面性、均衡性、漸進性、實效性的原則，積極推動國際貨幣體系改革。」[65]之後數年間，在主要的多邊經濟會議上，包括大多數G20峰會、金磚國家（BRICS）峰會，八大工業國加五大開發中國家（G8+G5）峰會等，胡主席或中國高層官員都持續呼籲國際準備貨幣多元化、提升SDR地位與貨幣改革。[66]包括英國、加拿大和日本在內的許多七大工業國（G7）國家都支持美元維持現有地位，並質疑中國聚焦於美元的「適切性」。[67]但中國仍繼續推動，部分原因如同中國進出口銀行行長李若谷所說，美元的強勢對中國而言相當危險：「美國用這種方法（操縱美元）搞垮了日本的經濟，還希望用這種方法來遏制中國的發展。」[68]他指出，中國必須削弱並避開美國的這種力量，而且「只有去除美元的壟斷地位」，才可能改革國際貨幣體系。[69]

北京為促進國際貨幣多元化，不僅不切實際的呼籲採用SDR，還簽訂許多要求央行準備貨幣自美元分散到其他貨幣的非正式協議，同時謹慎推動使用人民幣，試圖將人民幣國際化——特別是在亞洲各國以及中國的大宗商品供應國。這些行動為中國帶來了一部分經濟利益，也反映了北京想藉著增加人民幣在國際交易中的使用來建立結構性權力。美國學者強納森·柯什納（Jonathan Kirchner）研究有關強權國家推動本國貨幣的作為，他總結自己的相關學術成果時指出，「尋求領導區域（或全球）貨幣秩序的國家，幾乎都是出於政治考量——特別是想獲得對他國更大的影響力」。[70]他表示，法國在一八六〇年代試圖建立以法國貨幣為基礎的區域，目的是將德國排除在外；到了二十世紀，納粹德國和帝國主義時期的日本也各自擴展其貨幣的使用以獲取結構性權力；二次大戰後，美國也這麼做。

中國推廣人民幣，和它重塑全球經濟秩序的許多作為一樣，也是在二〇〇八年全球金融危機之後開始的。傳統觀點認為，一種貨幣在國際體系中能發揮多少作用，取決於發行國的資本項目可兌換性（capital account convertibility）、該貨幣用於跨境貿易與金融交易中計價和結算的情況，以及該貨幣在央行準備中的占比。二〇〇八年後，中國在這三個領域的努力都有所提升，只是程度各異。[71]在資本項目可兌換性方面，中國採取的動作極為低調（允許其貨幣透過正常的市場機制兌換為其他貨幣），也試著推動將人民幣納入準備貨幣。

不過說到底，中國最積極努力的是促進人民幣在國際貿易中獲得採用，特別是簽署數十項種類不同的互換協議，讓人民幣更便於在海外使用。迄二〇一五年，人民幣貿易結算達到一．一兆美元（占中國貿易總量的百分之三十），二〇〇〇年時這個數字幾乎是零。[72]這個比例若增加，就能降低中國受到美國結構性權力傷害的風險，因為它以本國貨幣結算貿易的能力將逐漸提升。然而這方面的進展也不宜誇大，單單是中國使用人民幣結算本國貿易，不代表人民幣就會成為國際間普遍接受的交易媒介，此一事實限制了中國對他國行使結構性權力的能力。ＳＷＩＦＴ的數據顯示，人民幣僅占所有國際支付的百分之一至百分之二。雖然ＳＷＩＦＴ無法反映全球所有交易（尤其是以人民幣計價的交易），但仍是頗具參考價值的評估。[73]

即使人民幣目前未能獲得全球性的地位，它仍可能取得區域性的地位。至二〇一五年，人民幣在中國與亞洲國家之間的所有交易占百分之三十，成為與中國進行區域性貿易的主要貨幣——超越美元、日圓與歐元。[74]未來十年這個占比若持續升高，中國就可望在亞洲形成人民幣區，屆時就能對鄰國行使結構性權力。柯什納就認為，人民幣不太可能在不久的將來就在全球超越美元，但由於中國位居亞洲經濟和供應鏈的中心地位，人民幣仍很可能成為亞洲的主要貨幣。[75]他進一步主張，中國可能採取不同的路徑來達成人民幣在區域內國際化的目標，包括為人民幣建立基礎設施、促進交易中使用人民幣，並鼓勵各國央行將人民幣納入準備貨幣——在這種種作為的同時，中國仍保留部分資本管制和監管。[76]中國與他國簽訂互換協議有助於推進這個目標；推行可供外國央行購買的人民幣計價債券也有助於實現這個目標，後者能創造出外資可能投資、更深且更具流動性的人民幣資產池——這是當初美元取得主導地位的關鍵原因之一。

如果亞洲大部分地區在未來十年或更長時間內成為實際上的人民幣區，那麼美國行使金融權力的某些工具，可能也會被中國用來對付鄰國。屆時，這些鄰國都必須使用人民幣系統、人民幣跨境支付系統（CIPS）和中國現代化支付系統（CNAPS）等支付基礎設施以及中國銀行——全部都是中國可以控制的。中國在亞洲（即使不是全球）施展金融治國方略與制裁的時代，或許已不再遙遠，而且還能為亞洲的中國勢力圈奠定根基。如此一來，中國在亞洲的金融區將與美國在全球的金融秩序重疊。

SWIFT

SWIFT是一個制定標準和傳送電文的機構，它建立的網絡讓跨境金融支付得以進行，因而成為全球金融的次結構。SWIFT的全名是「環球銀行金融電信協會」（Society for World Interbank Financial Telecommunication），成立於一九七三年，當時有來自十五國共二百三十九家銀行共同建立了統一的訊息標準，並打造出一個電文傳遞平台和一套在不同銀行間傳遞電文訊息的網絡。[77] SWIFT指出，它在「一九八三年成為連接首批中央銀行」的節點式金融電文傳送系統，「鞏固了SWIFT在金融產業中作為各方共同聯繫管道的位置」。[78] SWIFT迅速取代了Telex系統，後者是一個緩慢且容易出錯的拼湊式人工系統，其中的標準互斥，銀行必須以數種互不相容的格式進行支付程序。如今，SWIFT遍布兩百國共一萬多家機構，每天處理一千五百萬則電文，是讓國際間跨境支付得以進行的重要基礎設施。重要的是，SWIFT是一種電文傳遞服務，不從事清算和結算，因此也不經手資金——只處理讓匯款得以進行的電文訊息。清算和結算通常藉由美國提供的服務進行，例如Fedwire資金移轉系統（在美國聯準會進行不同銀行帳戶之間的支付）和CHIPS銀行同業支付系統（這是民營服務，進行「淨額結算」以擷取兩家銀行在一天內相互交易的總差額），以及其他各種服務。

SWIFT這個機構的本質是要解決協調上的問題（也就是將資金從一家銀行轉移到另一

家銀行時，要有一套通用且一致的訊息傳遞語言）。由於這個協調上的問題已然解決，因此任何國家幾乎都沒有理由開發另一套標準和基礎設施。現有的系統在經濟上遠比另一套系統更具吸引力，因為網絡效應讓它更具流動性，反應也迅速得多。相形之下，建立另一套系統須耗費更多成本，而且沒有特定用戶會從使用它而增加的困難中得到好處。基本上，無論是從經濟角度或利益集團的角度，中國都沒有任何重要理由必須自行創立可替代SWIFT的電文傳遞機制。本章稍後將解釋，戰略上的理由是最能成立的。

中國投資建立有別於SWIFT的另一套機制，最好的解釋或許是：這麼做能降低受到美國金融權力傷害的可能性。雖然SWIFT是一種電文傳遞服務，不處理清算和結算，但若一家銀行被逐出SWIFT網絡，它和全球金融系統及現有的大部分清算與結算基礎設施，基本上就會被切斷聯繫。如此一來，能控制SWIFT就能掌握可觀的結構性權力。

這種結構性權力已經被用來對付其他人。儘管SWIFT自認不涉及政治，但它仍須遵守比利時、歐盟及美國的法律（後者的威脅來自次級制裁）。二〇一二年，美國和歐洲利用自己對SWIFT的影響力，迫使該組織切斷伊朗各銀行與SWIFT網絡的聯繫，這是SWIFT有史以來首度斷絕整個國家對該組織網絡的使用權。[79]伊朗每年仰賴SWIFT進行兩百萬筆跨境支付，這樣的交易規模無法由另一個電文網絡取代；伊朗失去SWIFT使用權也讓購買伊朗石油的客戶無法付款，經濟受到重挫；伊朗政府也無法取用投資於境外的大量外匯存底。[80]幾年後的二〇一七年，北韓的銀行也被斷絕使用SWIFT。[81]

SWIFT的結構性權力甚至被用於威脅強權大國，如入侵克里米亞之後的俄羅斯。這種威脅頗令這些國家擔憂，因此俄羅斯時任總理德米特里・梅德韋傑夫（Dmitry Medvedev）曾公開談及此事，揚言俄羅斯會祭出的「反應不設限」。[82]俄羅斯中央銀行行長艾爾維拉・納比烏里娜（Elvira Nabiullina）早在二〇一四年就開始準備俄羅斯版的SWIFT替代方案。她在某次會見普丁時表示，「我們可能被逐出SWIFT，這樣的威脅確實存在。我們已經完成建置自己的支付系統，一旦發生狀況，所有操作都可用SWIFT的格式在國內進行。我們已建置了另一套可替代的系統」。[83]俄羅斯試圖在歐亞經濟聯盟（Eurasian Union）內推廣它的這套系統，也和伊朗討論過；儘管這套系統並不完美，但突顯了強權國家會出於戰略因素，積極尋找避開美國對SWIFT影響力的方法。[84]

美國也曾威脅要利用SWIFT對付中國。華府已制裁至少一家與北韓進行交易的中國銀行，之後財政部長史蒂芬・姆努欽（Steven Mnuchin）揚言，「若中國不遵守這些（對北韓的）制裁措施，我們將對他們另加制裁，並阻止他們使用美國和國際間的美元體系」。美國國會多位議員也同樣建議將中國某些最大的銀行排除在全球金融體系之外。[85]中國確實有理由擔心被逐出SWIFT，因此看來也像俄羅斯一樣，正對此採取行動。

最早自二〇一三年開始，也就是西方國家將伊朗逐出SWIFT約一年之後，中國人民銀行在中國政府批准之下開始研發自己的SWIFT替代系統，用於傳遞金融電文與銀行間支付。[86]這套系統稱為「人民幣跨境支付系統」（CIPS），不僅能為中國隔絕金融上的壓力，還能提高自主權，讓中國能基於主權控制流經這套支付網絡的所有資訊，並掌握幫助他國繞過制裁的權力，有朝一日還能將其他國家逐出這套中國的系統。不僅如此，CIPS的雄心還超越SWIFT：它不僅像SWIFT一樣提供電文傳遞服務，還將提供清算和結算服務——亦即將支付流程完全整合。中國的菁英與俄羅斯菁英不同，沒有那麼明顯的表露出CIPS可能成為SWIFT的競爭對手。儘管如此，CIPS確實具備戰略上的潛力，即使要實現它還有些遙遠。

懷疑論者會說，中國著手建立CIPS，背後也有單純的經濟動機。首先，CIPS是由先前的人民幣跨境支付系統改進而來。在CIPS啟用之前，中國國內的銀行間清算結算系統「中國現代化支付系統」（CNAPS）無法支援國際支付，進行跨境交易要透過指定的境外人民幣清算銀行或中國境內的代理銀行。況且，CIPS目前主要處理的是清算與結算。事實上，CIPS和SWIFT在二〇一六年簽署了一項協議，CIPS得以使用SWIFT的電文傳遞系統。比較寬厚的觀察家若由這個角度觀之，可能會認為CIPS不是要替代SWIFT這套金融基礎設施，只是補充附加系統。

這兩種論點都無法否定CIPS背後的戰略邏輯。首先，如果中國啟用CIPS純粹出於經濟與技術上的動機，其實簡單改造現有的CNAPS系統，讓它能與SWIFT通訊即可，應該較符合經濟效益。其他國家若擁有國內的銀行間支付系統但未與SWIFT通信，通常都只是修改這些系統，讓它們能和SWIFT通訊。這表示，中國建立CIPS的主要因素也許並非經濟上的動機。

其次，CIPS雖然簽署了使用SWIFT網絡的協議，並採用SWIFT的電文傳遞標準，但並不表示它不打算成為SWIFT的戰略性替代系統，因為CIPS也要建立在SWIFT網絡以外傳遞電文的能力。SWIFT要求各銀行斥資購買連接其網絡的昂貴技術，CIPS也如法炮製——如此一來，它就能和SWIFT的技術平行存在。[87]隨著CIPS持續發展，其目標就是在各方面能不靠SWIFT而獨立運作。一名了解中國人民銀行CIPS相關計劃的人士告訴英國《金融時報》：「未來CIPS將朝向使用專用通信線路的方向發展。屆時，它（在涉及人民幣的銀行間電文傳遞上）可以完全取代SWIFT。」[88]經濟學家艾斯瓦爾·普拉薩德（Eswar Prasad）也指出：「CIPS的設計目的，是最終也能作為國際人民幣交易的銀行間通信管道，且可在SWIFT之外獨立運作。」這將讓CIPS不再只是資金轉移系統，也兼具通訊系統的功能，可減少SWIFT對跨境金融流通相關銀行間通訊的控制。

中國政府是足夠精明的，在CIPS發展成熟前不會輕易挑戰SWIFT，但毫無疑問，挑戰總有一天會到來。[89]將SWIFT與CIPS進行統合，能幫助CIPS成熟發展，讓中國在打造平行系統的同時，也能取得市占率與專業知識。這麼做也讓SWIFT能繼續維持在市場上的重要性，SWIFT的員工確實擔心「中國當局正考慮以一套國產網絡取代SWIFT，這套網絡的目的就是要與SWIFT匹敵，甚至超越SWIFT」。[90]

SWIFT中國區負責人黃美倫顯然曾試圖說服CIPS不要投資電文傳遞系統，只要專注於清算服務：「我們不做清算，就像CIPS不做電文傳遞一樣。我們和CIPS談的時候說：『如果已經有現成的公路（亦即電文傳遞平台），何必再建造你自己的公路呢？截至目前，情況仍然像是你要賣一輛車（亦即清算與結算服務），但沒人能在現成的那條公路上駕駛它。』」[91]儘管SWIFT試圖勸退中國建造另一條公路，仍未打消中國開發那條公路的想望。一名參與CIPS開發的人士就指出，CIPS啟用時雖不具備所有功能，但它有「雄心」要發展更多功能：「（CIPS）尚未納入很多功能，但有壓力要把那些功能做出來。」[92]

CIPS的終極企圖是要「讓境外銀行加入，實現境外對境外的人民幣支付功能，以及中國與境外之間的人民幣支付」。[93]這將使CIPS成為一個完全獨立的金融基礎設施，可為位在世界上任何地方的任何兩方提供完全不受美國審查的電文傳遞、清算和結算方法，如此一來將嚴重侵蝕美國在全球的金融權力。

第三，即使CIPS不與SWIFT平行運作，它和SWIFT之間的聯繫，以及透過SWIFT進行的聯繫，仍能提供很實際的影響力。在CIPS出現之前，SWIFT已在中國運作了三十多年，有四百家中國金融機構和企業財資中心與它連結。[94]現在，所有發往中國的SWIFT電文都必須透過CIPS傳送。一名支付專家指出，「CIPS正試圖成為SWIFT和CNAPS之間的中介」，如此一來，中國的央行就能決定誰可以和中國的金融體系聯繫。[95]中國可藉此集中控制人民幣的交易，並提升中國的結構性權力。

目前，CIPS還無法實際替代SWIFT系統。它能讓中國更容易斷絕其他機構或其他國家與中國金融體系的聯繫，藉此提升中國的結構性權力，但在中國境外，它還無法成為替代SWIFT的跨境支付電文傳遞系統。即便如此，那一天仍會到來。俄羅斯等其他強權國家已經在投資這類系統，而同樣面臨西方金融制裁威脅的中國，有充分理由繼續將CIPS發展成SWIFT之外的另一種選擇，可在未來十年內繞過美國在國際支付方面的結構性權力。正如一位專欄作家所說，「重返SWIFT出現以前的世界，銀行被迫以眾多格式發送與接收交易資訊，並非無法想像」，它展現了中國的戰略焦慮將如何與中國的崛起交織，因而導致全球金融的次結構分裂。[96]

信用評等機構

信用評等機構協助向投資人提供各種債務風險的相關資訊，它們發布的評等可能大幅改變企業和國家的命運。國際信用評等市場主要由美國「三大」公司標準普爾（Standard and Poor's）、穆迪（Moody's）、惠譽集團（Fitch Group）主導，它們在全球的市占率共計超過百分之九十。這三家公司能取得主導地位，部分來自美國的結構性權力——包括美元的中心地位、紐約各金融機構的舉足輕重，以及美國證券交易委員會（Securities and Exchange Commission）可決定誰能發布評等。

中國另行建立信評機構，有合理的經濟動機。在國家層面，中國可能擔憂「三大」未能準確評估中國的主權或公司債務；在地方層面，特定的中國國有企業可能認為，較友善的信評機構對自己有好處。中國的信評機構至少在開始時不太可能取得海外的生意，因為外界會假定這個機構與政府有關係，而且缺乏經驗；因此它會需要高昂補貼與政府支援。如果中國政府支持中國的主要外部信評機構，不能否認其中有經濟動機，但也可能有政治動機，本節將說明。

二〇〇八年全球金融危機之後，外界認為「三大」很容易受到攻擊，因為它們對那些引發危機的資產做出錯誤評估。「三大」引發且加劇了歐元區的債務危機，特別是在二〇一〇年將希臘國債降為垃圾債券評等後，許多歐洲領袖指責「三大」帶有偏見與政治意向；部分領導人曾鼓勵另創歐洲的信評機構（但未成功）。[97]即使是美國的盟國也在尋求能替代「三大」影響力的機構（「三大」即使在金融危機後仍在歐洲維持百分之七十六以上的市占率）。據此，中國可能基於類似動機採取行動，應該是相對沒有爭議的。[98]

中國像歐洲一樣，因為全球金融危機而產生了另創信評機構的興趣，這場危機讓「三大」的招牌蒙塵，也揭露它們有能力影響資本流動。儘管華府並沒有直接控制這些信評機構的能力，也無法操控它們發布的評等，但在中國眼中，「三大」是美國直接或間接施展權力的工具，而這些權力已被政治偏見腐蝕。在二〇一〇年的多倫多G20峰會上，胡錦濤主席呼籲各國「制定客觀、公正、合理、統一的主權信用評級方法和標準」，顯示這個問題已受到政壇最高層的關注。短短一個月後，中國最大的信評機構「大公國際資信評估」似乎就呼應了胡錦濤的發言，首度發布它自己的主權信用評等。金融危機後的幾年間，中國政府持續對信評機構發出正式抨擊。財政部長樓繼偉稱「三巨頭」的評等中存在「偏見」，財政部則在二〇一七年發表聲明，稱穆迪下調中國的信用評等是「錯誤決定」。[99]

大公國際是中國影響全球信評體系的主要工具，也是中國唯一一家主要的中資信評機構。中國僅有的其他大型信評機構，包括「聯合資信評估」和「中誠信國際」，都是民間的中資實體與「三大」評等機構不同成員的合資企業。大公國際的公開文件與創辦人關建中（也是中國的信評代言人）的言談，都表明了一種觀點：信用評等就是戰略工具，而信用評等被美國主導，有損中國的政治利益。關建中在二〇一二年寫道，「美國評級壟斷……評級標準，服務於（美國）國家全球戰略」，「現存國際評級格局將遏制中國的崛起」。（譯按：「信用評等」(credit rating) 在中國稱為「信用評級」。）關建中等人認為，信評機構會行使「評級話語權」，讓他們得以形塑全球經濟。如果美國控制了這種「評級話語權」，中國就會「喪失金融主權」。更糟的是，「運用評級話語權可以……侵蝕中國執政黨的社會基礎」。相形之下，二〇〇八年全球金融危機「為中國信用評級體系建設提供了歷史機遇」。[100]中國發布的信用評等即使無法獲得壓倒性的市占率，仍可迫使「三大」調整其評等，和中國的評等「趨同」，這是關建中樂見的結果。[101]

因此，在二〇〇八年全球金融危機期間，大公國際提議成立「世界信用評級集團」（Universal Credit Rating Group，簡稱UCRG），與一家俄羅斯公司和一家較小型的美國信評公司合作，在二〇一三年六月開幕。它的使命是與「三大」競爭，號稱是一間統合協作且不涉政治的民間新創企業。然而執行長理查德・海恩斯沃茨（Richard Hainsworth）卸任後，承認UCRG有中國政府的資助和支持，證明了上述說法並非事實。[102]海恩斯沃茨指出，俄美兩方的合夥公司幾乎沒有出資，UCRG主要是由大公國際控制，幾乎所有重大支出都要經過大公董事會表決，而且中國政府出資對象很可能不只是UCRG，甚至也包括大公國際。由此看來，大公國際與外國信評機構的合作不過只是個幌子，為了增加這項修正主義事業的正當性。海恩斯沃茨更認為，UCRG真正要達到的不是商業目的，而是政治目的——要降低西方信用評等的正當性，並推出中國的信評機構作為選項，儘管針對後者的支出不足。大公國際聘請多位西方高官代表UCRG批評美國的信評機構，其中包括法國前總理多米尼克・德維勒班（Dominique de Villepin）。他訪問世界各地，以充滿意識形態的語彙攻擊西方機構，還「將鴉片戰爭、英國殖民印度、歐洲殖民列強攫取非洲等歷史直接連結到當前西方的特權優勢型態，包括對信用評等的控制」。[103]儘管UCRG有意識形態傾向，據稱又有中國撐腰，但運作不良且難取信於人，最後終究關閉。

UCRG雖以失敗告終，並不代表中國重新形塑全球信用評等的雄心壯志也就此告終。反之，中國似乎更加支持大公國際向全球擴展。大公國際在世界各地開設辦事處，並公開表示有意與「三大」競爭。大公國際顯然是在繼續推動原本由UCRG承擔的使命，留任多位UCRG聘請的國際顧問，賦予自己正當性。[104]儘管大公國際號稱是百分之百的私營企業，但海恩斯沃茨指出，該公司是由北京當局出資；而且大公國際的執行長兼創辦人關建中之前曾是政府官員。他經營大公國際多年來，顯然仍繼續受僱於中國國務院，而且大公國際直接涉及中國國企的利益，令人很難相信它不受國家影響。[105]即使如此，北京看來仍試圖和大公國際維持表面上的距離，以強化其正當性。其實，中國部分官員曾私下反對建立金磚國家信評機構，原因正是他們認為，要挑戰「三大」，「政府支持的信評機構沒有任何可信度」。[106]雖然大公國際在形式上是一間私營且無關政治的實體，但它發表的評等已引起外界指稱它有政治偏見。在大公國際發布的評等中，中國鐵道部的債信評等高於中國的主權債、俄羅斯和波札那的債信評等高於美國公債，都頗令人吃驚。大公國際發布的評等方法中，還加入了共產黨的意識形態用語，聲稱馬克思的「辯證唯物主義」是評級原理的一部分。[107]

大公國際也常常積極降低美國的評等，它在官網吹噓：「大公國際是全世界第一個研究美國信用評級理論和方法後揭示其缺點的機構，也是第一個下調美國信用等級的機構。」[108]

中國要影響全球信用評等，動機雖明顯是由全球金融危機引發，但它的實際行動仍算是低調；它的目標似乎是逐漸擴大市占率，而非直接取代「三大」，但市占率越高，越足以帶來趨同效應。況且中國還允許「三大」進入中國，這項政策表面上是為了促進外國投資，因為中國政府要去槓桿化。這是一項正面的舉措，但很可能也符合中國要影響全球信用評等的目標：美國信評機構進入利潤豐厚的中國國內市場後，要對那些頗具政治敏感性的中國實體或國家主權債做出負面評等，就不是那麼容易了。

中國對貨幣多元化的關注，以及透過CIPS另行建立支付基礎設施、透過大公國際另行建立信評機構，都揭露中國長期有意弱化及迴避美元對中國的箝制影響——中國的意圖一旦實現，全球經濟結構就會轉變為在金融上多極化的經濟結構。

以一個試圖取得區域主導權、並挑戰現有霸權影響力的強權國家而言，這些舉措是頗為相符的，其動機絕大部分是出於中國在全球金融危機爆發後產生的自信，以及長期以來對美國影響力的憂慮。加上中國意圖藉由一帶一路倡議對他國進行基建融資，也漸趨習慣於經濟制裁，中國的整體圖像看來就是一個正在加速崛起的新興強權國家；它樂意利用經濟工具建立秩序，先是在周邊區域，如今則逐漸擴展到全球。下一章將呈現，這些雄心壯志已不僅限於區域。如今北京企圖在全球施展「削弱」與「建立」戰略，過程中要逐漸提升中國勢力，取代美國在全球秩序中的地位。

第十一章

「走近世界舞台中央」

——美國衰落與中國的全球野心

「美國主導的西方中心的戰後國際秩序，曾為人類進步和經濟增長做出巨大貢獻，如今卻無法適應世界的變化。」[1]

——傅瑩，二〇一六年

「世界正在發生百年未有之大變局，但時與勢在我們一邊，這是我們的定力和底氣所在，也是我們的決心和信心所在。」[2]

——習近平，二〇二一年

二〇一七年十月十八日這一天，中共總書記習近平闊步走進北京人民大會堂，兩千兩百八十名黨代表隨著進場奏樂的節拍熱烈鼓掌。當天舉行的是中國共產黨第十九次全國代表大會。中共全國人民代表大會（人大）是中國最具官方權威的機構，每五年召開一次大會，而總書記的報告向來是中共最重要的大事——它為黨的最新政策路線定調。

十九大一如既往以盛大排場揭幕，但它的精緻程度可能不如外界預期。美國的政治人物發表演說時，有提詞機讓他們在台上表現得從容不迫；但在十九大，中國國務院總理李克強卻仍是手持紙本講稿站著致詞。他主持十九大開幕式時，低頭看稿、抬頭、再低頭看稿，先要求全場代表為黨的革命先烈默哀一分鐘，再召集全體起立唱國歌——完成這一連串程序後，他再將會場交給習近平。

習近平神色肅穆地走上講台。他穿著黑色西裝，繫紫紅色領帶，外套口袋上毫無必要地別著一枚紅色名牌，為與會人士寫上他們早已熟知的那個名字。他也沒有提詞機可看，只有放在講台上那厚厚的一疊講稿。在之後三個半小時的馬拉松式演說當中，他會盡職地大聲誦讀每一張講稿上的字句，總計要唸三萬字。

參與習近平的演說需要精力，而且是聽講的來賓比講者本人更需要。中共黨代會的總書記報告向來單調沉悶，過去的總書記報告還簡短一些；胡錦濤任內維持九十分鐘長，江澤民有時只唸稿十五分鐘，報告的其餘部分則付諸文字紀錄。

至於習近平則堅持讀完報告全文。這是某種展現權力的決定，要強迫所有高官保持專注；只是他想爭取官員的這分尊重，並非完全成功。[3]雖然較低階層的幹部不敢有一絲走神，江澤民卻自始至終不斷大打哈欠，還在台上睡著了；胡錦濤則在習近平的演說結束後大動作指了指自己的手錶。

習近平的演說充滿了中共的政治術語，儘管內容陳腐且冗長得不可思議，它仍是近幾十年來最重要的談話之一，尤其是在中國的世界地位方面。這次演說宣示了一個「新時代」，提出了二〇四九年達成中華民族復興的時間表，誓言中國將在全球治理中更加積極主動，呼籲建設「世界一流」軍隊，還承諾中國將「躋身創新型國家前列」，並宣布中國將「成為綜合國力和國際影響力領先的國家」。[4]習近平開啟了中國對外交往的新時代，超越在亞洲進行「削弱」和「建立」的戰略重心，轉而向全球擴展。他在演說中宣稱，這個「新時代」將是中國「日益走近世界舞台中央」的時代，這是一項重大宣示。[5]

如同中國大戰略其他變化一樣，中國野心勃勃轉向全球擴張，驅動力來自北京認為西方已走向不可逆轉的衰敗式微。二〇一六年，也就是習近平在十九大發表演說的前一年，英國公投決定退出歐盟，隨後川普當選美國總統。在中國眼中（中國向來對美國實力的認知變化高度敏感），這兩件事令人震驚不已。世界上最強大的兩大民主政體，正逐步退出它們協助建立的國際秩序，因此產生了中國領導階層和外交政策菁英口中的「歷史機遇期」，將國家的戰略重心自亞洲擴及全球，乃至全球治理體系。

這兩件大事發生前，中方高層官員就已不避談中國的野心。時任中國全國人大外事委員會主任的前外交高官傅瑩在二〇一六年寫道：「美國主導的西方中心的戰後國際秩序，曾為人類進步和經濟增長做出巨大貢獻，如今卻無法適應世界的變化。」文章標題扼要抓住這個重點：〈美國主導的世界秩序是一件不再合身的西裝〉（The US world order is a suit that no longer fits）。[6]*二〇一六年發生這兩件大事之後，對現有秩序的失望沮喪，在中國領導階層眼中成了機遇。中國國安部一個頗具影響力的智庫旗下主管就說：「美國的退出讓世界對中國的角色更有信心也更加尊重，通過參與全球治理及擴大在全球的影響力和話語權，中國將能夠更接近世界舞台中央。」[7]

翌年，楊潔篪（這位「應對美國專家」（America handler）二十七歲時擔任布希家族的導遊，讓他們賓至如歸，數十年後的此時已是領導中央外事工作委員會的中共政治局委員）在《人民日報》撰文，對西方百般譏嘲。他宣稱，「國際格局以西方占主導、國際關係理念以西方價值觀為主要取向的『西方中心論』已難以為繼」，因為「西方的治理理念、體系和模式越來越難以適應新的國際格局和時代潮流，各種弊端積重難返，甚至連西方大國自身都治理失靈、問題成堆」。他主張，現在已是時候提出「新的全球治理理念」。[8]

與此同時，川普當選美國總統也為北京帶來無可否認的挑戰。雙邊關係日趨緊張，加上川普總統決定對中國發動貿易戰，以及美國兩黨都開始反對過去對中交往的政策，一切都清楚顯示美中關係正步入未知領域。在北京看來，美國雖在全球逐漸退出，但同時也開始覺醒意識到中國對雙邊關係帶來的挑戰；這樣的結論讓北京相信不必再遏制自己向全球擴張的野心，而且此時正是追求全球擴張的良機，甚至有勢在必行的迫切需要。到了二〇一七年，習近平拒絕像胡錦濤當年一樣簡單修改鄧小平「韜光養晦」的訓誡，而是跨出更大的步伐。從習近平在二〇一七年國家安全工作座談會發表的演說看來，他已讓「韜光養晦」徹底退場；根據官方對這次演說的評論，習近平的意思是，是時候「走出韜光養晦階段」了。[9]

中國曾以「韜光養晦」或「積極有所作為」作為削弱美國秩序、在亞洲建立中國秩序的大戰略方針，而習近平野心勃勃逐漸向全球擴張的「新時代」，也需要一個新的概念來建構戰略。這個後繼概念在川普總統就職前夕提出，即中共所謂的「百年未有之大變局」。在習近平的十九大報告後不久，這句話開始出現在習近平及其外交政策團隊的數十次演說中，也放在中國外交政策和國防白皮書的開頭，中國外交政策學界亦大幅聚焦於這句話。習近平已非常清楚地表明了這句話在戰略上的重要意義。他在近期一次演說中宣稱：「領導幹部要胸懷兩個大局，一個是中華民族偉大復興的戰略全局，一個是世界百年未有之大變局，這是我們謀劃工作的基本出發點。」[10]

本書緒論介紹過，這句話有其歷史。那是在一八七二年，清朝名將李鴻章以一句名言哀歎西

＊ 譯註：本文同時刊載於英國《金融時報》英文與中文網站，兩者標題不同，中文標題為〈中美不應錯過機會〉。

方列強的掠奪，稱世界正經歷「三千年未有之大變局」。這句宣言提醒著中國的民族主義者毋忘國恥，習近平則自二〇一七年起將它用於開啟中國後冷戰時期大戰略的新階段。如果李鴻章那句話標誌著中國國恥的高點，習近平這句話就標誌著中國復興的時機。如果李鴻章那句話讓人想起後來的悲劇，習近平這句話則提醒著眼前的機遇。不過兩人說的話都彰顯一件重要的事：由於地緣政治與科技遭遇前所未見的變革，世界秩序再次面臨重組，當前正是必須調整戰略的時候。

本章與下一章都在探討中國的全球擴張。兩章的結構都遵循前面描繪中國「削弱」與「建立」大戰略的章節。本章的重點聚焦於，在英國脫歐、川普執政、二〇二〇年新冠病毒大流行後，中國認為美國加速衰落的看法如何引發它調整戰略。本章接著探討中國大戰略進入全球擴張新階段的最終目標，看來是要在全球領導地位的競爭中趕上並超越美國。下一章則探討中國為實現這些目標，在政治、經濟、軍事上採取的途徑與手段，將說明現在的中國是刻意針對它眼中的美國霸權基礎，希望削弱美國主導的全球秩序，同時為中國主導的秩序奠定基礎。本章和下一章共同描繪了中國在全球建立的秩序會是什麼樣貌。

中國主導的秩序包括掌握「百年未有之大變局」的機遇，取代美國成為全世界的領導國家。為此，北京試圖削弱那些支撐美國秩序的控制型態，同時強化那些支撐中國秩序的控制型態。政治上，北京要試圖領導全球治理與國際機構，破壞自由主義準則以推動獨裁體制的準則，同時分化美國在歐洲與亞洲的結盟。經濟上，北京將削弱那些鞏固美國霸權的金融優勢，在美國去工業化之際搶占人工智慧、量子計算等「第四次工業革命」的制高點。在軍事上，解放軍將部署世界級的軍隊，並在全球各地設置基地，可在大多數地區甚至新的範疇保衛中國的利益。

綜合以上種種作為，中國將在周邊區域建立「高階影響力地帶」（zone of super-ordinate influence），並在「一帶一路」相關的開發中國家建立「局部霸

圖11.1　包含「百年未有之大變局」一語的中文期刊論文數量（二〇〇〇—二〇一九年）

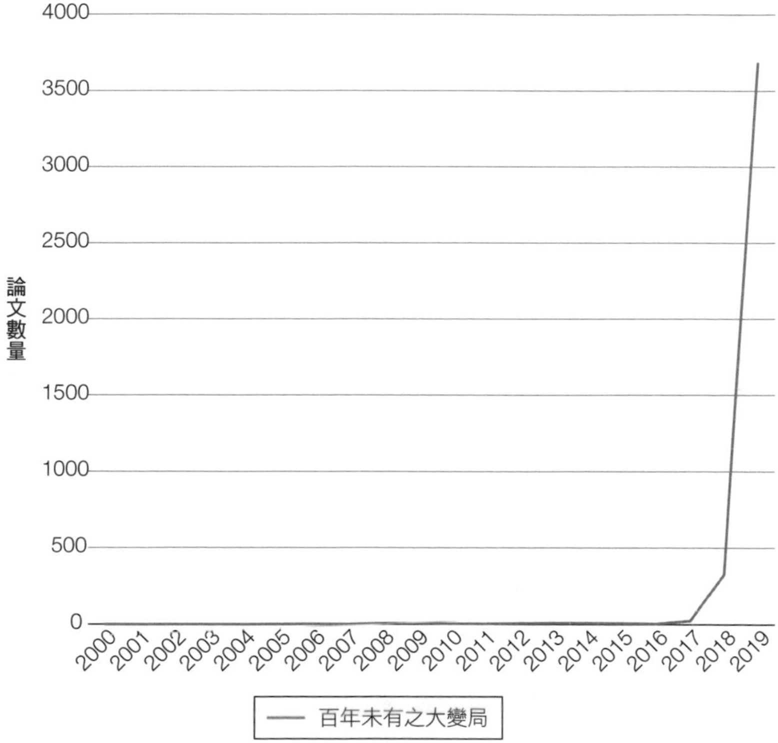

權」——或許還包括部分已開發國家；中國某些知名作者就以毛澤東的革命指導方針「農村包圍城市」來描繪這種願景。[11]

中國在全球擴張的野心與戰略在高層官員的演說中處處可見，強烈證明了中國的野心已不限於台灣或印太區域。曾經只侷限於亞洲的「霸權之爭」，如今已及於現在與未來的全球秩序。

「百年未有之大變局」

「百年未有之大變局」這個概念，對於理解中國的全球大戰略非常重要，它暗示著中國相信美國已明顯式微，全球唯一超級強權的地位也受到質疑。這句話在二〇一七年正式升格，證明了中國當時正調整大戰略以因應美國的衰落。

這個概念最早是在全球金融危機後有關西方衰落的對話中浮現。最初提到它的文章包括二〇〇九年的一篇〈金融危機與美國經濟霸權〉，作者袁鵬具官方色彩，曾任中國國家安全部轄下智庫「中國現代國際關係研究院」美國研究所所長，目前則是該研究院的院長。袁鵬觀察到，美國「在其霸權史上頭一遭」遭遇嚴峻的複合型挑戰，這些挑戰產生「百年未有之大變局」，大變局進而「衝擊美國主導的國際政治經濟秩序」。[12]但在美國趨向衰落之際，中國評論家認為它仍將是唯一的超級強權，因此之後數年間，這句話只出現了少數幾次——最受矚目的一次也許是中國外交界新秀樂玉成在二〇一二年受訪，他後來成為中國一帶一路計劃背後的主要策劃者之一。雖然這些提到「百年未有之大變局」的說法顯示這句話已在官方意念之中，但它尚未獲得黨的認可。由於美國看來仍極為強大且難以對付，當時這句話就大致上從官方話語中消失了。

這一切，都在二〇一七年起了變化。英國脫歐和川普當選美國總統後，這句話迅速升格至官方與半官方言論的中心位置。在北京眼中，這兩起大事顯示西方的影響力漸趨衰微，美國位居全球唯一超級強權的地位已陷入險境；「百年未有之大變局」這句話在這一年突然竄起，顯示中國當時要進行更廣泛的戰略調整。

這個戰略調整的程序自川普總統就職前一週才開始。二〇一七年，中國國務委員楊潔篪在外交部網站發表的一篇文章中首度提起這句話，用於闡述剛發展出來且不久後才要獲得正式認可的「習近平思想」。楊潔篪在文中將「百年未有之大變局」連結到對美國的評估。他指出，「當前國際形勢正經歷冷戰結束以來甚至是百年未遇之大變局，各種亂象紛呈」，「一些國家（即英國和美國）政局變化對國際形勢的影響值得高度關注」。[13]國際格局起了變化，正在發生的「大變局」預示著中國的戰略將有重大轉變。

次月，也就是川普總統就職數週之後，戰略轉變於焉展開。習主席在二〇一七年的中國國家安全工作座談會（一項討論外交事務的高層會議）發表談話，明確表示中國對美國實力的看法有了改變。習近平宣稱，他認為「國際體系和國際秩序」都產生了「大變革」和「深度調整」。[14]

他說「這是一個國際力量對比深刻變化……的世界」，這是在迂迴表達美國的衰落，也指涉中國領導人用於確立國家大戰略的概念。[15]一篇以習近平這次談話為主題的評論文章更清晰地向黨幹部闡明相關重點。[16]文章指出：「儘管西方政權看起來執政穩固，但它們干預世界事務的意願和能力在下降。美國可能不再希望成為全球安全和公共產品的提供者，轉而追求單邊主義、甚至民族主義的外交政策。」[17]在習近平這次談話與上述這篇評論背後，是中方相信英國脫歐和川普當選揭露了西方民主趨於弱化，美國及其主導的秩序正步入衰微。這種論調也出現在同年秋天習近平的十九大報告中，他指出「全球治理體系和國際秩序變革加速推進」，「國際力量對比更趨平衡」，後者是中國大戰略似乎準備轉向的另一個重要變因。[18]接下來我們會看到，中國走向「世界舞台中央」的全球大戰略的許多關鍵重點（也就是中國對全球治理的關注、科技上的領先地位、軍事上擴及全球）都在這次演說中出現。

十九大報告後一個月，習近平出席了二〇一七年駐外使節工作會議。[19]這是中國所有外交政策機構與全體駐外大使都要參加的會議，歷來用於發表中國的戰略調整，習近平這次在會議中的演說亦同。他終於讓楊潔篪在川普當選後巧妙引用的那個概念登場：「放眼世界，我們面對的是百年未有之大變局。」[20]這標誌著中國對美國的看法與中國的大戰略都出現了重大轉變，習近平的演說也散發著一股自信。習近平說，「中華民族的偉大復興展現出前所未有的光明前景」，只要中國堅持到底，「必將日益走近世界舞台中央」。[21]他在這次演說中，還微妙地再加重了十九大報告中的某些論調，如「國際格局日益均衡，國際潮流大勢不可逆轉」——這些措辭都比他自己或之前的領導人以往使用的措辭更強烈，也是戰略正在轉變的跡象。[22]

這代表的意義什麼？在歷來僅第六次召開的二〇一八年中央外事工作會議上，習近平闡述：「當前，我國處於近代以來最好的發展時期，世界處於百年未有之大變局，兩者同步交織、相互激盪。」在他看來，中國在全球崛起與西方明顯式微這兩種趨勢是相互增強的。習近平談及「百年未有之大變局」時，對於美國衰落的說法往往比較隱晦，但中國的重要學者和半官方評論就直接得多。他們指出，最主要的「大變局」無疑就是美國及西方相對於中國的衰微。重要的是，這些人士仿效習近平，將「大變局」連結到數十年來形塑中國大戰略的同一變因：國際力量對比。中國知名國際關係學者朱鋒就寫道：「『百年未有之大變局』是國家間加速權力再分配的國際權力結構的『大變局』。」[23]一篇發表在《學習時報》網站的評論稱：「大變局的本質是國際主要行為體之間的力量對比發生重大變化，由此引發國際格局大洗牌、國際秩序大調整。」[24]全國政協委員張宇燕寫道：「百年變局中最為關鍵的變量在於世界上主要國家之間的力量對比。」[25]中央黨校的杜慶昊的寫法更廣泛，認為所有「世界歷史大變局」都包括「國際主要行為體之間的力量對比發生重大變化」。[26]

不過，是什麼原因造成這種力量對比發生變化？這些學者認為原因不僅是中國的崛起，也包括了西方的衰落，後者是由另一串震撼人心但斷續發生的新「三連發事件」明確展現：英國脫歐、川普當選美國總統，以及西方國家對新冠病毒（COVID-19）疫情應對不力。在一篇有關「大變局」的文章中，上海外國語大學國際關係與公共事務學院教授武心波認為「美國已心力交瘁，體力不支，扛不動這個世界了」。[27]南京大學學者朱鋒認為，由於民粹主義興起，「西方國家出現了嚴重的國內矛盾」，「東昇西降」。[28] 中共中央黨校負責將黨的觀點標準化並廣為傳播的官員羅建波寫道，「百年未有之大變局」是「戰略性的重大判斷」，且標誌著全球政治「大西洋時代」的結束。[29]中央黨校國際戰略研究所副所長高祖貴則宣稱，「美國獨自掌控地區和國際局勢的意願、決心和能力明顯下降」。[30]

在這些鮮明大膽的斷言背後，是數千篇由中國主要學者撰寫的以西方衰落為主題的論文。這些論文突顯了中國自身的偏見，包括：傾向於著重源於馬克思主義理論的經濟「基礎結構」；因為中國自己的同質性相對較高，於是將多元化視為弱點；因為中國自己不自由不開明，於是認為資訊流通很危險。大多數論文都說著一個相似卻過於簡單的因果故事：西方四十年來對「新自由主義」經濟政策的實驗，加劇了經濟不平等與種族衝突，因而引發民粹主義浪潮，造成政府癱瘓——但這些都是西方自由自在的資訊環境中被放大的情況。這些偏見並非來自少數沒沒無聞的專家，而是普遍存在的共識。習近平也許永遠不會公開講述這個故事，但這無疑是他和黨內菁英人士對美國的看法——也是他們此時變得大膽的原因。

美國為何衰落？

簡要瀏覽一下中國如何談論美國衰落，也許能得到一些啟發。故事通常始於經濟不平等。北京外國語大學副校長謝韜寫道，自一九七〇年代之後，「新自由主義處於主導地位」，各國政府「把經濟自由放在首位，主張減稅和監管，對社會平等的重視度明顯下降」。[31]知名教授、中國人民大學國際關係學院副院長金燦榮認為，這種「新自由主義」浪潮始於「一九七九年撒切爾革命和一九八〇年的里根革命」*，並導致「貧富分化」，[32]經濟結構也產生變化。中國外交學院國際關係研究所副所長聶文娟則認為，「在民主社會中，美國無法遏制金融資本主義在社會內的膨脹，無法對自身內部的既得利益集團進行刮骨療傷」，導致經濟停滯與不平等。[33]中國社會科學院拉丁美洲研究所所長吳白乙強調，這些力量讓美國經濟「空心化」，科技和金融服務業的成功，卻造成出口和傳統產業萎縮。[34]

在中國看來，二〇〇八年全球金融危機爆發，就是西方國家為上述趨勢付出代價的時候到了；之後幾年間，民粹主義和種族衝突更不斷升高，讓西方國家陷入癱瘓。中國外交部轄下智庫中國國際問題研究院出版的一篇論文就指出，「現在歐美出現的民粹主義，背後體現的是中下階層與上層之間矛盾的加劇」，因此產生金融危機。[35]意識形態上的極端主義也日漸激化。金燦

---

* 譯註：指英國已故首相柴契爾夫人及美國已故總統隆納・雷根。

榮認為，「在觀念領域，極端主義思潮不斷擴展，民粹主義、種族主義等思潮日益活躍，變得更加公開化，影響力越來越大。」[36]朱鋒同樣認為，「美國和歐洲的『白人民族主義』勢力日趨活躍」。[37]而科技放大了上述所有趨勢。一篇針對習近平二〇一七年國家安全工作座談會演說的官方評論，引述西方報導稱「西方世界秩序的最基本支柱正在弱化。在『後真相』時代，『自由民主國家』很脆弱地受到錯誤信息（資訊）影響」。[38]中國社科院一名學者指出，「信息爆炸」造成「社會極化」，演算法、針對式廣告和假消息都加劇了這種「信息爆炸」，因而「加速全球民粹主義—民族主義傳播的動力源」，並造成「社會極化嚴重」。[39]金燦榮認為，這些趨勢達到頂點就會形成自由倒退和治理效能不彰，「貧富分化必定導致中下層廣泛的不滿，中下層不滿一定會醞釀左右兩派的民粹政治盛行，民粹政治又必然有強人來利用，之後進入強人政治。這是一個必然的結果」。[40]中國學者指出，二〇〇九年的茶黨（Tea Party）運動、二〇一一年的占領華爾街（Occupy Wall Street），還有特別是二〇一六年的英國脫歐和川普當選，皆是民粹主義已立足的證據。[41]

到了二〇二〇年，西方國家苦於應對新冠疫情時，上述評估就被中國當局認為是正確的。習近平在這一年宣稱，「這次新冠肺炎疫情防控」，是對全球各國「治理體系和治理能力的一次大考」。[42]幾乎所有撰寫相關文章的中國作者都認為，中國已通過這次「大考」，而西方大體上則是不及格的。一篇發表在中國商務部網站的文章指，「疫情大流行表明，美國和西方國家越來越不能進行體制和制度上的改革和調整，陷入政治上無法自拔的極化僵局」。[43]中國社科院的美國研究主要期刊主編也同樣認為，「美國聯邦政府在過去半個世紀中的官僚化和『小政府』傾向的弊端，在此次應對重大公共衛生危機中表現得非常明顯」，這樣的治理機制失調，會導致「美國國內政治極端化加劇」。[44]中央黨校一名教授顯然很滿意地指出，新冠疫情將助長西方的民族主義，並進一步破壞自由秩序。「在新冠疫情爆發之前，民族主義就已成為一股（支持中華民族）復興的趨勢。川普政府和英國脫歐更（為民族主義）帶來明星級的表現。」他認為，新冠疫情將「進一步強化」這些有利於中國的趨勢。[45]吳白乙認為，經濟慘況、社會動盪、應對新冠疫情不力，意味著「這個自視為『人類燈塔』的國度陷入持續而激烈的社會抗爭……混亂和撕裂讓人們普遍有窒息之感」。[46]因此，中央黨校一名前副校長認為，疫情「進一步推動世界百年未有之大變局」。[47]袁鵬則認為，美國對新冠疫情應對無方，導致「軟硬實力同時受挫，國際影響力大幅下滑」。[48]

許多人認為西方體制的衰微複雜難解，相信西方不太可能在短時間內解決問題。謝韜就指出，對「所謂『後物質主義價值觀』的重視，產生的政治「更多是一種自我表達和要求得到尊重的訴求，而不是傳統意義上的經濟再分配」，因此要解決導致不平等的結構性根源更加棘手。北京外國語大學一名教授也認為，「美國政治體制對這兩股力量（左翼與右翼民粹主義）的吸納和消化，恐怕不是一次大選投票就能解決的」。[49]有些人認為，治理失能將會長期持續，中國國際問題研究院發表的一篇論文就推測：「民粹主義在認知上的根源將會長期存在。」[50]謝韜認為，這個民粹主義階段「可能會持續一段時間，十年或者二十年」。[51]而兩黨政治的功能失調也很可能會伴隨民粹主義而產生。金燦榮在中國國防部網站發表的一篇文章就指出，「美國國內兩黨之間的矛盾也非常深」。[52]中國外交學院教授聶文娟也認為，「疫情加劇了（改革）的急迫性，但美國的政治家們似乎還未找到答案」。她認為，即使政府領導人更迭，美國很可能也只是圍繞著國家的結構性問題「修修補補」。[53]吳白乙則認為，美國面臨著嚴重的「美國病」，他將這種病比作過去形容其他國家治理失能的「荷蘭病」和「拉美病」；他宣稱觀察家們不能再對美國的「『自我糾錯能力』抱有幻想」：經濟的大餅在縮小，「一般製造業萎縮」，好的工作機會日漸稀少，出口減少，經濟朝向科技與金融服務業傾斜——這一切都加劇了不平等，也「收窄社會階層向上流動的機遇通道」；[54]他還認為美國的政治體制也失能，「無論某項議案的民眾支持率為百分之三十或百分之一百，均不影響它在國會通過或被否決。」由於兩極對立嚴重，因此美國治理失能的根源無法解決，他認為這導致惡性的「循環往復」，「更造成美國社會階層鴻溝不斷擴大，制度妥協餘地越來越小，國家決策與『以人民為中心』的宗旨漸行漸遠。」[55]

金燦榮指出，從這種情況產生的「大趨勢」之一，就是美國將不再是唯一的超級強權。他認為「世界結構正在從一個超級大國、許多大國（一超多強）轉變為兩個超級大國、許多大國（兩超多強）」。[56]這是一項重大宣示，因為數十年來中國眼中的世界，一直是只有美國這個唯一的超級強權，這也是中國形塑大戰略時最重要的因素。如今，不僅中國眼中的世界改變了，而且在菁英階級看來，由於他們相信美國正走向衰落，世界重返「一超多強」似乎也是合理的——只是這回的「一超」是指中國。很多人都認為，這就是中國的全球大戰略的最終目標。

目標——實現民族復興

中國的全球大戰略最終目標，是在二〇四九年實現民族復興。在北京看來，未來三十年最重要的任務是把握「百年未有之大變局」的機遇，在全球超越美國，同時避免美國越來越不願從容接受自己的衰落。北京暗示，這個「大變局」時期充滿機遇，也充滿風險，但中國領導人認為前者仍大於後者。因此他們堅持中國仍處於實現民族復興的「戰略」或「歷史」機遇期。官方的權威演說中明確表述了「大變局」與民族復興之間的關係。習近平和其他中共領導人在二〇一八年宣布：「世界面臨百年未有之大變局……這給中華民族偉大復興帶來重大機遇。」[57]二〇一九年習又在一次演說中說：「當今世界正在發生百年未有之大變局，處於實現中華民族偉大復興的關鍵時期。」[58]同年他在中共中央黨校的演講中說：「當今世界處於百年未有之大變局。黨的偉大鬥爭、偉大工程、偉大事業、偉大夢想正在全面展開。」這指的就是民族復興。這樣的理解相當普遍。中國社科院一位學者在其學術著作的摘要就主張，「整體而言，人們普遍相信『百年未有之大變局』給中華民族偉大復興帶來重大的歷史機遇」。[59]

如果「大變局」代表的是實現民族復興的機遇，那麼民族復興又是什麼意思？中國的民族復興目標是否即為在二〇四九年之前取代美國成為世界超級大國？西方的圈子裡對此仍有爭議。但當今在談論民族復興與「大變局」時，往往隱含這樣的涵義，有時甚至會明確表達出來。例如，即使是張蘊嶺（他是資深學者，有時會擔任中國外交部顧問，通常主張自由的外交政策），都曾在一篇相關文章中將民族復興與超越美國相連結。他寫道：「歷史上，中國曾是世界上綜合力量最強的國家……預計到二十一世紀中期，即二〇五〇年，中國將可在綜合實力上居世界首位，完成中華民族復興的偉大目標。」他在另一篇文章寫道，「上個百年最大的變化是美國力量不斷提升，由超越英國，打敗德國、日本到蘇聯解體，成為唯一的超級大國。」但現在，「在二十一世紀上半期，最有可能的變化是中國的綜合力量超越美國……這無疑是自西方工業化以來最重要的力量格局轉變。」[61]

官媒新華社在十九大期間發表的一篇社論也同樣宣稱：「到二〇五〇年，即鴉片戰爭讓這個『中等王國』陷入痛苦與恥辱的兩個世紀後，中國將恢復國力，重新登上世界頂峰。」[62]一篇刊登在中央黨校《學習時報》網站的化名文章明確指出，「大變局」是指國際「力量對比」出現變化，作者以籠統措辭描述美國如何「逐漸取代英國成為西方陣營領袖和世界秩序主導者」，走上「稱霸世界」的道路，藉此暗示美中之間正在醞釀的變化也有同等的歷史意義。[63]中國社科院「一帶一路」研究中心副主任任晶晶也在中央委託撰寫的一篇文章中主張，「中國將在二〇二一年左右成為高收入國家；至二〇三〇年，中國國內生產毛額（GDP）可能大幅超越美國；至二〇三五年，中國的高科技研發支出可能超越美國；至二〇五〇年，中國的軍費開支可能超越美國。」[64]上述說法將中國亟欲超越美國的想望和官方的民族復興時間表保持一致，兩者都以二〇四九年中共建黨百年為目標期限。任晶晶又寫道：「如果發展順利……未來三十年，中國各方面的實力將持續接近甚至超越美國。」[65]事實上，「『大變局』的走向取決於未來三十年」，任晶晶認為這段時間是「過渡期」。[66]中共官員似乎同意這樣的評估，即未來三十年（特別是未來十年間）正是把握「百年未有之大變局」機遇的核心時期。習近平本人也說，「未來十年，將是國際格局和力量對比加速演變的十年」，「未來十年，將是全球治理體系深刻重塑的十年」。[67]

危機與機遇

「大變局」帶來報酬，也帶來風險。習近平在首次提出「大變局」概念的演說中，形容這個過渡期帶來前所未有的機遇，也帶來前所未有的挑戰。[68]之後他在多次談話中強調這種論點。在一次有關「大變局」與民族復興的演說中，他說：「我們面臨著難得的歷史機遇，也面臨著一系列重大風險考驗。」[69]在二〇一八年中央經濟工作會議中，他和其他中共領導人又說，「變局中危和機同生並存」。[70]

這些機遇和考驗究竟是什麼？中國二〇一九年的白皮書《新時代的中國與世界》提供了答案。白皮書中有一小節詳細探討「大變局」，就劃分為機遇和挑戰。[71]其內容與學界的相關評論都有力顯示，「大變局」的機遇來自美國退出世界舞台與漸趨衰落；風險則來自美國在自身的衰落趨於明顯之際，對中國崛起施加更強大的阻力。

白皮書首先明確指出「大變局催生新的機遇」，「『百年未有之大變局』中最大的變化，正是中國……的崛起……從根本上改變了國際力量對比」。白皮書認為，「（第一次）工業革命以來，西方世界在國際政治經濟格局中長期占據主導地位」，但如今情況已不再。白皮書還加上一張圖表，呈現「發達國家」國內生產毛額（GDP）在全球占比逐漸下降。因此，「當今世界，多極化加速發展，現代化發展模式更趨多元……任何國家或者國家集團都再也無法單獨主宰世界事務」。這所有趨勢都成為中國的「機遇」，其他評論也廣為贊同這樣的解釋。例如閻學通在二〇一八年十月受訪時就說，他認為「當前是冷戰結束以來中國最好的戰略機遇」時期。[72]

他這樣解釋自己的邏輯：「特朗普（川普）破壞了美國領導的同盟體系，使中國的國際環境得到了改善……從戰略意義來講，中國面臨的國際環境比特朗普上台之前要好很多。」[73]他又將當前情勢放在歷史脈絡來看，「總之，與二十世紀五〇年代的朝鮮戰爭（韓戰）、六〇年代的越南戰爭、九〇年代的國際制裁相比，中國當前面臨的國際困難都是很小的，而中美實力差距又遠遠小於以前」。[74]他的總結看法是：「現在最關鍵的，是中國應該怎樣利用這個戰略機遇。」[75]也有其他學者持類似觀點。武心波就指出，川普政府一直在國際上「不斷地『退群』」，從「退出《跨太平洋夥伴協定》（TPP）、應對氣候變化的《巴黎協定》、聯合國教科文組織、萬國郵政聯盟，到終止伊朗核問題全面協議，再到揚言退出世界貿易組織和猛烈抨擊北約甚至聯合國，退出『中導條約』*，最近又突然宣布從敘利亞撤軍等等，美國似乎在十分無奈地放棄自己精心打造的戰後國際秩序」。武心波又指，「去美國化……客觀上為各地區和各國重新定位自我和解決各種歷史遺留問題，創造了一個機遇窗口」。在美國衰落之際，「戰略收縮」與在全球的「鬆綁」也可能為其他國家帶來意想不到的戰略紅利與好處。[76]

其次，白皮書也指出「大變局」帶來的挑戰，也就是美國可能引發的風險。內容指「圍堵遏制、對抗威脅的冷戰思維沉渣泛起」，「一些西方國家治理陷入困境，民粹主義氾濫，逆全球化加劇」。習近平在二〇一九年的一次演說中曾暗示，「當今世界正在經歷百年未有之大變局，實現中華民族偉大復興正處於關鍵時期。越是接近目標，越是形勢複雜，越是任務艱鉅」。[77]

學者的評論更明確地呼應了這種論調。中共中央黨校的一名院長在中央黨政幹部論壇撰文寫道，民族復興的主要挑戰是美國：「大變局為中國帶來挑戰，也帶來機遇。挑戰主要來自大國

* 譯註：指一九八七年冷戰期間美國與蘇聯簽訂的《中程飛彈條約》，促使雙方銷毀中程彈道飛彈。川普指俄羅斯長期不遵守條約，擁有大量中程飛彈的中國又非締約國，因此於二〇一九年二月二日宣布退出。

的戰略博弈。美國已將中國視為戰略競爭對手，美國的綜合實力仍強於中國。在這種情況下，能否應對美國的戰略競爭壓力，對中國來說是嚴峻考驗」。[78]大多數學者認為，衰落中的美國是在對崛起的中國洩憤，洩憤的同時偶爾還會傷到自己。中國社科院學者任晶晶就主張，「美國是中國崛起和民族復興道路上最大的遏制力量」，還試圖「將中國逐出全球價值鏈」以阻撓中國崛起。[79]經常告誡外交政策要克制的朱鋒，則擔心中國話語中的志得意滿會貿然引發西方世界的焦慮，尤其是「百年未有之大變局」的相關話語。「中國崛起的勢頭越是積極，西方國家就越是會擔心失去自身權力優勢，對中國做大做強的戰略牽制和制衡就會越明顯。『大變局』的探討，不能一味沉迷於國際體系內的權力再分配，更需要避免成為西方攻擊中國的新靶子。」[80]到了二〇一九年底，美國已明顯是最主要的障礙。例如，上海國際問題研究院一名學者在一篇關於「大變局」的文章中指出，「美國等西方國家公開把中國當作主要競爭對手」，不過這種情況暫時有所緩和，因為「西方文明在全球政治、經濟、軍事和思想方面的領先地位進入相對衰弱周期」，部分原因是民粹主義的興起。[81]

中國戰略學者希望美國優雅接受自己的衰落。中共中央黨校一名院長在中央黨政幹部論壇上撰文指出，「在大變局中，最為不確定的因素是西方大國，特別是唯一超級大國美國。美國能否審時度勢，順應潮流，理性應對大變局，實現『優雅體面地霸權衰落』，是決定大變局進程的重要因素」；即使美國不優雅接受，其抵抗也「只能延緩大變局的進程，不會決定大變局的方向」。[82]他認為，長期而言，美國的衰落是無可避免的。

那麼要如何衡量機遇與風險呢？這些學者普遍認為機遇是大於風險的。中央黨校一名院長在中央黨政幹部論壇寫道：「大變局帶來的機遇（比風險）更值得關注。習近平總書記談論大變局時，通常也與我國仍處於重要戰略機遇期聯繫在一起。」[83]中國要努力奮鬥，才能在二〇四九年之前實現民族復興。習近平在二〇一七年的一次演說就宣稱，「中華民族偉大復興，絕不是輕輕鬆鬆、敲鑼打鼓就能實現的。實現偉大夢想，必須進行偉大鬥爭……我們面臨的各種鬥爭不是短期的而是長期的，至少要伴隨實現第二個百年奮鬥目標全過程」。[84]在二〇二一年的一次演講中，他也表明對未來充滿信心。「世界正在發生百年未有之大變局，但時與勢在我們一邊，這是我們定力和底氣所在，也是我們的決心和信心所在。」[85]

簡言之，中國需要一套能整合政治、經濟和軍事手段的方法來實現這些遠大目標，在全球秩序中取代美國。下一章將詳細說明，這套戰略包括：在政治層面推動全球性組織、在經濟層面牢牢掌握「第四次工業革命」、在軍事層面則確保軍力在全球持續擴張——這一切都是要把在亞洲實行已久的「削弱」與「建立」戰略更廣泛地在全世界實施。

第十二章

「登高望遠」

——中國向全球擴張的方向與工具

「朋友來了有好酒，壞人來了有獵槍。」[1]

——中國駐瑞典大使桂從友，二〇一九年

二〇一九年十一月三十日，中國駐瑞典大使桂從友接受了瑞典公共廣播電台的專訪。這次專訪進行得並不順利。

當時中國與瑞典關係緊張，雖然外界大多認為本來應不至於如此。瑞典長久以來都是保持中立且不結盟的國家，這樣的歷史可追溯到拿破崙戰爭。二戰期間，瑞典讓德國使用該國鐵路，但同時也為同盟國提供情報且偶爾開放軍事使用權；冷戰期間，瑞典悄悄與西方站在同一陣線，但仍鮮明地公開表示中立。中國的資訊來源經常指出，由於瑞典本質上是不結盟國家，因此對北京來說是頗具吸引力的合作夥伴。[2]即使在美中關係趨於緊張之際，中國與瑞典關係也理應頗為和諧，因此桂從友的專訪本應順利進行。

但桂從友是在一個棘手的時刻接受專訪。多年來與瑞典維持友好關係的北京，派出特工綁架了住在泰國的瑞典籍書商桂民海，雙邊關係因此出現裂痕。桂民海過去出版批評中國菁英的書籍，中國將他非常規引渡到中國，強迫他上電視認罪，並且先將他拘禁兩年後，才判處十年徒刑。

瑞典絕對是一個自由社會，有自由的新聞媒體；當地媒體不可能對瑞典公民遭綁架的事件視而不見。然而，當獨立的瑞典公民社會團體報導桂民海被捕一事，並且呼籲將他釋放，在北京眼中仍是無法容忍的，儘管瑞典政府在公開立場上已相對克制。在瑞典公民社會積極提出倡議的情況下，中國大使桂從友決定講清楚，如果瑞典繼續在該國公民遭綁架的問題上找麻煩，事態會有多嚴重。他說：「朋友來了有好酒，壞人來了有獵槍。」[3]

桂從友如此不智地語出威脅，是許多人稱之為中國「戰狼」外交的範例之一——所謂戰狼外交，就是在外交上採取更尖刻、更極端的民族主義立場，但經常適得其反。他的言論也是一種徵兆，預示了之後將發生的事。大約一年後，中國向澳洲發出一份列有十四件不滿事項的清單，宣稱是對澳洲實施經濟懲罰的正當依據。整體看來，這些不滿構成了中國秩序的大致藍圖。澳洲必須表態減少對外國投資的審查、容忍華為、取消反外國干預法案、開放簽證政策、停止對人權的相關批評、改變在南海議題上的立場、停止公開將網路攻擊歸咎於中國、允許澳洲各州加入中國「一帶一路」倡議，還要遏制那些讓中國反感的智庫與媒體和地方官員的獨立行動，[4]如果不從，澳洲可能面臨來自中國更嚴重的經濟懲罰。

桂從友的言論和中國向澳洲發出的信函，反映了一種事態，而且這種事態還在不斷演進：中國會逐漸對瑞典、澳洲等國家施加「控制型態」——對於惹中國不高興的國家祭出懲罰，並利誘某些國家站在中國這邊。以往中國不時施加於周邊國家的強權行徑，現在也越來越常施加於其他地區。北京在採行更具野心的大戰略之際，也將這些控制型態（強制力、誘發共識、正當性）向全球擴展。

本章要探究中國如何擴張控制型態。我們會檢視中國全球大戰略的「方向與手段」，從具體情況來探討中國如何在全球建立控制型態，同時削弱美國的控制型態。本章也檢視中國在三大治國方略的相關作為，描述北京如何在政治上推動全球體制與非自由的準則；在經濟上試圖掌握「第四次工業革命」並削弱美國的金融權力；在軍事上加強建置全球性戰力與新設施——這些全都是中國更廣泛努力的一環，最終目標是要實現其民族主義式的國家復興願景，並取代美國秩序。

方向與手段——全球大戰略

一些西方觀察家推測，中國有兩條形塑全球秩序的路徑——一條是區域性的路徑：要先「在西太平洋建立主導地位，然後由此向外擴張」；另一條是全球性的路徑：即「包抄美國」，並且「在全球各地建立經濟與政治權力」。[5]中國自二〇〇八年以來就更加堅定自信地採取區域路徑，為了尋求奠定區域霸權的基礎；目前也仍然在這條區域路徑上推進。自二〇一六年以來發生的變化，則開啟了中國越發朝向全球擴張的新重心，在更廣泛的層面挑戰全球秩序。

中國向全球擴張的新作為，始於公開悖離鄧小平的方針。一份針對習近平在二〇一七年國家安全工作座談會演說的官方評論，重述了鄧小平的重要講話，並指其已過時：「此時此刻，我們的治國方略和外交大略也必須與時俱進，走出『韜光養晦』階段。」[6]習近平在二〇一八年中央外事工作會議的重要講話中，似乎也質疑鄧小平方針在當前是否依然適用。他指出，「所謂正確角色觀，就是不僅要冷靜分析各種國際現象」，這是指鄧小平主張「韜光養晦」時提出的相關言論，但習近平認為也要「把自己擺進去，在我國同世界的關係中看問題，弄清楚在世界格局演變中我國的地位和作用，科學制定我國對外方針政策」。[7]他認為，中國必須從「根本增強戰略自信」。他在慶祝推進「一帶一路」建設五週年的重要會議上也說，「當今世界正處於大發展大變革大調整時期，我們要具備戰略眼光，樹立全球視野，既要有風險憂患意識，又要有歷史機遇意識，努力在這場百年未有之大變局中把握航向」。[8]

中國在全球層面建立秩序，具體情況是如何？北京的戰略的確不斷進化，但中國的資訊來源與行為幫助我們勾勒出它逐漸浮現的輪廓。這套戰略以「人類命運共同體」這個沒有明確定義的概念為中心，無數官員都宣稱這個概念對於民族復興至關重要，它在最初形成時是區域性的理念，但之後顯然已擴大為全球性理念。中國每一次重大的外交政策演說都會提到「人類命運共同體」；在中國二〇一九年發布的一份白皮書中，它出現超過二十二次，作為「為完善全球治理貢獻中國智慧與力量」的範例。[9]中國社科院的兩名學者指出，構建人類命運共同體包括要「提供公共產品……樹立大國擔當」，中國的白皮書也強調這個論點。[10]張蘊嶺則認為，「實現民族復興，建成現代化強國，是二十一世紀最重要的目標」。[11]袁鵬指出，人類命運共同體是一個鬆散的政治集團的基礎。他警告，如果美國試圖構築排華「小圈子」，那麼中國將轉向經營「把『一帶一路』和周邊命運共同體做深做細做實，另闢蹊徑，絕處逢生」，打造「以中國為核心」的結盟支持力量。[12]說到底，「人類命運共同體」似乎是中國主導的全球性階層秩序的替代用語，它結合強制力、誘發共識的工具（如公共財）、正當性等手段，讓他國聽任北京獨攬大權。它類似某些人所謂的「局部霸權」，不一定是地域性的，而是建立在一個由不同治國工具組成的複雜網絡上，從中國向外發散到世界各地。

根據中共的文件與相關評論，中國為實現這種秩序而產生的全球戰略有三大面向。我們現在要一一詳細探討。

政治上的方向與手段——取得全球領導地位

政治上，中國曾試圖削弱由他國運作的區域組織，並建立由自己控制的區域組織。如今中共文本和中國自身的行為則顯示，中國努力的重心放在全球治理與全球秩序，以及積極增進中國所主導之制度的正當性。檢視中國主要的外交政策文件和談話，可以清楚看到這樣的重心。

中國的重心向全球擴張，最早是呈現在楊潔篪二〇一七年的一篇文章中；這就是首次引用「百年未有之大變局」的那篇文章，它在川普就職美國總統前一週發表，顯然並非巧合。楊潔篪列舉了中國新「大國外交」的幾個「要點」，都具有全球意涵，包括：「提出中國夢並賦予其深刻的世界意義」，「倡導打造人類命運共同體」，「構建全球夥伴關係網絡」，努力「為完善全球治理貢獻中國智慧」，以及推動「一帶一路」建設。楊潔篪的文章與以往中方的措辭明顯不同，明確強調中國的領導地位，主張「參與和引領全球治理」將是中國外交的「開拓方向」，中國也將「積極引領國際經濟合作方向」。楊潔篪提出的是比以往更具中國自我意識的全球性倡議，他宣稱這套「中國特色大國外交理論體系」將「超越以零和博弈、強權政治為基礎的西方傳統國際關係理論」，使中國外交站在「道義制高點上」。[13]

習近平的高階外交政策演說又擴大了這些論點。例如，在二〇一七年中國國家安全工作座談會的講話中，習近平超越以往談及中國對國際秩序的野心時較籠統空泛的用語，進一步宣稱「（中國）要引導國際社會共同塑造更加公正合理的國際新秩序」。[14]對這次講話的官方評論更主張中國將成為「國際體系的貢獻者和引領者」，還宣稱「世界需要新秩序」、「中國有資格成為領導者」，「我們有資格有能力成為國際新秩序和國際安全的引導者」。[15]一個月後，習近平的十九大報告再將這些論點延伸，宣布中國「日益走近世界舞台中央」的新時代來臨，將更積極參與全球治理（這與五年前胡錦濤在十八大的報告形成鮮明對比）。數月後，習近平在二〇一七年駐外使節工作會議又表示，中國必須「樹立更寬廣的世界眼光、更宏大的戰略抱負」，並再次列舉楊潔篪同年稍早發表的那篇文章中提出的全球性使命。[16]

之後，在二〇一八年中央外事工作會議上，習近平不僅再次重複楊潔篪的全球性使命清單（他宣稱這些使命攸關民族復興），還引用楊潔篪有關中國領導地位的說法。習近平之前的中國領導人可能只會呼籲要「積極參與」全球治理改革，習近平則說，中國應該「引領全球治理體系改革」。[17]中國國務委員王毅在評論這次重要演說時強調，中國的「關鍵詞」之一是「引領」，「引領潮流……反映中國外交心繫天下的情懷」。[18]他宣稱，「當前，國際體系變革面臨關鍵時刻」，「面對各國出現的分歧、迷茫和憂慮」，中國「登高望遠」，構建全球「命運共同體」，「主動引領全球治理變革的方向」，並成為「世界亂象中的中流砥柱」，這裡所謂「世界亂象」指的就是美國。[19]中國二〇一九年發布的白皮書同樣宣稱，中國將「做開放型世界經濟的引領者和推動者」，且再次提到要「引領全球治理體系改革」。[20]

學界與智庫的評論對於中國大戰略中的政治層面有更加明確的討論，且認為美國的退出創造了機會。中共中央黨校一名院長撰文向領導幹部表示：「過去，西方國家一直是全球治理的主要成員，扮演中心角色。然而當前，作為西方世界領導者的美國已經失去了推動全球治理的動力，甚至頻頻『退群』。這是百年未有的新局面。」[21]《學習時報》刊登的一篇化名評論文章於是指出，「秩序新舊交替、體系破立並舉的轉型過渡期，為我國培育和擴大國際制度性權力提供了重要機遇」。[22]中國學者楊光斌認為其中的利害關係極大：「目前的世界秩序進入了『無人區』，向何處去我們不知道。誰先走出『無人區』，誰就能領導這個世界。」[23]金燦榮等多數學者相信中國可以填補這個空缺，「我們對全球治理感興趣。中國屬於行政能力超強的國家，我們參與全球治理，解決問題可能會比西方好一點」。[24]畢竟，「面對這麼多全球問題，誰應對得好，誰在未來就擁有更多的話語權、更高的國際聲望」。[25]中國社科院兩名學者還指出，除了國際聲望、領導地位或解決跨國問題之外，還可藉機建立秩序。他們認為，「這（全球治理）不僅事關應對各種全球性挑戰，而且事關給國際秩序和國際體系定規則、定方向」；而且還「事關各國在國際秩序和國際體系長遠制度性安排中的地位和作用」。中國打造秩序的核心理念也很明確。「以構建人類命運共同體為目標」，一方面提供「公共產品」，以「樹立大國擔當」，所有這些都「為中國戰略機遇期的維持提供了重要基礎」。[26]中國若具備正當性，將為達成這些目標提供更多保障。中國社科院一名學者在政府委託撰寫的報告中就指出：「歸根結柢，大國崛起是一種文化上的現象，它必須為國際社會接受，遷就國際體系，依賴國際體系，並且受到國際準則的認可。」[27]

中國涉獵廣泛的各種作為，也顯示它對形塑全球政治秩序與建設「人類命運共同體」的興趣更加強烈。

這些作為對於中國建立霸權秩序的基礎（強制力、共識、正當性）頗有幫助，並展現在各種領域，包括：（一）聯合國體系；（二）全球區域組織；（三）新的結盟；（四）輸出特定的實際治理手段。

第一，中國對「引領全球治理體系改革」的興趣遍及聯合國體系，因為（中國二〇一九年白皮書已明白指出）「聯合國在當代全球治理體系中處於核心地位」。[28]中國藉由在聯合國內部的影響力，得以建立一部分強制力、共識影響力及正當性——讓它得以取代原本全球默認的自由開明價值觀，並提升中國準則與計劃的地位，將它們正當化與全球化。[29]中國的政府文件自豪記述北京提出的「人類命運共同體、共建一帶一路的倡議，（都已）載入聯合國多項決議，得到國際社會廣泛認同和積極響應」。[30]中國在聯合國建立影響力的過程中，趁著美國疏於注意，奮力讓中國官員坐上聯合國十五個專門機構當中四個機構的最高領導職位（超過任何國家），這些機構包括聯合國工業發展組織（IDO）、國際民航組織（ICAO）、國際電信聯盟（ITU）和聯合國糧農組織（FAO）。中國此前還曾領導世界衛生組織（WHO）和國際刑警組織（INTERPOL），目前則領導聯合國經濟和社會事務部（DESA），二〇二〇年還差點取得世界智慧財產權組織（WIPO）的領導權。中國運作的手段包括，在糧農組織的選舉中，北京以阿根廷、巴西和烏拉圭的出口作為要脅，讓這些國家支持中國候選人；此外也豁免喀麥隆的債務，讓該國候選人退選。[31]自二〇一六年以來，中國更加強利用在聯合國的影響力，將自己的計劃與準則嵌入聯合國的架構。聯合國最高層級的領導官員多次稱讚一帶一路；聯合國重要的永續發展目標（SDGs）也將一帶一路納入；「一帶一路」和「命運共同體」等用語都已出現在聯合國多項決議中；包括聯合國兒童基金會（UNICEF）、聯合國教科文組織（UNESCO）、聯合國難民署（UNHCR）、經社部等眾多聯合國機構或部門，其中有些機構公開為一帶一路背書，有些則出資並與之合作。[32]此外，中國還利用自己在國際民航組織與世界衛生組織的影響力，將台灣邊緣化。它並成功封殺某些批評北京人權紀錄的非政府組織，並為自己的多個「官辦非政府組織」建立發聲管道，後者在重大議題上都遵循北京的指導。坐上聯合國高位的中國官員，如聯合國主管經社部的前副秘書長吳紅波，對於將國家職責看得比國際職責重要毫無歉意：「作為中國籍的國際公務員，在涉及中國國家主權和安全利益（的事務）上，我們毫不含糊，堅決捍衛祖國的利益。」[33]他曾吹噓自己利用聯合國安全人員「驅逐」一名維吾爾族維權人士，宣稱這名人士不屬於「經過批准的非政府組織」，而且是國際刑警組織發出「紅色通報」通緝的對象——但這些都是北京操弄所致。這是中國在聯合國架構中「去自由化」的重要案例研究。

第二，除了在聯合國體系與在亞洲區域的干預行動之外，中國還以軸輻式（hub-and-spokes）型態與世界上幾乎所有地區建立連結。其中最重要的組織包括中非合作論壇（FOCAC）、中國—阿拉伯國家合作論壇（CACF）；中國—中東歐國家合作（CEEC，或「十七加一」）*；以及中國—拉丁美洲和加勒比海國家共同體論壇（China-CELAC）。這些組織涵蓋一百二十五個國家，成為中國與各個地區建立雙邊關係的管道，而非在每個組織中促進參與者之間的多邊接觸。[34]儘管這些組織都在中國的戰略轉向全球擴張之前就成立，但近年來它們在中國建立

* 譯註：其中立陶宛已於二〇二一年三月退出此一合作機制，愛沙尼亞與拉脫維亞也於二〇二二年八月退出，因此僅剩「十四加一」。

全球秩序的工作中漸趨重要，也越來越受關注。這些組織自二〇一六年以來進行了更多會議與活動，也更加制度化。[35]在誘發共識方面，北京將這些組織當成區域參與和提供「公共產品」的平台，包括宣稱要提供數百億貸款或援助、基礎建設支出或應對新冠疫情的相關支援。每個組織都有按部就班的「行動計劃」或「發展計劃」，為中國與該地區的良性互動設定議程。每個組織也都有各種「次論壇」，涵蓋智庫、年輕政治領袖、政黨、議會、媒體、企業、文化、科學、環境及其他領域，不僅建立連結，也（特別是在媒體與科技方面）分享中國的實踐、標準、訓練及其他技術官僚治理上的指導。在正當性方面，這些組織被用於挑戰自由開明的準則，並為中國的偏好提供支持：大多數組織都發表聲明支持全球政治體制「多元化」、朝多極化發展、反對人權上的「干預」，並批評美國的政策——這些聲明也力挺中國在台灣、西藏和香港等各種問題上的立場。[36]例如，中非合作論壇二〇二〇年六月的一場新冠疫情特別會議就發表聲明，內容包括支持非洲國家尋求「適合國情的發展道路」，也支持「中國依法維護香港國家安全」。[37]

第三，中國近年與一些思維相近的國家結盟，以支持自己的威權式國內政策，這些政策可能在未來變得更加積極且更容易操作。例如，二〇一九年至二〇二〇年，自由民主世界約有二十國簽署了三份不同的聲明和信函，批評中國在新疆和香港的政策。中國為做出回應，組織了五十多國聯名發出三封信函，認同中國「在人權領域取得顯著成就」，並「堅決反對」有關國家「將人權問題政治化的做法」。[38]比較這三組往來信件的署名國家，可看出雙方在地緣與意識形態上的差異：加入一帶一路的國家及中國的多個貿易夥伴都簽署支持中國的信函，另一個陣營則大多是自由民主政體和歐洲國家。北京的目標是將中國應對人權的方式普及全球。《人民日報》就宣稱，有五十國支持中國，批評中國的國家只有二十個，華府顯然是「站在國際社會的對立面」。[39]這類鬆散的結盟將來還能在其他的準則問題上協同合作。

第四，在英國脫歐、川普當選和新冠疫情這一連串「新三連發事件」後，中國更起勁地推廣它的模式與價值觀——既採取守勢，反制西方自由主義；也採取攻勢，為建立霸權奠定準則基礎。二〇一三年首度出現於中國領導高層演說的「中國方案」一詞，在英國脫歐與川普當選後出現頻率大增，討論它的期刊文章數量從二〇一五年的三百三十七篇增加到二〇一七年的四千八百四十五篇，激增十四倍。[40]習近平甚至在十九大報告中宣稱，中國「給世界上那些既希望加快發展又希望保持自身獨立性的國家和民族提供了全新選擇」，同樣的用語在中國二〇一九年的白皮書中再次出現，白皮書還五度重申北京應與世界分享「中國智慧與力量」。[41]白皮書還聲稱，「一些西方國家治理陷入困境」，為民粹主義陷入苦戰；而「一些國家盲目照搬或被迫引入西方模式」，因而「陷入社會動亂、經濟危機、治理癱瘓，甚至發生無休止的內戰」。[42]其他資訊來源如《人民日報》，以署名「宣言」發表官方評論，稱西方引起的「世界之亂」與「中國之治」形成鮮明對比。[43]學界評論家的說法更露骨。中國社科院一名學者指出，「任何被視為大國的國家，都必須對人類的歷史進程產生重要影響，做出重要貢獻」；他認為英國、蘇聯和美國都曾分享自己的模式，中國也該分享些什麼了。[44]還有人主張，西方應該向中國取經。中國外交學院副教授聶文娟一篇頗具代表性的文章寫道，「疫情在深層次上動搖了美國乃至西方自啟蒙運動以來的價值文化和制度優越感。美國人內心深處始終無法面對一個現實：民主的燈塔竟然在某些方面需要向中共威權政府學習。」[45]過去四年當中，無數中國學者提出類似的論點，甚至認為中國的「發展範式」比西方自由主義更適合輸出，更能應對「極端主義、恐怖主義和民粹主義」。[46]

中國輸出「發展範式」，若實踐起來會是什麼樣貌？就如美國輸出的不是具體制度，而是廣泛的自由開明準則，中國輸出的也不是「中國特色社會主義」，而是對二十一世紀的治理挑戰提供範圍廣泛、不自由開明，且以科技為後盾的解決方案，包括資訊管控、恐怖主義、犯罪和疫情應對——中國學者聲稱西方無法解決這些問題，原因是治理失能與自由價值「絕對化」。[47]為了應對這些挑戰，中國輸出監控與審查設備，並藉由提供電信支援、監管諮詢和媒體訓練等各種管道，參與標準制定、人員訓練，以及治理機制的建立。中國企業積極協助烏干達和尚比亞政府破解異議人士的私人訊息；幫助厄瓜多建立大規模監控系統；還深度參與衣索比亞的電信網路建設，以致非政府組織員工認為必須自我審查，以免遭監控及逮捕。[48]這些作法在數十國重複實踐，將非自由的準則嵌入亞洲、非洲和拉丁美洲的治理中。北京聲稱只是提供科技與治理應如何互為所用的答案，這個答案符合北京自己的非自由體制，西方則對這個二十一世紀的重大議題沉默以對。雖然中國模式尚未齊整包裝在一套條理分明的意識形態中，但在西方民主國家結盟控制全球體制的底層結構（科技、貿易、金融等）之際，中國可能也會覺得有必要輸出其體制，並出於意識形態的原因進行干預，同時自己進行結盟——因而擴大意識形態的競爭。這樣的結果應不令人意外。數百年來，意識形態一直彌漫在強權政治之中，無論是天主教與新教國家之間、共和政府與君主政體之間、共產主義國家與資本主義國家之間，當然還有民主國家與專制政權之間。

經濟上的方向與手段——科技與金融

在經濟手段上，在北京取代美國秩序的野心中，科技已成為最重要的工具。中國「百年未有之大變局」的一大關鍵是，中國相信世界正在經歷一波新的技術革新浪潮（有時也稱之為「第四次工業革命」），而這波浪潮是讓中國得以超越西方的一大機會。「第四次工業革命」最初於二〇一五年在世界經濟論壇（World Economic Forum）提出，現已被北京用於泛指範圍廣泛的科技：人工智慧、量子運算、智慧製造、生物技術，甚至主權數位貨幣，以及許多其他科技。北京認為，科技與供應鏈、貿易型態、金融權力和資訊流交會，加上在以往中國大戰略時代中較重要的傳統經濟手段，可能重塑秩序。出於這個原因，經濟手段（尤其是科技）在美中之間的全球秩序爭奪戰中越來越重要。

中方在提到「百年未有之大變局」時，大多也會提醒人們，技術革新的浪潮有時會重塑歷史。習近平在二〇一八年一次演說中就表示，「從十八世紀第一次工業革命的機械化，到十九世紀第二次工業革命的電氣化，再到二十世紀第三次工業革命的信息化（資訊化）」，每一次「顛覆性的科技革新」都重塑了世界。[49] 如今，中國正面臨第四次工業革命，有機會在未來十年間奪取科技上的領導地位。習近平說，「未來十年將是世界經濟……的關鍵十年」，「人工智能（人工智慧）、大數據、量子信息（量子資訊）、生物技術等新一輪科技革命和產業變革正在積聚力量」，帶來「翻天覆地的變化」，同時提供了「推動跨越式發展」的「重大機遇」，得以繞過舊有體制、超越競爭對手。[50]

科技領先能幫助中國將「百年未有之大變局」帶來的潛在可能性變成現實。中國大多數評論家認為，歷史上的三次工業革命造成了「分歧」，讓某些國家成為地緣政治的領導者，其他國家則在地緣政治中落後。北京錯過了之前的工業革命，現在想利用第四次工業革命取得全球領先地位。在一篇頗具代表性的相關文章中，中國社科院兩名學者就明確提出這種論點，「在十八世紀蒸汽機和機械革命與十九世紀電力和運輸革命中，中國沒有參與；在二十世紀電子和信息（資訊）革命中，中國部分參與」，但這一次不同了。他們認為，「在目前正醞釀的以人工智能（人工智慧）、物聯網、能源互聯網、生命創制等為核心的科技革命上，中國正在『彎道超車』」。[51]「彎道超車」這個看似高深莫測的詞彙，源於二〇〇九年後有關全球金融危機後美國實力的討論，它意指在短跑中趁對手放慢速度或在彎道上失策時向前衝刺；而「換道超車」則是指以創新方式超越對手。

中方有關「大變局」之下中國大戰略的話語，經常強化這種從科技與唯物主義出發的權力轉移觀點。例如，在習近平二〇一八年發表有關第四次工業革命的演說後約兩個月，《學習時報》網站針對這個主題刊發了一篇頗具代表性的官方評論，明確表述這些技術變革對於地緣政治的利害關係。文中指出，「大變局的動力，是生產力的決定作用」。[52]「英國抓住（來自煤與蒸汽技術）的第一次工業革命先機……建立『日不落帝國』」；[53]至於電氣化的第二次工業革命，則是「美國從英國手中奪得先進生產力主導權，躍升為世界頭號工業強國，為確立全球霸權地位奠定了堅實基礎」；[54]然後，「第三次工業革命發端於美國」，美國掌握數位革命後，「綜合實力」大增，霸權地位也隨之延伸。[55]第四次工業革命的到來是一大契機，可藉此彌補以往中國錯失的時間。數十年來，中國領導人一直以「趕超」等用語描述他們在科技上的雄心，視美國與西方為最重要的標竿。[56]但北京如今認為，「超越」西方已不再只是空泛口號，而是可實現的目標。中國二〇一九年的白皮書就宣稱「中國正在實現趕超」。[57]

《學習時報》的評論指，在這些工業革命新浪潮中搶占先機的「關鍵」，是一個國家的「制度優勢」。「英國取代西班牙霸權，源於資本主義制度遠比將農民束縛在土地上的封建制度優越。百年前的大變局，源於美國建立了更為徹底的民主共和制度，創造了顯著區別於英國的現代化市場體系、標準化大工業生產體系（例如流水組裝線）。」[58]但到了現在，美國的體系面臨挑戰。文中指：「西方內外治理困局的綜合效應進一步顯現……西方經營百年的新自由主義發展圭臬、以西方為中心的國際等級結構被逐漸破除。」[59]這篇評論認為中國的制度看來較佳：「面對大變局，西方陣營內部矛盾、部分大國內部各政治勢力及社會思潮之間的矛盾都在發展。中國之治和世界之亂形成強烈對比……新一輪科技革命和產業變革興起，有利於我國發揮制度優勢實現『彎道超車』。」[60]中國憑藉它所謂的制度優越性，有機會追隨英美的腳步，抓住新的工業革命機遇，成為引領世界的國家。

中國絕大多數知名的國際關係學者與專家看來都認同這些觀點。他們認為，科技與實力之間的關係是「百年未有之大變局」的核心。金燦榮就說，「未來十年……第四次工業革命主要應該是中美之間的競爭」。[61]金燦榮認為這是前所未有的發展：「這個是過去五百年中沒有的大變局，過去五百年工業革命都是西方參與，這次工業革命是東西方同時參與。這對於中國是機會，對美國是巨大的挑戰。」[62]其他學者也抱持這種觀點。

科技其實攸關地緣政治，南京大學著名學者朱鋒認為：「科技能力已經成為衡量一個國家綜合實力的重要指標，更上升為大國競爭的主戰場。」[63]張宇燕指出，「中國快速躋身高科技產業」已成為美中等大國關係白熱化的原因，「權力政治主要指世紀大國之間為打壓對手不擇手段，甚至不惜犧牲自身利益。當今世界變局的深層次原因歸結為一點，就在於中國快速躋身高科技產業」。[64]閻學通看到的則是以科技為競爭核心的兩極世界。他認為，「中美兩極戰略競爭的核心，在於科技創新的競爭優勢……採取科技脫鉤策略來獲取科技優勢是難免的。」[65]袁鵬則認為，「科技之爭越來越成為國際政治較量的核心」。[66]

中國正採取由政府支持的強大作為來支配這些科技，利用這些科技侵蝕美國的各項優勢。首先，中國借鏡美國的歷史，由政府投入巨資進行基礎科學研究；若無國家支持，市場可能不會做這樣的投資。美國國家科學基金會（National Science Foundation）估計，中國的經濟規模雖然小於美國，但研發總支出與美國相當。[67]在第四次工業革命的核心科技上，中國的支出可能還高於美國。例如，中國對於量子運算的研發支出至少比美國高出十倍。[68]同樣的，根據美國喬治城智庫「安全與新興科技中心」（Center for Security and Emerging Technology）估計，中國在人工智慧方面的研發支出至少與美國相同，甚至可能更多。[69]

第二，中國自認體制設計更完善（特別是與對立較嚴重、任期也較短的美國政治體制相比），能調動國家、社會與市場來運用產業政策，以實現國家在科技方面的野心。[70]北京為取得第四次工業革命的制高點，已確認了具體的產業政策，進行逾百項科學與技術研發計劃，耗資逾一兆美元。[71]主要計劃包括「中國製造二〇二五」，該計劃的目標是將十個重要高科技產業的關鍵技術本地化，並對國外及國內市場分別設定市占率目標——其後盾包括數百億美元國家補貼、技術轉移、對於市場准入的限制、由國家支持的併購及其他手段。[72]在美國和歐洲強烈反彈之後，北京雖然在官方話語中表面上淡化這項計劃，但該計劃的核心仍在積極進行。自二〇一六年以來，北京啟動了好幾個類似計劃，並投入大量資源。這些計劃包括要在二〇三〇年引領全球的人工智慧領域、在二〇三五年取得標準制定的主導權、五年內投資一兆四千億美元在全中國建設5G網路。[73]

第三，隨著科技競爭加劇，中方認為中國在供應鏈中的角色是值得好好保存的巨大優勢。即使世界各國在新冠疫情爆發後試圖將供應鏈移出中國，但習主席宣稱，保護中國在全球供應鏈中扮演的角色是他的優先政策之一。中國的龐大生產供應鏈是金燦榮等部分學者認為第四次工業革命「中國勝算更大」的原因之一。[74]金燦榮認為，美國的確「技術創新能力是最好的」，但它現在「有一個大問題，就是產業空心化」。[75]這表示，若沒有中國的工廠，美國「無法將技術變成市場可以接受的產品」；「中國什麼產業都有」，「到二〇三〇年，中國製造業占全世界的比例一定會超過百分之五十」；[76]中國有大量工程師、逆向學習能力、製造業也在全球科技業中的重要地位，這些都是中國在「長期產業競爭」中的「真正優勢」。[77]

中國應該堅持這個優勢。金燦榮認為，「不管美國感受怎麼樣，中國人……一定要拚一拚，去抓住第四次工業革命……成為領先者」。[78]儘管受到外國的壓力，中國目前在全球供應鏈當中仍舉足輕重。中國歐盟商會（European Chamber of Commerce in China）調查發現，二〇二〇年僅約百分之十一的會員考慮撤離中國；中國美國商會（AmCham China）會長也同樣指出，大多數會員不打算撤出中國。[79]這些企業考量的不只是成本。美國智庫保爾森基金會（Paulson Institute）

學者馬暘（Damien Ma）就指出，美國人很難停用亞馬遜（Amazon）網路商店，因為它「什麼都賣」，製造商則很難撤出中國，因為它「什麼都製造」。[80]

第四，相對於美國，中國越來越重視在科技組織中主導標準制定程序。中國的目標包括促進自己的產業發展，在本國專利權獲採用時賺取豐厚的權利金，並將自己的價值觀和治理方式嵌入科技產業的架構中。甚至在「中國標準二〇三五」計劃宣布之前，中國就已在「第三代合作夥伴計劃」（3GPP）和國際電信聯盟（ITU）等主要的標準制定機構中建立了影響力；在某些情況下，中國還試圖將標準制定的相關討論轉移到自己較具影響力的機構來進行。中國企業如中興通訊還提出許多涉及政府治理的標準，包括：允許內建監控攝影功能的路燈結構標準、一種強制儲存特定及外來人口生物特徵數據的臉部識別標準、一種有助於監控、審查、控制的網路新架構標準。[81]北京在這些組織裡能夠達成目的，除了因為它成功投資5G等下一代技術，也因為中共政府干預較深；相對於此，美國則傾向讓產業主導，政府不太介入。雖然許多標準制定機構的會員，主要都是應該依據自身利益而投票的企業，但至少在中國，像聯想（Lenovo）這樣的公司就曾因最初投票支持美國企業認同的標準而遭民族主義者批評，之後在壓力下被迫轉而支持華為等中國企業認同的標準。聯想領導團隊在網路上發布的道歉聲明稱：「我們一致認為，中國企業應團結，不能被外人所挑撥。」[82]如果中國這些作為繼續得逞，北京就可能牢牢鞏固它的治理方式，並擴展它在某些主要全球科技上的領先地位，同時損害普世價值與美國的利益。

在中國經濟治國方略中的其他常見目標上，科技也與之交錯。例如，中國一直在努力讓自己不易因美元波動而蒙受損失，但它想發行自己的數位貨幣，目的顯然是期待藉由金融創新的破壞性浪潮來削弱美國的金融優勢，並建立自己在全球的金融優勢。中國官員長久以來一直擔心臉書（Facebook）要發行Libra數位貨幣的計劃可能會形成劃時代的變革，再次鞏固美元體系。中國人民銀行研究局局長王信表示，「如果數位貨幣Libra基本上錨定美元……是不是只有一個老闆，就是美元和美國」，如此一來就會有地緣政治的影響。[83]這樣的擔憂讓中國人民銀行加快了自己的主權數位貨幣的發行計劃，希望能幫助中國降低對美元的依賴，超越美國的長期優勢。

建立秩序所需的強制力與共識基礎，仍是北京相當關注的焦點。在強制力方面，中國的經濟治國方略過去幾年已逐漸擴展至全球，頻率和範圍都有所增加。幾乎每個洲都有國家（從巴西到捷克）因為不同意中國偏好的立場而遭到威脅，涉及的議題不只是以往常見的主權問題，甚至還有其他問題。[84]強權國家有這種行為並不罕見，但中國的情況的確顯示它不再像以往較重視秩序建立過程中的共識元素，而是變得較重視懲罰元素——特別是在中國視為鐵桿支持基礎的開發中國家。此外，北京還鼓勵抵制那些它認為蔑視中國的企業，其中最著名的案例是美國職籃NBA，因為一名球隊經理發布了一則支持香港抗爭者的推特貼文而遭抵制。*當然，中國建立秩序過程中的共識元素依然存在，也已向全球擴張。在中國外交政策中，提供全球「公共產品」已是正式且備受重視的項目，在二〇一九年白皮書中還有專屬章節。為達成這個目標，中國持續將「一帶一路」計劃推向全球，目前宣稱至少有一百三十八國加入。[85]中國利用金援與幫助來博取支持的作為也在進化，特別是在新冠疫情爆發後，北京就採取了「疫苗外交」、「口罩外交」等以公衛用品爭取支持的手段。

軍事上的方向與手段——擴及全球

如果中國軍事戰略曾以削弱美國勢力為優先目標，繼而是在印太區域建立中國勢力；那麼大戰略的第三階段則是轉向全球，中國軍隊會逐漸放眼周邊以外的區域。這種論點可能會引起爭議。某些懷疑這種論點的人士認為，涉及台灣及南海、東海的突發事件仍會持續占據中國的軍事重心。這種看法當然沒錯，但不表示北京不會尋求放眼全球的遠征能力。

另一種看法認為，中國不太可能採用像美國一樣複雜而廣泛的軍事基地網與全球性戰力。這忽略了一件事：中國也許不必精確複製像美國那樣複雜且成本高昂的全球性軍事足印，就可以在

---

* 譯註：NBA火箭隊總管達瑞．莫雷（Daryl Morey）二〇一九年十月四日在推特發布圖片，寫有「爭自由、挺香港」（Fight for Freedom, Support Hong Kong）字樣，引發中國網民不滿。之後他刪文，但中國官方仍發動抵制，中央電視台暫停轉播火箭隊參與的NBA賽事，多家企業也在官方要求下停止與火箭隊合作。

印太以外的區域從事軍事行動。美國當初就不曾採用大英帝國的加煤站網絡，也不曾在一整片大陸建立殖民地。同樣地，中國也可能不會像美國那樣依賴盟國與大量海外基地，而是走自己的混合式道路。

最具官方性質的中國資訊來源對於中國的全球野心通常謹慎處理，但的確有跡象顯示中國的重心朝向全球擴展，尤其是在二〇一六年之後。這些跡象出現在三大領域：（一）中國企盼建立世界級軍隊；（二）中國對於軍隊在全球性目標中所扮演角色的論述；（三）中國有關海外利益的論述。

首先，習近平在十九大演說中多次宣稱，確保「到本世紀中葉把人民軍隊全面建成世界一流軍隊」是北京在「新時代」的「目標」——這些話語之後又出現在中國二〇一九年發布的國防白皮書。[86]由於這次演說的整體基調明顯是以全球為範圍，包括宣稱中國將「日益走近世界舞台中央」，「成為綜合國力和國際影響力領先的國家」，因此可以合理解讀「世界級軍隊」一詞具有全球意涵。有學者不贊同這種解讀，認為它只是「軍隊發展概念」，但這類學者在檢視相關評論時也承認，這個詞語「以美國、俄羅斯、法國等其他國家作為世界級軍隊的範例，當然在某種程度上也暗指戰力投射。這些國家的武裝部隊可將至少一部分戰鬥力量投射到本國區域以外的世界其他地區」。[87]因此，「中國在東亞以外的全球軍事存在將在未來十年間增長」，但與美國強大的軍事存在相比，由於戰力投射要應對眾多挑戰，中國軍隊目前仍然較可能維持「相對較小」的規模。[88]

第二，官方文本顯示，中國軍隊將用於支持那些當局認為攸關民族復興的優先政策，這些政策（包括「人類命運共同體」和「一帶一路」）本質上就具有全球意涵——這顯示中國想要一支更加全球性的軍隊。例如，中國二〇一九年發布的《新時代的中國與世界》白皮書明確指出，「中國軍隊忠實踐行人類命運共同體理念」，還宣稱「中國日益走近世界舞台中央，國際社會對中國軍隊提供國際公共安全產品的期待不斷增大。」[89]

同年發布的二〇一九年國防白皮書對這些全球意涵的主題有更詳細的闡述，甚至有一節以冗長篇幅專門講述「積極服務構建人類命運共同體」，其中又分小節詳述參與聯合國、積極建構全球性的安全夥伴關係、積極提供國際公共安全產品等。白皮書也表明，中國軍隊將「為實現中華民族偉大復興的中國夢提供堅強戰略支撐，為服務構建人類命運共同體作出新的更大貢獻」。[90] 白皮書也指出，「新時代的中國國防」具有「世界意義」，將「積極參與全球安全治理體系改革」。[91] 這些文本將解放軍明確納入中國大戰略向全球擴展的轉變中。

第三，官方文本表明，中國需要一支全球性的軍隊來保障那些攸關該國海外利益的特定具體目標。第九章談過，雖然中國領導人多年前就提過中國的「麻六甲困境」，不過直到胡錦濤在二〇〇九年第十一次駐外使節工作會議的演說，中國才開始更顯著強調要保護自己更廣泛的海外利益。到了二〇一六年之後，這樣的轉變更加明顯，甚至也更具全球意涵，特別著重那些為確保海外利益所必需的海外戰力。根據官方文件的定義，中國的海外利益包括中國公民和人員、機構、組織、資產、海外能源與資源、海上交通線（SLOCs），甚至還有一帶一路計劃。[92]保護這些利益是真正的全球性任務。例如，在新冠疫情爆發前，中國自己的統計數據顯示，每年有一億兩千萬中國公民出國旅行，數百萬人居住在海外，還有三萬家企業在海外註冊。[93]一項估計顯示，「大約六分之一的中國勞工（百分之十六）與略多於五分之一的中國海外直接投資（FDI）股份（百分之二十一）位在世界銀行不穩定指數排名倒數四分之一的國家，遭遇最嚴重的不穩定問題」。[94]因此，越來越多中國公民在阿富汗、伊拉克、巴基斯坦、奈及利亞、衣索比亞、尼日、剛果、敘利亞、寮國等國遭到殺害或綁架。[95]資源流動也很不安全。中國在二〇一七年超越美國成為全球最大進口國，那一年中國超過三分之二的石油和百分之四十的天然氣是進口的，其中大部分是經由關鍵要害通道運入中國。[96]

中國進口的鐵、煤、銅等大宗商品及大約同額的對外貿易量，逾百分之九十也是經由海運進行。[97]即使如此，至少直到二〇一六年，中國的官方演說仍明確指出，北京認為在保障這些全球利益上的進展仍然不足。中國外交部長王毅在華府智庫戰略與國際研究中心（CSIS）演講時就指出，中國外交的使命之一是「有效保護中國不斷拓展的海外利益」，「但坦率地講，我們在這方面手段缺乏，資源不足，能力建設薄弱」。[98]或許正是由於這些不足，在習近平主席翌年的十九大工作報告以及有關該報告的評論，都呼籲投資打造一支更全球化的中國軍隊。習近平的十九大工作報告並未明確提及海外利益，但主張「加快建設海洋強國」，並強調要「走近世界舞台中央」、「建成世界一流軍隊」。[99]隨後發布的二〇一九年白皮書更將「維護國家海外利益」與「支撐國家可持續發展」列為中國軍隊的九大根本目標之一；[100]中國海外利益在上一份白皮書中被納入其他部分，到了二〇一九年白皮書也重新以獨立小節專門講述。重要的是，這份白皮書還列出中國需要哪些能力來保障海外利益：「著眼彌補海外行動和保障能力差距，發展遠洋力量，建設海外補給點，增強遂行多樣化軍事任務能力。」其中的用語值得注意——前一份白皮書*僅稱要朝向「遠海」護衛「逐步轉變」，但這份白皮書明確得多，並且首次提到必須建立海外設施。[101]二〇一九年白皮書還明白列出中國為保護海外利益而承擔的各種任務：「實施海上護航，維護海上戰略通道安全，遂行海外撤僑、海上維權等行動。」[102]還是一樣，這些任務需要全球性的軍事足印。

中國的行為與它越來越重視全球性部署的重心一致，雖然它不斷演變的方法遠比美國選擇的方法輕巧得多。中國早就為軍事上的優先目標奠定基礎，多年後才真正公開尋求達成這些目標：中國的航母研究幾十年前就已展開，北京雖然早有能力建置航母，但直到全球金融危機之後才正式啟動航母計劃。同樣地，中國二〇一七年在吉布地啟用第一處海外設施之前，已考慮且計劃多年。在吉布地的設施也是談判了三、四年的結果。第九章談過，中國已將「一帶一路」中的某些

---

* 譯註：指中國二〇一五年國防白皮書《中國的軍事戰略》。

港口計劃當成投機性的投資，這些港口未來可能為中國提供軍事使用權，甚至成為軍事基地——部分軍方官員，甚至是協助形塑中國海上戰略的國家海洋局前局長，都已私下證實了這種解讀。自二〇一六年以來，中國官員的確更不避諱談論有關取得海外設施的作為。舉例來說，中國外長王毅二〇一六年談及中國的海外抱負時說，中國「在涉及中國利益集中的地區，嘗試進行一些基礎設施和保障能力的建設……這不僅合情合理，也是符合國際慣例的」。[103]二〇一九年，中國駐吉布地基地政治委員李春鵬表示，中國海軍「遠海護航保障將逐步從以補給艦保障為主、國外靠港為輔的方式，調整為以海外基地保障為主、國外其他港點和國內支援為補充的新模式」。[104]直至二〇一四年，中國仍否認可能在聯合國安理會未授權的情況下進行海外軍事部署；到了現在，「重點不再是否認中國正在尋求（全球性遠征）戰力，而是明確定義要在哪些實際情況下展開海外行動」。[105]

中國在二〇一六年之後的活動似乎也支持這些說法。二〇一七年，也就是中國在吉布地啟用設施那年，有報導指出，中國針對斯里蘭卡漢班托塔港九十九年租約的談判也涵蓋軍事使用權相關問題。[106]二〇一六至一七年，一家中國企業只付四百萬美元就取得馬爾地夫費德胡島（Feydhoo Finolhu）五十年租約，隨後展開土地開墾。[107]有證據顯示，大約在同一時期，中國也在塔吉克建立了前哨站。二〇一八年，一家中國企業尋求在格陵蘭出資建造三座機場；這家企業對北極頗具野心，而格陵蘭是它長期關注的焦點，此前該公司還曾試圖買下當地一處已廢棄的美國軍事基地。[108]二〇一九年，中國經談判後租用柬埔寨的一處海軍設施，並開始建設可容納中國軍艦的數座港口與數座航空站，這些設施名義上是民用的，但有跡象顯示兩國政府曾針對軍事使用權進行討論。[109]同年，一家中國企業集團在索羅門群島租下一整座島嶼，不過租約後來遭索國政府暫時撤銷。[110]這些案例中的確有某些細節難以證實，但經過權衡的證據顯示（尤其是將中國的聲明與北京有意違背永不在海外駐軍的承諾放在一起看），中國對於在全球建立設施的興趣的確是有增無減。

另一個重要的證據來源是中國的軍事投資，它顯示出中國越來越重視遠征能力。例如，自二〇一六年以來，解放軍海軍陸戰隊人數從一萬人增至超過三萬人，有看法認為這是為因應台灣以外的任務，而陸軍遠征部隊則保留給針對台灣的任務。有報告指出，解放軍海軍陸戰隊的訓練不再只是針對南海的突發情況，也針對不同樣態的地形、氣候和地理進行訓練，顯示其任務環境已越來越多樣。[111]更廣泛地說，過去幾年間，中國明顯想要建置核動力航母，這是要在全球投射戰力所必需。儘管有報導稱，相關計劃可能因技術上面臨挑戰而暫時延後，但即使如此，中國仍繼續原定計劃，要建置一支擁有至少四艘航母的海軍。[112]為支持區域以外的軍事行動，中國增加投資於「航行補給船、空中加油機、交通船，以及增加具備衛星通信功能的海軍艦艇數量」，這些戰力對於取得能抵達全球的能力至關重要。[113]在某些情況下，中國的全球野心的確非常廣闊。習近平已宣布，南北極、太空和深海是「新的戰略前沿」，北京已針對這些領域投資越來越多軍事力量。例如，北京在二〇一八年公布一項核動力破冰船的招標案——這是相當昂貴的投資，而且此前中方已額外投資採購破冰船。這也強烈顯示，放眼全球的解放軍將尋求在北極和南極執行任務。[114]

中國在全球的軍事部署應該不會仿效美國。北京沒有盟國聯軍，也沒有那麼多駐軍數萬的基地，亦避免進行所費不貲的干預行動。至少目前，中方仍比較可能選擇軍民兩用設施、部隊輪調，以及軍事足印較輕巧的做法，因為解放軍在印太以外區域要挑戰美國仍有困難。這種方法有缺點，但它或可讓北京更能保護自己的利益、提供安全公共財、並在某些情況下將自己定位為領導者。若將這些軍事優先目標與中國的政治與經濟優先目標結合，就能看出中國渴望形塑二十一世紀的全球秩序，這種想望所產生的影響可能與美國重塑二十世紀的影響相當。

中國的想望面臨許多重大挑戰，其中不少挑戰就連中國的資訊來源也低估，但美國和美國的盟友與夥伴不應忽視。現在我們要探討，對於中國全球擴張的野心與積極行動，美國該如何應對。

第十三章

以不對稱戰略應對美中競爭

「在對手所用資源與美國相當的情況下，美國的資源利用效率必須與對手相同，或優於對手。」

——安德魯・馬歇爾（Andrew Marshall），美國淨評估辦公室主任*，一九七三年

* 譯註：淨評估辦公室（Office of Net Assessment）是美國國防部內部智庫，一九七三年由時任總統理查・尼克森創立，其任務是展望及規劃美軍未來二、三十年間的願景，並將研究成果做成報告。

一九七三年年中，博古通今的中國總理周恩來接見了一個美國代表團。周恩來是當代中國的開國元勳之一，他參與策劃指揮中共紅軍長征，也是鄧小平等後進共產革命分子的導師。在接見美國代表團成員時，他把一名最年輕的成員叫到面前，問了一個問題：「依你看，中國會變成一個搞侵略擴張的大國嗎？」當時北京與華府才剛建立歷史性的友好關係，於是那位樂觀的美國青年答道：「不會。」但周恩來立刻回應：「別這麼指望。那是可能的。但如果中國要走上那條路，你得反對到底。」他為了強調這句話而稍作停頓，然後大聲說：「你得告訴那些中國人，是周恩來要你這麼做的！」[1]

周恩來或許也曾鼓勵其他人要制止中國展開有害的擴張，但他未曾解釋要怎麼制止。這就是本章的任務了：提出一套與中國競爭的不對稱方式。這項任務並不容易。中國的軍費支出與經濟活動都占整個亞洲區域的一半以上；而在美國的競爭對手中，中國是第一個國內生產毛額（GDP）達到美國國內生產毛額六成的國家——若計入購買力，中國的經濟規模已比美國高出百分之二十五。

這些趨勢促使中國在過去十年間大膽冒進，且違背它自己在國力較弱時的某些承諾。前兩章已說明，中國自二〇一六年以來在區域與全球都愈發強硬。單是擷取中國這段時間以來的部分活動，就已呈現出驚人圖像：中國在新疆設置集中營；違反對於香港自治的國際承諾；數十年來首度在中印邊境動用致命武力，造成二十名印度軍人喪生；在南海島嶼部署飛彈，雖然曾保證不會這麼做；向澳洲發出列明十四樁不滿事項的清單，並祭出經濟懲罰；從第三國綁架歐洲公民；對全球數十國揚言或實際採取經濟脅迫措施，包括捷克與長年維持中立的瑞典。雖然中國迄今明顯未像上世紀的新興強權國家一樣發動流血戰爭，但是既然連周恩來也認為中國未必會走溫和節制的路線，我們不能不心懷警惕。綜觀歷史，新興強權往往會廢止舊日承諾，有時還會動用暴力來削弱他國主導的秩序，並建立自己主導的秩序。

前面的章節已說明，中國高官現在已有意識的宣傳向全球擴展的中國野心，而不僅是區域性的野心。北京的終極目標是在全球取代美國秩序，二〇四九年以前成為主導全世界的國家。雖然部分人士仍懷疑中國有這些野心，但這個曾在蘇聯秩序中坐立難安的政黨，不太可能永遠屈居於美國秩序中的次要角色。而且不管怎麼說，中國已努力挑戰這種秩序長達數十年（如同本書所指出）。由於美中競爭加劇，本章要評估美國對中長期戰略的不同想像情況；在評估過程中要探問三個主題。

首先，本章要分析美中競爭的本質。本書第一章已論證，美中競爭的主要目標是爭奪區域與全球秩序，以及在秩序中維持主導地位的「控制型態」——強制力、誘發共識，以及正當性。

第二，本章要探索兩大類戰略方法：（一）遷就或安撫中國的戰略，可能透過「大交易」或各種「合作螺旋」來達成；（二）藉由「和平演變」或顛覆活動來改變中國的戰略。本章對這兩大類戰略的相對功效進行了比較評估，發現兩者都面臨重大障礙。

第三，本章要提倡的戰略是削弱中國的實力和秩序，同時為美國的實力與秩序建立基礎。這種戰略在許多層面（尤其是在削弱中國方面）是刻意不對稱，部分是借鑑中國在一九九〇年代至二〇〇〇年代初期的大戰略。美國無法與中國進行對稱式的競爭（亦即使用與中國同等規模的金錢、武力、對開發中國家貸款等），部分原因是中國的相對規模較大。不對稱的削弱戰略，是試圖阻撓中國實力與影響力發揮效用（有時也包括阻撓這些實力與影響力的來源），但付出的代價要低於中國製造這些效用的成本。建立戰略則比削弱戰略對稱一些，但它基本上是要投資於鞏固美國秩序的基礎，特別是在強制力、誘發共識、正當性帶來的益處遠大於投資成本時，而且幾乎在任何情況下，美國建立秩序的代價都低於中國削弱美國秩序的成本時。這種與中國競爭的戰略方法，無意藉由促進中國內部改變，也無意透過消除疑慮的再保證（reassurance）手段，而是要讓中國難以將實力轉化為區域與全球秩序。美國使用這種方法有一定的優勢：美國的開放體系能吸引資源與人才；美國擁有的盟國網絡是中國還無法拆散或複製的；而且美國與對手強權國家在地理上距離遙遠。即使如此，美國的優勢並非無窮無盡，因此競爭時必須符合成本效益。

就在周恩來會晤美國代表團那年，安德魯・馬歇爾正絞盡腦汁解決一個問題，與美國當今面臨的問題差別不大。他後來領導五角大廈的淨評估辦公室數十年，成為美國最有影響力的戰略專家之一。他撰寫的報告《與蘇聯的長期競爭：戰略分析之架構》（*Long-Term Competition with the Soviets: A Framework for Strategic Analysis*），那年在五角大廈內部流傳。他指出，為了與蘇聯不斷增加的支出有效對抗，「在對手所用資源與美國相當的情況下，美國的資源利用效率必須與對手相同，或優於對手」。[2]其中關鍵是，要採取那些會讓對手付出的代價高於己方代價的行動。要做到這一點，必須先確認美國和對手在哪些領域占優勢、哪些領域居劣勢。中國自身雖存在許多重大挑戰與弱點，但單是它的龐大規模就顯示，它和美國競爭時（與蘇聯不同），製造及耗用的資源都可能比美國更多，而美國目前還面臨來自國內的龐大阻力。因此，我們探討如何在軍事、政治、經濟和其他領域與中國競爭時，必須重新納入對稱與不對稱競爭的問題，以往的戰略專家都曾敏銳感受到這些問題的必要性。

美中競爭的本質

隨著過去幾年美中競爭加劇，許多政策制定者與學者經常回頭問同一個問題：「雙方究竟要爭什麼？」對於中國和大多數客觀的觀察家來說，美中競爭涉及的利害關係一直都很清楚，主要是爭奪誰將主導區域與全球秩序，以及取得主導地位後可能創造出何種秩序。這場競爭在很多層面（但非全部）都是零和遊戲，因為它爭的是地位高低——也就是在階級體系中的位階。在某些層面，雙方則可能存在相互調整的空間，特別是有關最終要產生何種秩序，以及在一些跨國性議題的合作上。現在我們要探究秩序的問題、和平時期的競爭，以及當前競爭中涉及的風險。

秩序的定義

第一章曾探討，雖然國際關係學者普遍假定全世界處於無政府狀態，但實際情況是，全球秩序往往是階級式的，由某些國家對其他國家行使權力。[3]在霸權秩序中，領導國家在階級的頂層「動員領導力」，以建構國家之間和國家內部的關係。[4]霸權秩序就如吉爾平所說，是由主導國家以某種「控制型態」來約束從屬國，其中通常包含強制力（迫使服從）、誘發共識（提供激勵誘因），以及建立正當性（可正當指揮從屬國）。[5]

強制力來自施以懲罰的威脅，包括軍事力量，或對貨幣、貿易、科技或其他體制上的要害握有結構性的控制權。誘發共識則是藉由對雙方都有利的交易或誘因來激勵合作，例如安全保證、公共財或私有財的提供，或是籠絡菁英。正當性則是領導國家只憑身分認同或意識形態產生的權威來統御；例如教廷曾經只憑神學上的地位，就能統御多個它幾無實質管轄權的國家。強制力、誘發共識與正當性等型態綜合起來，可以確保這套秩序中的各國依從霸權國家。

什麼是和平時期的競爭？

美中之間和平時期的競爭，要爭奪的目標是區域與全球秩序，以及支撐這些秩序的控制型態。美中的秩序之爭會如何展開，美國主導的秩序又會如何變化？大多數分析家認為，霸權秩序會藉由大規模的強權戰爭而改變，例如美國主導的秩序就是在二戰後出現的。但以美中兩國來說，由於核子技術大幅變革，這種強權大戰發生的可能性已比過去小得多，因此有些人過早假定美國秩序根本上是穩固的。

然而，前文有關秩序的討論已顯示，秩序並非只能透過戰爭來改變，其實也可以透過和平時期的競爭而改變。建立秩序的控制型態（強制力、共識、正當性）若遭破壞，就會弱化秩序；相反的，同樣的控制型態獲得鞏固時，就會強化秩序。從這個角度看來，即使沒有戰爭，秩序也可能出現轉變；它可以在情勢逐漸演進中發生轉變，也可以像蘇聯解體那樣突然改變，但都不需要強權戰爭，甚至不需要強權競爭者就能發生轉變。[6]中國推測秩序轉變的著名學者對此非常清楚，國家安全部智庫負責人袁鵬就認為，疫情對於秩序轉變產生的作用，也許就和強權戰爭的作用相當。

那麼，和平時期的秩序競爭是什麼樣貌呢？前面的章節已經指出，第一章也詳細討論過，如果霸權國家在秩序中的地位來自強制力、共識、正當性等「控制型態」，那麼針對秩序的競爭就會圍繞著強化與弱化這些控制型態的作為而展開。因此，本書主要關注中國這類新興強權國家，可能藉由兩種廣泛戰略，以不開戰的方式和平取代美國等霸權國家。

第一種戰略是削弱霸權國家對控制型態的運用，特別是針對新興強權的控制型態；畢竟一個新興強權如果仍大幅受制於霸權國家，是無法取代這個霸權國家的。第二種戰略則是建立對他國的控制型態，並奠定共識交易與正當性的基礎；一個新興強權若無法限制他國的自主性，或利用共識交易與正當性吸引他國，藉此確保他國遵從自己的偏好，那就不可能成為霸權國家。削弱戰略通常用於建立戰略之前，並且兩者通常都先在區域實施，之後再實施於全球層面。本書已說明，中國以這兩種戰略作為提升地位的手段——在區域和全球層面挑戰美國秩序，同時為自身的秩序奠定基礎。

本章以前述立論作為基礎，主張既有的強權國家也可以使用這些戰略。例如，美國也可以在建立或重建自己的秩序時，削弱中國主導的秩序。

牽涉到何種風險？

秩序競爭涉及的風險有哪些？美國經常未能充分審視自己主導的秩序，許多美國人並不研究奠定霸權的基礎，以為國際體系的諸多特徵是理所當然，而非來自美國的實力。例如，他們認為各國應普遍採行民主體制，不應從事種族滅絕、核擴散、領土征服、使用生化武器，或各種不加掩飾的非自由行為（相對於至少在理論上披著正當性外衣的非自由行為）。會有這樣的想法，是因為在美國主導的秩序中，若從事上述行為是要付出代價的，雖然華府自己也未能完美遵守或捍衛這些規範。在許多情況下，美國能得到盟國與夥伴的遵從，是因為秩序由它主導；美國在海外廣設軍事基地，或美元作為準備貨幣，都廣為世人接受且相對沒有爭議，也是因為美國主導了秩序。這是中國等非自由國家不敢或忘的實情。中國數十年來不斷撰文，指國際體系懷有自由主義偏見，也批評美國霸權的各種基本面向。中國不僅不滿國際體系假設美國具有結構性優勢，也提出種種詰問，質疑這些優勢從何而來；中國也試圖建構自己的秩序，想依照自己的偏好重新形塑國際體系。

本書已推測過中國主導的秩序可能是何種樣貌。在區域層面，中國的國內生產毛額已占全亞洲超過一半，軍費支出也超過全亞洲軍費開支的一半，在軍事上的影響範圍很可能缺乏外部平衡力量。中國主導的秩序一旦成真，最終結果可能是美軍撤離日本與朝鮮半島，美國失去結盟勢力，美國海軍撤出西太平洋，區域鄰國遵從中國，台灣遭到統一，東海與南海的領土爭議被解決。中國秩序很可能比現有的秩序更強制高壓，主要有利於那些擁有高層人脈關係的菁英，即便會犧牲普羅大眾。會認為中國秩序具有正當性的人，大多是極少數能直接獲益的人。中國會以破壞自由價值的手段實現這套秩序，而威權作風將在整個區域更加盛行。在海外實施的秩序通常反映國內的秩序，相對於美國打造秩序的手法，中國顯然會以非自由的方式建立秩序。

在全球層面，前兩章已說明，中國主導的秩序是要掌握「百年未有之大變局」的機遇，取代美國成為領導世界的國家。要達成目標，中國必須妥善管控「大變局」的主要風險（也就是華府不願平和承認美國已衰落），讓那些支持美國主導全球秩序的控制型態弱化，並強化那些支持中國取而代之的控制型態。政治上，北京將企圖領導全球治理與國際機構，分化西方聯盟，破壞自由體制的準則以推動獨裁體制準則，並拆散美國在歐洲和亞洲的結盟。經濟上，中國將削弱那些鞏固美國霸權的金融優勢，掌握人工智慧、量子計算等「第四次工業革命」的制高點，美國則將淪為「英語版的去工業化拉美式共和國，特色是大宗商品、房地產業、觀光業，或許還會成為跨國逃稅天堂」。[7]軍事方面，解放軍將部署一支世界級軍隊，在世界各地都有軍事基地，可保護中國在大多數地區的利益，甚至包括太空、極地、深海等新的範疇。綜合以上種種作為，中國將在周邊區域建立「高階影響力地帶」（zone of super-ordinate influence），並在一帶一路計劃相關的開發中國家建立「局部霸權」——或許還包括部分已開發國家；中國某些知名作者就以毛澤東的革命指導方針「農村包圍城市」來描繪這種願景。[8]

這些秩序都不符合美國的利益，也對美國的盟友與夥伴不利。現在我們要分析因應中國崛起的兩大戰略，亦即遷就中國與改變中國，並思考這兩大戰略各有何缺點。

遷就中國

許多分析家提議要遷就中國，認為可能軟化中國的強權，並降低緊張局勢。遷就主義者的觀點可分為幾大類：（一）完全單方面的勢力範圍遷就；（二）「最大化」的大交易（"maximalist" grand bargain）；（三）非常謹慎、「最小化」的大交易（"minimalist" grand bargain），在相互遷就中分階段進行；（四）政治與軍事層面的戰術性或操作性的再保證作為。

其中第一個選項是單方面的遷就，試圖藉由給中國一個勢力範圍來軟化其強權，不要求任何回報。即使是支持遷就中國的人士，大多也認為單方面的讓步可能適得其反。一名主張大交易的學者就說：「美國政策產生如此巨變，非常可能引起中國的誤解，恐怕會助長中國的過度自信，並加劇美國利益面臨的挑戰。」[9]第二和第三種選項（分別是最大化和最小化的大交易）不是單方面的，而是真正的「雙方交易」，美國的讓步與中國的某些讓步是相互聯動的。倡議「最大化」大交易的人士認為美國應停止結盟，將美軍撤出西太平洋，給中國一個勢力範圍以換取北京在各種問題上的讓步——儘管要達成這種交易，華府恐須容許中國依中方自己的意思解決領土爭端，並且容許中國併吞台灣。但就和第一個選項一樣，即使是主張自我克制的學者（例如拜瑞．波森），大多也不支持這種作法，因為美國必須做出全面且無法逆轉的讓步，換來的只是推測中國會遵守的承諾，終究難以執行。[10]美國智庫「昆西國家事務研究所」（Quincy Institute）在一份報告中呼籲降低與北京對抗，但反對「美軍完全撤出東亞」，也反對「允許中國在東亞建立專屬勢力範圍」。[11]第三種和第四種選項（最小化的大交易、某種程度的戰略再保證）則是最有力也最具說服力的選項，值得進一步考慮。

「最小化」的分段大交易

表面上看來，最小化的分段大交易對北京的讓步比單方面讓步或「最大化大交易」要少；作法是試圖維持美國的結盟與在亞洲的存在，讓給北京它最想要的目標——台灣。這種主張的知名倡議者查爾斯．格雷瑟（Charles Glaser）*就認為，美國應該「經由談判達成大交易，終結對於台灣面臨中國侵略時提供防衛的承諾」。[12]持這種觀點的專家還包括美國海軍戰爭學院的萊爾．戈茲坦（Lyle Goldstein），他認為「美中關係已滑落至大概是一九五〇年代以來未見的新低點，台灣周圍出現緊張局勢是諸多重要原因之一」；他呼籲制定「軍事脫離（military disengagement）台灣問題的完整政策」。[13]彼得．貝納特（Peter Beinart）†同樣主張，「如果中國宣布放棄動武，美國應支持中國遵循『一國兩制』原則與台灣統一，因為美國對台灣的承諾是『無力償還』的（insolvent）」。[14]美國前大使傅立民（Chas Freeman）‡提出了類似的論點，他和貝納特一樣認為北京會大致尊重台灣的自治權。[15]學者布魯斯．季禮（Bruce Gilley）則認為，北京尊不尊重台灣自治權沒那麼重要，倡議美國同意台灣「芬蘭化」。[16]

認為美中在台灣問題上的大交易可降低美方敵意，這種主張的邏輯是：在中國目標不多的情況下「滿足」中國，移除最可能通往衝突的途徑，並且「釋出信號暗示美國在中國鄰近區域的目標有限」（因為在台灣問題上讓步是重大決策且代價高昂），藉此改變北京對美國意圖的看法。[17]

另有支持者認為，大交易甚至可以改變中國內部的政治，因為能「損及那些鷹派軍國主義分子，他們利用台灣問題煽動民族主義，藉此排擠親西方技術官僚」。[18] 簡言之，大交易可藉由讓步與改變中國的信念來排除美中之間在安全上的主要競爭。大交易還將帶來許多額外好處：可以避免「耗資數兆美元的軍備競賽」，將釋出的資源用於內政革新或其他可能與中國競爭的領域，[19] 而且似乎能讓中國做出許多重大讓步。

支持這種大交易的人士列出中國可能做出的讓步：免除美國的債務；承諾不將台灣軍事化並尊重其政治自由；和平解決南海與東海的爭端；接受美國在亞洲的軍事角色；結束對伊朗、北韓和巴基斯坦的主要支持；在全球範圍內減少美中關係當中的爭議。

在台灣問題上的「最小化」大交易很可能失敗。尤其是，雖然這種有限的作法意在維持美國

---

* 譯註：查爾斯・格雷瑟是美國喬治華盛頓大學政治學與國際關係教授、該校安全與衝突研究所共同所長、該校艾略特國際事務學院（Elliott School of International Affairs）創辦人。他對國際關係理論的研究聚焦於安全困境、防禦現實主義、攻守平衡、軍備競賽等。

† 譯註：彼得・貝納特是美國知名專欄作家，文章散見《時代》周刊、《紐約時報》、《大西洋》等，曾主編美國政論與文化雜誌《新共和》（*The New Republic*）。

‡ 譯註：傅立民是美國知名外交官，在美國前總統尼克森一九七二年訪問中國時擔任翻譯，曾任美國國務院主管中華民國事務的副助理國務卿、駐沙烏地阿拉伯大使。熟諳中文、法文、西班牙語、阿拉伯語。

在亞洲的地位，但它最後可能淪為前兩個選項的結果——也就是美國實際上退出亞洲。雖然關於美國信譽有多重要的看法偶爾會流於誇大，但華府若真的自願終止對台承諾，會讓日本、南韓和澳洲等美國在該區域的盟友震驚不已；如果這些國家因此認為區域平衡只是徒勞，甚至可能出現跟風行為，反而破壞美國在亞洲區域的地位。更宏觀的看，由於中國應該會在這樣的大交易之後吞併台灣，並取得這座島嶼帶來的地緣戰略優勢，因此美國在東海和南海問題上的承諾可信度將大幅降低，很可能完全站不住腳；屆時，美國即使只採取「拒止性嚇阻」（deterrence by denial）戰略（亦即不試圖壓倒中國或取得主導地位，只是要讓中國更不易冒進）都難以成功。況且，美國也無法確保中國會遵守華府要求的大多數承諾，包括容忍美國在區域的軍事角色、和平解決爭端，以及承諾不將台灣軍事化、保障台灣擁有政治自由等等。大交易的作用不像法庭上的合約，也不會有法官強制中國遵守承諾。

為了將中國履行大交易承諾的可能性提升至最高，部分人士可能會建議採取分階段的作法——亦即「將大交易分成多個較易實現的小型交易」，若北京明顯不會遵守交易條件，美國還有機會撤銷這項大交易。[20]例如，戈茲坦就建議美國減少駐紮關島的軍隊、關閉美國在台協會（AIT）的軍事辦公室、暫停軍售，以換取中國撤離華東地區部署的飛彈、允許台灣擴大參與國際活動（international presence）、限制解放軍發展兩棲能力。這些事項逐一達成後，最後會導致中國吸收台灣（也許成為同一個邦聯）的結果。[21]分階段處理台灣問題乍看似乎可行，但實行起來卻極不牢靠。無論雙方提出何種讓步順序，針對這些讓步進行談判時，都會以美國最後可能廢止對台承諾為預期，來達成正確的讓步與保證。單是發出這樣的信號，美國就要在談判開始時做出巨大讓步，並且形同引誘北京測試美方的承諾。如果美國宣稱願意收回對台灣的昂貴承諾，以換取中方在談判付出某些「代價」；但同時又宣稱若中方付出的「代價」未投美方所好，那麼美國願意打一場要付出更高代價的戰爭，這種作法根本難以取信於人。據此，分階段的大交易其實無法更進一步防止中國違反協議，甚至可能讓局勢更不安定。

戰略再保證與「合作螺旋」

部分觀察家，特別是歐漢龍（Mike O'Hanlon）、詹姆斯·史坦柏格（James Steinberg）與戈茲坦，都已提出實現相互再保證的詳細步驟，大致上都是關於區域安全問題。歐漢龍與史坦柏格就認為，戰略再保證（strategic reassurance）*的目的是「盡可能降低單邊安全政策的模糊與不確定性，讓雙方的善意承諾具備可信度」。[22]依照這種觀點，美中應該自願克制（包括放棄某些可能

* 譯註：戰略再保證是美國前總統巴拉克·歐巴馬二〇〇九年上任後，由副國務卿詹姆斯·史坦柏格率先提出的美中戰略合作框架，主張兩國應在核武、太空、網路等領域達成默許式的交易，相互提供「戰略再保證」。他表示，美國已準備好迎接中國成為繁榮成功的強權國家，但中國必須提供「再保證」，以消除全世界對持續發展的中國可能危及他國安全與福祉的疑慮。

威脅對方的科技、軍事部署或準則），這樣的克制是雙方互惠的，並在其他方面的互動中更加強化。這些作為是藉由彼此之間的透明度與資訊分享來維持，可以減少彼此的誤解，也可降低恢復原有狀態的風險。

同時，雙方的步驟可以各自依序執行，若其中一方有所欺瞞，就可進行調整。歐漢龍、史坦柏格、戈茲坦與其他人探究的許多再保證措施頗值得考慮，而且相當聰明；尋求「合作螺旋」的整體想法也很合理，相信在二〇〇〇年代初期美國霸權達到巔峰時可以奏效。然而，如今這些努力在許多情況下面臨阻礙。首先，在談判中明確或暗示性的縮減美國對盟國與夥伴的防衛承諾，可能引發局勢的不穩定。如前所述，這些情況下的再保證實際上會貿然破壞美國的決心，因為這些再保證形同表明華府願意限制或終結對盟友的防衛承諾，只為換取假定中國會做出的讓步，這可能誘使中國在談判程序完成前或談判陷入僵局前測試美國的決心。其次，戈茲坦所謂的「合作螺旋」（一套再保證措施引出另一套再保證措施，並且不斷循環）發生的可能性雖不應低估，但在許多情況下，要在這個螺旋中從低階的讓步（例如減少美軍陸戰隊在沖繩的駐軍）上升到較高階的相互讓步，似乎是極大的挑戰。所有作者都同意，在最需要再保證措施以消除疑慮的領域，最難實施再保證。美國不太可能如某些人士所認為，能安全的「遏制」中方長程精確打擊系統的「現代化與部署」，況且中國也可能反過來「遏制（美方）反艦彈道飛彈的發展和部署」。[23]

此外，美中之間的合作螺旋即使在某一個領域成功，也可能因為在另一領域的行動或意見分歧而被破壞。有些作者認為，某些讓步可能對中國的軍隊結構達成長期遏制的效果（例如降低中國對建立遠洋海軍的興趣），但許多假設性遏制的例子現在並無實際意義，而且引發中國有意尋求軍事現代化的區域偶發狀況不只一樁，使它在這些最重要的問題上缺乏足夠的決心。第三，占上風者的遷就不同於居下風者的遷就。在很多情況下，上述作者認為美國可從占上風的位置遷就中國，以達到安撫中國的目的。戈茲坦就寫道，「美國處在非常強勢、幾乎無懈可擊的戰略地位。它具備優勢，可以為和平做出明智且合理的妥協」。[24]但即使在他寫下這些文字的當下，這番評估也很勉強；多年後的現在，這種說法更無法成立。本書第十一章已指出，在中國看來，美國正處於逆轉不了的衰落之中，因此，中國可能會以為美國提出的再保證相關作為形同默認中國的新地位，因此較不可能拿出再保證的舉措作為回應，甚至更可能做出挑釁舉動。相反的是，如果在二〇〇〇年代初期中國認為美國的地位堅不可摧時，美國曾採取一些能形成合作螺旋的作為，雙方或可達成更多可持久的成果；然而若趨勢走向持續不利於美國，這類作為成功的可能性就很低了。第四，中國對自己做出的各種戰術性讓步承諾曾一再食言，或在面對他國遷就時，最終仍以敵對姿態或更自我膨脹的主張來回應。這顯示北京比較注重的是利益與強權，不在乎自己的承諾是否仍具可信度，讓「合作螺旋」或大交易的相關作為更難實現。印度當年承認中共取得中國的控制權，並接受中共宣稱擁有西藏主權的主張（對當時的印度政府來說是五味雜陳的讓步舉動），但這樣的表態並未阻止中國幾年後決定引發中印邊界的衝突，北京也未因此不再認為新德里與華府的關係過於緊密、過於傾向領土擴張主義。其他的再保證相關作為，包括美國在全球金融危機後延後對台軍售、發表對中國「核心利益」些微讓步的聯合聲明、願意暫時擱置人權爭議等等，都未能讓中國比過去強硬的外交政策有所轉變，反而可能是鼓勵中國更強硬。

中國以往曾暗示不會建置航母，後來證明所言不實；它也曾承諾不會建立海外基地，但之後在吉布地取得設施且計劃在其他地方建立設施，證明承諾是假的；中國還允諾不會將南海軍事化，但短短幾個月就食言；它在二〇一五年針對網路問題達成的協議，後來也以破局收場。此外在領土問題上，中國不時還會擴大主張擁有主權的領土。

在與印度的領土爭議上，中國原先主張擁有達旺鎮（Tawang）的領土主權，到了一九八〇年代中期擴張到整個阿魯納查邦。[25]對於日本，中國部分民族主義者（在政府暗地支持下）不僅認為尖閣諸島／釣魚台應該由中國控制，還認為日本的沖繩島與整個琉球群島都應該在中國控制之下。[26]對於俄羅斯，中國主要官媒的要角甚至還有外交官，二〇二〇年曾抨擊俄羅斯政府發布一段慶祝符拉迪沃斯托克市（Vladivostok，中文原名「海參崴」）建城紀念日的影片，中方稱它原本屬於中國，雖然官方並未呼籲將它奪回。[27]中國在香港問題上的紀錄尤其糟糕，北京已倉促終結維持香港自治的承諾。貝納特等部分學者近年曾主張，美國應要求北京「公開承諾不在台灣駐軍或共產黨官員，讓台灣管理其國內政治事務」，他們認為中國會遵守承諾，「最佳先例」就是北京對待香港的方式；傅立民在二〇一一年也同樣指出，可將香港視為中國可能提供台灣自治權的象徵。[28]這些樂觀預測在二〇二〇年香港「一國兩制」畫上句點時，已大致證明是錯的。總之，要實現大交易與可永續的合作螺旋，北京的種種行徑都是不良徵兆。

「再保證」面臨的挑戰

呼籲與中國進行大交易並達成合作螺旋的人士，普遍認定中國是可能在獲得「再保證」的情況下安心解除疑慮的，但他們往往忽視中共的列寧主義世界觀讓這件事極為困難；在慘痛的天安門廣場大屠殺和蘇聯解體之後，其困難程度又急劇升高，因為中共因此更加擔憂自身政權能否存續。這個時期過去後，中國的菁英又屢屢認為西方企圖削弱中共政權。在中國融入全球經濟的過程中，曾帶來一部分自由主義思想，也讓某些社會階級擁有更大的權力，但中共也更擔憂政權可能不保。

本書第二章與第三章指出，在天安門廣場大屠殺之前，中國曾視美國為準盟友。但在天安門事件後，鄧小平明確表示，中國認為美國是在謀求推翻中共。鄧小平稱，此時「帝國主義肯定想要社會主義國家變質。現在的問題不是蘇聯的旗幟倒不倒，蘇聯肯定要亂，而是中國的旗幟倒不倒。」[29]他說：「美國現在有一種提法：打一場無硝煙的世界大戰。我們要警惕，資本主義是想最終戰勝社會主義。過去（他們）拿武器，用原子彈、氫彈，遭到世界人民的反對，現在搞和平演變。」[30]

鄧小平之後的繼任領導人持同樣的觀點。從一九九〇年代初開始，江澤民政府就聲稱「五毒」思想威脅中共統治（其中包括民主運動），主張藉由加強「愛國教育」來防止自由主義價值觀的「精神污染」。他還利用高階外交政策演說來重申美國的意識形態威脅。這類演說包括每隔五、六年召開一次的駐外使節工作會議，常用於宣布中國大戰略的調整。他認為：「美國的對華政策歷來具有兩面性。對我國進行和平演變是美國一些人長期的戰略目標。」他進一步指，美國是中國的主要「對手」。[31] 江的繼任者胡錦濤也稱美國是中國的主要對手。[32] 外洩文件顯示，胡任內多名中共中央政治局常委的說法更激烈，他們認為美國試圖遏制中國，是因為擔憂中國的長期實力。[33]

習近平上任後，北京繼續宣傳這些意識形態路線。習近平一再強調意識形態的端正很重要，並對於自由化提出警告。外洩的中共內部指示「九號文件」頗為知名（內容也反映了中共許多公開文獻中對西方的看法），其中明確指出「和平演變」與意識形態遭到顛覆的威脅。* 天津大學馬克思主義學院院長顏曉峰就說：「意識形態關乎國家政治安全。一個政權的瓦解往往是從意識形態領域開始的，意識形態防線被攻破了，其他防線就很難守住。」[34] 這就是解放軍在二〇一三年十月發行紀錄片《較量無聲》的原因，這部熱門紀錄片意在進行軍事上的思想灌輸，內容指華府試圖利用自由主義價值觀暗中破壞中共政權與中華民族復興。中國官場中，不只是鷹派官員有這種思維，就連外交界一些退休外交官，即使常扮演讓美國安心的面孔，也表達過類似看法。卸任後扮演這種角色的中國前外交官傅瑩，就寫下了很不像她會說的話：「從中方的角度看，美國從來沒有放棄顛覆中國共產黨領導的社會主義制度的企圖。」[35]

要證明極難藉由「再保證」讓中國安心，最有力的證據也許是，即使美國秉持對中交往政策（engagement policy），對中國大致採取善意且歡迎的政策，但中方卻始終維持生存備受威脅的看法。數十年來，美國歷任總統都曾公開表示樂見中國更加強大。在經濟和技術方面，他們維持美國的大學開放接受中國學生；允許技術轉移到中國；允許美國資本流入中國；支持美國的工業遷至中國生產；努力促進中國加入世界貿易組織——後者賦予中國永久性正常貿易關係，形同自願降低美國對中國的經濟影響力。在政治方面，他們歡迎中國加入美國主導的區域和全球性組織。在軍事方面，他們試圖與中國軍隊建立風險降低與危機管理機制；隱晦反對台灣獨立；對於那些和中國有領土爭端的國家的主權主張，他們也在形式上保持中立。即使是在這段美國歷史上最遷就他國的時期，中國高官仍繼續在中共的文本中寫道，他們認為美國尋求的戰略是促進中國「和平演變」及遏制中國。其實，在中國加入世貿組織後，領導人江澤民就向全體省委書記與部長發

＊ 譯註：「九號文件」全名為〈關於當前意識形態領域情況的通報〉，由中共中央辦公廳二〇一三年四月印發，內容指出七個會威脅中共政權的危險趨勢，包括宣揚憲政民主、宣揚普世價值、宣揚公民社會、宣揚（經濟上的）新自由主義、宣揚西方新聞觀、宣揚歷史虛無主義、質疑改革開放等，並指控「西方反華勢力和境內異見分子」試圖滲透中國的意識形態領域。文件強調要加強意識形態宣傳，堅持黨管媒體，以確保中共的領導地位。

表了重要的閉門演說，內容就提到美國如何試圖利用中國加入世貿組織來削弱中共政權。[36]胡錦濤也曾在高階演說中附和這種論點。[37]那些在許多美國人看來是對中國某種程度讓步的舉措，中共菁英則公開認為是要讓中國政府體制「和平演變」的策略。如果當時要讓中國安心已是挑戰，現在應該更加困難。

改變中國

有一系列的政策處方都屬於尋求改變中國的範疇，要消除或軟化那些會使中國成為競爭對手的內部結構。想讓中國朝自由主義的方向「和平演變」或支持中國內部的自由派系的努力，過去一直都未能成功，現在更不可能成功；而試圖顛覆或推翻共產黨，則是低估了中共的實力，也低估了改造中國政治要面對的挑戰。

在美國的政策辯論中，上述兩種作法在廣泛對立的雙方陣營都各有支持者；但它們都同樣根源於倡議者假定華府有能力影響一個強大主權國家的政治，這種假定頗為勉強且過於理想化。

和平演變

形塑中國國內部政治、使它們朝積極方向發展的努力，不太可能成功。中方已認定美國在試圖引發中國和平演變，這表示試圖與中國交往來引發中國社會某些部分自由化的各種戰略，終究會遭遇中共的壓制。一九九〇年代到二〇〇〇年代，中國的網路的確稍微開放一些，學術界的自由度較高，對人權律師有某種程度的容忍，也願意考慮黨與政府之間略微保持距離。但是，當中共發現事態發展對其政權構成威脅，旋即改弦易轍——這個過程始於二〇〇〇年代中期，之後逐年加劇，直到今天。

認為美國應支持中共「改革派」的主張，在以往也同樣站不住腳；在中國，即使是那些貌似強力主張改革的人士也效忠於黨，對美國抱持懷疑態度。西方觀察家辨識潛在盟友的紀錄常常是很糟糕的。西方記者如紀思道（Nicholas Kristof）曾以為「新任最高領導人習近平將帶頭重啟經濟改革，而且應該會放鬆政治控制。毛澤東的遺體將在他任內移出天安門廣場，諾貝爾和平獎得主劉曉波也將自獄中獲釋」。[38] 如今這些預測已證明是全盤皆錯。戈茲坦二〇一四年也曾寫道，習近平不是很反對自由主義，甚至連民族主義者都不是，「其實，習近平是一名工程師，他的家人在文化大革命的大規模狂熱與激進主義中受苦甚深。他與解放軍沒有太多人脈關係，還曾在愛荷華州短暫生活。他把唯一的孩子送進哈佛大學求學，洩露了他相當自由派甚至親西方的世界觀」。[39]

這種看法也已證明是誤判。所謂的自由派改革者如朱鎔基、李瑞環、王岐山等人，同樣無法或不願倡議改革派的政治理想。在當前的中國，改革派人士極不可能出現在中共最高領導層，也無法對習近平的選擇產生顯著影響。

還有一種主張是，美國應採取和解性政策，以免讓強硬派或民族主義者擴大，這種主張同樣有缺陷。雖然美中之間的動態可能影響中國的民族主義，但要解釋民族主義意識形態的力量，中國國內存在遠比美中關係影響更大的變數。中共控制了全中國的資訊傳播系統，而且實施了長達數十年的「愛國教育」，因此根本沒理由認為美國能形塑中國國內的資訊環境，也沒理由相信美國的政策能對中國公眾產生重大影響。

對於中國那些據信可在自由化進程中發揮作用的某些群體（律師、大學教授、非政府組織、民間部門），應繼續進行賦予他們更多能力的努力，但這種努力不太可能成功，因為對於這些作為的打壓已長達十多年，況且中國的政治氛圍日益嚴苛。

顛覆與推翻

顛覆中國政府的作為尤其危險，而且機會渺茫。首先，採取推翻中共的行動將引發全面衝突，可能使原本針對秩序主導權的競爭變成攸關國家根本存亡的競爭。這樣的作為很可能使戰爭爆發的風險大幅升高，雙方合作應對共同威脅（如氣候變化）的可能性恐將不存，可能還會導致中國出於對等而大舉干預美國的選舉政治。中國不是沒考慮過大幅干預美國選舉，但基本上沒有這麼做（沒有做到它干預台灣選舉的那種程度），只侷限在比較傳統的資訊影響活動，目標是針對某些機構和個人對中國問題的立場而加以支持或懲罰，並試圖在美國傳統媒體和新媒體中取得影響力。

其次，基於中共的韌性，推翻中共政權的行動很可能失敗，或產生華府難以左右的結果。中國要發生自下而上的顏色革命，時機尚未成熟；而政府實施的數位威權主義，讓國家能以更低的成本監控或懲罰異議人士，發生顏色革命的可能性也隨之下降。在中國做政治民調極為不易，但有部分社會科學證據顯示，民間對中共領導階級並未普遍不滿。[40]況且，中共政府在中國內部努力將自己的治理描繪成優於西方的模式，這種努力似乎相當成功，尤其是在新冠疫情出現之後。中國應該不像蘇聯那麼僵化無能，而美國對中國民眾的吸引力也已不如一九八〇至九〇年代。

菁英階級可能不像一般百姓那樣滿意習近平，但中國發生菁英起義的時機仍未成熟。曾在中央黨校擔任教授、現已成為異議人士的蔡霞就明確指出，習近平正密切監控國家的高層幹部，防止幹部針對他集體造反。正如她所說，中共的「先進監視科技不僅用來監控新疆和西藏，也用來監控中共黨員和中高層官員」，黨內幹部「正常交換意見」往往遭禁止。[41]

由於中共使用監控機器、控制資訊流，美國不太可能在中國的菁英階級當中大舉激發集體反抗中共的行動。這並不表示中國體制在菁英層面是完全穩定的。習近平要和平轉移權力給未來的領導人，很可能會充滿緊張氣氛，這種情況常出現於獨裁政權的權力交接。然而即使如此，也很難想像美國要如何在一個不透明且受到嚴密監視、華府又無法輕易理解的政治體系裡加劇菁英階級內部的緊張關係。

除此之外，戰略專家哈爾．布蘭茲與札克．庫柏（Zack Cooper）曾指出，美國祭出的制裁措施，就連國力較弱、不那麼牢固的政權都難以推翻。即使成功，「共產政權崩潰後，可能產生穩定的民主政體，但也可能導致激進的民族主義軍事派系崛起」。[42]

不對稱戰略

如果遷就中國或改變中國看來難以成功，在其他選項中最合乎邏輯的選擇就是競爭戰略。這是一個廣泛的領域，有幾本不同著作都提出了一種更具競爭力的戰略，大致上與本書提供的方法一致。[43]這些著作大多提出一套相同的道理，本節要強調兩項特點來加以補充。首先要說明，真正有競爭力的對中戰略不能完全對稱。美國應該經常採取不對稱的作為，並試著以低於中國推動秩序的成本來削弱它的秩序建立成效。其次，本節要提出，無論採取任何競爭戰略，都應先了解美中競爭的主要目標是區域與全球秩序，以及支撐秩序的「控制型態」。因此，一套具競爭力的戰略不僅要涵蓋削弱中國秩序的努力，還要有重建美國秩序基礎的作為。其中部分努力是與中國對稱的，但其他努力的成本就要低於中國進行削弱的成本；如果與其他國家一同採行這些戰略，就可分散支撐秩序的負擔。

為何戰略必須不對稱

美國無法與中國進行對稱式的競爭（亦即使用與中國同等規模的金錢、武力、對開發中國家貸款等等），部分原因是中國的相對規模較大。過去一百多年，美國的對手或敵對聯盟的國內生產毛額（GDP）無一達到美國GDP的六成。一戰期間的德意志帝國沒有，二戰時的大日本帝國與納粹德國的GDP總和也沒有，蘇聯在經濟實力最盛時期亦未跨越這個門檻。[44]然而，中國早在二〇一四年就已悄悄抵達這個里程碑。中國的經濟規模也勢將超越美國。若依據商品的相對價格（即購買力平價）進行調整，中國的經濟規模已較美國經濟高出百分之二十五。[45]從名義價值（nominal terms）來看，中國經濟可望在二〇二八年超越美國，因為新冠疫情的衝擊將導致美國經濟一年內萎縮百分之八，中國則可成長百分之一至百分之二。[46]由此可見，中國是美國過去百年來所面臨最強大的競爭對手，它能動用的資源比美國以往的競爭對手都要多。

在調動資源進行戰略競爭上，美中兩國都有多重優勢。中國的體制讓政府對經濟有強大影響力，除了透過國有企業，也透過對大型私營企業的滲透，這些私營企業實際上經常扮演擁護國家的角色。相形之下，美國政府對經濟基礎與資源的控制少得多，而且美國的公共債務已處於高位——自二〇二〇年新冠疫情大流行以來，如今美國國債已超過全國經濟規模，是二戰以來首見。雖然基於美元的地位與民眾對安全資產的渴望，美國的利息仍相對較低，但終究可能上升。利息加上強制性的非可自由支配支出（後者在美國的GDP中占極大部分且持續增加，難以透過公共政策調整），就會導致戰略性競爭的財政空間進一步縮小。中國的確面臨許多不利因素——人口成長放緩、中等收入陷阱、公共債務高昂、金融體系問題重重——而美國體制的開放性支撐了美元的主導地位，讓華府能在債券市場籌得大量資源。但整體而言，美國雖仍是一個龐大、年輕且不斷成長的國家，它的規模仍小於中國。在長期競爭中，美國在資源調動上將面臨民主體制的限制，財政上也面臨重大阻力。美國採行的戰略若忽視這些現實，都將無法長久持續，因此任何戰略都必須從不對稱的起點展開。

美國可以利用哪些優勢？相對於威權體制的競爭對手，美國的民主體制（以及它產生的秩序）提供了競爭優勢。傳統觀點認為威權國家不受體制制衡或公眾輿論的約束，因此能採取隱密、果決且無情的行動，常常要動用龐大資源並制定長期戰略。但這種方式也帶來風險。

獨裁政權可以快速朝著正確方向前進，但同樣也可能迅速朝災難的方向前進，其中完全缺乏公眾辯論與共識可產生的調和作用。相形之下，美國的開放與法治帶來更能持續的優勢。這樣的體制讓盟友甚至對手都有機會在美國主導的秩序中發聲，也能傳播美國的企圖與抱負，並經常結合對全球供應公共財——藉此降低美國霸權的威脅性，使其更易被接受。很重要的是，這些優勢還確保美國能吸引盟友、移民與資金，這些都是鞏固美國自由秩序、科技創新、軍事力量和美元主導地位的支持力量。這些是美國秩序的基礎，相對於中國，它們具有獨特的優勢。奠定與重建這些秩序基礎，是美國必須一直視為優先的事項。

目標、方向與手段

美國的戰略目標應該是什麼？華府必須體認到，這場競爭基本上要爭的是區域與全球秩序，以及維持秩序的各種「控制型態」。在區域層面，美國歷來一直試圖阻止歐亞大陸霸權與海洋霸權的出現。[47]美國對中政策也必須以這個目標為驅動力，因為中國的大戰略與它對全球領導地位的渴望將最終貫穿亞洲——使印太地區成為美國集中力量最有效的地區。其次，在全球層面，華府應同樣試圖阻撓北京在全球秩序中取代美國的種種作為，同時強化那些構成美國秩序根基的元素——特別是同盟國家、金融實力、軍事實力、科技領先地位、在全球性組織中扮演的角色、對資訊流的影響等等。要達成這些目標，也都必須為跨國合作保持一定的空間。

在華府面臨國內政治經濟的重大阻力，且對手的經濟規模在某些方面已超越美國的情況下，美國應從哪些方向實現這些目標呢？如果我們體認到美中兩國是為了爭奪秩序而競爭，那麼針對競爭的戰略就應該從分析秩序如何運作開始。前文已談過，秩序是由主導國家在一套階級裡規範從屬國的「控制型態」組成，其中包括強制力（迫使服從）、誘發共識（提供激勵誘因）和正當性（可正當指揮從屬國）——自由主義的秩序普遍較依賴共識與正當性，非自由主義的秩序則往往較依賴強制力。因此，針對秩序的競爭就是要削弱對手的「控制型態」，並建立自己的控制型態。與中國競爭時，美國實施的戰略（削弱與建立）不應採取對稱方式，也就是針對中國每一項經濟、軍事或政治行動，一一提出相應的行動。反之，美國的目標是要以審慎而明智的方式競爭，優先考慮某些國家、地區和國際體系中的次級結構。諷刺的是，中國自身在一九九〇年代國力較弱時的經驗顯示，採取不對稱方式可有效削弱對手的霸權野心——而國力仍然相當強大的美國若採取這種方式，效果會更好。要建立秩序極其不易，但要阻撓對方建立秩序，難度則低得多。這種作法的邏輯相對簡單：以低於中國試圖發展霸權野心所付出的代價，來阻撓中國實現霸權野心。同樣的，在建立戰略方面，在大多數情況下的目標是重建美國秩序（包括美國對中國的控制型態），特別是在重建秩序的代價低於中國實行削弱作為付出的成本時。

有一件事值得停下來好好說明：控制型態裡的構成要素有上游，也有下游。例如，美國實施金融上的治國方略時，有一個「上游」來源（美元的主導地位），這個來源對「下游」產生效果（受懲罰的國家面臨財政壓力）。中國要削弱美國的金融權力，可針對「上游」來源，也就是設法降低美元的主導地位；也可針對「下游」結果，向那些被美國制裁的國家提供財政援助。

在實施不對稱的削弱戰略時，針對下游結果的控制型態有時成本較低；至於建立或維護自己的控制型態時，讓競爭對手難以發展出控制型態的上游來源，或許比讓對手難以產生下游效應更重要。

這就產生了最後一組問題：實施不對稱的削弱和建立戰略，可以用哪些方式？廣義而言，秩序所仰賴的「控制型態」有許多面向——包括各種軍事、政治和經濟元素。削弱或建立秩序的大戰略，應該整合協同各個治國方略中的各項工具，也應該因應這些工具中更專門的領域，包括科技、金融、供應鏈、資訊、意識形態和其他領域的競爭。之後兩節將列出一些可能破解這種戰略的概念處方。但在深入探討競爭之前，關於合作的問題也值得深思。美國要應對的跨國挑戰，從防止核武擴散到氣候變遷等等，幾乎都必須有中國的合作。第三章已說明，中國領導人有時會認定，華府對於在這些問題上合作的期待，可作為北京的籌碼，中方因此將全球共同利益的進展與美中雙邊關係裡的讓步形成聯動關係。

之後美國必須將這兩件事脫鉤，堅持美中關係必須雙軌進行：在一條軌道上合作，在另一條軌道上競爭。這樣的原則也許有點勉強，但值得注意的是，美國和蘇聯當年的競爭遠比現今的美中競爭更攸關國家存亡，但美蘇仍成功在眾多問題上合作，從臭氧問題到小兒痲痺疫苗，再到太空議題。華府和北京也辦得到，但美國領導人必須停止以為自己必須殷勤尋求中國合作，而是要體認到北京也能從合作中獲益良多。

現在我們要探討美中雙邊關係當中那條競爭軌道，聚焦於削弱和建立戰略。

削弱中國秩序

削弱中國秩序的戰略，要針對中國在區域與全球層面建構的主要「控制型態」，試圖以不對稱的方式來應對。整體而言，美國的戰略應是暗中破壞中國在區域建立秩序的成效，其中部分手段是削弱中國行使權力的效果，並且對那些可能被收編到中國秩序的國家賦予更多能力，讓它們能維持一些不受北京控制的力量。在全球層面，類似的戰略也能派上用場，但美國的作為必須擴展到針對全球體系次結構的競爭，包括金融、科技、資訊和多邊機構等領域。一般而言，美國行使削弱戰略是有優勢的，因為要破壞秩序總是比建立與維持秩序容易。

中國是在軍事、經濟、政治的基礎上建立秩序。在軍事基礎方面，中國在過去十年間逐漸開始建立可進行兩棲作戰、制海、遠洋任務的海軍。具備這些能力的海軍（隨著中國在海外取得無數設施而逐漸擴張至全球）能對其他國家產生軍事影響力，也能奪取或控制遠方島嶼和水域、維護海上交通線、提供安全公共財、干涉他國事務，這些都能幫助中國建立秩序。在經濟層面，中國則藉由基礎建設的支出（主要範例就是「一帶一路」倡議）與強制性的經濟治國方略來建立秩序。中國也想在全球技術的所謂第四次工業革命中取得領導地位，希望實現習近平一再強調的「跨越式發展」，藉此超越西方的競爭對手。在政治層面，中國想成立為其利益服務的機構，並以強化中國敘事的方式形塑全球的資訊流——它希望建立讓中國強權正當化的基礎，或至少能降低中國因採行某些非自由作為對聲譽造成的損害。

接下來提出的建議則提供一些想法，探究要如何以相對較低的代價來盡可能破壞中國的秩序建立——部分想法直接借鑑中國一九九〇至二〇〇〇年代的不對稱戰略劇本。

軍事上的削弱戰略

- **投資不對稱的拒止武器**：第一次波灣戰爭後，中國開始以成本更低的不對稱武器挑戰美國昂貴的戰力投射平台。中國的作為有時稱為「反介入／區域拒止」，包括使用「一系列相互關聯的飛彈、感測器、制導及其他意在阻擋（美國在東亞的）行動自由的科技」。[48]美國越來越願意借鏡中國的做法，並追求同樣的拒止能力，讓中國的行動自由也受到阻撓——有人將這種作法稱為「拒止性嚇阻」（deterrence by denial），或實現「無人海」（No Man's Sea）的狀態，亦即沒有任何一方能成功控制第一島鏈的水域或島嶼，也沒有任何一方能在第一島鏈發動兩棲作戰。[49]美國有精熟的技術可發展這些戰力，而且對於這種作法的大致輪廓已有共識：長程精確打擊能力、無人艦載攻擊機、無人水下航行器、具備大型飛彈有效負載的潛艦、高速打擊武器、水雷作戰能力等都將是重要的優先事項。這些戰力不那麼容易受到中國的反介入／區域拒止手段的攻擊，也會讓中國在台灣海峽或東海、南海更難實施兩棲作戰，且成本低於中國實施兩棲作戰須仰賴的昂貴資產。

- **協助盟國與夥伴發展反介入／區域拒止能力**：美國也應該為盟友和夥伴發展反介入／區域拒止武器，藉此遏制中國的強硬姿態。這方面的努力可能集中於台灣、日本、越南、菲律賓、印尼、馬來西亞和印度——這些對象都可使用與中國阻止美國海軍干預同樣的能力，付出的成本低於中國在兩棲作戰或海上拒止方面的投資。這些戰力的成本或許不高，但中國的鄰國若無美國幫助，不太可能迅速採用。華府也必須幫助這些國家提出與「傳統謀略和領土防禦」不同的新作戰概念，可能側重於「區域拒止、長程火力、網路攻擊、電子戰、縱深移動防禦系統」。[50]美國要做的可能包括聯合兵棋推演、演習和觀念發展；協助發展和演練在競爭環境中鎖定目標所需的指揮、管制、通信、情報、監視、偵察能力（即C4ISR）；支援建置水雷、機動防空與飛彈防禦系統、陸基反艦巡弋飛彈、潛艦、水面和水下無人艦艇。這些作為將使中國在成本比率與戰爭趨勢上處於不利地位，它在軍事脅迫與戰力投射方面的昂貴投資也會較難收效。
- **破壞中國建立海外基地的高成本努力**：美國可以削弱中國建立海外基地與後勤設施的成效，且付出的邊際成本低於中國取得這些設施的成本。這種作法也可以加入借自中國戰略的元素。北京以往利用區域機構來制定準則，或對美國的活動與基地設置提出疑慮，華府也可以效法，對中國可能在柬埔寨或其他地區建立設施表示擔憂。華府也應向那些正考慮讓中國建立設施的國家（特別是亞洲國家）發出警示，提醒他們這些基地可能成為攻擊目標。美國的政策制定者與外交官通常不願明講這個顯而易見的事實——從中國的海外基地發動對美軍的攻擊，將使這些設施暴露於危險之中。美國也可以和盟友夥伴合作，支付工程移轉費用或基礎建設費用，以阻止這些國家允許中國建立設施。雖然這些補償的總金額可能高於中國的投資，不過是由美國的盟友與夥伴共同支付（也許可列入基礎建設支出），因此也是一個採用不對稱手段的機會。

經濟上的削弱戰略

- **要求將「一帶一路」倡議擴大為多邊計劃並且制度化，讓中國難以進行政治施壓：**就如同中國以往將中美貿易制度化，藉此防止公然的經濟脅迫，美國要求將一帶一路計劃多邊化與制度化，可以限制北京主導合約條款的能力，代價又低於以對等貸款方式和北京競爭。一帶一路的危險之處在於它的不透明與它產生的影響力。反之，促進一帶一路倡議的多邊化，並參與共同投資一帶一路，藉此換取計劃股權，或規範參與方遵循高標準，並要求提交關鍵事項報告，可防範這些計劃出現令人遺憾的結果，並讓區域各國在這些交易中擁有發言權、使交易具備透明度、並讓北京難以進行政治施壓。例如，在斯里蘭卡無法償還興建漢班托塔港的十億美元貸款時（從這座港口的地緣政治重要性來看，這筆貸款的金額已相對較低），中國國企就取得該港九十九年的租賃合約。如果其他國家也持有漢班托塔港計劃的股權，或擁有對九十九年租約的否決權，應該能阻止這種結果。此外，如果中國拒絕與他國合作實現一帶一路計劃的多邊化，將進一步傷害一帶一路倡議的可信度，也坐實了美國認為中國的終極目標往往與政治有關的看法。況且，改善基礎建設本就有助於亞洲國家成為製造強國，也能讓供應鏈從中國轉移到其他開發中國家。

- **為合作夥伴提供評估中國融資的相關訓練**：在開發中國家，許多國家對於重大基礎建設計劃中必要的盡職調查（due deligence）缺乏經驗，讓它們與中國實體進行貸款與投資相關談判時居於劣勢。美國應加強協助訓練外國政府官員，讓他們學會如何應對這類合約訂定事務，避免常見的陷阱，並了解安全方面可能牽動的影響。美國應維持一組專家團隊（包括經濟學家與外交官，尤其重要的是律師與發展專家），可派往國外「審視合約，對不良合約提出警示，並且讓該國有更充分的能力和中國機構和企業達成更好的條件」。[51]
- **利用資訊空間打擊中國在國外的政治腐敗行徑**：在一帶一路計劃中，中國國企和投資機構會與第三世界國家的政要達成貪腐交易，例如馬來西亞、吉布地、柬埔寨、斯里蘭卡、馬爾地夫、厄瓜多、赤道幾內亞、索羅門群島及其他多國——有時會以取得資源或軍事使用權作為交換條件。[52]在很多情況下，中國的政治影響力是靠著外國領導人與中國企業之間的貪腐合約維持的。要阻撓中國在這些國家萌芽的政治影響力持續擴大，利用媒體報導是一種成本頗低的手段。揭露中國行賄的媒體報導，已破壞了中國在斯里蘭卡、馬來西亞、馬爾地夫等國試圖建立的計劃與人脈關係。美國只做了相對不多的努力就揭露了這些腐敗行徑，對於成本遠高於此的一帶一路建設計劃產生巨大影響。美國應協助各國的新聞從業人員具備更多能力或資金，最好是透過第三方非營利機構來維持獨立性，藉此在全球多個「媒體沙漠」中提供其他的媒體選項。努力確保這些國家的人民能上網並使用社群媒體、擴大美國之音（Voice of America）和自由亞洲電台（Radio Free Asia）的閱聽受眾、資助外國取得西方通訊社服務（美國在太平洋島嶼就是這麼做）、並協助制定對中國投資外媒的限制規定，這種種努力都能帶來改變。

- **向盟國與夥伴提供其他融資選項**：美國無法也不應該對北京選擇支持的每一項建設計劃提出反制作為。美國應與盟國和夥伴合作，資助其他選項來替代一帶一路中最具戰略潛力的建設計劃（例如軍民兩用港口、海底電纜、機場等），或努力將原本僅由中國提供的資金多邊化，確保美國在這些計劃中占有一席之地。
- **反制中國收購和偷竊技術**：中國試圖在技術上「趕超」西方，雖然有一部分是由國內投資與研究來推動發展，但很大一部分還是試圖利用美國金融市場、大學和企業的開放性來加速中國的科技發展計劃。雖然許多人認為美國與中國競賽時，只要「跑得更快」就好，但如果中國是抄捷徑到達終點，跑快一點也得不到什麼好處。首先，在金融方面，美國已採取措施，限制對美國企業的掠奪性投資。這些措施可擴大到美國外資投資委員會

（Committee on Foreign Investment in the United States）*的審查程序以外（目前該委員會的案件仍以自願提交為主），且應納入更宏大的目標：促進企業透明度，讓外國參與者難以利用債權轉手與空殼公司。

其次，在大學方面，必須限制那些和解放軍相關大學有關聯的中國公民進入美國的大學，但同時也要設法繼續吸引並留住最優秀的中國研究人員——他們絕大多數都希望留在美國。要做到這些，必須大幅擴充司法部的資源；縮小聯邦調查局（FBI）內部的中文能力落差；為調查人員提供更多技術知識；強化簽證審查；更妥善利用開放資源；以及（非常重要的）政府、大學、企業之間要針對間諜活動風險大幅加強合作。此外，美國需要更多制度上的資源，對先進產業實施更靈活有效的出口管制，禁止企業為了短期財報數字而拱手交出美國技術。美國還應該制裁那些從技術偷竊中得利的企業。

政治上的削弱戰略

- **加入由中國主導的多邊進程，藉此影響甚至不時阻礙其發展**：過去美國曾試圖藉由亞太經合組織（APEC）和東協區域論壇（ARF）等多邊組織來制定規則，而中國僅憑一個會員席位就能挑戰美國這些成本高昂的努力，發揮影響或阻撓的效果。華府也應同樣加入中國領導的機構，並設法改善，若改善不了則阻撓其發展，付出的代價低於中國成立這些機構的成本。在亞洲，這類行動可聚焦於亞洲基礎設施投資銀行（AIIB）與亞洲相互協作與信任措施會議（CICA），北京利用這兩個機構來制定涵蓋全亞洲的經濟與安全準則。若美國無法加入，或是國會在某些情況下拒絕批准美國參與這些組織所需的資金，那麼美國可用顧問或觀察員的身分參與，或鼓勵盟國與夥伴加入（例如尚未加入這兩個機構的日本）。

- **針對中國主導的多邊機構，提升其他類似機構的地位**：強化區域多邊機構（包括東協的各種論壇與東亞峰會），可讓中國主導的機構較不易成為主要焦點，並讓亞洲國家未來能在區域扮演更重要的角色。美國應經常性參與這些機構的最高層級，確保它們（而非中國主導的機構）始終處於亞洲各項區域活動的中心位置。
- **與中國爭奪在聯合國體系及全球機構中的影響力**：中國對「引領全球治理體系改革」的興趣遍及聯合國體系，因為（中國二〇一九年白皮書已明白指出）「聯合國在當代全球治理體系中處於核心地位」。中國藉由在聯合國的影響力，得以建立一部分強制力、共識影響

* 譯註：美國外人投資委員會是美國聯邦政府審查外資對美國投資的跨部會機構，審查外資在美國的投資及外國人在美國的不動產交易。所有美國企業若涉及被外國企業收購都應自願通知該委員會，該委員會也可審查未自願提交的交易案。自二〇一三至二〇一五年，該委員會審查的案件中有五分之一涉及中國在美國的投資。

力及正當性，讓它能夠取代原本全球默認的自由開明價值觀，提升中國準則與計劃的地位，將它們正當化並普及全球。來自中國的聯合國高級官員曾公開承認，雖然國際公務員不應效忠國家，但在人權和主權等各種問題上，他們優先考慮的仍是中國利益。[53]在聯合國十五個特別機構中，中國目前領導四個機構，遠多於其他國家，其中很大的因素是美國疏忽此事超過十年。中國能取得這樣的領導地位，是刻意經營的戰略成果，即透過選舉和指派工作人員在聯合國系統內深植影響力。例如在糧農組織的選舉中，北京以阿根廷、巴西和烏拉圭的出口商品作為要脅，讓這些國家支持中國候選人；北京也豁免喀麥隆的債務，讓該國候選人退選。[54]雖然美國籍候選人不見得總能勝出，但在北京提出其屬意的候選人時，美國可以經常發揮攪局作用，讓對美國較友好的候選人在選舉中占上風。這種方法的成本也不高，例如二〇二〇年世界智慧財產權組織（WIPO）秘書長選舉中，原本支持度領先的中國候選人就在美國運作下失去許多選票。

- **推動能破壞中國對全球資訊影響力的法律標準：**中國為贏得中宣部官員所謂的「話語權」鬥爭、對抗西方的「話語霸權」，大舉投資向資訊供應鏈中的不同節點施壓，從個人（內容創造者）到機構（媒體組織）到平台（社群媒體）再到資訊消費者。美國可使用不對稱的方式加以反制。例如，中國利用台灣和澳洲相對開放的誹謗法律來騷擾重要的記者和學者，但簡單的法規改革就能終結這種行徑。中國也在利用投資、廣告、共同製作、發行付費特刊等方式，影響從中南美洲到歐洲、亞洲的媒體機構。協助各國制定有關中國投資、外國代理人註冊與外國廣告的相關法規，可以對付這些影響管道。中國宣傳高官曾寫道，平台是資訊流的「命脈」，「誰擁有了平台，誰就掌握了傳播主動權、輿論主導權」。[55]如果俄羅斯擁有臉書，美國必然憂心不已，同樣的，對於中國擁有TikTok等主要社群平台，美國也必須同樣擔憂，因為這些平台提供了操弄資訊流與國內政治的龐大機會。因此，鼓勵對TikTok等來自獨裁國家的社交媒體應用程式實施限制（包括強制分割或實際禁令），不僅成本低廉，而且對於削弱中國在資訊領域的作為實屬必要。

建立美國秩序

以低成本來削弱中國建立秩序的成果，也許能在許多領域奏效，但若未同時重新投資於厚植美國秩序的基礎，效果將難以持續。中國也針對美國在區域與全球的優勢實施削弱戰略，美國必須採取作為，重新鞏固這些優勢。

在軍事領域，中國採用所謂的反介入／區域拒止戰力，的確削弱了美國干預亞洲的效果，也損及美國對區域影響力的主要來源。在經濟層面，中國利用經濟上的治國方略（包括藉由一帶一路倡議和經濟脅迫），削弱了美國的相對經濟影響力。北京為打擊美國金融實力的基礎，發行一種新的主權數位貨幣；又為了攻擊美國科技優勢地位的基礎，推動積極的產業政策。在政治上，中國對全球各機構的影響力越來越大，不是導致它們失去治理功能，就是讓它們在某些情況下成為北京外交政策的工具，削弱了美國在這些組織內部製造的優越條件。

對美國而言，建立秩序比削弱秩序的代價更高，因此這種戰略在各方面都會比前一節提出的作為更對稱；儘管如此，以審慎而明智的方式投資於美國實力的主要基礎（並在可能之處與盟國協調，將建立與維護秩序的成本分散）可以確保資源得到更謹慎的利用。

軍事上的建立戰略

- **建立對中國反介入／區域拒止相關作為的抵抗力**：中國一直努力削弱美國在西太平洋的軍事實力。例如，中國的空射巡弋飛彈與陸基彈道飛彈可以攻擊遠至關島的美軍基地、破壞跑道、摧毀燃料設施，乃至癱瘓停機坪上的飛機。為回應這種態勢，美國應進行多種投資（其中許多投資是眾所皆知應該做的，只是資源不足），以強化抵禦中國拒止戰力的韌性。這些方法包括強化關鍵設施；將燃料或資訊基礎設施深埋地下；建置在基地之間或在第一和第二島鏈快速移動的能力；擴建跑道，增進跑道維修能力；大幅擴充主要彈藥的庫存；多使用偽裝、隱蔽和欺敵戰術等等。
- **在印太地區多樣化部署美軍**：美國在亞洲的軍事基地越來越容易受到癱瘓式的飛彈攻擊。

要建立因應這些飛彈攻擊的韌性，必須在整個區域做更分散的部署，同時要有在整個區域迅速調動部隊的能力。將美國的軍事資產分配到不同國家與離島的多個基地，雖無法完全解決這個問題，但可降低不同地點的美軍進行整合時面臨的危險。目前的現況是，由於冷戰遺緒，美軍在亞洲的部署過於偏重東北亞，在東南亞、印度洋、太平洋島嶼和大洋洲則部署不足。美方雖已採取某些動作，但還能採取更多措施——包括在帛琉（Palau）、雅浦島（Yap）等地興建設施。此外，美軍的部署不應只設置永久基地，也應逐漸納入更多各種軍事使用權與部隊地位協議，這有助於讓軍事部署多樣化；建立許多「成本低、軍事足印小」的設施，能讓美國具備靈活應對遠方區域危機的能力。軍隊部署多樣化能讓美國更便於從事人道援助及救災，可增加在印度、越南、太平洋島嶼等地從事軍事外交的機會，並降低政治風險。

- **建立強韌的資訊基礎設施**：美國在亞洲和全球的軍事行動特別仰賴能適應各種情況的資訊流以提供C4ISR（即指揮、管制、通信、情報、監視、偵察）之用。舉例來說，精確制導武器在無法獲取資訊的情況下，打擊目標的成效將大幅下降。這種資訊的架構大部分是在認定對手無法挑戰的時代建立的，現在必須重新建構才能應對中國帶來的挑戰。在很多情況下，這表示要做以下的投資：用於通信或定位、導航和定時的太空資產備用方案；創新的ISR（情報、監視與偵察）系統，可在競爭環境中聚集大量傳感器並進行協作；增進人工智慧與自主性，以降低對資訊流的依賴；在電子戰領域持續創新；以及訓練軍隊在可能難以施展C4ISR能力的環境中行動。[56]某些分析家認為，「提升美國C4ISR架構在面對攻擊時的韌性，也許是美國要強化傳統式嚇阻力量能採取的唯一最有效舉措」。[57]

經濟上的建立戰略

- **在中國與新科技的挑戰中維持美元主導地位**：美元的準備貨幣地位是美國維持全球霸權的主要支柱，讓美國在為赤字開支籌措資金、監控跨境金融交易、實施金融制裁等方面都更加容易。美國的國內生產毛額或許僅占全球四分之一，但美元在全球的準備貨幣中占百分之六十——這項優勢也因為美國的開放、維持金融市場的深度與流動性、擁有龐大而多元化的經濟而放大。然而美元的成功卻也帶來了複雜性：美國發生了美元版的「荷蘭病」，亦即過於依賴特定產品的出口時，若體制無法妥善處理大量流入的資本，可能導致去工業化。*美國在這方面是「鈔票版沙烏地阿拉伯」，製造能力大幅萎縮，資產價格卻巨幅飆升。[58]以往在其他國家也曾出現由貨幣引發的荷蘭病——例如，殖民時期的西班牙曾受惠於來自美洲的大量黃金——但這波黃金暴利結束後，卻造成悲慘的地緣政治衰退。儘管美元居強勢地位，如今卻有兩種趨勢對它構成威脅，也進而威脅到美國霸權。首先是過度使用金融制裁，此一趨勢已促使美國的某些盟友與對手聯合起來，試圖繞過美元體系（目前為止並未成功）。更重要的是第二種趨勢：中國正要推行完全繞過美國支付基礎設施的「數位人民幣」，目的是與美元競爭。

中國官員長期以來一直擔心，若出現由美國主導的數位貨幣，可能進一步鞏固美元體系，因此他們一直準備搶占先發優勢。中國人民銀行研究局局長王信曾表示，「如果數位貨幣Libra基本上錨定美元……是不是只有一個老闆，就是美元和美國」，如此一來就會有地緣政治的影響。[59]美國應該仔細研究並考慮發行一種數位貨幣，藉此維持金融優勢，並創造出王信擔憂會出現的那個世界——一種與美元互補且錨定美元體系的數位貨幣。歐漢龍就指出，維持這樣的優勢，就能以非動能（nonkinetic）和非致命的方式嚇阻或回應中國的小規模領土挑釁。[60]

- **引入現有機構投資全球基礎建設，並建立新機構以擴大美國的經濟影響力**：華府應大力敦促現有的開發機構（特別是世界銀行）以更明確的態度參與投資全球基建，儘管這些機構

* 譯註：「荷蘭病」一詞是《經濟學人》週刊在一九七七年首創，事緣荷蘭一九六〇年代發現北海油田後，七〇至八〇年代大量出口天然氣帶來貿易順差，累積大筆外匯，也導致荷蘭盾大幅升值，國內其他產業因而喪失競爭力，產品出口大幅下滑，國內產業因而空洞化，失業率上升，政府因社福支出而財政負擔加重。如今「荷蘭病」一詞也泛指因大量資本流入，導致幣值急遽上升，使國內產業喪失國際競爭力的現象。

不願意這麼做。同時，美國也應考慮利用新的工具來支持全球基建，特別是在成本低廉且影響範圍廣泛的數位領域。例如，由於中國對於資訊基礎建設的投資有高額補貼，往往缺乏競爭對手，因此美國可以成立一間數位開發銀行，與盟國與夥伴合作參與資訊建設的競爭，如此可促使開發中國家選擇更符合自由或民主價值觀的基礎設施供應商和營運商。

- **成立審計美國供應鏈的機構**：中國已展現出有意利用在當代供應鏈中的集散點地位，作為對抗其他國家的籌碼。目前美國對這些供應鏈之間的連結相當缺乏了解。新冠疫情披露了美國沒有一個政府機關曾意識到這個國家在藥品方面有多依賴中國，而且目前美國從稀土到微電子領域也同樣持續依賴中國。為了自我保護，也為了讓盟國與夥伴能抗拒中國的脅迫式經濟外交，美國應在聯邦政府機關內展開長期的體制化作為，藉由強制要求企業通報來審計大多數行業的供應鏈。這個審計機構還要對美國的供應鏈進行壓力測試。[61]
- **再投資於充實人才庫，促進美國創新**：美國的創新是建立在眾多基礎之上，其中有幾項基礎正受侵蝕。美國必須吸引且留住全世界最優秀的STEM（科學、技術、工程及數學）人才。在電機工程等領域，大約百分之八十的研究生都是外國公民，他們絕大多數都想留在美國，多數人只要有機會就會留下來。[62]類似數據也出現在其他領域。為維持這種優勢，美國應提高STEM人才的H1-B簽證數量上限，並向擁有STEM學位的研究者發放綠卡，還要進行其他改革措施。[63]

- **再投資於基礎科學研究，促進美國創新**：美國聯邦政府投入研發的支出僅占國內生產毛額（GDP）的百分之零點六（是七十年來最低的紀錄之一），低於其他十個科學強國，甚至比美蘇太空競賽之前的研發支出占比還低，且其中半數都用於生命科學。[64]企業界對美國的研發支出也有貢獻，但主要是用於應用研究，基礎研究的經費一般均來自聯邦政府，歷年來為許多科學上的重大突破奠定了根基，包括雷達、運算、核能等等。[65]例如，美國國會一九八〇年代同意耗資三十億美元繪製人類基因組圖譜，就是在產業界不願對此投資的時候出手；這項支出協助基因學產業的誕生，在美國創造了二十八萬個工作機會及每年六十億美元的稅收。[66]增加這樣的研究支出，並分散到生命科學以外的領域，應是美國政府的優先政策之一。
- **改革金融市場與稅收政策，以激勵企業進行長期規劃**：一九八〇年代的股東革命促使企業以投入資本回報率為重心，忽視了長期規劃。目前，大多數股票被持有的時間不到一年，一九五〇年代則長達八年；企業執行長的任期目前約為五年，也已接近歷史低點；企業在創造財務報酬的壓力之下，通常較不積極從事製造業，而是選擇利潤相對較豐厚的商業活動，甚至因此將技術轉移到中國，只為獲取短期回報。摩根大通（JPMorgan）執行長傑米・戴蒙（Jaimie Dimon）與波克夏海瑟威（Berkshire Hathaway）執行長華倫・巴菲特（Warren Buffet）等知名高管都支持改變美國資本市場已經內化的「短期主義」。可行辦法包括實施新的衡量基準，例如實施拉長時間範圍、鼓勵長期持有股票部位的稅收政策等。[67]

● **建立具競爭力的產業政策架構，以支持美國的關鍵產業和創新**：為了和中國在先進產業上的產業政策方法競爭，美國或須採行自己的產業政策。這麼做需要的不只是補貼；還要制定戰略，目標包括教育及吸引關鍵領域的人才；以給予榮譽和滿足本地化的條件等方式，激勵外國與美國製造商重返美國設廠；利用政府權力重組供應鏈；分拆那些減少創新且規模大到會降低美國經濟韌性的壟斷事業；提供企業一定程度的保護，對抗不公平競爭的貿易行為。這些作法應該要支持的是整體產業而非個別公司。這在科技領域尤其重要，因為企業經常必須對未來的科技發展押寶，可能押對，也可能押錯（例如要投資於超級運算或個人電腦）。如果一個國家在某個特定產業只有一家頂尖企業，押錯寶的代價可能對全國經濟與國家的科技領先地位形成毀滅性的打擊。相較之下，一個關鍵產業中若有多家企業在營運，那麼有企業押對寶，讓國家得以在這個產業中維持領先地位的可能性就大多了。若市場結構不時會導致國家難以確保在競爭中勝出，國會可以協助那些較弱的競爭者；美國國會過去也曾利用這類政策，確保國防工業的基礎具備競爭力。[68]當時與現在一樣，在這些關鍵產業中，領先企業之間的相互競爭更可創造出價廉物美的產品，也更可能提升產業韌性與創新——相對於徹底重商主義的對手國家只支持一家領先企業，上述作法可提升美國的優勢。

- **建立共同研發的生態系：**基礎科學研究已是一項國際性的事業，美中在科學上的合作也日漸普遍。不過，雖然美中兩國目前在研發上的支出相去不遠，但日本、德國、南韓、印度、法國、英國的研發金額總和已超過美國或中國。美國國會應放寬某些阻礙盟國和夥伴合作，且因國族而異的障礙（例如簽證政策），並鼓勵基礎科學研究組織與盟國及夥伴更加密切的往來。擴大盟友與夥伴之間的溝通傳播，有助於增加美國的科技優勢，讓美國能從其他國家受益。位在喬治城的智庫「戰略與新興科技研究中心」（Center for Strategic and Emerging Technology）指出，正式的夥伴關係可以包括「制定與數據分享、透明化、再現性與研究誠信相關的標準」。[69]
- **在名義上由商界組成的標準制定組織中，建立能讓國家擴大參與及協調的能力：**許多負責制定標準的組織是由企業而非國家組成，但中國的標準制定是由領導高層主導並形塑的，美國政府必須有所因應。在這個時代，標準制定程序可能開創重要產業的新典範，政府的因應更顯急迫。這些重要產業包括電信業，例如「開放性無線接入網路」（Open Radio Access Network）的標準制定；也包括可能長期影響未來的物聯網。首先，國會可以支持成立不同的跨部會工作小組，可在政府內部溝通聯繫標準制定相關事宜。舉例來說，白宮的科技政策辦公室（Office of Science and Technology Policy）就可成立一個針對科技標準制定的跨部會工作小組，由國務院、商務部、國防部、情報部門參與，並由美國的產業界提供諮詢意見。[70]其次，要成立由多間企業與多個國家參與的聯盟，國會可支持在商務部與國務院內部成立辦公室，與想法相近的利益相關人協調美國的各項作法。[71]

政治上的建立戰略

- **建立民主或結盟國家之間的聯盟，應對有關科技、貿易、供應鏈、標準制定的治理議題：**

過去三年間，有多個強權國家與中等強國提議成立民主聯盟，反制中國在多個較具包容性的全球性論壇組織裡百般阻撓或強加自己的偏好。這些聯盟，例如英國提議成立共同研發5G技術的D10聯盟（包括七大工業國及澳洲、印度、南韓），將以自由開明的國家組成，也致力圍繞著自由國家來組織國際體系的要素，因此也是一種建立秩序的型態。美國應支持這些作法，利用它們向正式組織施壓，或在必要時另行組織規範。這些聯盟可能出現在各種議題的領域，將有效發揮「集團」的作用，向成員提供「準公共財」，至於那些選擇不加入集團的國家則享受不到好處。舉例來說，在貿易方面效法《跨太平洋夥伴協定》（TPP）或《跨大西洋貿易與投資夥伴協定》（TTIP）的聯合結盟，或許能繞過中國頗有影響力的世界貿易組織（WTO）。由民主國家組成的集團也可成立制定標準的組織，僅保留給聯盟內的國家參與，繞過中國也參與的國際電信聯盟（ITU）等全球性組織，確保將保護自由開明的原則納入網路建設中。整個產業（或甚至供應鏈）都可圍繞著這些由民主國家或盟國組成的聯盟而組織，尤其是在中國想取得領先地位的領域。中國的作者對這些作法頗為擔憂，也明白獨裁國家的財富與科技影響力都不如人，且更依賴全球性組織形式上的平等來形塑國際局勢的演變。對美國來說，這種包羅萬象的建立秩序手段是和中國不對稱的——美國要付出的代價微乎其微（特別是由中等強權國家提議成立組織時），但中國要利用其他論壇組織頑強抵抗，就須付出高昂成本。

本書已說明，中國不僅試圖在區域取代美國，也在追求全球性的領導力，比起美國為維護自己秩序能付出的資源，中國也許有能力為達成前述目標付出更多資源。即使是那些懷疑中國企圖領導全球的人士，也不得不承認中共的民族主義與列寧主義根基讓人很難徹底反駁它可能有這種野心。中共的民族復興論調已強烈顯示，取代美國的目標已隱含在當前中國的思維中；而且北京不太可能永久接受自己在美國主導的秩序中屈居次要地位，特別是美國秩序的特徵就是自由開明，對於中國的列寧式治理構成威脅。

在這種情勢之下，那些試圖遷就或改變中國的戰略都不太可能產生有利的結果。反之，在競逐區域與全球秩序的競爭中，美國將必須削弱中國的「控制型態」，同時建立或重建自己的控制型態基礎。在大部分情況下，這樣的努力可以是不對稱的，特別是在削弱戰略上，因為破壞現有秩序的成本可能低於建立秩序的成本。在重建自己秩序的基礎方面，美國有許多優勢，特別是盟國網絡帶來的好處，有助於美國分散建立秩序的成本。這種競爭方式不保證能改變中國的戰略，但或許能限制中國的強權與影響力中的某些元素，達到讓中國強權變得「柔和」的目標；其中的主要手段並非透過中國政治的內部變化或對北京的再保證，而是從外部遏制中國將權力資源轉化為政治秩序的能力。

結語

「只要美國民眾時不時的認為美國即將衰落，美國就不太可能衰落。」[1]

——美國政治學家薩謬爾・杭亭頓（Samuel Huntington），一九八八年一九七〇年十一月二十八日，美國海軍作戰部長艾爾默・朱瓦特（Elmo Zumwalt）上將與國家安全顧問季辛吉同坐在一列特殊軍用火車上，前往費城出席陸軍對海軍的美式足球賽。那本該是一次輕鬆出遊，但兩人那天的對話，六年後卻在總統初選如火如荼的階段被全國性新聞媒體爭相報導。

這兩人年齡相仿但背景迥異，同時登上各自專業領域的巔峰：朱瓦特是歷來最年輕的海軍作戰部長，季辛吉也是最年輕的國安顧問之一。隨著美國崛起成為全球領導國家，兩人在專業上的成就突飛猛進。兩人也都有影響性格養成的二戰從軍經歷，年紀輕輕就晉升至領導職位——這樣的經驗也促使他們走上原本沒想過的國安領域職涯。

在太平洋戰場征戰的朱瓦特上尉，在俘獲日軍一艘一千兩百噸內河砲艦後，以二十五歲之齡成為「押解戰利品船長」。他與十七名美軍水手駕著這艘俘獲的砲艦，載著一百九十名日本船員抵達上海，成為多年來首艘懸掛美國國旗進入長江的船艦，奪下日本占領的碼頭，並聯繫上美國游擊隊——這樣的經驗促使朱瓦特放棄原本成為鄉村醫生的夢想。原本夢想當會計的季辛吉則與擔任海軍軍官的朱瓦特不同，他是被徵召入伍的陸軍大兵。季辛吉被指派掌管反情報兵團（Counter-Intelligence Corps）的一個小組，母語是德語的他長於辨識及抓捕前納粹分子，也善於破獲在盟軍占領的德國暗中破壞美軍部隊的蓋世太保臥底組織。由於屢屢建功，他獲晉升為中士，並獲頒銅星勳章，之後又升為上士，並獲任命為「歐洲戰場反情報兵團首席調查官」。[3]

影響這兩人生命的重要經歷，都發生在美國崛起的時期。但二十五年後在那節車廂裡，他們談的卻是美國在二戰後的輝煌時代已開始步入衰微，他們擔心蘇聯在軍事平衡中占上風。朱瓦特回憶，季辛吉當時認為「美國如同以往許多文明一樣，歷史巔峰期已過去」，而且美國人「缺乏堅持對抗俄國到底的毅力，俄國人就像斯巴達人，而我們就像雅典人」。[4]季辛吉認為，基於這樣的趨勢，他的職責是「說服俄國人盡可能給我們最好的交易條件，承認歷史大勢對他們有利」。[5]朱瓦特不認同這番說法，卻又對於季辛吉這番主張背後的思維邏輯震驚不已。

六年後，這次對話成了全國新聞焦點。朱瓦特在回憶錄中寫了這段對話，被隆納．雷根用來在總統初選辯論會中攻擊時任總統傑拉德．福特；季辛吉則強烈否認曾說過這段話：「我要提名這位優秀的海軍上將角逐普立茲小說獎」[6]朱瓦特當然有理由誇大事實（他要競選維吉尼亞州聯邦參議員），但季辛吉確實在一九六〇年代就公開發表了關於美國衰落的文章，整個七〇年代也常在接受媒體訪問時談及此事。他不看好美國和蘇聯對比之下的地位，這樣的觀點長久以來廣為人知。[7]

如今，美國又有許多戰略專家開始出現這種悲觀看法，五十年前朱瓦特與季辛吉的對話在今天輕易就能重演。今天的美國和當年一樣內外交迫，在面臨新興強權崛起的同時，國內事務也出現巨大壓力。今天的美國也像當年一樣，有部分人士主張國家的政策應降低挑釁與競爭意圖，要反映「歷史大勢」對美國不利的事實，並與崛起中的對手盡可能達成最佳交易條件。這種翻新季辛吉論調的看法或許會指出，中國已主導全球製造業、在高科技領域漸能與美國匹敵、計入購買力平價後的經濟規模已大於美國、擁有世界最大規模的海軍、對於百年一遇的疫情大流行又比大多數國家應對得宜——是二〇二〇年唯一經濟未衰退的強權國家。相較之下，美國（在北京甚至華府許多人看來）已陷入無藥可救的嚴重撕裂與對立僵局，治理成效與政府體制都在惡化。本書在美出版時，美國還在與持續經年的疫情對抗、工業萎縮、國債激增、民主受損、全球聲譽下滑。季辛吉的悲觀看法，是否可能有其道理？[8]

就此認為一切已註定，應該為時過早。美國衰落論的主張有其傳統，歷程豐富但通常不正確。上世紀就曾出現四波衰落論興盛的時期，每個時期都展現了政治學家杭亭頓所說「難得的自我修正能力」，而衰落論者則相當諷刺的「對於防止他們所預測的情況出現，扮演不可或缺的要角」。

第一波美國衰落論浪潮是從一九三〇年代的大蕭條時期開始。季辛吉與其他人也許將戰後時期視為美國的巔峰年代，但就在那之前幾年才發生過的經濟大災難（當時德國與日本似乎復甦得比美國快），就曾讓美國人對國家的自我治理機制產生質疑。之後，富蘭克林·德拉諾·羅斯福總統為重振經濟而推出的「新政」（New Deal）革新計劃奏效，讓美國重振旗鼓；一度看似破落消沉的美國，戰後重返世界首屈一指的地位。到了一九五七年，蘇聯發射了全球第一顆人造衛星「史普尼克號」（Sputnik），掀起第二波美國衰落論的焦慮無措。但「新政」時期的肌肉記憶猶存，於是美國成立了由聯邦政府支持的研究與教育機構，因此得以成為全球科技領導者，並維持這個地位長達數十年。

第三波衰落論在一九六〇至七〇年代維持了很長一段時間，季辛吉、朱瓦特與其他無數人對於國家復原力的信心，都在這個時期遭遇考驗。

此時的美國出現社會動盪與政治暗殺，又遭遇布列敦森林制度瓦解與停滯性通膨，還經歷了尼克森總統遭彈劾、西貢淪陷——這一切不斷發生的時候，蘇聯則不斷取得進展。但是到頭來，這些事件也讓美國得以校正調整與更新修復。社會動盪促進了民權改革；總統遭彈劾彰顯了法治；布列敦森林制度瓦解，但美元最終仍居主導地位；越南戰爭戰敗終結了徵兵制；而蘇聯入侵阿富汗則讓它的解體之日更快到來。

第四波衰落論出現在一九八〇年代至九〇年代初期，當時美國的工業萎縮、貿易赤字居高不下、社會不平等加劇等等問題，讓領導人備感不安；麻薩諸塞州聯邦參議員保羅．聰格斯（Paul Tsongas）還曾因此宣布「冷戰結束了，贏家是日本和德國」。儘管遭遇重重壓力，美國仍成功引領了資訊科技革命。在聰格斯發表那番言論後不到十年，美國就被譽為舉世無雙的超級強權。

當前的美國正處於第五波衰落論之中。這一波始於二〇〇八年全球金融危機爆發，而川普打破常規的總統行事風格、新冠疫情大流行、極端分子闖入美國國會山莊等事件都是衰落論的催化劑。這些事態發生時，中國也在持續崛起。本書已經展示，中國一直有一套大戰略，目標是在區域與全球層面取代美國秩序、建立中國秩序。現在，它企圖成為領導世界的國家。

關於美國衰落的敘事雖然在北京頗為盛行，但經常是不完整的。衰落論者指向各種影響因素（如社會不平等、社會兩極化、假消息橫行、去工業化等等），這些問題在美國確實存在且非常棘手，但他們忘了這些問題本質上是全球性的，並非美國獨有。同時，他們也忽略了美國有許多條件比中國有利。中國面臨人口快速老化、債務龐大、成長趨緩等問題，且人民幣仍遠非美元的對手。相較之下，美國仍保有許多令人稱羨的優勢：人口年輕、居金融主導地位、蘊藏豐富資源、邊境處於和平狀態、擁有堅實盟友、具備創新型經濟。再者，中國崛起四十年來，絕大部分時候美國的國內生產毛額仍占全球的四分之一，這種情況可不是偶然。[10]

衰落論者也低估了美國的號召力帶來的影響。美國的開放吸引了許多支持全球自由秩序的盟國，也吸引對美國成長貢獻良多的移民，還吸引大量有助維持美元主導地位的資本。美國的軟實力來自開放社會與公民的信念，而非來自政府。喬治・佛洛伊德（George Floyd）遇害引發的示威浪潮*，被中國錯誤解讀為美國衰落的徵兆，但它反映的其實是美國民眾努力實現這個國家的立國價值——這些價值深具普世意義，因此爭取這些價值的行動吸引了全球關注，海外多國都有民眾遊行聲援。

在南非工作的記者德勒・奧洛傑德（Dele Olojode）認為，美國招致的批評比其他強權國家都多，「正是因為它以更高的標準反求諸己」，「沒有人以同樣的標準要求中國。」[11]

對美國而言，與其說衰落是一種狀態，不如說是一種選擇。通往衰落之路，沿途是美國內部對立嚴重的政治體系；遠離衰落的那條路，則會經過一個難得兩黨都有共識的區域：美國必須挺身昂首面對中國的挑戰。

本書已經說明，這項挑戰在許多方面已不是選不選擇的問題。中國的巨大規模與它逐漸擴張的全球野心，已是地緣政治上的事實，它企圖以美國為二十世紀制定規則的方式，自己為二十一世紀制定規則。本書最末章已探討在政策上應如何回應中國的野心，這套政策應強化那些用來奠定美國秩序的「控制型態」，同時破壞中國建立秩序所需的控制型態。美國可以也應該避免在金錢、武力、對開發中國家貸款等方面與中國做同等規模的競爭，但可以採取不對稱方式，以低於中國取得進展的成本來削弱中國的進展，同時再投資於有助於鞏固美國秩序與實力的資源。

再投資是特別急迫的要務。為因應中國挑戰，必須再投資強化美國的競爭力與創新能力，這些競爭力與創新能力也必須對推動內政革新、增進勞工階級繁榮發展有重要貢獻。美國的政策制定者可將這兩大議題相連結，不是要擴大民眾的焦慮，而是要表明，只要達成最重要的國內要

---

* 譯註：二〇二〇年五月二十五日，美國明尼蘇達州非裔男子喬治·佛洛伊德（George Floyd）因疑似使用偽鈔而被捕，在已趴地且雙手反銬的情況下，仍遭白人警員沙文（Derek Chauvin）跪頸近九分鐘致死。這樁悲劇讓全美再度掀起「黑人的命也是命」（Black Lives Matter）示威浪潮，多國民眾也上街聲援。

務，那麼對於海外事務也有助益。在此同時，政策制定者也必須拒絕像衰落論者一樣常將美國的競爭者視為巨人，政府要做出的回應是激發創新，但不煽動恐懼與偏見。過去若有外來競爭者出現，往往能促使美國進步到最佳狀態。只要審慎而明智的應對，美國可以再次達到這種狀態。冷戰期間，美國政治人物努力讓外交政策上的歧見「止於大洋之濱」（at the water's edge）。在這個美國陷入兩黨對立僵局的時代，我們應該再次讓大洋之濱成為國內共識的起點。

只要有一套建設性的對中政策，能強化美國實力，並讓美國在海外更具競爭力，美國領導人就能翻轉美國正在衰落的印象。但這樣還不夠。他們還必須找到正確方式，讓國家重新團結起來，並建立公民認同，讓民主體制正常運作。我們的公民文化向來強調自由民族主義（liberal nationalism）是全民共同的信念，也就是歷史學家吉兒．萊波爾（Jill Lepore）所稱的「新美國主義」；我們可以再次突顯它。[12]

六十年前，美國社會仍深受蘇聯發射首枚人造衛星震撼之時，約翰．甘迺迪以總統候選人身分在俄亥俄州坎頓市（Canton）的市立大禮堂發表演說。甘迺迪細數美國當時面臨的各種嚴重危機，包括：低薪、高房價、衝突風險攀升、工業逐漸萎縮；崛起中的新對手正在大步向前邁進，美國卻停滯不前。甘迺迪當時說：「我們要克服的……是世界各國在心理上認為美國已發展成熟，認為我們已過了巔峰時期，認為我們最耀眼的時刻已經遠去，認為我們現在要步入冗長而緩慢的午後時光……我完全不這麼想，這個國家的人民也不這麼想。」[13]

註釋

緒論

1. Harold James, *Krupp: A History of the Legendary British Firm* (Princeton: Princeton University Press, 2012), 51.
2. For this memo, see Li Hongzhang [李鴻章], "Memo on Not Abandoning the Manufacture of Ships [籌議製造輪船未可裁撤折]," in *The Complete Works of Li Wenzhong [李文忠公全集]*, vol. 19, 1872, 45. Li Hongzhang was also called Li Wenzhong.
3. Xi Jinping [習近平], "Xi Jinping Delivered an Important Speech at the Opening Ceremony of the Seminar on Learning and Implementing the Spirit of the Fifth Plenary Session of the 19th Central Committee of the Party [習近平在省部級主要領導幹部學習貫徹黨的十九屆五中全會精神專題研討班開班式上發表重要講話]," *Xinhua [新華]*, January 11, 2021.
4. Evan Osnos, "The Future of America's Contest with China," *The New Yorker*, January 13, 2020, https://www.newyorker.com/magazine/2020/01/13/the-future-of-americas-contest-with-china.
5. For example, John Lewis Gaddis, *Strategies of Containment: A Critical Appraisal of American National Security Policy during the Cold War* (Oxford: Oxford University Press, 2005).
6. Robert E. Kelly, "What Would Chinese Hegemony Look Like?," *The Diplomat*, February 10, 2014,https://thediplomat.com/2014/02/what-would-chinese-hegemony-look-like/; Nadège Rolland, "China's Vision for a New World Order" (Washington, DC: The National Bureau of Asian Research, 2020), https://www.nbr.org/publication/chinas-vision-for-a-new-world-order/.

7. See Yuan Peng [袁鵬], "The Coronavirus Pandemic and the Great Changes Unseen in a Century [新冠疫情與百年變局]," *Contemporary International Relations [現代國際關係]*, no. 5 (June 2020): 1–6, by the head of the leading Ministry of State Security think tank.
8. Michael Lind, "The China Question," *Tablet*, May 19, 2020, https://www.tabletmag.com/sections/news/articles/china-strategy-trade-lind.
9. Graham Allison and Robert Blackwill, "Interview: Lee Kuan Yew on the Future of U.S.-China Relations," *The Atlantic*, March 5, 2013, https://www.theatlantic.com/china/archive/2013/03/interview-lee-kuan-yew-on-the-future-of-us-china-relations/273657/.
10. Andrew F. Krepinevich, "Preserving the Balance: A U.S. Eurasia Defense Strategy" (Washington, DC: Center for Strategic and Budgetary Assessments, January 19, 2017), https://csbaonline.org/uploads/documents/Preserving_the_Balance_%2819Jan17%29HANDOUTS.pdf.
11. "GDP, (US$)," World Bank, 2019, https://data.worldbank.org/indicator/ny.gdp.mktp.cd.
12. Angela Stanzel et al., "Grand Designs: Does China Have a 'Grand Strategy' " (European Council on Foreign Relations, October 18, 2017), https://www.ecfr.eu/publications/summary/grands_designs_does_china_have_a_grand_strategy#.341
13. Susan Shirk, "Course Correction: Toward an Effective and Sustainable China Policy" (National Press Club, Washington, DC, February 12, 2019), https://asiasociety.org/center-us-china-relations/events/course-correction-toward-effective-and-sustainable-china-policy.
14. Quoted in Robert Sutter, *Chinese Foreign Relations: Power and Policy since the Cold War*, 3rd ed. (Lanham, MD: Rowman & Littlefield, 2012), 9–10. See also Wang Jisi, "China's Search for a Grand Strategy: A Rising Great Power Finds Its Way," *Foreign Affairs* 90, no. 2 (2011): 68–79.
15. Jeffrey A. Bader, "How Xi Jinping Sees the World, and Why" (Washington, DC: Brookings Institution, 2016), https://www.brookings.edu/wp-content/uploads/2016/07/xi_jinping_worldview_bader-1.pdf.
16. Michael Swaine, "The U.S. Can't Afford to Demonize China," *Foreign Policy*, June 29, 2018, https://foreignpolicy.com/2018/06/29/the-u-s-cant-afford-to-demonize-china/.

17. Jamie Tarabay, "CIA Official: China Wants to Replace US as World Superpower," CNN, July 21, 2018, https://www.cnn.com/2018/07/20/politics/china-cold-war-us-superpower-influence/index.html. Daniel Coates, "Annual Threat Assessment," § Senate Select Committee on Intelligence (2019), https://www.dni.gov/files/documents/Newsroom/Testimonies/2019-01-29-ATA-Opening-Statement_Final.pdf.
18. Alastair Iain Johnston, "Shaky Foundations: The 'Intellectual Architecture' of Trump's China Policy," *Survival* 61, no. 2 (2019): 189–202 ; Jude Blanchette, "The Devil Is in the Footnotes: On Reading Michael Pillsbury's The Hundred-Year Marathon" (La Jolla, CA: UC San Diego 21st Century China Program, 2018), https://china.ucsd.edu/_files/The-Hundred-Year-Marathon.pdf.
19. Jonathan Ward, *China's Vision of Victory* (Washington, DC: Atlas Publishing and Media Company, 2019); Martin Jacques, *When China Rules the World: The Rise of the Middle Kingdom and the End of the Western World* (New York: Penguin, 2012).
20. Sulmaan Wasif Khan, *Haunted by Chaos: China's Grand Strategy from Mao Zedong to Xi Jinping* (Cambridge, MA: Harvard University Press, 2018); Andrew Scobell et al., *China's Grand Strategy Trends, Trajectories, and Long-Term Competition* (Arlington, VA: RAND Corporation, 2020).
21. See Avery Goldstein, *Rising to the Challenge China's Grand Strategy and International Security* (Stanford, CA: Stanford University Press, 2005); Aaron L. Friedberg, *A Contest for Supremacy: China, America, and the Struggle for Mastery in Asia* (New York: W. W. Norton, 2012); David Shambaugh, *China Goes Global: The Partial Power* (Oxford: Oxford University Press, 2013); Ashley J. Tellis, "Pursuing Global Reach: China's Not So Long March toward Preeminence," in *Strategic Asia 2019: China's Expanding Strategic Ambitions Paperback*, eds. Ashley J. Tellis, Alison Szalwinski, and Michael Wills (Washington, DC: National Bureau of Asian Research, 2019), 3–46.
22. For the full text, as well as the responses to it within the British Foreign Office, see Eyre Crowe, "Memorandum on the Present State of British Relations with France and Germany," in *British Documents on the Origins of the War, 1898–1914* , eds. G. P. Gooch and Harold Temperley (London: His Majesty's Stationary Office, 1926), 397–420.
23. Ibid., 417.
24. Ibid., 415.

25. Ibid., 415.
26. Ibid., 414.
27. Ibid., 414.
28. Interview.
29. Robert Jervis, *Perception and Misperception in International Politics* (Princeton: Princeton University Press, 1976).

第一章 「把思想和行動統一的體系」——大戰略與霸權秩序

1. "Mike Wallace Interview with Henry Kissinger," Harry Ransom Center at the University of Texas at Austin, July 13, 1958, https://hrc.contentdm.oclc.org/digital/collection/p15878coll90/id/67/.
2. Quoted in Beatrice Heuser, *The Evolution of Strategy: Thinking War from Antiquity to the Present* (Cambridge: Cambridge University Press, 2010), 4.
3. Hal Brands, *What Good Is Grand Strategy?: Power and Purpose in American Statecraft from Harry S. Truman to George W. Bush* (Ithaca, NY: Cornell University Press, 2014), vii. The question of how Chinese sources define grand strategy is important, but since this book uses grand strategy as an analytic concept, differences in the term's meaning across culture are less relevant. The question is whether this kind of phenomenon, which this book calls grand strategy, exists in China's case—not what this term might mean in other cultures. While the *association* of the term "grand strategy" with this phenomenon might have originated from the Western strategic canon, the phenomenon exists regardless of cultural context and need not be considered "Western."
4. Barry R. Posen, *Restraint: A New Foundation for U.S. Grand Strategy* (Ithaca, NY: Cornell University Press, 2014), 1.
5. For example, when grand strategy was first introduced in the nineteenth century, it was a military shorthand for Napoleonic generalship. By the late nineteenth century, rising interdependence and transoceanic trade led maritime strategists like Alfred Thayer Mahan and Julian Corbett to push open the concept to include economic means. After the First World War, scholars like John Fuller and Basil Liddell Hart included even more means of statecraft while broadening the ends to include not only victory in war

but also success in peacetime competition. Finally, after the Second World War, scholars like Edward Meade Earle wove these strands together and helped set the modern definition of grand strategy used in this book.

6. For the full text, as well as the responses to it within the British Foreign Office, see Eyre Crowe, "Memorandum on the Present State of British Relations with France and Germany," in *British Documents on the Origins of the War, 1898–1914* , eds. G. P. Gooch and Harold Temperley (London: His Majesty's Stationary Office, 1926), 397–420.
7. Brands, *What Good Is Grand Strategy?*, 6.
8. Daniel Drezner, "Does Obama Have a Grand Strategy?: Why We Need Doctrines in Uncertain Times," *Foreign Affairs* 90, no. 4 (2011): 59.
9. David A. Welch, *Painful Choices: A Theory of Foreign Policy Change* (Princeton: Princeton University Press, 2005), 37.
10. Ibid., 31–33.
11. Michael A. Glosny, "The Grand Strategies of Rising Powers: Reassurance, Coercion, and Balancing Responses" (PhD diss., Massachusetts Institute of Technology, 2012), 27.
12. This book's focus on the politics of hegemonic orders, and particularly on how rising powers might contest it, places it within what John Ikenberry and Dan Nexon term the "third wave" in studies of hegemonic order.
13. Kenneth Waltz, *Theory of International Politics*, (Long Grove, IL: Waveland Press, 2010 [1979]); David Lake, *Hierarchy in International Relations* (Ithaca, NY: Cornell University Press, 2009).
14. John G. Ikenberry, *Liberal Leviathan: The Origins, Crisis, and Transformation of the American World Order* (Princeton: Princeton University Press, 2011), 13. See also Kyle Lascurettes, *Orders of Exclusion: Great Powers and the Strategic Sources of Foundational Rules in International Relations* (Oxford: Oxford University Press, 2020).
15. Paul Musgrave and Dan Nexon, "Defending Hierarchy from the Moon to the Indian Ocean: Symbolic Capital and Political Dominance in Early Modern China and the Cold War," *International Organization* 73, no. 3 (2018): 531–626 ; Alex D. Barder, "International Hierarchy," in *Oxford Research Encyclopedia of International Studies* (Oxford: Oxford University Press, 2015).
16. Robert Gilpin, *War and Change in World Politics* (Cambridge: Cambridge University Press, 1981), 26. This approach is also similar

to the way that Robert Cox discusses hegemony, as involving economic, military, and political dominance backed by an ideology that secures a "measure of consent" from other states and publics. See Robert W. Cox, "Gramsci, Hegemony, and International Relations: An Essay in Method," *Millennium: Journal of International Studies* 12, no. 2 (1983): 162–75. Others also emphasize the ideological content of order. See, for example, Bentley B. Allan, Srdjan Vucetic, and Ted Hopf, "The Distribution of Identity and the Future of International Order: China's Hegemonic Prospects," *International Organization* 72, no. 4 (2018): 839–69.

17. Gilpin, who focuses on great power wars, also allows that evolution in order can take place gradually.
18. Other recent works that discussing rising power and established power strategies and interactions include Joshua R. Itzkowitz Shifrinson, *Rising Titans, Falling Giants: How Great Powers Exploit Power Shifts* (Ithaca, NY: Cornell University Press, 2018); and David M. Edelstein, *Over the Horizon: Time, Uncertainty, and the Rise of Great Powers* (Ithaca, NY: Cornell University Press, 2017).
19. John Mearsheimer, *The Tragedy of Great Power Politics* (New York: Norton, 2001).
20. Gilpin calls this an "international system," but he acknowledges that in the modern world this system is global. See Chapter 1 of Gilpin, *War and Change in World Politics*.
21. Threat perceptions can be amplified by ideological divides. China finds the United States more threatening than it otherwise might precisely because the United States is a liberal power whose values, by the Party's own admission, threaten its hold on power. These dynamics can be found throughout history. Mark Haas, *The Ideological Origins of Great Power Politics, 1789–1989* (Ithaca, NY: Cornell University Press, 2005).
22. James C. Scott, *Weapons of the Weak: Everyday Forms of Peasant Resistance* (New Haven: Yale University Press, 1987).

第二章　「黨是領導一切的」——民族主義、列寧主義，與中國共產黨

1. Zhao Ziyang, *Prisoner of the State: The Secret Journal of Premier Zhao Ziyang*, eds. Adi Ignatius, Bao Pu, and Renee Chiang (New York: Simon & Schuster, 2010), 252.
2. Ibid.

3. Ibid., 252.
4. Ibid., 252.
5. Orville Schell and John Delury, *Wealth and Power: China's Long March to the Twenty-First Century* (New York: Random House, 2013), 263.
6. Alexander Pantsov and Stephen I. Levine, *Deng Xiaoping: A Revolutionary Life* (Oxford: Oxford University Press, 2015), 56.
7. Lucian Pye, "An Introductory Profile: Deng Xiaoping and China's Political Culture," *The China Quarterly*, no. 135 (1993): 432.
8. "Resolution of the 19th National Congress of the Communist Party of China on the 'Articles of Association of the Communist Party of China (Amendment)' [中國共產黨第十九次全國代表大會關於《中國共產黨章程（修正案）》的決議]," *Xinhua [新華網]*, October 24, 2017, http://www.xinhuanet.com/politics/19cpcnc/2017-10/24/c_1121850042.htm..
9. Richard McGregor, *The Party* (New York: HarperCollins, 2010), 18.
10. Ibid.
11. David L. Shambaugh, *China's Communist Party: Atrophy and Adaptation* (Berkeley: University of California Press, 2008), 1.
12. Zheng Wang, "Not Rising, But Rejuvenating: The 'Chinese Dream,'" *The Diplomat*, February 5, 2013, https://thediplomat.com/2013/02/chinese-dream-draft/.
13. Schell and Delury, *Wealth and Power*, 15.
14. Ezra Vogel, *Deng Xiaoping and the Transformation of China* (Cambridge: Harvard University Press, 2011), 17.
15. Schell and Delury, *Wealth and Power*, 263.
16. Jonathan Spence, *Mao Zedong: A Life* (New York: Penguin Books, 2006), 9.
17. Schell and Delury, *Wealth and Power*, 262.
18. Vogel, *Deng Xiaoping and the Transformation of China*, 11–12.
19. Jiang himself admits this in his 15th Party Congress address, Jiang Zemin [江澤民], *Jiang Zemin Selected Works [江澤民文選]*, vol. 2 [第二卷] (Beijing: People's Press [人民出版社], 2006), 2. The Party sometimes translates both振興and復興as "rejuvenation."
20. Deng Xiaoping [鄧小平], *Collection of Deng Xiaoping's Military Writings [鄧小平軍事文集]*, vol. 1 (Beijing: Military Science Press

[軍事科學出版社], 2004), 83; Zheng Wang, "The Chinese Dream from Mao to Xi," *The Diplomat*, September 20, 2013, https://thediplomat.com/2013/09/the-chinese-dream-from-mao-to-xi/. Interestingly, Jiang Zemin personally inscribed the cover for Deng's military writings.

21. Jiang Zemin [江澤民], *Jiang Zemin Selected Works* [江澤民文選], vol. 1 [第一卷] (Beijing: People's Press [人民出版社], 2006), 37.

22. See Hu Yaobang [胡耀邦], "Create a New Situation in All Fields of Socialist Modernization [全面開創社會主義現代化建設的新局]," in Literature Research Office of the Chinese Communist Party Central Committee [中共中央文獻研究室], *Selection of Important Documents since the 12th Party Congress [十二大以來重要文獻選編]*, vol. 1 (Beijing: Central Party Literature Press [中央文獻出版社], 1986), 6–62.

23. See Zhao Ziyang [趙紫陽], "Advance along the Road of Socialism with Chinese Characteristics [沿著有中國特色的社會主義道路前進]," in Literature Research Office of the Chinese Communist Party Central Committee [中共中央文獻研究室], *Selection of Important Documents since the 13th Party Congress [十三大以來重要文獻選編]*, vol. 1 (Beijing: People's Publishing House [人民出版社], 1991), 4–61.

24. For Jiang's 14th Party Congress Address, see Jiang Zemin [江澤民], "Accelerating the Reform, the Opening to the Outside World and the Drive for Modernization, so as to Achieve Greater Successes in Building Socialism with Chinese Characteristics [加快改革開放和現代化建設步伐奪取有中國特色社會主義事業的更大勝利]," in Literature Research Office of the Chinese Communist Party Central Committee [中共中央文獻研究室], *Selection of Important Documents since the 14th Party Congress [十四大以來重要文獻選編]*, vol. 1 (Beijing: People's Publishing House [人民出版社], 1996), 1–47. For the 15th Party Congress address, see Jiang Zemin [江澤民], "Hold High the Great Banner of Deng Xiaoping Theory for an All-round Advancement of the Cause of Building Socialism with Chinese Characteristics' into the 21st Century [高舉鄧小平理論偉大旗幟，把建設有中國特色社會主義事業全面推向二十一世紀]," in Literature Research Office of the Chinese Communist Party Central Committee [中共中央文獻研究室], *Selection of Important Documents since the 15th Party Congress [十五大以來重要文獻選編]*, vol. 1 (Beijing: People's Publishing House [人民出版社], 2000), 1–51. For the 16th Party Congress address, see Jiang Zemin [江澤民], "Build a Well-off

Society in an All-round Way and Create a New Situation in Building Socialism with Chinese Characteristics [全面建設小康社會，開創中國特色社會主義事業新局面]," in Literature Research Office of the Chinese Communist Party Central Committee [中共中央文獻研究室], *Selection of Important Documents since the 16th Party Congress [十六大以來重要文獻選編]*, vol. 1 (Beijing: Central Party Literature Press [中央文獻出版社], 2005), 1–44.

25. For the 17th Party Congress report, see Hu Jintao [胡錦濤], "Hold High the Great Banner of Socialism with Chinese Characteristics and Strive for New Victories in Building a Moderately Prosperous Society in All Respects [高舉中國特色社會主義偉大旗幟為奪取全面建設小康社會新勝利而奮鬥]," in Literature Research Office of the Chinese Communist Party Central Committee [中共中央文獻研究室], *Selection of Important Documents since the 17th Party Congress [十七大以來重要文獻選編]*, vol. 1 (Beijing: Central Party Literature Press [中央文獻出版社], 2009), 1–44. For the 18th Party Congress report, see Hu Jintao [胡錦濤], "Firmly March on the Path of Socialism with Chinese Characteristics and Strive to Complete the Building of a Moderately Prosperous Society in All Respects [堅定不移沿著中國特色社會主義道路前進 為全面建成小康社會而奮鬥]," in Literature Research Office of the Chinese Communist Party Central Committee [中共中央文獻研究室], *Selection of Important Documents since the 18th Party Congress [十八大以來重要文獻選編]*, vol. 1 (Beijing: Central Party Literature Press [中央文獻出版社], 2014), 1–43.

26. Xi Jinping [習近平], "Secure a Decisive Victory in Building a Moderately Prosperous Society in All Respects and Strive for the Great Success of Socialism with Chinese Characteristics for a New Era" [決勝全面建成小康社會 奪取新時代中國特色社會主義偉大勝利], 19th Party Congress Political Report (Beijing, October 18, 2017).

27. Hu Jintao [胡錦濤], *Hu Jintao Selected Works [胡錦濤文選]* , vol. 1 [第一卷] (Beijing: People's Press [人民出版社], 2016), 364, 556.

28. Ibid., vol. 1 [第一卷], 149.

29. Ibid., vol. 1 [第一卷], 149.

30. This focus is apparent in the Zhao Yang's 13th Party Congress address and in Jiang Zemin's 14th Party Congress address, for example.

31. This gathering is different from a Party Congress and infrequently held. *Deng Xiaoping Selected Works [鄧小平文選]*, 2nd ed., vol. 3 [第三卷] (Beijing: People's Press [人民出版社], 1993), 143.
32. Jiang Zemin [江澤民], *Jiang Zemin Selected Works* [江澤民文選], vol. 3 [第三卷] (Beijing: People's Press [人民出版社], 2006), 308.
33. Ibid., vol. 3 [第三卷], 299.
34. *Deng Xiaoping Selected Works [鄧小平文選]*, vol. 3 [第三卷], 204–6.
35. Jiang Zemin [江澤民], *Jiang Zemin Selected Works [江澤民文選]*, 2006, vol. 3 [第三卷], 127.
36. Ibid., vol. 2 [第二卷], 63. See also Jiang's 15th Party Congress address.
37. Ibid., vol. 3 [第三卷], 399.
38. Hu Jintao [胡錦濤], *Hu Jintao Selected Works* [胡錦濤文選], vol. 3 [第三卷] (Beijing: People's Press [人民出版社], 2016), , 560–61.
39. Ibid., vol. 3 [第三卷], 659.
40. Xi Jinping [習近平], "Secure a Decisive Victory in Building a Moderately Prosperous Society in All Respects and Strive for the Great Success of Socialism with Chinese Characteristics for a New Era [決勝全面建成小康社會奪取新時代中國特色社會主義偉大勝利]."
41. Franz Schurmann, *Ideology and Organization in Communist China* (Berkeley: University of California Press, 1966), 22–26, 122.
42. Vladimir Lenin, "A Letter to a Comrade on Our Organisational Tasks, 1902," in *Lenin Collected Works*, vol. 6 (Moscow: Progress Publishers, 1964), 231–52.
43. McGregor, *The Party*, 12.
44. Ibid., 9.
45. Kinling Lo, "The Military Unit That Connects China's Secret 'Red Phone' Calls," *South China Morning Post*, July 21, 2017, https://www.scmp.com/news/china/diplomacy-defence/article/2103499/call-duty-military-unit-connects-chinas-secret-red.
46. McGregor, *The Party*, 9.

47. Christopher K. Johnson and Scott Kennedy, "Xi's Signature Governance Innovation: The Rise of Leading Small Groups," CSIS, October 17, 2017, https://www.csis.org/analysis/xis-signature-governance-innovation-rise-leading-small-groups;DavidM. Lampton, "Xi Jinping and the National Security Commission: Policy Coordination and Political Power" 24, no. 95 (2015): 772.
48. For more on the reform of this structure, see Nis Grünberg and Katja Drinhausen, "The Party Leads on Everything China's Changing Governance in Xi Jinping's New Era" (Mercator Institute for China Studies, September 24, 2019), https://www.merics.org/de/china-monitor/the-party-leads-on-everything.
49. Alice Miller, "More Already on the Central Committee's Leading Small Groups," *China Leadership Monitor*, no. 4 (2014): 4, https://www.hoover.org/research/more-already-central-committees-leading-small-groups.
50. Ibid.; Johnson and Kennedy, "Xi's Signature Governance Innovation"; Grünberg and Drinhausen, "The Party Leads on Everything China's Changing Governance in Xi Jinping's New Era"; Scott Kennedy and Chris Johnson, https://www.csis.org/analysis/xis-signature-governance-innovation-rise-leading-small-groups.
51. Lampton, "Xi Jinping and the National Security Commission," 767.
52. Wen-Hsuan Tsai and Wang Zhou, "Integrated Fragmentation and the Role of Leading Small Groups in Chinese Politics," *The China Journal* 82 (2019): 22.
53. Ibid., 4.
54. Ibid.; Kjeld Erik Brødsgaard, ed., "'Fragmented Authoritarianism' or 'Integrated Fragmentation'?," in *Chinese Politics as Fragmented Authoritarianism* (New York: Routledge, 2017), 38–55.
55. Suisheng Zhao, "China's Foreign Policy Making Process: Players and Institutions," in *China and the World*, ed. David Shambaugh (Oxford: Oxford University Press, 2020), 94.
56. Li Yuan, "Coronavirus Crisis Shows China's Governance Failure," *New York Times*, February 4, 2020, https://www.nytimes.com/2020/02/04/business/china-coronavirus-government.html?action=click&module=Top%20Stories&pgtype=Homepage.
57. Quoted in Jerry F. Hough and Merle Fainsod, *How the Soviet Union Is Governed* (Cambridge, MA: Harvard University Press, 1979), 19.

58. See Shambaugh, *China's Communist Party*, 141–43.
59. Yun Sun, "Chinese Public Opinion: Shaping China's Foreign Policy, or Shaped by It?," Brookings Institution, December 13, 2011, https://www.brookings.edu/opinions/chinese-public-opinion-shaping-chinas-foreign-policy-or-shaped-by-it/.
60. Andrew Chubb, "Assessing Public Opinion's Influence on Foreign Policy: The Case of China's Assertive Maritime Behavior," *Asian Security* 2 (2018): 159–79.
61. Jessica Chen Weiss, *Powerful Patriots: Nationalist Protest in China's Foreign Relations* (Oxford: Oxford University Press, 2014).
62. Joseph Fewsmith and Stanley Rosen, "The Domestic Context of Chinese Foreign Policy: Does 'Public Opinion' Matter," in *The Making of Chinese Foreign and Security Policy, 1978–2000*, ed. David M. Lampton (Stanford: Stanford University Press, 2001), 151–90; Peter Gries, "Nationalism, Social Influences, and Chinese Foreign Policy," in *China and the World*, ed. David Shambaugh (Oxford: Oxford University Press, 2020), 63–84.
63. Thomas J. Christensen, "More Actors, Less Coordination?: New Challenges for the Leaders of a Rising China," in *China's Foreign Policy: Who Makes It, and How Is It Made?,* ed. Gilbert Rozman (New York: Palgrave, 2011), 21–37 ; Linda Jakobson and Dean Knox, "New Foreign Policy Actors in China," SIPRI Policy Paper (Stockholm: Stockholm International Peace Research Institute, 2010).
64. Shambaugh, *China's Communist Party*; Minxin Pei, *China's Crony Capitalism* (Cambridge, MA: Harvard University Press, 2016).
65. Zhao, "China's Foreign Policy Making Process," 105–6.
66. Zhao Ziyang's Collected Works Editing Team [趙紫陽文集編輯組], *The Collected Works of Zhao Ziyang 1980—1989 [趙紫陽文集 1980-1989]*, vol. 3 (Hong Kong: The Chinese University Press [香港中文大學], 2016), 218..
67. Ibid., vol. 3, 218.
68. Jiang Zemin [江澤民], *Jiang Zemin Selected Works [江澤民文選]*, vol. 1 [第一卷], 315.
69. Ibid., vol. 1 [第一卷], 315.
70. Ibid., vol. 1 [第一卷], 315.
71. Hu Jintao [胡錦濤], *Hu Jintao Selected Works* [胡錦濤文選], vol. 2 [第二卷] (Beijing: People's Press [人民出版社], 2016), 98–99.

72. Ibid., vol. 2 [第二卷], 98–99.
73. Xi Jinping [習近平], *Xi Jinping: The Governance of China [習近平談治國理政]*, vol. 1 (Beijing: Foreign Language Press [外文出版社], 2014), 299.
74. Xi Jinping [習近平], *Xi Jinping: The Governance of China, Volume 2 [習近平談治國理政]*, vol. Volume 2 [第二卷] (Beijing: Foreign Language Press [外文出版社], 2014), 444.
75. Yang Jiechi [楊潔篪], "Chinese Diplomatic Theory and Innovation in Practice in the New Situation [新形勢下中國外交理論和實踐創新]," *Qiushi [求是]* 2013, no. 16 (August 16, 2013), http://www.qstheory.cn/zxdk/2013/201316/201308/t20130813_259197.htm.
76. Xi Jinping [習近平], "Xi Urges Breaking New Ground in Major Country Diplomacy with Chinese Characteristics [努力開創中國特色大國外交新局面]," *Xinhua [新華網]*, June 22, 2018, http://www.xinhuanet.com/politics/2018-06/23/c_1123025806.htm.
77. Ibid.
78. Ibid.
79. Ibid.
80. Ibid.
81. Ibid.
82. Richard Baum, *China Watcher: Confessions of a Peking Tom* (Seattle: University of Washington Press, 2014), 235.
83. Ibid.
84. Simon Leys, "The Art of Interpreting Nonexistent Inscriptions Written in Invisible Ink on a Blank Page," *New York of Review Books*, October 11, 1990, https://www.nybooks.com/articles/1990/10/11/the-art-of-interpreting-nonexistent-inscriptions-w/.
85. Alice Miller, "Valedictory: Analyzing the Chinese Leadership in an Era of Sex, Money, and Power," *China Leadership Monitor*, no. 57 (2018), https://www.hoover.org/sites/default/files/research/docs/clm57-am-final.pdf.
86. Geremie R. Barmé, "The China Expert and the Ten Commandements," *China Heritage*, January 5, 2018, http://chinaheritage.net/journal/the-china-expert-and-the-ten-commandments/.

87. Ibid., 16.

88. Samuel Wade, "On US-China Trade Tensions," *China Digital Times*, June 29, 2018, https://chinadigitaltimes.net/2018/06/minitrue-on-u-s-china-trade-tensions/.

第三章 「新冷戰開始」——三連發事件與新的美國威脅

1. *Deng Xiaoping Selected Works [鄧小平文選]*, 2nd ed., vol. 3 [第三卷] (Beijing: People's Press [人民出版社], 1993), 344–46.
2. This account is contained in numerous open sources spanning 1980 to 2000. See Philip Taubman, "US and Peking Join in Tracking Missiles," *New York Times*, June 18, 1981, https://www.nytimes.com/1981/06/18/world/us-and-peking-join-in-tracking-missiles-in-soviet.html; John C. K. Daly, "US, China—Intel's Odd Couple," *UPI*, February 24, 2001, https://www.upi.com/Archives/2001/02/24/Feature-US-China-intels-odd-couple/6536982990800/.
3. Charles Hopper, "Going Nowhere Slowly: US-China Military Relations 1994–2001" (Cambridge, MA: Weatherhead Center for International Affairs, July 7, 2006), 5, https://scholarsprogram.wcfia.harvard.edu/files/fellows/files/hooper.pdf.
4. "Claims China Using HMAS Melbourne for Study," *The Age*, March 8, 2002, https://www.theage.com.au/world/claims-china-using-hmas-melbourne-for-study-20020308-gdu178. html; Sebastien Roblin, "Meet the Australian Aircraft Carrier That Jump-Started China's Own Carrier Quest," *The National Interest*, December 10, 2018, https://nationalinterest.org/blog/buzz/meet-australian-aircraft-carrier-jump-started-chinas-own-carrier-quest-38387.
5. *Deng Xiaoping Selected Works [鄧小平文選]*, vol. 3 [第三卷], 127–28.
6. This full phrase often appears as 冷靜觀察，站穩腳跟，沉著應付，韜光養晦，善於守拙，絕不當頭，though it is sometimes modified. Early references to it appear in Deng's September 1989 comments to central government in *Deng Xiaoping Selected Works [鄧小平文選]*, vol. 3 [第三卷], 321. One of his first official uses of "Tao Guang Yang Hui" was in Leng Rong [冷溶] and Wang Zuoling [汪作玲], eds., *Deng Xiaoping Nianpu [鄧小平年譜]*, vol. 2 (Beijing: China Central Document Press [中央文獻出版社], 2006), 1346. The phrase was also cited and attributed to Deng in a major report by former foreign minister Tang

Jiaxuan. See Tang Jiaxuan [唐家璇], "The Glorious Course of China's Cross-Century Diplomacy [中國跨世紀外交的光輝歷程]," Foreign Ministry of the People's Republic of China [中華人民共和國外交部], October 17, 2020, https://www.fmprc.gov.cn/web/ziliao_674904/zt_674979/ywzt_675099/zt2002_675989/2319_676055/t10827.shtml.

7. George H. W. Bush and Brent Scowcroft, *A World Transformed: The Collapse of the Soviet Empire, The Unification of Germany, Tiananmen Square, The Gulf War* (New York: Knopf, 1998), 195–96.
8. Ibid.
9. These documents are available at the George H. W. Bush Presidential Library and Museum and were provided to ChinaFile by George Washington University professor David Shambaugh. "U.S.-China Diplomacy after Tiananmen: Documents from the George H. W. Bush Presidential Library," ChinaFile, July 8, 2019, https://www.chinafile.com/conversation/other-tiananmen-papers.
10. Ibid.
11. Ibid.
12. Ibid.
13. Ibid.
14. "Brent Scowcroft Oral History Part I—Transcript," University of Virginia Miller Center, November 12, 1999, https://millercenter.org/the-presidency/presidential-oral-histories/brent-scowcroft-oral-history-part-i.
15. Bush and Scowcroft, *A World Transformed*, 204.
16. Ibid., 178.
17. Ibid., 179.
18. Ibid., 179.
19. Ibid., 180.
20. *Deng Xiaoping Selected Works [鄧小平文選]*, vol. 3 [第三卷], 294.
21. Hu Yaobang, "Report to the 12th National Congress of the Communist Party of China: Create a New Situation in All Fields of Socialist Modernization," *Beijing Review*, April 12, 2011, http://www.bjreview.com/90th/2011-04/12/content_357550_9.htm.

22. See *The Science of Military Strategy [戰略學]* (Beijing: Academy of Military Science Press [軍事科學出版社], 1987); Taylor Fravel, "The Evolution of China's Military Strategy: Comparing the 1987 and 1999 Editions of Zhanluexue," in *China's Revolution in Doctrinal Affairs: Emerging Trends in the Operational Art of the Chinese People's Liberation Army*, eds. James Mulvenon and David Finkelstein (Alexandria, VA: Center for Naval Analyses, 2005), 79–99.
23. *Deng Xiaoping Selected Works [鄧小平文選]*, vol. 3 [第三卷], 168.
24. Ibid., vol. 3 [第三卷], 320.
25. Ibid., vol. 3 [第三卷], 325.
26. Ibid., vol. 3 [第三卷], 325–26.
27. Ibid., vol. 3 [第三卷], 331.
28. Ibid., vol. 3 [第三卷], 344.
29. Ibid., vol. 3 [第三卷], 348.
30. Ibid., vol. 3 [第三卷], 348.
31. Harlan W. Jencks, "Chinese Evaluations of 'Desert Storm': Implications for PRC Security," *Journal of East Asian Affairs* 6, no. 2 (1992): 454.
32. Ibid.
33. David L. Shambaugh, *China's Communist Party: Atrophy and Adaptation* (Berkeley: University of California Press, 2008).
34. Gao Yu [高瑜], "Xi Jinping the Man [男兒習近平]," DW.com, January 26, 2013, https://www.dw.com/zh/男兒習近平/a-16549520. https://www.dw.com/zh/%E7%94%B7%E5 %84%BF%E4%B9%A0%E8%BF%91%E5%B9%B3/a-16549520.
35. J. D. Frodsham, *The Collected Poems of Li He* (New York: Penguin, 2017). The introduction contains a compilation of biographical details.
36. Ibid.
37. Jiang Zemin [江澤民], *Jiang Zemin Selected Works [江澤民文選]*, vol. 2 [第二卷] (Beijing: People's Press [人民出版社], 2006), 452.

38. The term 對手 connotes an adversarial, oppositional, or rivalrous relationship in contrast a more neutral term like interlocutor.
39. For Jiang's 8th Ambassadorial Conference address, see Jiang Zemin [江澤民], *Jiang Zemin Selected Works* [江澤民文選], vol. 1 [第一卷] (Beijing: People's Press [人民出版社}, 2006), 311–17.
40. Ibid., vol. 1 [第一卷], 312.
41. Ibid., vol. 1 [第一卷], 312.
42. Ibid., vol. 1 [第一卷], 312.
43. Ibid., vol. 1 [第一卷], 312.
44. Ibid., Jiang Zemin [江澤民], *Jiang Zemin Selected Works* [江澤民文選], 2006, vol. 2 [第二卷], 197.
45. Ibid., vol. 2 [第二卷], 197.
46. Ibid., vol. 2 [第二卷], 198.
47. Ibid., vol. 2 [第二卷], 202–3.
48. Ibid., vol. 2 [第二卷], 203.
49. Ibid., vol. 2 [第二卷], 203.
50. Ibid., vol. 2 [第二卷], 196.
51. Ibid., vol. 2 [第二卷], 451.
52. Ibid., vol. 2 [第二卷], 451.
53. Ibid., vol. 2 [第二卷], 452.
54. Ibid., vol. 2 [第二卷], 452.
55. Ibid., vol. 2 [第二卷], 353.（作者標註有誤，並非引用自江澤民文集第二卷第353頁，而是第三卷第353頁）
56. Hu Jintao [胡錦濤], *Hu Jintao Selected Works [胡錦濤文選]*, vol. 2 [第二卷] (Beijing: People's Press [人民出版社], 2016), 91.
57. Andrew Nathan and Bruce Gilley, *China's New Rulers: The Secret Files* (New York: New York Review of Books, 2002), 207–9.
58. Zong Hairen [宗海仁], *China's New Leaders: The Fourth Generation [中國掌權者：第四代]* (New York: Mirror Books [明鏡出版社], 2002), 76–78.

59. Ibid., [宗海仁], 76–78.
60. Ibid., [宗海仁], 168. For a good translation for many of the quotes in Zong Hairen's compilation of leaked documents, see Nathan and Gilley, *China's New Rulers*, 207–9.
61. Zong Hairen [宗海仁], *China's New Leaders: The Fourth Generation [中國掌權者：第四代]*, 322–26.
62. Ibid., [宗海仁], 125.
63. Hu Jintao [胡錦濤], *Hu Jintao Selected Works [胡錦濤文選]*, vol. 2 [第二卷], 503–4.
64. Ibid., vol. 2 [第二卷], 509.
65. Paul A. Cohen, *Speaking to History: The Story of King Goujian in Twentieth-Century China* (Berkeley: University of California Press, 2010).
66. Ibid.
67. Ibid.
68. Ibid.
69. "冷靜觀察，站穩腳跟，沉著應付，韜光養晦，善於守拙，絕不當頭."
70. Xiao Feng [肖楓], "Is Comrade Deng Xiaoping's 'Tao Guang Yang Hui' Thinking an 'Expedient Measure'? [鄧小平同志的'韜光養晦'思想是'權宜之計'嗎？]," *Beijing Daily [北京日報]*, April 6, 2010, http://dangshi.people.com.cn/GB/138903/141370/11297254.html; Zhang Xiangyi [張湘憶], "Observe Calmly, Calmly Cope with the Situation, Tao Guang Yang Hui, Do Not Take Leadership, Accomplish Something" [冷靜觀察、沉著應付、韜光養晦、決不當頭、有所作為], *People's Daily Online [人民網]*, October 28, 2012, http://theory.people.com.cn/n/2012/1028/c350803-19412863.html.
71. Zhu Weilie [朱威烈], "Tao Guang Yang Hui: A Commonsense Concept in the Global Cultural Mainstream [韜光養晦：世界主流文明的共有觀念]," *People's Daily Online [人民網]*, April 28, 2011, http://world.people.com.cn/GB/12439957.html. Zhu Weilie is a professor at Shanghai International Studies University.
72. For example, see Liu Huaqing [劉華清], *Memoirs of Liu Huaqing [劉華清回憶錄]* (Beijing: Revolutionary Army Press [解放軍出版社], 2004), 601.

73. *Deng Xiaoping Selected Works [鄧小平文選]*, vol. 3 [第三卷], 321.

74. Chen Dingding and Wang Jianwei, "Lying Low No More?: China's New Thinking on the Tao Guang Yang Hui Strategy," *China: An International Journal* 9, no. 2 (September 2011): 197.

75. Leng Rong [冷溶] and Wang Zuoling [汪作玲], *Deng Xiaoping Nianpu [鄧小平年譜]*, vol. 2, 1346.

76. Jiang Zemin [江澤民], "Jiang Zemin Discusses Opposing Peaceful Evolution [江澤民論反和平演變]," http://www.360doc.com/content/09/0203/23/97184_2452974.shtml. I was given this document, but it can be accessed at this link too.

77. Ibid.

78. Jiang Zemin [江澤民], *Jiang Zemin on Socialism with Chinese Characteristics (Special Excerpts)* 江澤民論有中國特色社會主義【專題摘編】(Beijing: 中央文獻出版社, 2002), 529–30.

79. Ibid., 529–30.

80. Jiang Zemin [江澤民], *Jiang Zemin Selected Works [江澤民文選]*, 2006, vol. 1 [第一卷], 289.

81. Ibid., vol. 1 [第一卷], 315.

82. Ibid., vol. 2 [第二卷], 202. Emphasis added.

83. Hu Jintao [胡錦濤], *Hu Jintao Selected Works [胡錦濤文選]*, vol. 2 [第二卷], 97. Emphasis added.

84. Ibid., vol. 2 [第二卷], 97.

85. Ibid., vol. 2 [第二卷], 97.

86. Ibid., vol. 2 [第二卷], 97.

87. Ibid., vol. 2 [第二卷], 97. Emphasis added.

88. Zong Hairen [宗海仁], *China's New Leaders: The Fourth Generation [中國掌權者‥第四代]*, 78.

89. Hu Jintao [胡錦濤], *Hu Jintao Selected Works [胡錦濤文選]*, vol. 2 [第二卷], 518.

90. Ibid., vol. 2 [第二卷], 518.

91. Ibid., vol. 2 [第二卷], 518. Emphasis added.

92. Ibid., vol. 2 [第二卷], 510.

93. Ibid., vol. 2 [第二卷], 519.
94. Yang Wenchang, "My Views about 'Tao Guang Yang Hui,'" *Foreign Affairs Journal*, no. 102 (2011); Yang Wenchang, "Diplomatic Words of Wisdom," *China Daily*, October 29, 2011, http://usa.chinadaily.com.cn/opinion/2011-10/29/content_13999715.htm.
95. Michael D. Swaine, "Perceptions of an Assertive China," *China Leadership Monitor*, no. 32 (2010): 7.
96. Yan Xuetong, "From Keeping a Low Profile to Striving for Achievement," *Chinese Journal of International Politics* 7, no. 2 (2014): 155–56.
97. Ibid., 156.
98. For example, even Central Party textbooks refer to the concept this way. See Zhang Xiangyi [張湘憶], "Observe Calmly, Calmly Cope with the Situation, Tao Guang Yang Hui, Do Not Take Leadership, Accomplish Something [冷靜觀察，沉著應付，韜光養晦，決不當頭，有所作為]."
99. This phrase is discussed in greater detail in Chapter 4. 100. This phrase is discussed in greater detail in Chapter 4.
101. This phrase is discussed in greater detail in Chapter 4.
102. Zhang Wannian Writing Group [張萬年寫作組], *Biography of Zhang Wannian [張萬年傳]*, vol. 2 [下] (Beijing: Revolutionary Army Press [解放軍出版社], 2011), 419.
103. Ibid., vol. 2 [下], 419.
104. See Chapter 5 for a discussion of these concerns.

第四章　「掌握殺手鐧」——中國如何在軍事上削弱美國

1. Zhang Wannian Writing Group [張萬年寫作組], *Biography of Zhang Wannian [張萬年傳]*, vol. 2 [下] (Beijing: Revolutionary Army Press [解放軍出版社], 2011), 419.
2. Darrell Whitcomb, "The Night They Saved Vega 31," *Air Force Magazine*, December 1, 2006, https://www.airforcemag.com/article/1206 vega/.

3. For a cursory summary of these events and tactics, see Paul F. Crickmore, *Lockheed F-117 Nighthawk Stealth Fighter* (Oxford: Osprey, 2014), 56–58.
4. Zhang Wannian Writing Group [張萬年寫作組], *Biography of Zhang Wannian [張萬年傳]*, vol. 2 [下], 415.
5. Ibid., vol. 2 [下], 415.
6. Ibid., vol. 2 [下], 417–18.
7. For Western literature on this concept, see Michael Pillsbury, *China Debates the Future Security Environment* (Washington, DC: National Defense University Press, 2000); Jason Bruzdzinski, "Demystifying Shashoujian: China's 'Assassin's Mace' Concept," in *Civil-Military Change in China: Elites, Institutions, and Ideas after the 16th Party Congress*, eds. Andrew Scobell and Larry Wortzel (Carlisle: US Army War College, 2004), 309–64; Alastair Iain Johnston, "Toward Contextualizing the Concept of Shashoujian (Assassin's Mace)" (Unpublished Manuscript, August 2002). This chapter takes a slightly different approach on elements of the term in light of newer sources.
8. Zhang Wannian Writing Group, *Biography of Zhang Wannian*, vol. 2 [下], 419.
9. Barry R. Posen, "Military Doctrine and the Management of Uncertainty," *Journal of Strategic Studies* 39, no. 2 (2016): 159.
10. Kenneth Waltz, *Theory of International Politics* (Long Grove: Waveland Press, 2010 [1979]), 127.
11. João Resende-Santos, *Neorealism, States, and the Modern Mass Army* (New York: Cambridge University Press, 2007).
12. See Chapter 2 of Barry R. Posen, *The Sources of Military Doctrine: France, Britain, and Germany between the World Wars* (Ithaca, NY: Cornell University Press, 1984).
13. Kimberly Marten Zisk, *Engaging the Enemy* (Princeton: Princeton University Press, 1993), 3.
14. Taylor Fravel and Christopher P. Twomey, "Projecting Strategy: The Myth of Chinese Counter-Intervention," *Washington Quarterly* 37, no. 4 (2015): 171–87.
15. For a precinct work on the implications and limitations of these trends in a conflict over Taiwan, see Richard C. Bush and Michael E. O'Hanlon, *A War Like No Other: The Truth about China's Challenge to America* (New York: John Wiley & Sons, 2007).
16. There are several excellent Western studies on China's doctrinal shifts, particularly on the evolution from the focus on "local wars"

to the focus on "local wars under high-tech conditions" and ultimately to "local wars under high-tech informatized conditions." The definitive study is Taylor Fravel, *Active Defense: China's Military Strategy since 1949* (Princeton: Princeton University Press, 2019). See also Dennis J. Blasko, "China's Evolving Approach to Strategic Deterrence," in *China's Evolving Military Strategy*, ed. Joe McReynolds (Washington, DC: Brookings Institution Press, 2018), 335–55; You Ji, *China's Military Transformation* (Malden, MA: Polity, 2016); Dennis J. Blasko, *The Chinese Army Today: Tradition and Transformation for the 21st Century* (New York: Routledge, 2006); Paul Godwin, "Change and Continuity in Chinese Military Doctrine: 1949–1999 ," in *Chinese Warfighting: The PLA Experience since 1949*, eds. David M. Finkelstein, Mark A. Ryan, and Michael A. McDevitt (Armonk: M.E. Sharpe, 2003), 23–55; and Ellis Joffe, *The Chinese Army after Mao* (Cambridge, MA: Harvard University Press, 1987).

17. Liu Huaqing [劉華清], "Unswervingly Advance along the Road of Building a Modern Army with Chinese Characteristics [堅定不移地沿著建設有中國特色現代化軍隊的道路前進]," *PLA Daily [解放軍報]*, August 6, 1993.

18. Ibid.

19. Zhang Zhen [張震], *Memoirs of Zhang Zhen [張震回憶錄]*, vol. 2 (下) (Beijing: Liberation Army Press [解放軍出版社], 2004), 359, 361.

20. Zhang Wannian Writing Group [張萬年寫作組], *Biography of Zhang Wannian [張萬年傳]*, vol. 2, [下], 60.

21. Chi Haotian Writing Group [遲浩田寫作組], *Biography of Chi Haotian [遲浩田傳]* (Beijing: Liberation Army Press [解放軍出版社], 2009), 352–354. Emphasis added.

22. Zhang Zhen [張震], *Memoirs of Zhang Zhen [張震回憶錄]*, vol. 2 (下), 361; Group [張萬年寫作組], *Biography of Zhang Wannian [張萬年傳]*, vol. 2, [下], vol. 2, 59.

23. A full version appears in "中華復興與世界未來." Major excerpts are included in the Willy Wo-Lap Lam, "American Ties Are in the Firing Line," *South China Morning Post*, February 27, 1991. A significantly edited version of the memo appears in He Xin [何新], *Selected Works of Hexin on Political Economy [何新政治經濟論文集]* (Beijing: Heilong Jiang Education Publishing House [黑龍江教育出版社], 1995), 403–6. See also Haarlan W. Jencks, "Chinese Evaluations of 'Desert Storm': Implications for PRC Security," *Journal of East Asian Affairs* 6, no. 2 (1992): 455–56; and Lam, "American Ties Are in the Firing Line." 24. Johnston, "Toward

Contextualizing the Concept of Shashoujian (Assassin's Mace)."

25. Ibid.

26. Cited in Andrew S. Erickson, *Chinese Anti-Ship Ballistic Missile (ASBM) Development: Drivers, Trajectories, and Strategic Implications* (Washington, DC: Jamestown Foundation, 2013), 36. Emphasis added.

27. Cited in Bruzdzinski, "Demystifying Shashoujian," 324. Emphasis added.

28. Xi Jinping [習近平], "The Full Text of Xi Jinping's Speech at the Forum on Cybersecurity and Informatization Work-Xinhuanet [習近平在網信工作座談會上的講話全文發表-新華網]," April 25, 2016, http://www.xinhuanet.com//politics/2016-04/25/c_1118731175.htm.

29. Pillsbury, *China Debates the Future Security Environment*; Johnston, "Toward Contextualizing the Concept of Shashoujian (Assassin's Mace)."

30. These sources are summarized in Jencks, "Chinese Evaluations of 'Desert Storm,' " 454. Other excellent surveys of the Gulf War's impact around found in Fravel, *Active Defense*; Pillsbury, *China Debates the Future Security Environment*; Ellis Joffe, "China after the Gulf War" (Kaohsiung: Sun Yatsen Center for Policy Studies, May 1991); David Shambaugh, *Modernizing China's Military* (Berkeley: University of California Press, 2003); Godwin, "Change and Continuity in Chinese Military Doctrine"; and Blasko, *The Chinese Army Today*. One excellent volume explores how China studied other's conflicts: Andrew Scobell, David Lai, and Roy Kamphausen, eds., *Chinese Lessons from Other People's Wars* (Carlisle, PA: Strategic Studies Institute, 2011). The *China Quarterly*'s special 1996 issue has several works that touch on these themes. See David Shambaugh, "China's Military in Transition: Politics, Professionalism, Procurement and Power Projection," *China Quarterly*, no. 146 (1996): 265–98.

31. Chi Haotian [遲浩田], *Chi Haotian Military Writings [遲浩田軍事文選]* (Beijing: Liberation Army Press [解放軍出版社], 2009), 282.

32. Jencks, "Chinese Evaluations of 'Desert Storm,' " 454.

33. Zhang Wannian Writing Group[張萬年寫作組], *Biography of Zhang Wannian [張萬年傳]*, vol. 2, [下], 59.

34. Chi Haotian Writing Group [遲浩田寫作組], *Biography of Chi Haotian [遲浩田傳]*, 326. Emphasis added.

35. Zhang Zhen [張震], *Memoirs of Zhang Zhen [張震回憶錄]*, vol. 2, 361.
36. Ibid.
37. Chi Haotian [遲浩田], *Chi Haotian Military Writings [遲浩田軍事文選]*, 282.
38. Ibid., 282.
39. Ibid., 283. Emphasis added.
40. Ibid., 283. Emphasis added.
41. Ibid., 287.
42. Ibid., 287. Emphasis added.
43. Ibid., 326.
44. Ibid., 327.
45. Zhang Zhen, *Memoirs of Zhang Zhen*, vol. 2, (下), 394.
46. Zhang Wannian Writing Group [張萬年寫作組], *Biography of Zhang Wannian [張萬年傳]*, vol. 2, [下], 63.
47. Chi Haotian Writing Group [遲浩田寫作組], *Biography of Chi Haotian [遲浩田傳]*, 327; Zhang Zhen [張震], *Memoirs of Zhang Zhen [張震回憶錄]*, vol. 2, (下), 361.
48. Zhang Zhen [張震], *Memoirs of Zhang Zhen [張震回憶錄]*, vol. 2, (下), 362.
49. Ibid., vol. 2 (下), 364.
50. Ibid., vol. 2 (下), 364.
51. Ibid., vol. 2 (下), 364–65.
52. Liu Huaqing [劉華清], "Unswervingly Advance along the Road of Building a Modern Army with Chinese Characteristics [堅定不移地沿著建設有中國特色現代化軍隊的道路前進]."
53. Ibid.
54. Ibid. Emphasis added.
55. Ibid. Emphasis added.

56. Ibid.
57. Zhang Wannian Writing Group [張萬年寫作組], *Biography of Zhang Wannian [張萬年傳]*, vol. 2, [下],165–67. Emphasis added.
58. Liu Huaqing [劉華清], "Unswervingly Advance along the Road of Building a Modern Army with Chinese Characteristics." [堅定不移地沿著建設有中國特色現代化軍隊的道路前進]."
59. Zhang Wannian Writing Group[張萬年寫作組], *Biography of Zhang Wannian [張萬年傳]*, vol. 2 [下], 164. Jiang Zemin [江澤民], *Jiang Zemin Selected Works [江澤民文選]*, vol. 2 [第二卷] (Beijing: People's Press [人民出版社}, 2006), 85, 161, 544.
60. Zhang Wannian Writing Group[張萬年寫作組], *Biography of Zhang Wannian [張萬年傳]*, vol. 2, [下], 169–71.
61. Ibid., vol. 2 [下], 165–67.
62. Ibid., vol. 2 [下], 170–71.
63. Zhang Wannian [張萬年], *Zhang Wannian Military Writings [張萬年軍事文選]* (Beijing: Liberation Army Press [解放軍出版社], 2008), 732.
64. Zhang Zhen [張震], *Memoirs of Zhang Zhen [張震回憶錄]*, vol. 2 (下), 390.
65. Ibid., vol. 2 (下), 390.
66. Ibid., vol. 2 (下), 391–93.
67. Ibid., vol. 2 (下), 391–93.
68. Zhang Wannian Writing Group [張萬年寫作組], *Biography of Zhang Wannian, [張萬年傳]*, vol. 2 [下],165.
69. Ibid., vol. 2 [下], 82.
70. Ibid., vol. 2 [下], 169–70.
71. Ibid., vol. 2 [下], 170.
72. Ibid., vol. 2 [下], 81.
73. Ibid., vol. 2 [下], 169.
74. Ibid., vol. 2 [下], 415.
75. Ibid., vol. 2 [下], 415–17.

76. Ibid., vol. 2 [下], 420.
77. Ibid., vol. 2 [下], 419.
78. Ibid., vol. 2 [下], 419.
79. Zhang Wannian [張萬年], *Zhang Wannian Military Writings [張萬年軍事文選]*, 732.
80. The 2001 and English-translated 2005 version of the *Science of Military Strategy*, which are identical, include this language. Similar language is found in other versions. See Peng Guangqian [彭光謙] and Yao Youzhi [姚有志], *The Science of Military Strategy [戰略學]* (Beijing: Military Science Press [軍事科學出版社], 2005), 451.
81. "Establishing Party Command Capable of Creating a Style of a Victorious Army [建設一支聽党指揮能打勝仗作風優良的人民軍隊]," *People's Daily Online [人民網]*, July 14, 2014, http://opinion.people.com.cn/n/2014/0714/c1003-25279852.html. This source was initially quoted in Timothy Heath and Andrew S. Erickson, "Is China Pursuing Counter-Intervention?," *Washington Quarterly* 38, no. 3 (2015): 149. See also Wang Wenrong [王文榮], *The Science of Military Strategy [戰略學]* (Beijing: National Defense University Press [國防大學出版社], 1999), 308; Shou Xiaosong [壽曉松], *The Science of Military Strategy [戰略學]* (Beijing: Military Science Press [軍事科學出版社], 2013), 100.
82. Li Yousheng [李有升], *Joint Campaign Studies Guidebook [聯合戰役學教程]* (Beijing: Academy of Military Science [軍事科學院], 2012), 199. Emphasis added
83. Li Yousheng [李有升], *Joint Campaign Studies Guidebook*, 269.
84. James Mulvenon, "The Crucible of Tragedy: SARS, the Ming 361 Accident, and Chinese Party-Army Relations," *China Leadership Monitor*, no. 8 (October 30, 2003): 1–12.
85. "Foreign Ministry Spokesperson's Answers to Journalists' Questions at the Press Conference on May 8, 2003 [2003年5月8日外交部發言人在記者招待會上答記者問]," Foreign Ministry of the People's Republic of China [中華人民共和國外交部], May 8, 2003, https://www.fmprc.gov.cn/web/fyrbt_673021/dhdw_673027/t24552.shtml.
86. Harvey B. Stockwin, "No Glasnost Yet for the Victims of Submarine 361," *Jamestown China Brief* 3, no. 12 (June 17, 2003), https://jamestown.org/program/no-glasnost-yet-for-the-victims-of-submarine-361/.

87. Sebastien Roblin, "In 2003, a Chinese Submarine Was Lost at Sea," *The National Interest*, March 25, 2018, https://nationalinterest.org/blog/the-buzz/2003-chinese-submarine-was-lost-sea-how-the-crew-died-25072.
88. Yves-Heng Lim, *China's Naval Power: An Offensive Realist Approach* (Burlington: Ashgate, 2014), 90; "The PLA Navy: New Capabilities and Missions for the 21st Century" (Washington, DC: Office of Naval Intelligence, 2015). See also Stephen Saunders, *Jane's Fighting Ships 2015–2016* (Couldson: IHS Jane's, 2015).
89. "The PLA Navy."
90. Lim, *China's Naval Power*, 90; Liu Huaqing [劉華清], *Memoirs of Liu Huaqing [劉華清回憶錄]* (Beijing: Revolutionary Army Press [解放軍出版社], 2004), 477.
91. Lim, *China's Naval Power*, 90.
92. Andrew S. Erickson and Lyle J. Goldstein, "China's Future Nuclear Submarine Force: Insights from Chinese Writings," in *China's Future Nuclear Submarine Force*, eds. Andrew S. Erickson et al. (Annapolis, MD: Naval Institute Press, 2007), 199.
93. William S. Murray, "An Overview of the PLAN Submarine Force," in *China's Future Nuclear Submarine Force*, eds. Andrew S. Erickson et al. (Annapolis, MD: Naval Institute Press, 2007), 59.
94. Erickson and Goldstein, "China's Future Nuclear Submarine Force," 191.
95. "The PLA Navy," 19.
96. Erickson and Goldstein, "China's Future Nuclear Submarine Force," 188–91.
97. Murray, "An Overview of the PLAN Submarine Force," 65.
98. Erickson and Goldstein, "China's Future Nuclear Submarine Force," 192.
99. Ibid.
100. Andrew S. Erickson, Lyle J. Goldstein, and William S. Murray, *Chinese Mine Warfare: A PLA Navy "Assassin's Mace" Capability* (Newport, RI: Naval War College Press, 2009), 9.
101. R. W. Apple, "War in the Gulf: The Overview; 2 U.S. Ships Badly Damaged by Iraqi Mines in Persian Gulf," *New York Times*, February 19, 1991, https://www.nytimes.com/1991/02/19/world/war-gulf-overview-2-us-ships-badly-damaged-iraqi-mines-persian-

gulf.html.

102. Richard Pyle, "Two Navy Ships Strike Mines in Persian Gulf, 7 Injured," *Associated Press*, February 18, 1991, https://apnews.com/article/f9c1f4aa006d0436adeaadf100fa6640.

103. Rod Thornton, *Asymmetric Warfare: Threat and Response in the 21st Century* (New York: Wiley, 2007), 117.

104. "The PLA Navy," 24.

105. Ibid.

106. Erickson, Goldstein, and Murray, *Chinese Mine Warfare*, 9.

107. "The PLA Navy," 24; Erickson, Goldstein, and Murray, *Chinese Mine Warfare*, 44.

108. Erickson, Goldstein, and Murray, *Chinese Mine Warfare*, 3–5.

109. Quoted in ibid., 5.

110. Ibid., 20.

111. Ibid., 21.

112. Ibid., 21.

113. Quoted in ibid., 44.

114. Ibid., 44.

115. Ibid., 41.

116. Ibid., 41. 117. Ibid., 43.

118. Bernard D. Cole, *The Great Wall at Sea: China's Navy Enters the Twenty-First Century* (Annapolis, MD: Naval Institute Press, 2001), 156.

119. Erickson, Goldstein, and Murray, *Chinese Mine Warfare*, 33.

120. Ibid., 33–34. 121. Ibid., 33–34.

122. Chi Haotian Writing Group [遲浩田寫作組], *Biography of Chi Haotian [遲浩田傳]*, 357.

123. Ibid.

124. Ibid.
125. Ibid.
126. Erickson, *Chinese Anti-Ship Ballistic Missile (ASBM) Development*, 71.
127. Ibid., 50.
128. "The 'Long Sword' Owes Its Sharpness to the Whetstone—A Witness's Account of the Build-Up of the Two Capabilities of a Certain New Type of Missile," in *Glorious Era: Reflecting on the Second Artilery's Development and Advances during the Period of Reform and Opening [輝煌年代回顧在改革開放中發展前進的第二炮兵]* (Beijing: CCP Central Committee Literature Publishing House [中央文獻出版社], 2008), 681–82. Emphasis added.
129. Chi Haotian Writing Group [遲浩田寫作組], *Biography of Chi Haotian [遲浩田傳]*, 357.
130. Erickson, *Chinese Anti-Ship Ballistic Missile (ASBM) Development*, 31.
131. Yu Jixun [於際訓], *The Science of Second Artillery Campaigns [第二炮兵戰役學]* (Beijing: Liberation Army Press [解放軍出版社], 2004).
132. Quoted in Erickson, *Chinese Anti-Ship Ballistic Missile (ASBM) Development*, 27.
133. Quoted in ibid., 70.
134. Quoted in ibid., 70.
135. Ibid., 29–30.
136. Ron Christman, "Conventional Missions for China's Second Artillery Corps," *Comparative Strategy* 30, no. 3 (2011): 211–12, 216–20. See also endnote 91.
137. This quote appears in multiple accounts. See Andrew Erickson, "China's Ministry of National Defense: 1st Aircraft Carrier 'Liaoning' Handed Over to PLA Navy," September 25, 2012, https://www.andrewerickson.com/2012/09/chinas-ministry-of-national-defense-1st-aircraft-carrier-liaoning-handed-over-to-pla-navy/; Huang Jingjing, "Chinese Public Eagerly Awaits Commissioning of Second Aircraft Carrier," *Global Times*, April 6, 2016, https://www.globaltimes.cn/content/977459.shtml.
138. Michael Horowitz, *The Diffusion of Military Power* (Princeton: Princeton University Press, 2010), 68.

139. Ibid., 65.
140. Ian Storey and You Ji, "China's Aircraft Carrier Ambitions: Seeking Truth from Rumors," *Naval War College Review* 57, no. 1 (2004): 90.
141. Tai Ming Cheung, *Growth of Chinese Naval Power* (Singapore: Institute of Southeast Asian Studies, 1990), 27. See also John Wilson Lewis and Xue Litai, *China Builds the Bomb* (Stanford, CA: Stanford University Press, 1988).
142. Liu Huaqing [劉華清], *Memoirs of Liu Huaqing [劉華清回憶錄]*, 480.
143. Ibid.
144. Storey and You Ji, "China's Aircraft Carrier Ambitions," 79.
145. Minnie Chan, "Mission Impossible: How One Man Bought China Its First Aircraft Carrier," *South China Morning Post*, January 18, 2015, http://www.scmp.com/news/china/article/1681710/sea-trials-how-one-man-bought-china-its-aircraft-carrier.
146. "Gorshkov Deal Finalised at USD 2.3 Billion," *The Hindu*, March 10, 2010, http://www.thehindu.com/news/national/gorshkov-deal-finalised-at-usd-23-billion/article228791. ece.
147. Zheng Dao, "Voyage of the Varyag," *Caixin*, July 27, 2011, http://english.caixin.com/2011-07-27/100284342.html?p2.
148. Ibid.
149. Minnie Chan, "PLA Brass 'Defied Beijing' over Plan to Buy China's First Aircraft Carrier Liaoning," *South China Morning Post*, April 29, 2015, https://www.scmp.com/news/china/diplomacy-defence/article/1779721/pla-brass-defied-beijing-over-plan-buy-aircraft-carrier.
150. See Liu Huaqing's obituary in *Xinhua*, "Liu Huaqing, Father of the Modern Navy [現代海軍之父劉華清]," *Xinhua*, January 15, 2011, http://news.xinhuanet.com/mil/2011-01/15/c_12983881.htm.
151. You Ji, "The Supreme Leader and the Military," in *The Nature of Chinese Politics*, ed. Jonathan Unger (New York: M. E. Sharpe, 2002), 195.
152. This quote appears in multiple accounts. See Erickson, "China's Ministry of National Defense"; Huang Jingjing, "Chinese Public Eagerly Awaits Commissioning of Second Aircraft Carrier."
153. Liu Huaqing [劉華清], *Memoirs of Liu Huaqing [劉華清回憶錄]*, 478.

154. Ibid., 479–80.

155. *Liu Huaqing Chronicles [劉華清年譜] 1916–2011*, vol. 3 [下卷] (Beijing: Liberation Army Press [解放軍出版社], 2016), 1195.

156. Minnie Chan, "The Inside Story of the Liaoning: How Xu Zengping Sealed the Deal for China's First Aircraft Carrier," *South China Morning Post*, January 19, 2015, https://www.scmp.com/news/china/article/1681755/how-xu-zengping-became-middleman-chinas-deal-buy-liaoning.Parentheticalsareintheoriginal.

157. Andrew S. Erickson and Andrew R. Wilson, "China's Aircraft Carrier Dilemma," *Naval War College Review* 59, no. 4 (2006): 19.

158. You Ji, "The Supreme Leader and the Military"; You Ji, *China's Military Transformation*, 194–95; Robert S. Ross, "China's Naval Nationalism Sources, Prospects, and the U.S. Response," *International Security* 34, no. 2 (2009): 46–81.

159. You Ji, *China's Military Transformation*, 195.

160. "The Significance of the Varyag Aircraft Carrier to China's National Strategy Is Something That Cannot Be Purchased with Money [瓦良格號航母對中國意義國家戰略金錢買不來]," *Sina.com [新浪財經]*, March 24, 2015, http://mil.news.sina. com.cn/2015-03-24/1058825518.html; *Liu Huaqing Chronicles [劉華清年譜] 1916-2011*, vol. 3 [下卷] (Beijing: Liberation Army Press [解放軍出版社], 2016), 1195.

161. Liu Huaqing [劉華清], *Memoirs of Liu Huaqing [劉華清回憶錄]*, 480.

162. Tai Ming Cheung, *Growth of Chinese Naval Power*, 27.

163. Tai Ming Cheung, *Growth of Chinese Naval Power*, 40.

164. Erickson and Wilson, "China's Aircraft Carrier Dilemma," 27.

165. Ye Zicheng [葉自成], "China's Sea Power Must Be Subordinate to Its Land Power [中國海權須從屬於陸權]," *International Herald Leader [國際先驅導報]*, March 2, 2007, http://news.xinhuanet.com/herald/2007-03/02/content_5790944.htm.

166. Ye Zicheng mentions a number of platforms, all of which could be used for denial purposes. His blog is no longer available, but excerpts can be found here: Christopher Griffin and Joseph Lin, "Fighting Words," American Enterprise Institute, April 27, 2007, http://www. aei.org/publication/fighting-words-3/print/; Ye Zicheng 葉自成, "China's Sea Power Must Be Subordinate to Its Land Power [中國海權須從屬於陸權]." 167. Quoted in You Ji, *China's Military Transformation*, 195.

1. Wang Yizhou [王逸舟], *Global Politics and Chinese Diplomacy [全球政治和中國外交]* (Beijing: World Knowledge Press [世界知識出版社], 2003), 274.
2. Wang Yusheng [王嵎生], *Personally Experiencing APEC: A Chinese Official's Observations and Experiences [親歷APEC：一個中國高官的體察——王嵎生]* (Beijing: World Knowledge Press [世界知識出版社], 2000), 36.
3. Ibid., 36.
4. Ibid., 36.
5. Ibid., 168.
6. Ibid., 62.
7. Ibid., 62.
8. There is a rich literature on China's institutional participation. See Scott L. Kastner, Margaret M. Pearson, and Chad Rector, *China's Strategic Multilateralism: Investing in Global Governance* (Cambridge: Cambridge University Press, 2018); Hoo Tiang Boon, *China's Global Identity: Considering the Responsibilities of Great Power* (Washington, DC: Georgetown University Press, 2018); David Shambaugh, *China Goes Global: The Partial Power* (Oxford: Oxford University Press, 2013); Marc Lanteigne, *China and International Institutions: Alternate Paths to Global Power* (New York: Routledge, 2005); and Elizabeth Economy and Michael Oksenberg, *China Joins the World: Progress and Prospects* (New York: Council on Foreign Relations Press, 1999).
9. Kai He, *Institutional Balancing in the Asia Pacific: Economic Interdependence and China's Rise* (New York: Routledge, 2009), 36.
10. Wu Jiao, "The Multilateral Path," *China Daily*, June 1, 2011, http://www.chinadaily.com.cn/china/cd30thanniversary/2011-06/01/content_12620510.htm.
11. Ibid.
12. Wang Yusheng [王嵎生], *Personally Experiencing APEC: A Chinese Official's Observations and Experiences [親歷APEC：一個中國高官的體察——王嵎生]*, 30.

13. I have a version of this report, but it is not public. It is, however, very similar to an article Zhang Yunling published in a Chinese journal. So that others may reference this material, I cite the Chinese journal article here in lieu of the report. Zhang Yunling [張蘊嶺], "The Comprehensive Security Concept and Reflecting on China's Security [綜合安全觀及對我國安全的思考]," *Contemporary Asia-Pacific [當代亞太]*, no. 1 (2000): 4–16.

14. Ibid., 9.

15. Ibid., 11.

16. Ibid., 9.

17. Shi Yuanhua [石源華], "On the Historical Evolution of the Zhoubian Waijiao Policy of New China [論新中國周邊外交政策的歷史演變]," *Contemporary China History Studies [當代中國史研究]* 7, no. 5 (2000): 47.

18. See Jiang's 14th Party Congress speech in Jiang Zemin [江澤民], "Accelerating the Reform, the Opening to the Outside World and the Drive for Modernization, so as to Achieve Greater Successes in Building Socialism with Chinese Characteristics [加快改革開放和現代化建設步伐 奪取有中國特色社會主義事業的更大勝利]," 14th Party Congress Political Report (Beijing, October 12, 1992).

19. Hu Jintao [胡錦濤], *Hu Jintao Selected Works [胡錦濤文選]*, vol. 2 [第二卷] (Beijing: People's Press [人民出版社], 2016), 508.

20. Zhang Yunling and Tang Shiping, "China's Regional Strategy," in *Power Shift: China and Asia's New Dynamics*, ed. David L. Shambaugh (Berkeley: University of California Press, 2005), 52.

21. 在和平，發展，合作的旗幟下：中國戰略機遇期的對外戰略縱論252, Quoted in Suisheng Zhao, "China and East Asian Regional Cooperation: Institution-Building Efforts, Strategic Calculations, and Preference for Informal Approach," in *China and East Asian Strategic Dynamics: The Shaping of a New Regional Order*, eds. Mingjiang Li and Dongmin Lee (Rowman & Littlefield, 2011), 152.

22. Zhang Yunling and Tang Shiping, "China's Regional Strategy," 50.

23. Susan Shirk, "Chinese Views on Asia-Pacific Regional Security Cooperation," *NBR Analysis* 5, no. 5 (1994): 8.

24. Nayan Chanda, "Gentle Giant," *Far Eastern Economic Review*, August 4, 1994.

25. Wu Xinbo, "Chinese Perspectives on Building an East Asian Community in the Twenty-First Century," in *Asia's New Multilateralism: Cooperation, Competition, and the Search for Community*, eds. Michael J. Green and Bates Gill (New York: Columbia University Press, 2009), 59.
26. Jiang Zemin [江澤民], *Jiang Zemin Selected Works [江澤民文選]*, vol. 3 [第三卷] (Beijing: People's Press [人民出版社], 2006), 314–15.
27. Jiang Zemin [江澤民], *Jiang Zemin Selected Works*, vol. 3 [第三卷], 314–15.
28. Ibid., vol. 3 [第三卷], 314–15.
29. Ibid., vol. 3 [第三卷], 314–15.
30. Ibid., vol. 3 [第三卷], 317.
31. Ibid., vol. 3 [第三卷], 313, 318.
32. Zhang Yunling, *Rising China and World Order* (New York: World Scientific, 2010), 8.
33. Ibid., 8.
34. Ibid., 19.
35. Zhang Yunling [張蘊嶺], "The Comprehensive Security Concept and Reflecting on China's Security [綜合安全觀及對我國安全的思考]," 11.
36. Zhang Yunling and Tang Shiping, "China's Regional Strategy," 54, 56.
37. Wang Yizhou [王逸舟], *Global Politics and Chinese Diplomacy [全球政治和中國外交]*, 274.
38. Jiang Zemin [江澤民], "Hold High the Great Banner of Deng Xiaoping Theory for an All-Round Advancement of the Cause of Building Socialism with Chinese Characteristics into the 21st Century [高舉鄧小平理論偉大旗幟，把建設有中國特色社會主義事業全面推向二十一世紀]," 15th Party Congress Political Report (Beijing, September 12, 1997).
39. Jiang Zemin [江澤民], *Jiang Zemin Selected Works* [江澤民文選], vol. 2 [第二卷] (Beijing: People's Press [人民出版社}, 2006), 205–6.
40. This shift is clear in comparing the 2000 and 2002 Chinese National Defense White Papers. See also Evan S. Medeiros, *China's*

International Behavior: Activism, Opportunism, and Diversification (Santa Monica, CA: RAND, 2009), 169.

41. Jiang Zemin [江澤民], *Jiang Zemin Selected Works* [江澤民文選], 2006, vol. 2 [第二卷], 195.
42. Ibid., vol. 3 [第三卷], 355.
43. Ibid., vol. 3 [第三卷], 355.
44. Wang Yi, "Facilitating the Development of Multilateralism and Promoting World Multi-Polarization," Foreign Ministry of the People's Republic of China, August 20, 2004, https://www.fmprc.gov.cn/mfa_eng/wjb_663304/zzjg_663340/gjs_665170/gjzzyhy_665174/2616_665220/2617_665222/t151077.shtml.
45. Hu Jintao [胡錦濤], *Hu Jintao Selected Works [胡錦濤文選]* , vol. 2 [第二卷], 445.
46. Ibid., vol. 2 [第二卷], 516.
47. Jiang Zemin [江澤民], *Jiang Zemin Selected Works* [江澤民文選], 2006, vol. 2 [第二卷], 546–47.
48. Wu Xinbo, "Chinese Perspectives on Building an East Asian Community in the Twenty-First Century," 56.
49. Chien-peng Chung, *China's Multilateral Co-Operation in Asia and the Pacific: Institutionalizing Beijing's "Good Neighbour Policy"* (New York: Routledge, 2010), 30.
50. Ibid., 37.
51. Ibid., 15.
52. He, *Institutional Balancing in the Asia Pacific*, 33.
53. Wang Yusheng [王嵎生], *Personally Experiencing APEC: A Chinese Official's Observations and Experiences [親歷APEC：一個中國高官的體察—王嵎生]*, 29.
54. Ibid., 29.
55. Ibid., 4.
56. Ibid., 4–5.
57. William J. Clinton, "Remarks to the Seattle APEC Host Committee" (Seattle, November 19, 1993), http://www.presidency.ucsb.edu/ws/?pid=46137.

58. Wang Yusheng, *Personally Experiencing APEC*, [王嵎生], *Personally Experiencing APEC: A Chinese Official's Observations and Experiences [親歷APEC：一個中國高官的體察—王嵎生]*, 5.
59. Ibid., 37. Emphasis added.
60. Ibid., 37. Emphasis added.
61. David E. Sanger, "Clinton's Goals for Pacific Trade Are Seen as a Hard Sell at Summit," *New York Times*, November 14, 1993.
62. Wu Jiao, "The Multilateral Path."
63. "Speech by President Jiang Zemin at the Informal APEC Leadership Conference, November 20, 1993," China Ministry of Foreign Affairs, http://www.fmprc.gov.cn/eng/wjdt/zyjh/t24903.htm.
64. Wang Yusheng, *Personally Experiencing APEC*, [王嵎生], *Personally Experiencing APEC: A Chinese Official's Observations and Experiences [親歷APEC：一個中國高官的體察—王嵎生]*, 166–67.
65. Ibid., 167.
66. Ibid., 103–6.
67. Ibid., 102–3.
68. Ibid., 116.
69. Clinton, "Remarks to the Seattle APEC Host Committee." 70. He, *Institutional Balancing in the Asia Pacific*, 70.
71. Frank Langdon and Brian L. Job, "APEC beyond Economics: The Politics of APEC" (University of Notre Dame, October 1997), 14, https://kellogg.nd.edu/sites/default/files/old_files/documents/243_0.pdf.
72. Wang Yusheng, *Personally Experiencing APEC*, [王嵎生], *Personally Experiencing APEC: A Chinese Official's Observations and Experiences [親歷APEC：一個中國高官的體察—王嵎生]*, 114–15.
73. Thomas G. Moore and Dixia Yang, "China, APEC, and Economic Regionalism in the Asia-Pacific," *Journal of East Asian Affairs* 13, no. 2 (1999): 402.
74. Wang Yusheng, *Personally Experiencing APEC*, [王嵎生], *Personally Experiencing APEC: A Chinese Official's Observations and Experiences [親歷APEC：一個中國高官的體察—王嵎生]*, 63.

75. Moore and Yang, "China, APEC, and Economic Regionalism in the Asia-Pacific," 390.
76. Wang Yusheng, *Personally Experiencing APEC*, [王嵎生], *Personally Experiencing APEC: A Chinese Official's Observations and Experiences [親歷APEC：一個中國高官的體察—王嵎生]*, 84.
77. For example, see Jiang Zemin, "Speech by President Jiang Zemin at the Sixth APEC Informal Leadership Meeting," Ministry of Foreign Affairs of the People's Republic of China, November 15, 2000, https://www.fmprc.gov.cn/mfa_eng/wjb_663304/zzjg_663340/gjs_665170/gjzzyhy_665174/2604_665196/2606_665200/t15276.shtml.
78. Wang Yusheng, *Personally Experiencing APEC*, [王嵎生], *Personally Experiencing APEC: A Chinese Official's Observations and Experiences [親歷APEC：一個中國高官的體察—王嵎生]*, 156.
79. "Tiananmen: Another Bump in China's Road to WTO Accession," Association for Diplomatic Studies and Training, 2016, https://adst.org/2016/04/tiananmen-another-bump-in-chinas-road-to-wto-accession/.
80. Quoted in Moore and Yang, "China, APEC, and Economic Regionalism in the Asia-Pacific," 394.
81. Chris Buckley, "Qian Qichen, Pragmatic Chinese Envoy, Dies at 89," *New York Times*, May 11, 2017, http://www.nytimes.com/2017/05/11/world/asia/qian-qichen-dead-china-foreign-minister.html.
82. "Qian Qichen," *People's Daily*, n.d., http://en.people.cn/data/people/qianqichen.shtml. 83. Chanda, "Gentle Giant."
84. Ibid.
85. Ibid.
86. Ibid.
87. Ibid.
88. Ibid.
89. Chien-peng Chung, "China's Policies towards the SCO and ARF: Implications for the Asia-Pacific Region," in *Rise of China: Beijing's Strategies and Implications for the Asia-Pacific*, eds. Xinhuang Xiao and Zhengyi Lin (New York: Routledge, 2009), 170.
90. Bates Gill, *Rising Star: China's New Security Diplomacy* (Washington, DC: Brookings, 2007), 32.
91. Rosemary Foot, "China in the ASEAN Regional Forum: Organizational Processes and Domestic Modes of Thought," *Asian Survey*

38, no. 5 (1998): 426.

92. Zhang Yunling [張蘊嶺], "The Comprehensive Security Concept and Reflecting on China's Security [綜合安全觀及對我國安全的思考]," 11.
93. Wu Xinbo, "Chinese Perspectives on Building an East Asian Community in the Twenty-First Century," 56.
94. Chung, *China's Multilateral Co-Operation in Asia and the Pacific*, 51.
95. Ibid.
96. He, *Institutional Balancing in the Asia Pacific*, 36.
97. Ibid.
98. See Foot, "China in the ASEAN Regional Forum," 432; Alastair Iain Johnston, *Social States: China in International Institutions, 1980–2000* (Princeton: Princeton University Press, 2008), 185–86; He, *Institutional Balancing in the Asia Pacific*, 37; Chung, *China's Multilateral Co-Operation in Asia and the Pacific*, 45.
99. Johnston, *Social States*, 183.
100. Chung, *China's Multilateral Co-Operation in Asia and the Pacific*, 52.
101. Ibid.
102. Ibid. 103. Ibid.
104. Takeshi Yuzawa, "The Fallacy of Socialization?: Rethinking the ASEAN Way of Institution-Building," in *ASEAN and the Institutionalization of East Asia*, ed. Ralf Emmers (New York: Routledge, 2012), 79.
105. "Hu Jintao: Jointly Writing a New Chapter of Peace and Development in Asia [胡錦濤：共同譜寫亞洲和平與發展的新篇章]," *People's Daily Online [人民網]*, April 25, 2002, http://www.people.com.cn/GB/shizheng/252/7944/7952/20020425/716986. html; Lyall Breckon, "Former Tigers," *Comparative Connections* 4, no. 2 (2002), http://cc.csis.org/2002/07/former-tigers-dragons-spell/. Hu.
106. Zhu Rongji, "Address by Premier Zhu Rongji of the People's Republic of China at the Third ASEAN+3 Informal Summit" (Manila, November 28, 1999), http://asean.org/?static_post=address-by-premier-zhu-rongji-of-the-people-s-republic-of-china-at-the-third-

asean3-informal-summit-28-november-1999. Zhu Rongji, “Strengthening East Asian Cooperation and Promoting Common Development—Statement by Premier Zhu Rongji of China at the 5th 10+3 Summit” (Bandar Seri Begawan, November 5, 2001), http://www. fmprc.gov.cn/mfa_eng/wjb_663304/zzjg_663340/gjs_665170/gjzzyhy_665174/2616_665220/2618_665224/t15364.shtml.

107. Chung, *China's Multilateral Co-Operation in Asia and the Pacific*, 74.

108. “Towards an East Asian Community Region of Peace, Prosperity and Progress” (East Asian Vision Group, ASEAN Plus Three, October 31, 2001), 14, https://www.asean.org/wp-content/uploads/images/archive/pdf/east_asia_vision.pdf.

109. Robert Sutter, *China's Rise in Asia: Promises and Perils* (New York: Rowman & Littlefield, 2005), 82.

110. Brendan Taylor, “China's ‘Unofficial’ Diplomacy,” in *China's “New” Diplomacy: Tactical or Fundamental Change?*, eds. Pauline Kerr, Stuart Harris, and Qin Yaqing (New York: Palgrave, 2008), 204–5.

111. He, *Institutional Balancing in the Asia Pacific*, 44.

112. Vinod K. Aggarwal, ed., *Asia's New Institutional Architecture: Evolving Structures for Managing Trade, Financial, and Security Relations* (Springer, 2008), 79.

113. Wen Jiabao, “Speech by Premier Wen Jiabao of the People's Republic of China at the Seventh China-ASEAN Summit” (Bali, October 13, 2003).

114. Cui Tiankai, “Speech of Assistant Foreign Minister Cui Tiankai at the Opening Ceremony of the East Asia Investment Forum” (Weihai, August 1, 2006), http://www.fmprc.gov.cn/mfa_eng/wjdt_665385/zyjh_665391/t265874.shtml.

115. Wu Xinbo, “Chinese Perspectives on Building an East Asian Community in the Twenty-First Century,” 60.

116. He, *Institutional Balancing in the Asia PacificI*, 44.

117. Ibid., 45.

118. Wu Xinbo, “Chinese Perspectives on Building an East Asian Community in the Twenty-First Century,” 60.

119. Ibid.

120. “Chairman's Statement of the First East Asia Summit Kuala Lumpur” (East Asia Summit, Kuala Lumpur, 2005), http://asean.

org/?static_post=chairman-s-statement-of-the-first-east-asia-summit-kuala-lumpur-14-december-2005-2.

122. 121. Wu Baiyi, "The Chinese Security Concept and Its Historical Evolution," *Journal of Contemporary China* 27, no. 10 (2001): 278.

Chu Shulong, "China and the U.S.-Japan and U.S.-Korea Alliances in a Changing Northeast Asia" (Stanford, CA: Shorenstein APARC, 1999), 10, https://fsi.stanford.edu/sites/default/files/Chu_Shulong.pdf.

124. 123. Quoted in ibid.

Foot, "China in the ASEAN Regional Forum," 435; Chu Shulong, "China and the U.S.-Japan and U.S.-Korea Alliances in a Changing Northeast Asia," 8.

126. 125. Chu Shulong, "China and the U.S.-Japan and U.S.-Korea Alliances in a Changing Northeast Asia," 6.

Qian Qichen, "Speech by Vice-Premier Qian Qichen at the Asia Society" (New York, March 20, 2001), http://wcm.fmprc.gov.cn/pub/eng/wjdt/zyjh/t25010.htm.

127. "China's Position Paper on the New Security Concept," Ministry of Foreign Affairs of the People's Republic of China, 2002, https://www.fmprc.gov.cn/ce/ceun/eng/xw/t27742. htm.

128. Lyall Breckon, "China Caps a Year of Gains," *Comparative Connections* 4, no. 4 (2002), http://cc.pacforum.org/2003/01/china-caps-year-gains/.

135. 133. 132. 131. 130. 129. Johnston, *Social States*, 189.

Ibid., 189.

Ibid., 189.

Ibid., 136–37.

Yahuda, "China's Multilateralism and Regional Order." 134. Gill, *Rising Star*, 100.

Lijun Shen, "China and ASEAN in Asian Regional Integration," in *China and the New International Order*, eds. Gungwu Wang and Yongnian Zheng (New York: Routledge, 2008), 257.

137. 136. Foot, "China in the ASEAN Regional Forum," 431.

Medeiros, *China's International Behavior*, 129–31.

138. Alice D. Ba, “Who’s Socializing Whom?: Complex Engagement in Sino-ASEAN Relations,” *Pacific Review* 19, no. 2 (2006): 172.
139. Chung, *China’s Multilateral Co-Operation in Asia and the Pacific*, 73–74.
140. Chi Haotian Writing Group [遲浩田寫作組], *Biography of Chi Haotian [遲浩田傳]* (Beijing: Liberation Army Press [解放軍出版社], 2009), 407.
141. Ibid.
142. Ibid.
143. Ibid.
144. Dai Bingguo [戴秉國], *Strategic Dialogues: Dai Binguo’s Memoirs [戰略對話：戴秉國回憶錄]* (People’s Press [人民出版社], 2016), 194.
145. Jianwei Wang, “China and SCO: Toward a New Type of Interstate Relation,” in *China Turns to Multilateralism: Foreign Policy and Regional Security*, eds. Guoguang Wu and Helen Lansdowne (New York: Routledge, 2008), 104–15.
146. Richard Weitz, “The Shanghai Cooperation Organization (SCO): Rebirth and Regeneration?,” Center for Security Studies, October 10, 2014, https://www.ethz.ch/content/specialinterest/gess/cis/center-for-securities-studies/en/services/digital-library/articles/article.html/184270.
147. Thomas Wallace, “China and the Regional Counter-Terrorism Structure: An Organizational Analysis,” *Asian Security* 10, no. 3 (2014): 205.
148. Ibid., 205–6.
149. Ibid., 200. 150. Ibid., 210.
151. “Russian-Chinese Joint Declaration on a Multipolar World and the Establishment of a New International Order,” April 23, 1997, http://www.un.org/documents/ga/docs/52/plenary/a52-153.htm. Emphasis added.
152. “Joint Declaration by the Participants in the Almaty Meeting,” July 3, 1998, http://repository. un.org/bitstream/handle/11176/177192/A_52_978-EN.pdf?sequence=3&isAllowed=y.
153. Michael Walker, “Russia and China Plug a ‘Multipolar Order,’” *The Straits Times*, September 1, 1999.

154. Ibid. 155. Ibid.
156. See the SCO Charter and the 2001, 2002, 2003, 2006, 2009, 2011, 2012 declarations, all of which contain this language. Other declarations convey similar ideas in slightly different terms.
157. "Yekaterinburg Declaration, 2009," June 16, 2009.
158. Wang, "China and SCO," 110.
159. Ibid.
160. Olga Oliker and David A. Shlapak, *U.S. Interests in Central Asia: Policy Priorities and Military Roles* (Arlington, VA: RAND, 2005), 12.
161. Ibid., 11–16.
162. Weiqing Song, *China's Approach to Central Asia: The Shanghai Co-Operation Organisation* (New York: Routledge, 2016), 75.
163. Andrew Nathan and Bruce Gilley, *China's New Rulers: The Secret Files* (New York: New York Review of Books, 2002), 209.
164. Jiang Zemin [江澤民], *Jiang Zemin Selected Works* [江澤民文選], 2006, vol. 3 [第三卷], 355.
165. Wang, "China and SCO," 110.
166. Liwei Zhuang, "Zhongguo Guoji Zhanlue Zhongde Dongmeng Keti [The ASEAN Issue in China's International Strategy]," *Dangdai Yatai [Contemporary Asia-Pacific]*, no. 6 (2003): 22. Zhang is a professor at Jinan University.
167. Zhuang, "Zhongguo Guoji Zhanlue Zhongde Dongmeng Keti," 22.
168. Chung, "China's Policies towards the SCO and ARF," 178.
169. Wang, "China and SCO," 111.
170. Weiqing Song, "Feeling Safe, Being Strong: China's Strategy of Soft Balancing through the Shanghai Cooperation Organization," *International Politics* 50, no. 5 (2013): 678.
171. Song, "Feeling Safe, Being Strong," 678–79.
172. Anna Mateeva and Antonio Giustozzi, "The SCO: A Regional Organization in the Making" (LSE Crisis States Research Centre, 2008), 11.

173. Wang, "China and SCO," 118.
174. Mateeva and Giustozzi, "The SCO," 7.
175. Yu Bin, "Living with Russia in the Post 9/11 World," in *Multidimensional Diplomacy of Contemporary China*, eds. Simon Shen and Jean-Marc Blanchard (Lanham, MD: Lexington Books, 2009), 193.
176. "Central Asia Report: September 12, 2003," *Radio Free Europe*, September 12, 2003, https://www.rferl.org/a/1342224.html.
177. "Bishkek Declaration, 2007," August 16, 2007.
178. Yu Bin, "China-Russia Relations: The New World Order According to Moscow and Beijing," *CSIS Comparative Connections*, no. 3 (2005); Adrian Blomfield, "Russia Accuses Kyrgyzstan of Treachery over US Military Base," *The Telegraph*, June 24, 2009, http://www.telegraph.co.uk/news/worldnews/asia/kyrgyzstan/5624355/Russia-accuses-Kyrgystan-of-treachery-over-US-military-base.html.
179. Marcel de Haas, "War Games of the Shanghai Cooperation Organization and the Collective Security Treaty Organization: Drills on the Move!," *Journal of Slavic Military Studies* 29, no. 3 (2016): 387–88.
180. Richard Weitz, *Parsing Chinese-Russian Military Exercises* (Carlisle, PA: Strategic Studies Institute, 2015), 6.
181. Ibid., 5–6.
182. Bin, "Living with Russia in the Post 9/11 World"; Wang, "China and SCO," 110. 183. Weitz, *Parsing Chinese-Russian Military Exercises* , 46.
184. Ibid., 45.
185. Stewart M. Patrick, "The SCO at 10: Growing, but Not into a Giant," Council on Foreign Relations, June 14, 2011, https://www.cfr.org/blog/sco-10-growing-not-giant.
186. See, for example, the SCO's 2002 and 2005 joint statements.
187. "Charter of the Shanghai Cooperation Organization" (Shanghai Cooperation Organization, June 7, 2002), http://eng.sectsco.org/load/203013/.
188. Sean Roberts, "Prepared Testimony on the SCO and Its Impact on U.S. Interests in Asia," § Commission on Security and Cooperation in Europe (2006).

189. Chung, "China's Policies towards the SCO and ARF," 178.
190. Wang Yusheng [王嵎生], "SCO Shows the Shanghai Spirit," *China Daily*, September 12, 2013.
191. "Yekaterinburg Declaration, 2009."
192. Weitz, "The Shanghai Cooperation Organization (SCO)."
193. Robert Sutter, *Chinese Foreign Relations: Power and Policy since the Cold War* (Lanham, MD: Rowman & Littlefield, 2009), 265; Mateeva and Giustozzi, "The SCO," 5.
194. Gill, *Rising Star*, 39.
195. For example, "Astana Declaration, 2011" (Shanghai Cooperation Organization, June 15, 2011).
196. This search was conducted in CNKI's Full Text Journal Database using the term "中國威脅論" for China Threat Theory and "多邊主義" for multilateralism.

第六章　「永久性正常貿易關係」——中國如何在經濟上削弱美國

1. He Xin [何新], *Selected Works of Hexin on Political Economy [何新政治經濟論文集]* (Beijing: Heilong Jiang Education Publishing House [黑龍江教育出版社], 1995), 17.
2. For a video recording of the arrival, see "War and Peace in the Nuclear Age; Haves and Have-Nots; Deng Xiaoping Arrives at Andrews AFB," OpenVault from GBH Archives, July 29, 1979, http://openvault.wgbh.org/catalog/V_7F39E138353E4AB0997C4B85BAB58307.
3. "Document 209—Memorandum of Conversation, President's Meeting with Vice Premier Deng," *Foreign Relations of the United States, 1977–1980, Volume XIII, China*, January 31, 1979, https://history.state.gov/historicaldocuments/frus1977-80v13/d209.
4. Vladimir N. Pregelj, "Most-Favored-Nation Status of the People's Republic of China," CRS Report for Congress (Congressional Research Service, n.d.), 1–3.
5. Don Oberdorfer, "Trade Benefits for China Are Approved by Carter," *Washington Post*, October 24, 1979, https://www.

washingtonpost.com/archive/politics/1979/10/24/trade-benefits-for-china-are-approved-by-carter/febc46f2-2d39-430b-975f-6c121bf4fb42/?noredirect=on&utm_term=.e1efd858846c; Jimmy Carter, *Public Papers of the Presidents of the United States: Jimmy Carter, 1979* (Washington, DC: US Government Printing Office, 1981), 359. Note that *Foreign Relations of the United States* offers a summary—not a transcript—of these remarks. For that reason, I've used Carter's recollection.

6. Harold K. Jacobson and Michel Oksenberg, *China's Participation in the IMF, the World Bank, and GATT* (Ann Arbor: University of Michigan Press, 1990).

7. Qian Qichen, *Ten Episodes in China's Diplomacy* (New York: HarperCollins, 2006), 299.

8. Deng Xiaoping, "The International Situation and Economic Problems: March 3, 1990," in *Selected Works of Deng Xiaoping* (Beijing: Renmin Press, 1993), 227. Excerpt from a talk with senior CCP members.

9. "Communiqué of the 3rd Plenary Session of the 11th Central Committee of the Chinese Communist Party [中國共產黨第十一屆中央委員會第三次全體會議公報]," Digital Library of the Past Party Congresses of the Communist Party of China [中國共產黨歷次代表大會數據庫], December 22, 1978, http://cpc.people.com.cn/GB/64162/64168/64563/65371/4441902.html. Emphasis added.

10. Laurence A. Schneider, "Science, Technology and China's Four Modernizations," *Technology in Society* 3, no. 3 (1981): 291–303.

11. Richard P. Suttmeier, "Scientific Cooperation and Conflict Management in U.S.-China Relations from 1978 to the Present," *Annals New York Academy of Sciences* 866 (1998): 137–64; "Document 209—Memorandum of Conversation, President's Meeting with Vice Premier Deng."

12. "Document 209—Memorandum of Conversation, President's Meeting with Vice Premier Deng"; Leng Rong [冷溶] and Wang Zuoling [汪作玲], eds., *Deng Xiaoping Nianpu [鄧小平年譜]*, vol. 1 (Beijing: China Central Document Press [中央文獻出版社], 2006), 498.

13. Deng Xiaoping [鄧小平], *Collection of Deng Xiaoping's Military Writings [鄧小平軍事文集]*, vol. 1 (Beijing: Military Science Press [軍事科學出版社], 2004), 498.

14. Yangmin Wang, "The Politics of U.S.-China Economic Relations: MFN, Constructive Engagement, and the Trade Issue Proper,"

Asian Survey 33, no. 5 (1993): 442.

15. Li Peng [李鵬], *Peace and Development Cooperation: Li Peng Foreign Policy Diary [和平發展合作 李鵬外事日記]*, vol. 1 (Beijing: Xinhua Publishing House [新華出版社], 2008), 397.

16. Qian Qichen, *Ten Episodes in China's Diplomacy*, 142–43.

17. Ibid., 143–44. Emphasis added.

18. Li Peng [李鵬], *Peace and Development Cooperation*: Li Peng Foreign Policy Diary [和平發展合作 李鵬外事日記], 2008, vol. 1, 215. Emphasis added.

19. See, for example, Qian Qichen, *Ten Episodes in China's Diplomacy*, 133–39.

20. Ibid., 127.

21. Li Peng [李鵬], *Peace and Development Cooperation*: Li Peng Foreign Policy Diary [和平發展合作 李鵬外事日記], 2008, vol. 1 [上], 209–10.

22. Ibid., vol. 1 [上], 215.

23. Qian Qichen, *Ten Episodes in China's Diplomacy*, 140, 144, 150, 153, 156.

24. <<<REFO:BK>>>Li Peng [李鵬], Peace and Development Cooperation: Li Peng Foreign Policy Diary [和平發展合作 李鵬外事日記], 2008, 397.

25. Ibid., vol. 1 [上], 399.

26. Li Peng [李鵬], *Market and Regulation: Li Peng Economic Diary [市場與調控：李鵬經濟日記]*, vol. 2 (Beijing: Xinhua Publishing House [新華出版社], 2007), 926.

27. Vladimir N. Pregelj, "The Jackson-Vanik Amendment: A Survey" (Washington, DC: Congressional Research Service, August 1, 2005), 11. The vote tallies were 357–61 in the House; 60–38 in the Senate. Jim Mann, "Senate Fails to Override China Policy Veto," *Los Angeles Times*, March 19, 1992, http://articles.latimes.com/1992-03-19/news/mn-5919_1_china-policy.

28. Wang, "The Politics of U.S.-China Economic Relations," 449.

29. Suttmeier, "Scientific Cooperation and Conflict Management in U.S.-China Relations from 1978 to the Present."

30. Jiang Zemin [江澤民], *Jiang Zemin Selected Works [江澤民文選]*, vol. 1 [第一卷] (Beijing: People's Press [人民出版社], 2006), 311.
31. Ibid., vol. 1 [第一卷], 312.
32. Ibid., vol. 1 [第一卷], 312.
33. Ibid., vol. 1 [第一卷], 332.
34. Ibid., vol. 2 [第二卷], 201.
35. Hu Jintao [胡錦濤], *Hu Jintao Selected Works [胡錦濤文選]*, vol. 2 [第二卷] (Beijing: People's Press [人民出版社], 2016), 90.
36. Ibid., vol. 2 [第二卷], 91.
37. Ibid., vol. 2 [第二卷], 94.
38. Zong Hairen [宗海仁], *China's New Leaders: The Fourth Generation [中國掌權者: 第四代]* (New York: Mirror Books [明鏡出版社], 2002), 167.
39. Hu Jintao [胡錦濤], *Hu Jintao Selected Works* [胡錦濤文選], vol. 2 [第二卷], 513.
40. Ibid., vol. 2 [第二卷], 514.
41. Ibid., vol. 2 [第二卷], 513–14.
42. Ibid., vol. 2 [第二卷], 504–5.
43. Ibid., vol. 2 [第二卷], 506.
44. Graham Norris, "AmCham China Legacy: Furthering US-China Relations," American Chamber of Commerce China, May 26, 2016, https://web.archive.org/web/20160803020436/https://www.amchamchina.org/news/amcham-china-legacymoving-us-cn-relations-forward; Dai Yan, "Minister Urges Stronger Sino-US Trade," *China Daily*, December 10, 2005, http://www.chinadaily.com.cn/english/doc/2005-12/10/content_502259.htm.
45. Jiang Zemin [江澤民], *Jiang Zemin Selected Works* [江澤民文選], 2006, vol. 2 [第二卷], 442–60.
46. Joseph Fewsmith, "China and the WTO: The Politics behind the Agreement," *NBR Analysis* 10, no. 5 (December 1, 1999), https://www.iatp.org/sites/default/files/China_and_the_WTO_The_Politics_Behind_the_Agre.htm; Joseph Fewsmith and Stanley Rosen,

"The Domestic Context of Chinese Foreign Policy: Does 'Public Opinion' Matter," in *The Making of Chinese Foreign and Security Policy, 1978–2000*, ed. David M. Lampton (Stanford, CA: Stanford University Press, 2001), 151–90.

47. Pearson, "The Case of China's Accession to the GATT/WTO," 357–62.
48. Li Zhaoxing [李肇星], *Shuo Bu Jin De Wai Jiao [說不盡的外交]* (Beijing: CITIC Publishing House [中信出版社], 2014), 51.
49. Li Peng [李鵬], *Market and Regulation*: Li Peng Economic Diary [市場與調控‥李鵬經濟日記], vol. 3 (Beijing: Xinhua Publishing House [新華出版社], 2007), 1534.
50. For an extremely useful overview of the domestic politics of the negotiation, see Fewsmith, "China and the WTO: The Politics Behind the Agreement."
51. Li Peng, Market and Regulation: Li Peng Economic Diary [市場與調控‥李鵬經濟日記], 2007, vol. 3, 1536.
52. Ibid., vol. 3, 1546.
53. Ibid., vol. 3, 1579.
54. Jayetta Z. Hecker, "China Trade: WTO Membership and Most-Favored-Nation Status," Pub. L. No. GAO/T-NSIAD-98-209, § Subcommittee on Trade, Committee on Ways and Means, House of Representatives (1998), 14.
55. "Tiananmen: Another Bump in China's Road to WTO Accession," Association for Diplomatic Studies and Training, 2016, https://adst.org/2016/04/tiananmen-another-bump-in-chinas-road-to-wto-accession/.
56. "Tiananmen: Another Bump in China's Road to WTO Accession."
57. He Xin [何新], *Selected Works of Hexin on Political Economy [何新政治經濟論文集]*, 17.
58. Li Zhaoxing [李肇星], *Shuo Bu Jin De Wai Jiao [說不盡的外交]*, 34–35 ; Qian Qichen, *Ten Episodes in China's Diplomacy*, 314–15.
59. Li Zhaoxing [李肇星], *Shuo Bu Jin De Wai Jiao [說不盡的外交]*, 47.
60. Ibid., 47–48.
61. Zhu Rongji [朱鎔基], *Zhu Rongji Meets the Press [朱鎔基答記者問]* (Beijing: People's Press [人民出版社], 2009), 93.
62. Jiang Zemin [江澤民], *Jiang Zemin Selected Works* [江澤民文選], vol. 3 [第三卷] (Beijing: People's Press [人民出版社], 2006),

448–49.

63. Li Peng [李鵬], *Market and Regulation*: Li Peng Economic Diary [市場與調控：李鵬經濟日記], 2007, vol. 3, 1546.
64. Li Peng [李鵬], *Peace and Development Cooperation*: Li Peng Foreign Policy Diary [和平發展合作 李鵬外事日記], vol. 2 (Beijing: Xinhua Publishing House [新華出版社], 2008), 802–3.
65. Zhu Rongji [朱鎔基], *Zhu Rongji Meets the Press [朱鎔基答記者問]*, 101–13.
66. For the whole speech, see Literature Research Office of the Chinese Communist Party Central Committee [中共中央文獻研究室], *Selection of Important Documents since the 15th Party Congress [十五大以來重要文獻選編]*, vol. 2 (Beijing: People's Publishing House [人民出版社], 2001), 1205–27. Emphasis added.
67. Ibid., Literature Research Office of the Chinese Communist Party Central Committee [中共中央文獻研究室], vol. 2, 1461–75.
68. Liu Huaqing [劉華清], *Memoirs of Liu Huaqing [劉華清回憶錄]* (Beijing: Revolutionary Army Press [解放軍出版社], 2004), 702–5.
69. Gary Klintworth, "China's Evolving Relationship with APEC," *International Journal* 50, no. 3 (1995): 497.
70. Wang Yusheng [王嵎生], *Personally Experiencing APEC: A Chinese Official's Observations and Experiences [親歷APEC：一個中國高官的體察—王嵎生]* (Beijing: World Knowledge Press [世界知識出版社], 2000), 14–15.
71. David E. Sanger, "Clinton's Goals for Pacific Trade Are Seen as a Hard Sell at Summit," *New York Times*, November 14, 1993.
72. Thomas G. Moore and Dixia Yang, "China, APEC, and Economic Regionalism in the Asia-Pacific," *Journal of East Asian Affairs* 13, no. 2 (1999): 386.
73. Ibid., 394.
74. Ibid., 394.
75. Wang Yusheng [王嵎生], *Personally Experiencing APEC: A Chinese Official's Observations and Experiences [親歷APEC：一個中國高官的體察—王嵎生]*, 70.
76. Ibid., Wang Yusheng [王嵎生], 70.
77. Quoted in Moore and Yang, "China, APEC, and Economic Regionalism in the Asia-Pacific," 394.

78. Quoted in ibid., 396.
79. Ibid., 394.
80. Zhang Bin, "Core Interests: A WTO Memoir by China Chief Negotiator Long Yongtu," China Pictorial [人民畫報], 2002, http://www.chinapictorial.com.cn/en/features/txt/2011-11/01/content_402102.htm.
81. "Long Yongtu (龍永圖): China's Chief Negotiator," CCTV.com, March 19, 2012, https://web.archive.org/web/20130119080612/http://english.cntv.cn/program/upclose/20120319/118542.shtml.
82. Li Zhaoxing [李肇星], *Shuo Bu Jin De Wai Jiao [說不盡的外交]*, 49–50.
83. Li Peng [李鵬], *Market and Regulation*: Li Peng Economic Diary [市場與調控··李鵬經濟日記], 2007, vol. 3, 1585.
84. Ibid., vol. 3, 1529.
85. Li Peng [李鵬], *Peace and Development Cooperation*: Li Peng Foreign Policy Diary [和平發展合作李鵬外事日記], 2008, vol. 2, 803.
86. Paul Krugman, "Reckonings: A Symbol Issue," *New York Times*, May 10, 2000, https://www.nytimes.com/2000/05/10/opinion/reckonings-a-symbol-issue.html.
87. Sanger, "Clinton's Goals for Pacific Trade Are Seen as a Hard Sell at Summit." 88. Zhu Rongji [朱鎔基], *Zhu Rongji Meets the Press [朱鎔基答記者問]*, 391.

第七章 「國際力量對比發生變化」——全球金融危機與「建立」戰略的開端

1. Yan Xuetong [閻學通], "From Tao Guang Yang Hui to Striving for Achievement: China's Rise Is Unstoppable [從韜光養晦到奮發有為，中國崛起勢不可擋]," *People's Daily China Economic Weekly [人民日報中國經濟週刊]*, November 11, 2013, http://www. ceweekly.cn/2013/1111/68562.shtml.
2. Interviews, Beijing, Kunming, Chengdu, 2011–2012.
3. Hu Jintao [胡錦濤], *Hu Jintao Selected Works [胡錦濤文選]*, vol. 3 [第三卷] (Beijing: People's Press [人民出版社], 2016), 234.

4. Ibid., vol. 3 [第三卷], 236.
5. Ibid., vol. 3 [第三卷], 234–46.
6. From CNKI text search.
7. Alastair Iain Johnston, "Is China a Status Quo Power?," *International Security* 27, no. 4 (2003): 5–56.
8. For example, see Jiang's 1998 9th Ambassadorial Conference Address, Jiang Zemin [江澤民], *Jiang Zemin Selected Works [江澤民文選]*, vol. 2 [第二卷] (Beijing: People's Press [人民出版社], 2006), 195–206. See also his 1999 address to the Central Economic Work Forum, Jiang Zemin [江澤民], vol. 2 [第二卷], 421–49.
9. Johnston, "Is China a Status Quo Power?," 30.
10. Jiang Zemin [江澤民], *Jiang Zemin Selected Works* [江澤民文選], 2006, vol. 2 [第二卷], 170.
11. Ibid., vol. 2 [第二卷], 422.
12. Ibid., vol. 2 [第二卷], 421.
13. Hu Jintao [胡錦濤], *Hu Jintao Selected Works* [胡錦濤文選], vol. 2 [第二卷] (Beijing: People's Press [人民出版社], 2016), 503–4.
14. Jiang Zemin [江澤民], Jiang Zemin Selected Works [江澤民文選], 2006, vol. 2 [第二卷], 202.
15. Hu Jintao [胡錦濤], Hu Jintao Selected Works [胡錦濤文選], 2016, vol. 2 [第二卷], 93.
16. Ibid., vol. 2 [第二卷], 92. Emphasis added.
17. Ibid., vol. 2 [第二卷], 93.
18. Ibid., vol. 3 [第三卷], 236. Emphasis added.
19. Jiang Zemin [江澤民], "Accelerating the Reform, the Opening to the Outside World and the Drive for Modernization, so as to Achieve Greater Successes in Building Socialism With Chinese Characteristics [加快改革開放和現代化建設步伐奪取有中國特色社會主義事業的更大勝利]," 14th Party Congress Political Report (Beijing, October 12, 1992).
20. Zemin [江澤民], Jiang Zemin Selected Works [江澤民文選], 2006, vol. 2 [第二卷], 195–96.
21. Ibid., vol. 2 [第二卷], 195–96.
22. Ibid., vol. 2 [第二卷], 195–96.

23. Ibid., vol. 2 [第二卷], 422.
24. Ibid., vol. 2 [第二卷], 422–23.
25. Ibid., vol. 2 [第二卷], 422–23.
26. Ibid., vol. 2 [第二卷], 422–23.
27. Ibid., vol. 3 [第三卷], 107.
28. Ibid., vol. 3 [第三卷], 7.
29. Ibid., vol. 2 [第二卷], 545.
30. Ibid., vol. 3 [第三卷], 125.
31. Ibid., vol. 3 [第三卷], 160.
32. Ibid., vol. 3 [第三卷], 258.
33. Ibid., vol. 3 [第三卷], 297; Jiang Zemin [江澤民], "Build a Well-off Society in an All-Round Way and Create a New Situation in Building Socialism with Chinese Characteristics [全面建設小康社會，開創中國特色社會主義事業新局面]," 16th Party Congress Political Report (Beijing, November 28, 2002).
34. Hu Jintao [胡錦濤], *Hu Jintao Selected Works* [胡錦濤文選], 2016, vol. 2 [第二卷], 236.（原註釋有誤，應為胡錦濤文選第二卷第90-92頁）
35. Ibid., vol. 2 [第二卷], 152.
36. Ibid., vol. 2 [第二卷], 276.
37. Ibid., vol. 2 [第二卷], 352, 380, 444.
38. Ibid., vol. 2 [第二卷], 503–4.
39. Hu Jintao [胡錦濤], "Hold High the Great Banner of Socialism with Chinese Characteristics and Strive for New Victories in Building a Moderately Prosperous Society in All Respects [高舉中國特色社會主義偉大旗幟 為奪取全面建設小康社會新勝利而奮鬥]," 17th Party Congress Political Report (Beijing, October 15, 2007).
40. Hu Jintao [胡錦濤], *Hu Jintao Selected Works* [胡錦濤文選], 2016, vol. 3 [第三卷], 35.

41. Dai Bingguo [戴秉國], *Strategic Dialogues: Dai Binguo's Memoirs [戰略對話：戴秉國回憶錄]* (People's Press [人民出版社], 2016), 143.
42. Hu Jintao [胡錦濤]. Hu Jintao Selected Works [胡錦濤文選], 2016, vol. 3 [第三卷], 234.
43. Ibid., vol. 3 [第三卷], 236.
44. Ibid., vol. 3 [第三卷], 234.
45. Ibid., vol. 3 [第三卷], 234.
46. Ibid., vol. 3 [第三卷], 457–58.
47. Ibid., vol. 3 [第三卷], 437.
48. Hu Jintao [胡錦濤], "Firmly March on the Path of Socialism with Chinese Characteristics and Strive to Complete the Building of a Moderately Prosperous Society in All Respects [堅定不移沿著中國特色社會主義道路前進 為全面建成小康社會而奮鬥]," 18th Party Congress Political Report (Beijing, November 8, 2012).
49. Xi Jinping [習近平], *Xi Jinping: The Governance of China [習近平談治國理政]*, vol. 2 [第二卷] (Beijing: Foreign Language Press [外文出版社], 2014), 442.
50. Peter Ford, "The New Face of Chinese Diplomacy: Who Is Wang Yi," *Christian Science Monitor*, March 18, 2013, https://www.csmonitor.com/World/Asia-Pacific/2013/0318/The-new-face-of-Chinese-diplomacy-Who-is-Wang-Yi.
51. Christian Shepherd, "China Makes 'Silver Fox' Top Diplomat, Promoted to State Councilor," *Reuters*, March 18, 2018, https://www.reuters.com/article/us-china-parliament-diplomacy/china-makes-silver-fox-top-diplomat-promoted-to-state-councilor-idUSKBN1GV044. 52. Ford, "The New Face of Chinese Diplomacy."
53. Ibid.
54. Avery Goldstein, "The Diplomatic Face of China's Grand Strategy: A Rising Power's Emerging Choice," *The China Quarterly*, no. 168 (2001): 835–64 ; David Shambaugh, ed., *Power Shift: China and Asia's New Dynamics* (Berkeley: University of California Press, 2005); David Shambaugh, "China Engages Asia: Reshaping the Regional Order," *International Security* 29, no. 3 (2004): 64–99.
55. The most cogent expression of this argument can be found in Timothy Heath, "China's Big Diplomacy Shift," *The Diplomat*,

December 22, 2014, https://thediplomat.com/2014/12/chinas-big-diplomacy-shift/.

56. Hu Jintao, *Hu Jintao Selected Works* [胡錦濤文選], 2016, vol. 3 [第三卷], 241.

57. Ibid., vol. 3 [第三卷], 241.

58. Ibid., vol. 3 [第三卷], 234.

59. Ibid., vol. 3 [第三卷], 241.

60. "China's Peaceful Development" (Beijing: Information Office of the State Council, September 2011), http://english.gov.cn/archive/white_paper/2014/09/09/content_281474986284646.htm.

61. Hu Jintao [胡錦濤], "Firmly March on the Path of Socialism with Chinese Characteristics and Strive to Complete the Building of a Moderately Prosperous Society in All Respects [堅定不移沿著中國特色社會主義道路前進 為全面建成小康社會而奮鬥]."

62. This could plausibly be translated as "a priority direction," but the language clearly indicates centrality based on its usage in other contexts. See Wang Yi [王毅], "Speech by Minister Wang Yi at the Luncheon of the Second World Peace Forum [王毅部長在第二屆世界和平論壇午餐會上的演講]," Foreign Ministry of the People's Republic of China [中華人民共和國外交部], June 27, 2013, https://www. fmprc.gov.cn/web/wjbz_673089/zyjh_673099/t1053901.shtml. See also Wang Yi [王毅], "Insist on Correct View of Righteousness and Benefits, Actively Play the Role of Responsible Great Powers: Deeply Comprehend the Spirit of Comrade Xi Jinping's Important Speech on Diplomatic Work [人民日報：堅持正確義利觀積極發揮負責任大國作用：深刻領會習近平同志關於外交工作的重要講話精神]," *People's Daily Online [人民網]*, September 10, 2013, http://opinion.people.com.cn/n/2013/0910/c1003-22862978.html.

63. "Xi Jinping: Let the Sense of a Community of Common Destiny Take Root in Peripheral Countries [習近平：讓命運共同體意識在周邊國家落地生根]," *Xinhua [新華網]*, October 25, 2013, http://www.xinhuanet.com/politics/2013-10/25/c_117878944.htm.

64. Ibid.

65. Xi Jinping, *Xi Jinping: The Governance of China*, vol. 1, 296.

66. Ibid., vol. 1, 297.

67. Ibid., vol. 1, 296.
68. Ibid., vol. 1, 297.
69. "China's Peripheral Diplomacy: Advancing Grand Strategy [中國周邊外交：推進大戰略]," *Renmin Wang [人民網]*, October 28, 2013, http://theory.people.com.cn/n/2013/1028/c136457-23344720.html.
70. Ibid.
71. Ibid.
72. Wang Yi, "Embark on a New Journey of China's Diplomacy," http://www.fmprc.gov.cn/mfa_eng/wjb_663304/wjbz_663308/2461_663310/t1109943.shtml.
73. Ibid.
74. This prioritization is clear in the online English readout and the official printed version. "The Central Conference on Work Relating to Foreign Affairs Was Held in Beijing," Ministry of Foreign Affairs of the People's Republic of China, November 29, 2014, http://www.fmprc. gov.cn/mfa_eng/zxxx_662805/t1215680.shtml; Xi Jinping [習近平], Xi Jinping: The Governance of China, Volume 2 [習近平談治國理政], vol. 2 [第二卷], 444.
75. "The Central Conference on Work Relating to Foreign Affairs Was Held in Beijing"; <<<REFO:BK>>>Xi Jinping [習近平], Xi Jinping: The Governance of China, Volume 2 [習近平談治國理政], vol. 2 [第二卷], 444.
76. Li Keqiang, "Full Text: Report on the Work of the Government (2014)," http://english.gov. cn/archive/publications/2014/08/23/content_281474982987826.htm.
77. Yang Jiechi [楊潔篪], "Continue to Create New Prospects for Foreign Work Under the Guidance of General Secretary Xi Jinping's Diplomatic Thoughts [在習近平總書記外交思想指引下不斷開創對外工作新局面]," Foreign Ministry of the People's Republic of China [中華人民共和國外交部], January 14, 2017, https://www.fmprc.gov.cn/ce/ceus/chn/zgyw/t1430589.htm.
78. <<<REFO:BK>>>Xi Jinping [習近平], Xi Jinping: The Governance of China [習近平談治國理政], vol. 1, 296–99.
79. Note, the full text of this speech is not in Xi Jinping's *Governance of China*. It can be found in Xi Jinping, "Speech by Chinese President Xi Jinping to Indonesian Parliament" (Jakarta, October 2, 2013), http://www.asean-china-center.org/english/2013-10/03/

c_133062675.htm.

80. Ibid.

81. Xi Jinping, "New Asian Security Concept for New Progress in Security Cooperation" (4th Summit of the Conference on Interaction and Confidence Building Measures in Asia, Shanghai, May 21, 2014), http://www.s-cica.org/page.php?page_id=711&lang=1.

82. Xi Jinping, "Towards a Community of Common Destiny and a New Future for Asia" (Boao Forum for Asia, Boao, March 28, 2015), http://www.fmprc.gov.cn/mfa_eng/wjdt_665385/zyjh_665391/t1250690.shtml.

83. "China's White Paper on Asia-Pacific Security Cooperation Policies [中國的亞太安全合作政策白皮書] (Beijing: State Council Information Office [國務院新聞辦公室]," January 2017), http://www.scio.gov.cn/zfbps/32832/Document/1539907/1539907.htm.

84. Liu Zhenmin, "Insisting on Win-Win Cooperation and Forging the Asian Community of Common Destiny," *China International Studies* 45, no. 5 (2014), http://www.ciis.org.cn/english/2014-06/17/content_6987936.htm.

85. Ling Chen [淩陳], "The Highest Level Sets Out a 'Top-Level Design' for Speeding Up the Upgrade of China's Peripheral Diplomacy [最高層著手'頂層設計' 中國周邊外交提速升級]," *Renmin Wang [人民網]*, October 27, 2013, http://politics.people.com.cn/n/2013/1027/c1001-23339772.html.

86. "China's Peripheral Diplomacy: Advancing Grand Strategy [中國周邊外交：推進大戰略]."

87. Yan Xuetong [閻學通], "Yan Xuetong: The Overall 'Periphery' Is More Important than the United States [閻學通：整體的'周邊'比美國更重要]," *Global Times [環球時報]*, January 13, 2015, http://opinion.huanqiu.com/1152/2015-01/5392162.html.

88. Ibid.

89. Xu Jin and Du Zheyuan, "The Dominant Thinking Sets in Chinese Foreign Policy Research: A Criticism," *Chinese Journal of International Politics* 8, no. 3 (April 13, 2015): 277.

90. Ibid.

91. Ibid.

92. Chen Xulong, "Xi Jinping Opens a New Era of China's Periphery Diplomacy," *China-US Focus*, November 9, 2013, https://www.

chinausfocus.com/foreign-policy/xin-jinping-opens-a-new-era-of-chinas-periphery-diplomacy.

93. Wang Yizhou, "China's New Foreign Policy: Transformations and Challenges Reflected in Changing Discourse," *The Asan Forum* 6, no. 3 (March 21, 2014), http://www.theasanforum. org/chinas-new-foreign-policy-transformations-and-challenges-reflected-in-changing-discourse/.

94. Yi Wang, "Yang Jiechi: Xi Jinping's Top Diplomat Back in His Element," *China Brief* 17, no. 16 (2017), https://jamestown.org/program/yang-jiechi-xis-top-diplomat-back-element/.

95. Jim Mann, "China's Tiger Is a Pussycat to Bushes," *Los Angeles Times*, December 20, 2000, https://www.latimes.com/archives/la-xpm-2000-dec-20-mn-2466-story.html.

96. James R. Lilley and Jeffrey Lilley, *China Hands: Nine Decades of Adventure, Espionage, and Diplomacy in Asia* (New York: Public Affairs, 2005).

97. John Pomfret, "U.S. Takes a Tougher Tone with China," *Washington Post*, July 30, 2010, https://www.washingtonpost.com/wp-dyn/content/article/2010/07/29/AR2010072906416.html.

98. Hu Jintao [胡錦濤], *Hu Jintao Selected Works* [胡錦濤文選], 2016, vol. 3 [第三卷], 234–46.

99. Chen Dingding and Wang Jianwei, "Lying Low No More?: China's New Thinking on the Tao Guang Yang Hui Strategy," *China: An International Journal* 9, no. 2 (September 2011): 212.

100. For the 1995 address, see Jiang Zemin [江澤民], *Jiang Zemin on Socialism with Chinese Characteristics (Special Excerpts) [江澤民論有中國特色社會主義【專題摘編】]* (Beijing: 中央文獻出版社, 2002), 529–30. For the 1998 address, see Jiang Zemin, *Jiang Zemin Selected Works*, vol. 2 [第二卷], 202.

101. Li Zhaoxing [李肇星], *Shuo Bu Jin De Wai Jiao [說不盡的外交]* (Beijing: CITIC Publishing House [中信出版社], 2014), 295–96.

102. Jiang Zemin [江澤民], *Jiang Zemin on Socialism with Chinese Characteristics (Special Excerpts)* 江澤民論有中國特色社會主義【專題摘編】, 529–30.

103. Ibid.

104. <<<REFO:BK>>>Jiang Zemin [江澤民], Jiang Zemin Selected Works [江澤民文選], 2006, vol. 2, [第二卷], 202.

105. Hu Jintao [胡錦濤], *Hu Jintao Selected Works* [胡錦濤文選], 2016, vol. 2 [第二卷], 236.（原註釋有誤，是胡錦濤文選第三卷236頁，不是第二卷）

106. Li Zongyang [李宗陽] and Tu Yinsen [塗蔭森], *A Dictionary of Philosophical Concepts [哲學概念辨析辭典]* (Beijing: Central Party School Press [中共中央黨校出版社], 1993), 94.

107. Hu Jintao [胡錦濤], *Hu Jintao Selected Works* [胡錦濤文選], 2016, vol. 2 [第二卷], 236.

108. Ibid., vol. 2 [第二卷], 236.

109. Ibid., vol. 2 [第二卷], 518.

110. Ibid., vol. 3 [第三卷], 237.

111. Wang Yi, "Exploring the Path of Major-Country Diplomacy with Chinese Characteristics" (Beijing, June 27, 2013), http://www.fmprc.gov.cn/mfa_eng/wjb_663304/wjbz_663308/2461_663310/t1053908.shtml.

112. Bonnie S. Glaser and Alison Szalwinski, "Major Country Diplomacy with Chinese Characteristics," *China Brief* 13, no. 16 (August 9, 2013), https://jamestown.org/program/major-country-diplomacy-with-chinese-characteristics/.

113. Xi Jinping [習近平], *Xi Jinping: The Governance of China [習近平談治國理政]*, vol. 1, 296.

114. Ibid., vol. 2 [第二卷], 443. Emphasis added.

115. Yan Xuetong [閻學通], "From Keeping a Low Profile to Striving for Achievement," *Chinese Journal of International Politics* 7, no. 2 (April 22, 2014): 168.

116. Xu Jin and Du Zheyuan, "The Dominant Thinking Sets in Chinese Foreign Policy Research," 277.

117. Hu Jintao [胡錦濤], Hu Jintao Selected Works [胡錦濤文選], 2016, vol. 3 [第三卷], 237.

118. Ibid., vol. 3 [第三卷], 237.

119. Ibid., vol. 3 [第三卷], 241.

120. Ibid., vol. 3 [第三卷], 236–37. Emphasis added.

121. Ibid., vol. 2 [第二卷], 519.

122. Xi Jinping [習近平], "Chairman Xi Jinping's Opening Remarks at the Roundtable Summit of the 'Belt and Road' International Cooperation Summit Forum [習近平主席在'一帶一路'國際合作高峰論壇圓桌峰會上的開幕辭]," Ministry of Commerce of the People's Republic of China, May 15, 2017, http://www.mofcom.gov.cn/article/i/jyjl/l/201705/20170502576387.shtml.
123. Xi Jinping [習近平], Xi Jinping: The Governance of China [習近平談治國理政], vol. 1, 296–99.
124. Ibid., vol. 1, 296–99.
125. Ibid., vol. 1, 296–99.
126. Ibid., vol. 1, 296–99.
127. Ibid., vol. 1, 296–99.
128. Ibid., vol. 1, 296–99.
129. Ibid., vol. 1, 296–99.
130. Ibid., vol. 1, 296–99.
131. See Chapter 9 for an in-depth discussion.
132. Xi Jinping, "Towards a Community of Common Destiny and a New Future for Asia."
133. Xi Jinping [習近平], "Secure a Decisive Victory in Building a Moderately Prosperous Society in All Respects and Strive for the Great Success of Socialism with Chinese Characteristics for a New Era [決勝全面建成小康社會 奪取新時代中國特色社會主義偉大勝利]," 19th Party Congress Political Report (Beijing, October 18, 2017).
134. Xi Jinping, *Xi Jinping: The Governance of China*, vol. Xi Jinping [習近平], Xi Jinping: The Governance of China [習近平談治國理政], vol. 1, 297–98.
135. Wang Yi, "Exploring the Path of Major-Country Diplomacy with Chinese Characteristics."
136. "China Desires Consolidated Ties with Pakistan," *Dawn*, April 20, 2018, https://www.dawn. com/news/1402694/china-desires-consolidated-ties-with-pakistan.
137. Xi Jinping [習近平], "Speech at the First Meeting of the 13th National People's Congress [在第十三屆全國人民代表大會第一次會議上的講話]" (2018 National People's Congress [全國人民代表大會], Beijing, March 20, 2018), http://www.xinhuanet.

com/politics/2018lh/2018-03/20/c_1122566452.htm.

第八章 「多下先手棋」——中國如何在軍事上建立亞洲霸權

1. Research Group of the Institute of Ocean Development Strategy, State Oceanic Administration [國家海洋局海洋發展戰略研究所課題組], *China's Ocean Development Report 2010 [2010中國海洋發展報告]* (Beijing: China Ocean Press [海洋出版社], 2010), 482.
2. Liu Huaqing [劉華清], *Memoirs of Liu Huaqing [劉華清回憶錄]* (Beijing: Revolutionary Army Press [解放軍出版社], 2004), 252.
3. Ibid., 261–65.
4. See Liu Huaqing's obituary in *Xinhua*, "Liu Huaqing, Father of the Modern Navy [現代海軍之父劉華清]," *Xinhua*, January 15, 2011, http://news.xinhuanet.com/mil/2011-01/15/c_12983881.htm.
5. Some of the key works on China's navy include, among others, Michael McDevitt, *China as a Twenty-First-Century Naval Power: Theory Practice and Implications* (Annapolis, MD: Naval Institute Press, 2020); Bernard D. Cole, *The Great Wall at Sea: China's Navy in the Twenty-First Century*, 2nd ed. (Annapolis, MD: Naval Institute Press, 2010); Yves-Heng Lim, *China's Naval Power: An Offensive Realist Approach* (Burlington, VT: Ashgate, 2014).
6. Hu Jintao [胡錦濤], *Hu Jintao Selected Works [胡錦濤文選]* , vol. 3 [第三卷] (Beijing: People's Press [人民出版社], 2016), 236–37. Emphasis added.
7. Ibid., vol. 2 [第二卷], 519
8. John Pomfret, "U.S. Takes a Tougher Tone with China," *Washington Post*, July 30, 2010, https://www.washingtonpost.com/wp-dyn/content/article/2010/07/29/AR2010072906416. html.
9. Central Party History and Literature Research Institute of the Chinese Communist Party [中共中央黨史和文獻研究院], ed., *Excerpts from Xi Jinping's Statements on the Concept of Comprehensive National Security Concept [習近平關於總體國家安全觀論述*

摘編] (Beijing: Central Party Literature Press [中央文獻出版社], 2018), 259.

10. "Xi Jinping: Caring More about the Ocean, Understanding the Ocean, Planning and Controlling the Ocean, and Promoting the Construction of a Maritime Great Power and Constantly Acquiring New Achievements [習近平：進一步關心海洋認識海洋經略海洋推動海洋強國建設不斷取得新成就]," *Renmin Wang [人民網]*, August 1, 2013, http://cpc.people.com.cn/n/2013/0801/c64094-22402107.html.
11. Ibid.
12. Ibid.
13. "Foreign Minister Wang Yi Meets the Press," Foreign Ministry of the People's Republic of China [中華人民共和國外交部], March 8, 2014, https://www.fmprc.gov.cn/mfa_eng/wjb_663304/wjbz_663308/2461_663310/t1135385.shtml.
14. Information Office of the State Council, "China's National Defense in 2008," January 2009, http://english.gov.cn/official/2009-01/20/content_1210227_3.htm.
15. Hu Jintao [胡錦濤], *Hu Jintao Selected Works* [胡錦濤文選], 2016, vol. 3 [第三卷], 235.
16. Ibid., vol. 3 [第三卷], 243–44.
17. "The Diversified Employment of China's Armed Forces, 2013" (Information Office of the State Council, April 2013), http://eng.mod.gov.cn/TopNews/2013-04/16/content_4442750.htm.
18. "Xi Jinping: Join Hands to Pursue the Development Dream of China and Australia and Achieve Regional Prosperity and Stability [習近平：攜手追尋中澳發展夢想 並肩實現地區繁榮穩定]," *Renmin Wang [人民網]*, October 18, 2014, http://cpc.people.com.cn/n/2014/1118/c64094-26043313.html.
19. Pan Shanju [潘珊菊], "Released White Paper on China's Military Strategy Is the First to Put Forward 'Overseas Interests Area' [中國軍事戰略白皮書發佈 首提"海外利益攸關區"]," *Jinghua Times [京華時報]*, May 27, 2015, http://res.cssn.cn/dybg/gqdy_zz/201505/t20150527_2011778_1.shtml.
20. In particular, see the discussion of aircraft carriers and surface vessels later in this chapter.
21. Research Group of the Institute of Ocean Development Strategy, State Oceanic Administration [國家海洋局海洋發展戰略研究

所課題組], *China's Ocean Development Report 2010 [2010中國海洋發展報告]*, 482.

22. Hu Jintao [胡錦濤], "Firmly March on the Path of Socialism with Chinese Characteristics and Strive to Complete the Building of a Moderately Prosperous Society in All Respects [堅定不移沿著中國特色社會主義道路前進 為全面建成小康社會而奮鬥]," 18th Party Congress Political Report (Beijing, November 8, 2012).
23. "Xi Jinping: Caring More about the Ocean, Understanding the Ocean, Planning and Controlling the Ocean, and Promoting the Construction of a Maritime Great Power and Constantly Acquiring New Achievements [習近平：進一步關心海洋認識海洋經略海洋推動海洋強國建設不斷取得新成就]."
24. Literature Research Office of the Chinese Communist Party Central Committee [中共中央文獻研究室], *Selection of Important Documents since the 18th Party Congress [十八大以來重要文獻選編]*, vol. 1 (Beijing: Central Party Literature Press [中央文獻出版社], 2014), 844.
25. "Xi Jinping: Deeply Implementing the Innovation-Driven Development Strategy to Add Momentum to the Revitalization of the Old Industrial Base [習近平：深入實施創新驅動發展戰略 為振興老工業基地增添原動力]," *Renmin Wang [人民網]*, September 2, 2013, http://cpc.people.com.cn/n/2013/0902/c64094-22768582.html.
26. Yu Miao [於淼], "Author of the Military Strategy White Paper: The First Time 'Overseas Interest Area' Was Put Forward [軍事戰略白皮書作者澎湃撰文：首提'海外利益攸關區']," *The Paper*, May 26, 2015, https://www.thepaper.cn/newsDetail_forward_1335188.
27. Minnie Chan, "The Xu Family: From Basketball to the Aircraft Carrier," *South China Morning Post*, January 19, 2015, https://www.scmp.com/news/china/article/1681753/xu-family-basketball-aircraft-carrier-business.
28. Minnie Chan, "'Unlucky Guy' Tasked with Buying China's Aircraft Carrier: Xu Zengping," *South China Morning Post*, April 29, 2015, https://www.scmp.com/news/china/diplomacy-defence/article/1779703/unlucky-guy-tasked-buying-chinas-aircraft-carrier-xu.
29. Ibid.
30. Zhang Tong [張彤], "Shandong Native Xu Zengping Bought the Varyag [山東人徐增平買回'瓦良格']," *Jinan Times [濟南時報]*,

September 30, 2011, http://jinantimes.com.cn/index.php?m=content&c=index&a=show&catid=8&id=14936; "Taiwan Stuntman Jumps China Waterfall," CNN World News, June 1, 1997, http://www. cnn.com/WORLD/9706/01/china.jump/.

31. Minnie Chan, "The Inside Story of the Liaoning: How Xu Zengping Sealed the Deal for China's First Aircraft Carrier," *South China Morning Post*, January 19, 2015, https://www.scmp.com/news/china/article/1681755/how-xu-zengping-became-middleman-chinas-deal-buy-liaoning.
32. Minnie Chan, "How a Luxury Hong Kong Home Was Used as Cover in Deal for China's First Aircraft Carrier," *South China Morning Post*, August 19, 2017, https://www.scmp.com/news/china/diplomacy-defence/article/2107370/how-hong-kong-luxury-home-was-used-cover-deal-chinas.
33. Ibid.
34. Ibid.
35. Yu Wei [餘瑋], "Through Twists and Turns, from the 'Varyag' to the Birth of China's First Aircraft Carrier [歷經周折從"瓦良格"號到中國首艘航母誕生始末]," *Party History [黨史]*, November 23, 2012, http://dangshi.people.com.cn/n/2012/1123/c85037-19679177-1.html.
36. Chan, "The Inside Story of the Liaoning."
37. Chan, " 'Unlucky Guy' Tasked with Buying China's Aircraft Carrier."
38. Ibid.
39. Chan, "The Inside Story of the Liaoning."
40. Ibid.
41. "How the 'Varyag' Came to China ['瓦良格'號如何來到中國]," *Chinese Community Party News [中國共產黨新聞網]*, January 22, 2015, http://cpc.people.com.cn/n/2015/0122/c87228-26427625.html.
42. Chan, "How a Luxury Hong Kong Home Was Used as Cover in Deal for China's First Aircraft Carrier."
43. Minnie Chan, "Mission Impossible: How One Man Bought China Its First Aircraft Carrier," *South China Morning Post*, January 18, 2015, http://www.scmp.com/news/china/article/1681710/sea-trials-how-one-man-bought-china-its-aircraft-carrier.

44. Zhang Tong [張彤], "Shandong Native Xu Zengping Bought the Varyag [山東人徐增平買回'瓦良格']"; Minnie Chan, "Mission Impossible II: The Battle to Get China's Aircraft Carrier Home," *South China Morning Post*, January 20, 2015, https://www.scmp.com/news/china/article/1682731/mission-impossible-ii-battle-get-chinas-aircraft-carrier-home.
45. Yu Wei [餘瑋], "Through Twists and Turns, from the 'Varyag' to the Birth of China's First Aircraft Carrier [歷經周折 從"瓦良格"號到中國首艘航母誕生始末]."
46. "The Significance of the Varyag Aircraft Carrier to China's National Strategy Is Something That Cannot Be Purchased with Money [瓦良格號航母對中國意義 國家戰略金錢買不來]," *Sina.com [新浪財經]*, March 24, 2015, http://mil.news.sina.com.cn/2015-03-24/1058825518.html.
47. Xiong Songce [熊崧策], "The 'Varyag' That Came All This Distance [不遠萬里來到中國的'瓦良格'號]," *Science and Technology Review [科技導報]* 30, no. 5 (2012): 15–17. This refers sometimes to the period 2002–2005 or also 2005–2008. Activity taken in 2005 mainly kept the hull usable.
48. "China Announced That It Has the Technology to Manufacture Modern Aircraft Carriers [中國宣佈已擁有製造現代航母的技術]," *Radio Free Asia*, August 25, 2008, https://www.rfa.org/cantonese/news/china_millitary-08252008112237.html.
49. Yu Wei [餘 瑋], "Through Twists and Turns, from the 'Varyag' to the Birth of China's First Aircraft Carrier [歷經周折 從"瓦良格"號到中國首艘航母誕生始末]."
50. Research Group of the Institute of Ocean Development Strategy, State Oceanic Administration [國家海洋局海洋發展戰略研究所課題組], *China's Ocean Development Report 2010 [2010中國海洋發展報告]*, 482.
51. Kenji Minemura, "Beijing Admits It Is Building an Aircraft Carrier," *Asahi Shimbun*, December 17, 2010.
52. Yang Lei was interviewed by the Changsha Evening News on Hunan Satellite TV, and transcripts are available on several sites. See Xiao Yonggen [肖永根], *Yang Lei: I Supervised and Built an Aircraft Carrier for My Homeland [楊雷：我為祖國監造航母]*, Absolute Loyalty [絕對忠誠] (Hunan [湖南]: Hunan Satellite TV [湖南衛視], 2014), http://tv.81.cn/2014/2014-08/01/content_6075529.htm; Yu Wei [餘 瑋], "Through Twists and Turns, from the 'Varyag' to the Birth of China's First Aircraft Carrier [歷經周折從"瓦良格"號到中國首艘航母誕生始末]."

53. Chang Xuemei [常雪梅] and Cheng Hongyi [程宏毅], "Our Military's Aircraft Carrier Construction: 30 Months of Work Completed in 15 Months [我軍航母建設：15月完成30月工作量 1個部門15人犧牲]," *People's Daily Online [人民網]*, June 1, 2013, http://cpc.people.com.cn/n/2013/0601/c87228-21699891.html.

54. "China Launches Second Aircraft Carrier," *Xinhua*, April 26, 2017, http://www.xinhuanet. com/english/2017-04/26/c_136237552.htm.

55. Liu Zhen, "Three Catapult Launchers Spotted in Image of China's New Aircraft Carrier," *South China Morning Post*, June 20, 2018, https://www.scmp.com/news/china/diplomacy-defence/article/2151703/chinas-newest-aircraft-carrier-likely-have-catapult.

56. Liu Zhen, "China Aims for Nuclear-Powered Aircraft Carrier by 2025," *South China Morning Post*, February 28, 2018, https://www.scmp.com/news/china/diplomacy-defence/article/2135151/china-aims-nuclear-powered-aircraft-carrier-2025 ; Jeffrey Lin and Peter W. Swinger, "A Chinese Shipbuilder Accidentally Revealed Its Major Navy Plans," *Popular Science*, March 15, 2018, https://www.popsci.com/china-nuclear-submarine-aircraft-carrier-leak/.

57. Chan, "How a Luxury Hong Kong Home Was Used as Cover in Deal for China's First Aircraft Carrier."

58. Yu Wei [餘瑋], "Through Twists and Turns, from the 'Varyag' to the Birth of China's First Aircraft Carrier [歷經周折從"瓦良格"號到中國首艘航母誕生始末]."

59. This quote appears in multiple accounts. See Andrew Erickson, "China's Ministry of National Defense: 1st Aircraft Carrier 'Liaoning' Handed Over to PLA Navy," September 25, 2012, https://www.andrewerickson.com/2012/09/chinas-ministry-of-national-defense-1st-aircraft-carrier-liaoning-handed-over-to-pla-navy/; Huang Jingjing, "Chinese Public Eagerly Awaits Commissioning of Second Aircraft Carrier," *Global Times*, April 6, 2016, https://www.globaltimes.cn/content/977459.shtml.

60. Liu Huaqing [劉華清], *Memoirs of Liu Huaqing [劉華清回憶錄]*, 478.

61. Ibid., 479–80.

62. *Liu Huaqing Chronicles [劉華清年譜] 1916–2011* , vol. 3 [下卷] (Beijing: Liberation Army Press [解放軍出版社], 2016), 1195.

63. Lim, *China's Naval Power*, 74.

64. See Tai Ming Cheung, *Growth of Chinese Naval Power* (Singapore: Institute of Southeast Asian Studies, 1990), 40.

65. Quoted in Dennis M. Gormley, Andrew S. Erickson, and Jingdong Yuan, *A Low-Visibility Force Multiplier: Assessing China's Cruise Missile Ambitions* (Washington, DC: NDU Press, 2014), 62.
66. Ibid., 79.
67. Ibid., 79.
68. Lim, *China's Naval Power*, 76.
69. Roger Cliff, *China's Military Power: Assessing Current and Future Capabilities* (New York: Cambridge University Press, 2015), 64.
70. Bernard D. Cole, *The Great Wall at Sea: China's Navy Enters the Twenty-First Century* (Annapolis, MD: Naval Institute Press, 2001), 99.
71. "The PLA Navy: New Capabilities and Missions for the 21st Century" (Washington, DC: Office of Naval Intelligence, 2015), 16.
72. Cole, *The Great Wall at Sea*, 102.
73. The Luda refits of the late 1980s may have provided some vessels this capability, but it was entirely useless because the sonar was scarcely able to operate given the noise.
74. Bernard D. Cole, "China's Carrier: The Basics," *USNI News*, November 27, 2012, https://news.usni.org/2012/11/27/chinas-carrier-basics.
75. *The Science of Campaigns [戰役學]* (Beijing: National Defense University Press [國防大學出版社], 2006), 316–30.
76. Li Yousheng [李有升], *Joint Campaign Studies Guidebook [聯合戰役學教程]* (Beijing: Academy of Military Science [軍事科學院], 2012), 259.
77. Cole, *The Great Wall at Sea*, 105.
78. Ibid., 102; Lim, *China's Naval Power*, 93.
79. "Jane's World Navies" (IHS Jane's, May 19, 2015).
80. "The PLA Navy: New Capabilities and Missions for the 21st Century," 24.
81. Cole, *The Great Wall at Sea*, 106.
82. You Ji, *Armed Forces of China* (Singapore: Allen & Unwin, 1999), 194.

83. Cole, *The Great Wall at Sea*, 106.

84. Ibid., 106–7.

85. "Jane's World Navies."

86. Tai Ming Cheung, *Growth of Chinese Naval Power*, 30–32 ; You Ji, *Armed Forces of China*, 193–94.

87. Minnie Chan, "As Overseas Ambitions Expand, China Plans 400 Per Cent Increase to Marine Corps Numbers, Sources Say," *South China Morning Post*, March 13, 2017, https://www.scmp.com/news/china/diplomacy-defence/article/2078245/overseas-ambitions-expand-china-plans-400pc-increase.

88. Ibid.

89. Guo Yuandan, "Chinese Navy Sees Broadened Horizon, Enhanced Ability through 10-Year Escort Missions," *Global Times*, December 30, 2018, https://www.globaltimes.cn/content/1134066.shtml.

90. Shaio H. Zerba, "China's Libya Evacuation Operation: A New Diplomatic Imperative—Overseas Citizen Protection," *Journal of Contemporary China* 23, no. 90 (2014): 1092–1112; Ernest Kao, "China Considered Drone Strike on Foreign Soil in Hunt for Drug Lord," *South China Morning Post*, February 19, 2013, https://www.scmp.com/news/china/article/1153901/drone-strike-was-option-hunt-mekong-drug-lord-says-top-narc.

91. "Djibouti and China Sign a Security and Defense Agreement," *All Africa*, February 27, 2014, https://allafrica.com/stories/201402280055.html.

92. During its blunting phase, China resorted to force in three instances. In 1988, Chinese and Vietnamese forces clashed over control of the Johnson South Reef in the South China Sea; in 1994 it seized Mischief Reef from the Philippines, and in 1995–1996 , it launched missiles into the waters of Taiwan. Since then, China has actually been far less willing to use deadly force, with the prominent exception of a 2020 border clash with Indian troops that left roughly twenty Indian soldiers dead. But after the Global Financial Crisis, it demonstrated greater willingness to do so.

93. This quote and translation is provided in full in Murray Scott Tanner and Peter W. Mackenzie, "China's Emerging National Security Interests and Their Impact on the People's Liberation Army" (Arlington, VA: Center for Naval Analyses, 2015), 85–86.

94. For example, see 1995, 1998, 2000 China Defense White Papers.

95. Sun Jianguo [孫建國], "Contributing Chinese Wisdom to Leading World Peaceful Development and Win-Win Cooperation—Deepen Study of Chairman Xi Jinping's Thoughts on the Mankind's Common Destiny [為引領世界和平發展合作共贏貢獻中國智慧:深入學習習近平主席人類命運共同體重要思想]," *Qiushi [求是]*, August 2016, http://web.archive.org/web/20160601120417/http://www.qstheory.cn/dukan/qs/2016-04/15/c_1118595597.htm.

96. Shou Xiaosong [壽曉松], *The Science of Military Strategy [戰略學]* (Beijing: Military Science Press [軍事科學出版社], 2013).

97. Li Cigui [劉賜貴], "Some Thinking on Developing Maritime Cooperative Partnership to Promote the Construction of the Twenty-First Century Maritime Silk Road [發展海洋合作夥伴關係推進21世紀海上絲綢之路建設的若干思考]," *Guoji Went Yanjiu [國際問題研究]*, April 2014, http://intl.cssn.cn/zzx/gjzzx_zzx/201408/t20140819_1297241.shtml.

98. Ibid.

99. Tanner and Mackenzie, "China's Emerging National Security Interests and Their Impact on the People's Liberation Army," 87.

100. Conor Kennedy, "Strategic Strong Points and Chinese Naval Strategy," *Jamestown China Brief*, March 22, 2019, https://jamestown.org/program/strategic-strong-points-and-chinese-naval-strategy/.

101. Liang Fang (梁芳), "What Are the Risks to the 'Maritime Silk Road' Sea Lanes? [今日'海上絲綢之路'通道風險有多大?]," *Defense Reference [國防參考]*, March 13, 2015, http://www.globalview.cn/html/strategy/info_1707.html.

102. See Li Jian, Chen Wenwen, and Jin Chang, "Overall Situation of Sea Power in the Indian Ocean and the Expansion in the Indian Ocean of Chinese Seapower [印度洋海權格局與中國海權的印度洋擴展]," *Pacific Journal [太平洋學報]* 22, no. 5 (2014): 74–75. Quoted in Erica Downs, Jeffrey Becker, and Patrick deGategno, "China's Military Support Facility in Djibouti: The Economic and Security Dimensions of China's First Overseas Base" (Arlington, VA: Center for Naval Analyses, 2017), 40.

103. Kennedy, "Strategic Strong Points and Chinese Naval Strategy."

104. Peter A. Dutton, Isaac B. Kardon, and Conor M. Kennedy, "China Maritime Report No. 6: Djibouti: China's First Overseas Strategic Strongpoint" (Newport, RI: US Naval War College China Maritime Studies Institute, April 1, 2020), 50–51, https://digital-commons.usnwc.edu/cgi/viewcontent.cgi?article=1005&context=cmsi-maritime-reports.

105. Isaac B Kardon, Conor M. Kennedy, and Peter A. Dutton, "China Maritime Report No. 7: Gwadar: China's Potential Strategic Strongpoint in Pakistan" (Newport, RI: US Naval War College China Maritime Studies Institute, August 1, 2020), https://digital-commons. usnwc.edu/cgi/viewcontent.cgi?article=1005&context=cmsi-maritime-reports.

106. Shihar Aneez and Ranga Sirilal, "Chinese Submarine Docks in Sri Lanka Despite Indian Concerns," *Reuters*, November 2, 2014, https://www.reuters.com/article/sri-lanka-china-submarine/chinese-submarine-docks-in-sri-lanka-despite-indian-concerns-idINKBN0IM0LU20141102; Shihar Aneez and Ranga Sirilal, "Sri Lanka Rejects Chinese Request for Submarine Visit: Sources," *Reuters*, May 11, 2017, https://www.reuters.com/article/us-sri-lanka-china-submarine/sri-lanka-rejects-chinese-request-for-submarine-visit-sources-idUSKBN1871P9; Maria Abi-Habib, "How China Got Sri Lanka to Cough Up a Port," *New York Times*, June 25, 2018, https://www.nytimes.com/2018/06/25/world/asia/china-sri-lanka-port.html.

第九章　「打造區域架構」——中國如何在政治上建立亞洲霸權

1. "CICA at 25: Review and Outlook" (Shanghai: Second Conference of the CICA Non-governmental Forum, June 2017), http://www.cica-china.org/eng/xjzs/sa/.
2. Linda Jakobson, "Reflections from China on Xi Jinping's 'Asia for Asians,'" *Asian Politics and Policy* 8, no. 1 (2016): 219–23.
3. "Statement by H.E. Mr. Chen Guoping at CICA Meeting of Ministers of Foreign Affairs" (CICA Meeting of Ministers of Foreign Affairs, Ankara, 2012). http://www.s-cica.org/page.php?page_id=605&lang=1. Emphasis added.
4. Evan Medeiros and Taylor Fravel, "China's New Diplomacy," *Foreign Affairs* 82, no. 6 (2003): 22–35.
5. Hu Jintao [胡錦濤], *Hu Jintao Selected Works [胡錦濤文選]* , vol. 3 [第三卷] (Beijing: People's Press [人民出版社], 2016), 234.
6. Ibid., vol. 3 [第三卷], 239–40.
7. Ibid., vol. 3 [第三卷], 240.
8. Ibid., vol. 3 [第三卷], 242.
9. Ibid., vol. 3 [第三卷], 241.

10. "China's Peaceful Development" (Beijing: Information Office of the State Council, September 2011), http://english.gov.cn/archive/white_paper/2014/09/09/content_281474986284646.htm.
11. "China's White Paper on Asia-Pacific Security Cooperation Policies [中國的亞太安全合作政策白皮書]" (Beijing: State Council Information Office [國務院新聞辦公室], January 2017), http://www.scio.gov.cn/zfbps/32832/Document/1539907/1539907.htm.
12. Hu Jintao [胡錦濤], *Hu Jintao Selected Works* [胡錦濤文選], vol. 3 [第三卷], 241.
13. Hu Jintao [胡錦濤], "Firmly March on the Path of Socialism with Chinese Characteristics and Strive to Complete the Building of a Moderately Prosperous Society in All Respects [堅定不移沿著中國特色社會主義道路前進 為全面建成小康社會而奮鬥]," 18th Party Congress Political Report (Beijing, November 8, 2012).
14. Xi Jinping [習近平], *Xi Jinping: The Governance of China [習近平談治國理政]*, vol. 1 (Beijing: Foreign Language Press [外文出版社], 2014), 343–52.
15. Ibid., vol. 1, 353–59.
16. "The AIIB Was Declared Open for Business on January 16, 2016, and Mr. Jin Liqun Was Elected as the Bank's First President," Asia Infrastructure Investment Bank, February 2, 2016, https://www.aiib.org/en/news-events/news/2016/The-AIIB-was-declared-open-for-business-on-January-16-2016-and-Mr-Jin-Liqun-was-elected-as-the-Banks-first-President. html.
17. Jamil Anderlini, "Lunch with the FT: Jin Liqun," *Financial Times*, April 21, 2016, https://www.ft.com/content/0564ce1e-06 e3-11e6-a70d-4e39ac32c284.
18. Brian Bremmer and Miao Han, "China's Answer to the World Bank Wants Green, Clean Asian Infrastructure," *Bloomberg*, April 8, 2018, https://www.bloomberg.com/features/2018-asian-infrastructure-investment-bank-jin-liqun-interview/; Anderlini, "Lunch with the FT."
19. Bremmer and Han, "China's Answer to the World Bank Wants Green, Clean Asian Infrastructure."
20. Jane Perlez, "A Banker Inspired by Western Novelists Seeks to Build Asia," *New York Times*, January 13, 2017, https://www.nytimes.com/2017/01/13/world/asia/china-aiib-jin-liqun. html.
21. Ibid.; Jin Liqun, "Bretton Woods: The System and the Institution," in *Bretton Woods: The Next Seventy Years*, ed. Marc Uzan (New

York: Reinventing Breton Woods Committee, 2015), 211–16.

22. Perlez, "A Banker Inspired by Western Novelists Seeks to Build Asia."
23. Jeffrey D. Wilson, "What Does China Want from the Asia Infrastructure Investment Bank?," Indo-Pacific Insights Series (Perth USAsia Centre, May 2017), 4.
24. David Dollar, "The AIIB and the 'One Belt, One Road,'" Brookings, 2015, https://www. brookings.edu/opinions/the-aiib-and-the-one-belt-one-road/.
25. Jin Liqun, "Building Asia's New Bank: An Address by Jin Liqun, President-Designate of the Asian Infrastructure Investment Bank" (Washington, DC: Brookings, October 21, 2015), 10–11, https://www.brookings.edu/wp-content/uploads/2015/10/20151021_asia_infrastructure_bank_transcript.pdf.
26. See Biswa Nath Bhattacharyay, "Estimating Demand for Infrastructure in Energy, Transport, Telecommunications, Water and Sanitation in Asia and the Pacific: 2010–2020 ," ADBI Working Paper Series (Asian Development Bank, September 2010); Biswa Nath Bhattacharyay and Prabir De, "Restoring the Asian Silk Route: Toward an Integrated Asia," ADBI Working Paper Series (Asian Development Bank, June 2009).
27. Xingqiang (Alex) He, "China in the International Financial System: A Study of the NDB and the AIIB" (Centre for International Governance Innovation, 2016), 4–5;Mike Callaghan and Paul Hubbard, "The Asian Infrastructure Investment Bank: Multilateralism on the Silk Road," *China Economic Journal* 9, no. 2 (2016): 117.
28. Dani Rodrik, "Why Is There Multilateral Lending," in *Annual World Bank Conference on Development Economics 1995*, eds. Michael Bruno and Boris Pleskovic (Washington, DC: The World Bank, 1996).
29. Christopher Kilby, "Donor Influence in Multilateral Development Banks: The Case of the Asian Development Bank," *Review of International Organizations* 1, no. 2 (2006): 173–95.
30. Stephen D. Krasner, "Power Structure and Regional Development Banks," *International Organization* 35, no. 2 (1981): 314.
31. Christopher Kilby, "Donor Influence in Multilateral Development Banks" (Vassar College Economics Working Paper, 2006), http://economics.vassar.edu/docs/working-papers/VCEWP70.pdf; Daniel Lim and J. R. Vreeland, "Regional Organizations and

International Politics: Japanese Influence over the Asian Development Bank and the UN Security Council," *World Politics* 65, no. 1 (2013): 34–72.

32. For the full text of Zheng Xinli's speech, see "Member Newsletter, 2009 Issue 2 [會員通訊 2009 第2期]," China Center for International Economic Exchanges [中國國際經濟交流中心], June 3, 2009, http://www.cciee.org.cn/Detail.aspx?newsId=58&TId=106.
33. Cheng Li, "China's New Think Tanks: Where Officials, Entrepreneurs, and Scholars Interact," *China Leadership Monitor*, no. 29 (2009): 2.
34. "Zheng Xinli Author Introduction," China Center for International Economic Exchanges [中國國際經濟交流中心], May 4, 2011, http://english.cciee.org.cn/Detail. aspx?newsId=2479&TId=197.
35. "China's Transition at Home and Abroad" (Washington, DC: Brookings, July 21, 2015), 74–77, https://www.brookings.edu/wp-content/uploads/2015/07/20150721_china_transition_transcript.pdf. For the original Chinese, a recording is available on the Brookings website. Zheng's remarks begin at "02:34:00."
36. Wang Lin [王琳], "China Proposes to Build Asia Infrastructure Investment Bank [中國倡議建亞洲基礎設施投資銀行]," *First Financial Daily [第一財經日報]*, October 8, 2013, http://www.yicai.com/news/3036393.html.
37. Hua Shengdun, "AIIB 'Father' Tells of Bank's Birth," *China Daily*, July 24, 2015, http://usa.chinadaily.com.cn/epaper/2015-07/24/content_21395787.htm.
38. Jin Liqun, "Building Asia's New Bank," 6.
39. Jin Liqun, "Bretton Woods," 214–15.
40. Ibid., 216.
41. Xi Jinping, "Chinese President Xi Jinping's Address at AIIB Inauguration Ceremony" (AIIB Inauguration Ceremony, Beijing, January 16, 2016), http://www.xinhuanet.com/english/china/2016-01/16/c_135015661.htm.
42. Jin Liqun, "Building Asia's New Bank," 4–5.
43. "China's Transition at Home and Abroad." The quote here is a translation from the original Chinese, of which a recording is

available on the Brookings website. Zheng's remarks begin at "02:34:00."

44. Lai-Ha Chan, "Soft Balancing against the US 'Pivot to Asia': China's Geostrategic Rationale for Establishing the Asian Infrastructure," *Australian Journal of International Affairs* 71, no. 6 (2017): 577.

45. Wilson, "What Does China Want from the Asia Infrastructure Investment Bank?," 7.

46. Jin Liqun, "Building Asia's New Bank" 5.

47. "China's $50 Billion Asia Bank Snubs Japan, India," *Bloomberg*, 2014, http://www.bloomberg.com/news/articles/2014-05-11/china-s-50-billion-asia-bank-snubs-japan-india-in-power-push.

48. Robert Wihtol, "Whither Multilateral Development Finance?" (Asia Development Bank Institute, 2014), http://www.adbi.org/files/2014.07.21.wp491.whither.multilateral.dev.finance.pdf; "China's $50 Billion Asia Bank Snubs Japan, India"; "Lou Jiwei Presided over the Preparatory Work for the Ministerial Dinner Meeting of the AIIB and Delivered a Speech [樓繼偉主持籌建亞投行部長級工作晚餐會並致辭]," Ministry of Finance of the People's Republic of China [中華人民共和國財政部], May 3, 2014, http://gss.mof.gov. cn/mofhome/guojisi/zhuantilanmu/yth/201506/t20150617_1257643.html.

49. "Lou Jiwei Answers Reporters' Questions on the Establishment of AIIB [樓繼偉就籌建亞洲基礎設施投資銀行答記者問]," Ministry of Finance of the People's Republic of China [中華人民共和國財政部], December 25, 2015, http://www.mof.gov.cn/zhengwuxinxi/zhengcejiedu/2015 zcjd/201512/t20151225_1632389.htm. Quoted in Yun Sun, "China and the Evolving Asian Infrastructure Investment Bank," in *Asian Infrastructure Investment Bank: China as Responsible Stakeholder*, ed. Daniel Bob (Washington, DC: Sasakawa USA, 2015), 27–42, https://spfusa.org/wp-content/uploads/2015/07/AIIB-Report_4 web.pdf.

50. "Timeline," *China Daily*, October 27, 2014, http://usa.chinadaily.com.cn/epaper/2014-10/27/content_18808521.htm.

51. Bangladesh, Brunei, Cambodia, China, India, Kazakhstan, Kuwait, Laos, Malaysia, Mongolia, Myanmar, Nepal, Oman, Pakistan, the Philippines, Qatar, Singapore, Sri Lanka, Thailand, Uzbekistan, and Vietnam.

52. Quoted in Yun Sun, "How the International Community Changed China's Asian Infrastructure Investment Bank," *The Diplomat*, July 31, 2015, https://thediplomat.com/2015/07/how-the-international-community-changed-chinas-asian-infrastructure-investment-bank/. For full quote and original source, see "Lou Jiwei: The Cutoff for Founding Members of AIIB Is in the End of

March [樓繼偉：亞投行創始成員國資格確認3月底截止]," *Xinhua [新華網]*, March 6, 2015, http://www.xinhuanet.com/politics/2015lh/2015-03/06/c_1114552782.htm.

53. Jane Perlez, "Stampede to Join China's Development Bank Stuns Even Its Founder," *New York Times*, April 2, 2015.
54. Jin Liqun, "Building Asia's New Bank," 23.
55. Yun Sun, "China and the Evolving Asian Infrastructure Investment Bank," 38.
56. Lingling Wei and Bob Davis, "China Forgoes Veto Power at New Bank to Win Key European Nations' Support," *Wall Street Journal*, March 23, 2015, http://www.wsj.com/articles/china-forgoes-veto-power-at-new-bank-to-win-key-european-nations-support-1427131055; Xingqiang (Alex) He, "China in the International Financial System," 10.
57. Xingqiang (Alex) He, 10.
58. Martin A. Weiss, "Asian Infrastructure Investment Bank (AIIB)" (Congressional Research Service, February 3, 2017), 9; Callaghan and Hubbard, "The Asian Infrastructure Investment Bank," 129.
59. Callaghan and Hubbard, 130.
60. Ibid., 129.
61. Bin Gu, "Chinese Multilateralism in the AIIB," *Journal of International Economic Law* 20, no. 1 (2017): 150.
62. Callaghan and Hubbard, "The Asian Infrastructure Investment Bank," 132.
63. Xingqiang (Alex) He, "China in the International Financial System," 12.
64. Curtis S. Chin, "New Bank Launch Charts Path to Asian-Led Order," *China US Focus*, July 7, 2015, https://www.chinausfocus.com/finance-economy/beyond-the-signing-ceremony-at-a-chinas-own-asian-development-bank/.
65. Weiss, "Asian Infrastructure Investment Bank (AIIB)," 9.
66. Quoted in Yun Sun, "China and the Evolving Asian Infrastructure Investment Bank," 30.
67. "Xi Stresses Implementing Central Economic Policies," *Xinhua*, February 2, 2015, http://www.xinhuanet.com/english/china/2015-02/10/c_127481077.htm. Emphasis added; Wang Lin [王琳], "Fu Ying: AIIB and the Silk Road Fund Support 'One Belt, One Road [傅瑩：亞投行、絲路基金支持'一帶一路']," *Yicai Wang [一財網]*, March 4, 2015, http://www.yicai.com/

news/4581546.html. Quoted in Yun Sun, "China and the Evolving Asian Infrastructure Investment Bank," 30.

68. Chan, "Soft Balancing against the US 'Pivot to Asia,' " 574; Zhong Nan and Cai Xiao, "AIIB Leads Support for Belt and Road Infrastructure Projects," *China Daily*, June 8, 2016, http://www.chinadaily.com.cn/business/2016-06/08/content_25645165.htm.

69. Xingqiang (Alex) He, "China in the International Financial System," 16.

70. Xi Jinping, "Chinese President Xi Jinping's Address at AIIB Inauguration Ceremony."

71. Callaghan and Hubbard, "The Asian Infrastructure Investment Bank," 129.

72. Victoria Ruan, "Former Deputy Finance Minister Jin Liqun Tipped to Become Head of China-Led AIIB," *South China Morning Post*, April 27, 2015, http://www.scmp.com/news/china/policies-politics/article/1754771/former-deputy-finance-minister-jin-liqun-tipped-become; Wei and Davis, "China Forgoes Veto Power at New Bank to Win Key European Nations' Support"; Cary Huang, "Does China Have What It Takes to Lead the AIIB," *South China Morning Post*, May 16, 2015, http://www.scmp.com/news/china/policies-politics/ar ticle/1798724/does-china-have-what-it-takes-lead-aiib.

73. Yun Sun, "China and the Evolving Asian Infrastructure Investment Bank," 33.

74. Quoted in Chan, "Soft Balancing against the US 'Pivot to Asia,' " 577.

75. Raphael Minder and Jamil Anderlini, "China Blocks ADB India Loan Plan," *Financial Times*, April 10, 2009.

76. Chan, "Soft Balancing against the US 'Pivot to Asia,' " 580.

77. Ibid., 578; Callaghan and Hubbard, "The Asian Infrastructure Investment Bank," 129.

78. Ren Xiao, "China as an Institution-Builder: The Case of the AIIB," *The Pacific Review* 29, no. 3 (2016): 440.

79. Quoted in Chan, "Soft Balancing against the US 'Pivot to Asia,' " 578.

80. "Foreign Minister Wang Yi Meets the Press," Ministry of Foreign Affairs of the People's Republic of China, March 9, 2016, http://www.fmprc.gov.cn/mfa_eng/zxxx_662805/t1346238.shtml.

81. "Speech by Chinese President Xi Jinping to Indonesian Parliament," ASEAN-China Centre, October 2, 2013, http://www.asean-china-center.org/english/2013-10/03/c_133062675.htm; "Xi Jinping Delivered a Speech in Indonesia's Parliament [習近平在印尼國會發表演講]," *Sina.com [新浪財經]*, October 10, 2013, http://fi-nance.sina.com.cn/china/20131003/132116904825.shtml.

The translation slightly differs from the original Chinese, but the English version is what was circulated internationally and so it is cited here.

82. Robert Sutter, *Chinese Foreign Relations: Power and Policy since the Cold War* (Lanham, MD: Rowman & Littlefield, 2009), 297.
83. "China's $50 Billion Asia Bank Snubs Japan, India."
84. Ren Xiao, "China as an Institution-Builder," 436.
85. "China's $50 Billion Asia Bank Snubs Japan, India."
86. "China Finance Minister Raps ADB for Being Bureaucratic," *Nikkei Asian Review*, March 22, 2015, http://asia.nikkei.com/Politics-Economy/International-Relations/China-finance-minister-raps-ADB-for-being-bureaucratic.
87. Jane Perlez, "China Creates a World Bank of Its Own, and the U.S. Balks," *New York Times*, December 4, 2015.
88. Jisi Wang, "One World One Dream?: China and International Order" (Harvard University, April 1, 2015).
89. "A Speech on the Establishment Progress of Asian Infrastructure Investment Bank by Mr. Jin Liqun, Head of the Working Group for Establishment of AIIB," Boao Forum for Asia, May 17, 2015, http://english.boaoforum.org/mtzxxwzxen/14301.jhtml.
90. Paul Pennay, "China Says Western Rules May Not Be Best for AIIB," *Business Spectator*, March 23, 2015, http://www.businessspectator.com.au/news/2015/3/23/china/china-says-western-rules-may-not-be-best-aiib.
91. "CICA Catalogue of Confidence Building Measures" (Conference on Interaction and Confidence-Building Measures in Asia, 2004), http://www.s-cica.org/admin/upload/files/CICA_CATALOGUE_(2004)_-_eng.doc.
92. "CICA Catalogue of Confidence Building Measures."
93. "Secretariat of the Conference on Interaction and Confidence Building Measures in Asia," CICA, n.d., http://www.s-cica.kz/page.php?page_id=9&lang=1.
94. These documents were ostensibly joint documents, but punctuation choices make clear that they were prepared by China. For example, Chinese forms of quotation marks are used throughout rather than Western forms.
95. "The Presentation on the Joint Russian-Chinese Initiative on Strengthening Security in the Asia Pacific Region," 1–2, http://www.s-cica.org/page.php?page_id=24&lang=1&year=20 17&month=1&day=0.

96. Ibid., 4.

97. Ibid., 5.

98. "Dai Bingguo's Speech at the 3rd CICA Summit [戴秉國在亞信論壇第三次峰會上發表講話]," Foreign Ministry of the People's Republic of China [中華人民共和國外交部], 2010, http://www.fmprc.gov.cn/web/gjhdq_676201/gjhdqzz_681964/yzxhhy_683118/xgxw_683124/t707229.shtml.

99. Ibid.

100. "Statement by H.E. Mr. Chen Guoping at CICA Meeting of Ministers of Foreign Affairs."

101. Xi Jinping, "New Asian Security Concept for New Progress in Security Cooperation" (4th Summit of the Conference on Interaction and Confidence Building Measures in Asia, Shanghai, May 21, 2014), http://www.s-cica.org/page.php?page_id=711&lang=1.

102. "Statement by H.E. Mr. Chen Guoping at CICA Meeting of Ministers of Foreign Affairs."

103. "Xi Jinping Holds Talks with President Nursultan Nazarbayev of Kazakhstan," Ministry of Foreign Affairs of the People's Republic of China, September 7, 2013, http://www. fmprc.gov.cn/mfa_eng/topics_665678/xjpfwzysiesgjtfhshzzfh_665686/t1075414.shtml. http://www.fmprc.gov.cn/mfa_eng/topics_665678/xjpfwzysiesgjtfhshzzfh_665686/t1075414.shtml.

104. "China and Kazakhstan Joint Declaration on Further Deepening Comprehensive Strategic Partnership [中哈關於進一步深化全面戰略夥伴關係的聯合宣言]," *Xinhua [新華網]*, September 9, 2013, http://www.xinhuanet.com/world/2013-09/08/c_117273076.htm.

105. See Article 29 of "Declaration of the Fourth CICA Ministerial Meeting" (Conference on Interaction and Confidence-Building Measures in Asia, September 12, 2012), http://www. cica-china.org/eng/zyhyhwj_1/yxhy/yxwzh/t1149048.htm.

106. "China Supports the Development of CICA into a Formal International Organization [中方支持亞信會議發展成為正式國際組織]," China News [中國新聞網], October 12, 2012, http://www.chinanews.com/gn/2012/10-12/4244549.shtml.

107. Xi Jinping, "New Asian Security Concept for New Progress in Security Cooperation." 108. Ibid.

109. For example, see "Keynote Address by H.E. Mr. Wang Yi at CICA 2016 Ministerial" (Conference on Interaction and Confidence-Building Measures in Asia, 2016), http://www.s-cica.org/page.php?page_id=6026&lang=1.

110. "Working Report on the CICA and Its Future Developments at the Fifth CICA Think Tank Roundtable" (Shanghai: CICA Think Tank Roundtable, April 22, 2016), http://www.cica-china.org/eng/xjzs/yxzglt/t1448504.htm.
111. Ibid.
112. Xi Jinping, "New Asian Security Concept for New Progress in Security Cooperation."
113. "Dai Bingguo's Speech at the 3rd CICA Summit [戴秉國在亞信論壇第三次峰會上發表講話]"; "Statement by H.E. Mr. Chen Guoping at CICA Meeting of Ministers of Foreign Affairs"; Xi Jinping, "New Asian Security Concept for New Progress in Security Cooperation."
114. "Statement by H.E. Mr. Chen Guoping at CICA Meeting of Ministers of Foreign Affairs."
115. Xi Jinping, "New Asian Security Concept for New Progress in Security Cooperation."
116. Wang Tong, "Statement of Mr. Wang Tong, Counselor of the Embassy of the People's Republic of China at the 25th Anniversary of the CICA Process" (Astana, April 19, 2017), http://www.s-cica.kz/page.php?page_id=6130&lang=1.
117. Xi Jinping, "New Asian Security Concept for New Progress in Security Cooperation."
118. Gong Jianwei, "CICA Day Reception 2014: Statement of Ambassador Gong Jianwei, Executive Director" (CICA, Astana, October 6, 2014), http://www.s-cica.kz/page. php?page_id=828&lang=1.
119. Xi Jinping, "Inaugural Statement by H.E. Mr. Xi Jinping at the 2016 CICA Ministerial" (CICA 2016 Ministerial, Beijing, 2016), http://www.s-cica.org/page.php?page_id=6044&lang=1.
120. Xi Jinping, "New Asian Security Concept for New Progress in Security Cooperation"; "China's Policies on Asia-Pacific Security Cooperation" (State Council Information Affairs Office, January 2017), http://www.scio.gov.cn/32618/Document/1539667/1539667.htm.
121. "China's Policies on Asia-Pacific Security Cooperation."
122. Wang Yi [王毅], "Wang Yi Chairs Informal Meeting of Foreign Ministers of CICA Member Countries [王毅主持亞信成員國外長非正式會晤]" (Informal Meeting of CICA Foreign Ministers at the UN General Assembly, New York, September 20, 2017), http://www.cica-china.org/chn/yxxw/t1495625.htm.

123. Gong Jianwei, "CICA Day Reception 2014: Statement of Ambassador Gong Jianwei, Executive Director"; Gong Jianwei, "Second Conference of CICA Non-Governmental Forum: Statement of Ambassador Gong Jianwei Executive Director, CICA Secretariat" (Beijing, June 28, 2017), http://www.s-cica.kz/page.php?page_id=6150&lang=1.

124. "The Statement of the Chairman of the Fourth CICA Think Tank Roundtable on Asian Security Cooperation: Contexts, Missions and Prospects" (Shanghai: CICA Think Tank Roundtable, December 17, 2015), http://www.cica-china.org/eng/xjzs/yxzglt/t1448497. htm.

125. Gong Jianwei, "Address by Ambassador Gong Jianwei at the 25th Anniversary of the CICA Process" (25th Anniversary of the CICA Process, Astana, April 19, 2017), http://www.s-cica.kz/page.php?page_id=6108&lang=1.2017.

126. Wang Yi [王毅], "Wang Yi Chairs Informal Meeting of Foreign Ministers of CICA Member Countries [王毅主持亞信成員國外長非正式會晤]."

127. "China's Policies on Asia-Pacific Security Cooperation." Numbers added.

128. Ma Chunshan, "What Is CICA (and Why Does China Care about It?)," *The Diplomat*, May 17, 2014.

129. This quote, which is representative of the framing in almost all previous speeches, is from the 2012 address by Chen Guoping. "Statement by H.E. Mr. Chen Guoping at CICA Meeting of Ministers of Foreign Affairs."

130. Gong Jianwei, "Statement of Executive Director Gong Jianwei at the Xiangshan Forum," http://www.s-cica.kz/page.php?page_id=843&lang=1.

131. "Keynote Address by H.E. Mr. Wang Yi at CICA 2016 Ministerial"; Wang Yi [王毅], "Wang Yi Chairs Informal Meeting of Foreign Ministers of CICA Member Countries [王毅主持亞信成員國外長非正式會晤]."

132. "CICA at 25."

133. Chen Dongxiao, "Prospects and Paths of CICA's Transformation," *China Quarterly of International Strategic Studies* 1, no. 3 (2015): 453.

134. Chen Guoping, "Vice Minister Cheng Guoping's Speech at the Opening Ceremony of the Meeting of CICA Senior Officials Committee" (CICA Senior Officials Committee, Yangzhou, November 6, 2014), http://www.cica-china.org/eng/yxxw_1/t1212946.

htm.

135. "Shanghai Declaration of the Launching of CICA Think Tank Roundtable" (Conference on Interaction and Confidence-Building Measures in Asia, March 22, 2014), http://www.cica-china.org/eng/xjzs/yxzglt/t1448473.htm.

136. "Keynote Address by H.E. Mr. Wang Yi at CICA 2016 Ministerial."

137. Xi Jinping, "New Asian Security Concept for New Progress in Security Cooperation." 138. Chen Dongxiao, "Prospects and Paths of CICA's Transformation," 459. 139. "CICA at 25."

第十章　「搭乘我們的發展快車」——中國如何在經濟上建立亞洲霸權

1. Hu Jintao [胡錦濤], *Hu Jintao Selected Works [胡錦濤文選]*, vol. 3 [第三卷] (Beijing: People's Press [人民出版社], 2016), 241. The original uses the phrase 周邊, which is translated as periphery elsewhere in the book with the exception of this epigraph given contextual limitations.
2. Wang Jisi [王緝思], "Wang Jisi: 'Marching Westward': The Rebalancing of China's Geostrategy [王緝思：'西進'，中國地緣戰略的再平衡]," *Global Times [環球網]*, October 17, 2012, http://opinion.huanqiu.com/opinion_world/2012-10/3193760.html.
3. Ibid.
4. Hu Jintao [胡錦濤], *Hu Jintao Selected Works* [胡錦濤文選], 2016, vol. 3 [第三卷], 241.
5. Ibid., vol. 2 [第二卷], 518. Emphasis added.
6. Ibid., vol. 3 [第三卷], 234–46.
7. Ibid., vol. 2 [第二卷], 518.
8. Ibid., vol. 3 [第三卷], 241.
9. Ibid., vol. 3 [第三卷], 234.
10. Ibid., vol. 3 [第三卷], 239.
11. "China's Peaceful Development" (Beijing: Information Office of the State Council, September 2011), http://english.gov.cn/archive/

white_paper/2014/09/09/content_281474986284646.htm.

12. This could plausibly be translated as "a priority direction," but the language clearly indicates centrality based on its usage in other contexts. See Wang Yi [王毅], "Speech by Minister Wang Yi at the Luncheon of the 2nd World Peace Forum [王毅部長在第二屆世界和平論壇午餐會上的演講]," Foreign Ministry of the People's Republic of China [中華人民共和國外交部], June 27, 2013, https://www.fmprc.gov.cn/web/wjbz_673089/zyjh_673099/t1053901.shtml. See also Wang Yi [王毅], "Insist on Correct View of Righteousness and Benefits, Actively Play the Role of Responsible Great Powers: Deeply Comprehend the Spirit of Comrade Xi Jinping's Important Speech on Diplomatic Work [人民日報：堅持正確義利觀 積極發揮負責任大國作用：深刻領會習近平同志關於外交工作的重要講話精神]," *People's Daily Online [人民網]*, September 10, 2013, http://opinion.people.com.cn/n/2013/0910/c1003-22862978.html.

13. Xi Jinping [習近平], *Xi Jinping: The Governance of China [習近平談治國理政]*, vol. 1 (Beijing: Foreign Language Press [外文出版社], 2014), 296.

14. Yan Xuetong [閻學通], "Yan Xuetong: The Overall 'Periphery' Is More Important than the United States [閻學通：整體的'周邊'比美國更重要]," *Global Times [環球時報]*, January 13, 2015, http://opinion.huanqiu.com/1152/2015-01/5392162.html.

15. "The Central Conference on Work Relating to Foreign Affairs Was Held in Beijing," Ministry of Foreign Affairs of the People's Republic of China, November 29, 2014, http://www.fmprc.gov.cn/mfa_eng/zxxx_662805/t1215680.shtml.

16. Li Keqiang, "Full Text: Report on the Work of the Government (2014)," http://english.gov. cn/archive/publications/2014/08/23/content_281474982987826.htm.

17. "China's White Paper on Asia-Pacific Security Cooperation Policies [中國的亞太安全合作政策白皮書]" (Beijing: State Council Information Office [國務院新聞辦公室], January 2017), http://www.scio.gov.cn/zfbps/32832/Document/1539907/1539907.htm.

18. Hu Jintao [胡錦濤], *Hu Jintao Selected Works* [胡錦濤文選], 2016, vol. 3 [第三卷], 237.

19. Ibid., vol. 3 [第三卷], 237.

20. Ibid., vol. 3 [第三卷], 241.

21. Ibid., vol. 3 [第三卷], 241.

22. Ibid., vol. 3 [第三卷], 241.
23. Ibid., vol. 3 [第三卷], 242.
24. Ibid., vol. 3 [第三卷], 239, 241.
25. "China's Peaceful Development."
26. Ibid.
27. Xi Jinping [習近平], *Xi Jinping: The Governance of China* [習近平談治國理政], vol. 1, 296–99.
28. Ibid., vol. 1, 296–99.
29. Ibid., vol. 1, 296–99.
30. Ibid., vol. 1, 296–99.
31. Ibid., vol. 1, 296–99.
32. Xi Jinping [習近平], "Chairman Xi Jinping's Opening Remarks at the Roundtable Summit of the 'Belt and Road' International Cooperation Summit Forum [習近平主席在'一帶一路'國際合作高峰論壇圓桌峰會上的開幕辭]," Ministry of Commerce of the People's Republic of China, May 15, 2017, http://www.mofcom.gov.cn/article/i/jyjl/l/201705/20170502576387.shtml.
33. Xi Jinping, "Jointly Shoulder Responsibility of Our Times, Promote Global Growth" (World Economic Forum, Davos, January 17, 2017), http://www.xinhuanet.com/english/2018-09/03/c_137441987.htm.
34. Devin Thorne and David Spevack, "Harbored Ambitions: How China's Port Investments Are Strategically Reshaping the Indo-Pacific" (Washington, DC: Center for Advanced Defense Studies, 2017), 65.
35. Maria Abi-Habib, "How China Got Sri Lanka to Cough Up a Port," *New York Times*, June 25, 2018, https://www.nytimes.com/2018/06/25/world/asia/china-sri-lanka-port.html.
36. David Dollar, "The AIIB and the 'One Belt, One Road,'" Brookings, 2015, https://www.brookings.edu/opinions/the-aiib-and-the-one-belt-one-road/. 37. Abi-Habib, "How China Got Sri Lanka to Cough Up a Port." 38. Ibid.
39. Ibid.
40. Xi Jinping [習近平], *Xi Jinping: The Governance of China [習近平談治國理政]*, vol. 1, 296–99.

41. See Chapter 9.
42. Robert A. Manning and Bharath Gopalaswamy, "Is Abdulla Yameen Handing Over the Maldives to China?," *Foreign Policy*, March 21, 2018.
43. "China's Foreign Ports," *The Economist*, June 18, 2013, International edition, http://www. economist.com/news/international/21579039-chinas-growing-empire-ports-abroad-mainly-about-trade-not-aggression-new-masters.
44. Ibid.
45. Ibid.
46. Fumbuka Ng, "Tanzania Signs Port Deal with China Merchants Holdings," *Reuters*, May 30, 2013, http://www.reuters.com/article/2013/05/30/tanzania-china-infrastructure-idUSL5N0EB3RU20130530.
47. I thank Tarun Chhabra for suggesting this point.
48. Abi-Habib, "How China Got Sri Lanka to Cough Up a Port." 49. Ibid.
50. He (合) Lian (聯), "The Development of Plans for the Construction of the Maritime Silk Road of the 21st Century Is Accelerating" [21世紀海上絲綢之路建設規劃正加快制定], *China Securities Journal (中國證券報)*, April 16, 2014, http://www.cs.com.cn/app/ipad/ipad01/01/201404/t20140416_4364603.html.
51. "China Accelerates Planning to Re-Connect Maritime Silk Road," *China Daily*, April 16, 2014, http://www.chinadaily.com.cn/china/2014-04/16/content_17439523.htm.
52. Personal interview with a high-level diplomat from an ASEAN state who had met with senior PLA officials about the Belt and Road.
53. Abi-Habib, "How China Got Sri Lanka to Cough Up a Port."
54. Zhou Bo, "The String of Pearls and the Maritime Silk Road," China US Focus, February 11, 2014, http://www.chinausfocus.com/foreign-policy/the-string-of-pearls-and-the-maritime-silk-road/.
55. "East African Port Construction Expected to Be Chinese Supply Base" [東非建港口料華艦補給基地], *Mingpao [明報]*, March 25, 2013, http://www.mingpaovan.com/htm/News/20130325/vab1h.htm?m=0.
56. Ibid.

57. Henry Farrell, "Russia Is Hinting at a New Cold War over SWIFT. So What's SWIFT?," *Washington Post*, January 28, 2015, https://www.washingtonpost.com/news/monkey-cage/wp/2015/01/28/russia-is-hinting-at-a-new-cold-war-over-swift-so-whats-swift/?noredirect=on&utm_term=.29c15baefc36.
58. Hongying Wang, "China and the International Monetary System: Does Beijing Really Want to Challenge the Dollar," *Foreign Affairs*, December 19, 2017, https://www.foreignaffairs. com/articles/asia/2017-12-19/china-and-international-monetary-system.
59. Gregory Chin, "China's Rising Monetary Power," in *The Great Wall of Money: Power and Politics in China's International Monetary Relations*, eds. Eric Helleiner and Jonathan Kirshner (Ithaca, NY: Cornell University Press, 2014), 190–92. See also Wang, "China and the International Monetary System."
60. Chin, "China's Rising Monetary Power," 192.
61. Hu Jintao [胡錦濤], *Hu Jintao Selected Works* [胡錦濤文選], 2016, vol. 3 [第三卷], 280.
62. Chin, "China's Rising Monetary Power," 192.
63. <<<REFO:BK>>>Hu Jintao [胡錦濤], Hu Jintao Selected Works [胡錦濤文選], 2016, vol. 3 [第三卷], 139.
64. Ibid., vol. 3 [第三卷], 281.
65. Ibid., vol. 3 [第三卷], 281–82.
66. Ibid., vol. 3 [第三卷], 218; Chin, "China's Rising Monetary Power," 196–98.
67. Chin, "China's Rising Monetary Power," 195.
68. Jonathan Kirshner, "Regional Hegemony and an Emerging RMB Zone," in *The Great Wall of Money: Power and Politics in China's International Relations*, eds. Eric Helleiner and Jonathan Kirshner (Ithaca, NY: Cornell University Press, 2014), 223.
69. Quoted in ibid., 223.
70. Ibid., 215.
71. Eswar Prasad, *Gaining Currency: The Rise of the Renminbi* (Oxford: Oxford University Press, 2017).
72. Ibid., 103.
73. Huileng Tan, "China's Currency Is Still Nowhere Near Overtaking the Dollar for Global Payments," *CNBC*, February 2, 2018,

https://www.cnbc.com/2018/02/02/china-currency-yuan-the-rmb-isnt-near-overtaking-the-us-dollar.html.

74. James Kynge, "Renminbi Tops Currency Usage Table for China's Trade with Asia," *Financial Times*, May 27, 2015, https://www.ft.com/content/1 e44915c-048d-11 e5-adaf-00144 feabdc0.

75. Kirshner, "Regional Hegemony and an Emerging RMB Zone," 214.

76. See ibid., 236–37.

77. "SWIFT History," SWIFT, 2018, https://www.swift.com/about-us/history.

78. Ibid.

79. Philip Blenkinsop and Rachel Younglai, "Banking's SWIFT Says Ready to Block Iran Transactions," *Reuters*, February 17, 2012, https://www.reuters.com/article/us-iran-sanctions-swift/bankings-swift-says-ready-to-block-iran-transactions-idUSTRE81G26820120217.

80. "Payments System SWIFT to Cut Off Iranian Banks," *Reuters*, March 15, 2012, https://www.reuters.com/article/us-eu-iran-sanctions/payments-system-swift-to-cut-off-iranian-banks-idUSBRE82E0VR20120315.

81. Jeremy Wagstaff and Tom Begin, "SWIFT Messaging System Bans North Korean Banks Blacklisted by UN," *Reuters*, March 8, 2017, https://www.reuters.com/article/us-northkorea-banks-swift/swift-messaging-system-bans-north-korean-banks-blacklisted-by-u-n-idUSKBN16F0NI.

82. Farrell, "Russia Is Hinting at a New Cold War over SWIFT."

83. "Russia's Banking System Has SWIFT Alternative Ready," *RT*, March 23, 2017, https://www. rt.com/business/382017-russia-swift-central-bank/.

84. Leonid Bershidsky, "How Europe Can Keep the Money Flowing to Iran," *Bloomberg*, May 18, 2018, https://www.bloomberg.com/view/articles/2018-05-18/how-europe-can-keep-money-flowing-to-iran. See also "Iran nachal podgotovku predlozhenii po ispol'zovaniyu kriptovalyut v tovaroobmene s RF," *Interfax*, May 15, 2018, http://www.interfax.ru/business/612729. Natasha Turak, "Russia's Central Bank Governor Touts Moscow Alternative to SWIFT Transfer System as Protection from US Sanctions," *CNBC*, May 23, 2018, https://www.cnbc.com/2018/05/23/russias-central-bank-governor-touts-moscow-alternative-to-swift-transfer-

system-as-protection-from-us-sanctions.html.

85. Zhenhua Lu, "US House Committee Targets Major Chinese Banks' Lifeline to North Korea," *South China Morning Post*, September 13, 2017, https://www.scmp.com/news/china/policies-politics/article/2110914/us-house-committee-targets-major-chinese-banks-lifeline.

86. Michelle Chen and Koh Gui Qing, "China's International Payments System Ready, Could Launch by End-2015," *Reuters*, March 9, 2015, http://www.reuters.com/article/2015/03/09/us-china-yuan-payments-exclusive-idUSKBN0M50BV20150309.

87. Don Weinland, "China's Global Payment System CIPs Too Costly for Most Banks—For Now," *South China Morning Post*, October 17, 2015, https://www.scmp.com/business/banking-fi nance/article/1868749/chinas-global-payment-system-cips-too-costly-most-banks-now.

88. Gabriel Wildau, "China Launch of Renminbi Payments System Reflects SWIFT Spying Concerns," *Financial Times*, October 8, 2015, https://www.ft.com/content/84241292-66a1-11e5-a155-02b6f8af6a62.

89. Prasad, *Gaining Currency*, 116.

90. *China and the Age of Strategic Rivalry* (Ottawa: Canadian Security Intelligence Services, 2018), 113–22.

91. Stefania Palma, "SWIFT Dips into China with CIPS," *The Banker*, July 1, 2016, https://www. thebanker.com/Global-Transaction-Banking/Swift-dips-into-China-with-CIPS.

92. "Beijing's International Payments System Scaled Back for Launch," *South China Morning Post*, July 23, 2015, https://www.scmp.com/business/money/article/1838428/beijings-international-payments-system-scaled-back-launch.

93. Wildau, "China Launch of Renminbi Payments System Reflects SWIFT Spying Concerns." 94. *China and the Age of Strategic Rivalry*, 113–22.

95. Wildau, "China Launch of Renminbi Payments System Reflects SWIFT Spying Concerns."

96. Bershidsky, "How Europe Can Keep the Money Flowing to Iran."

97. "EU Criticizes Role of US Credit Rating Agencies in Debt Crisis," *Deutsche Welle*, July 11, 2011, https://www.dw.com/en/eu-criticizes-role-of-us-credit-rating-agencies-in-debt-crisis/a-15225330.

98. Huw Jones and Marc Jones, "EU Watchdog Tightens Grip over Use of Foreign Credit Ratings," *Reuters*, November 17, 2017, https://www.reuters.com/article/us-britain-eu-creditratingagencies/eu-watchdog-tightens-grip-over-use-of-foreign-credit-ratings-idUSKBN1DH1J1.

99. "China's Finance Minister Accuses Credit Rating Agencies of Bias," *South China Morning Post*, April 16, 2016, https://www.scmp.com/news/china/economy/article/1936614/chinas-finance-minister-accuses-credit-rating-agencies-bias; Joe McDonald, "China Criticizes S&P Rating Cut as 'Wrong Decision,'" *Associated Press*, September 22, 2017, https://apnews.com/743f86862f5a4b85844dcc10f96e3f8c.

100. Guan Jianzhong, "The Strategic Choice of Chinese Credit Rating System," Dagong Global (via Internet Archive), 2012, https://web.archive.org/web/20160805110146/http://en.dagongcredit.com/content/details58_6631.html.

101. Ibid.

102. "Man in the Middle," *South China Morning Post*, April 26, 2014, https://www.scmp.com/business/china-business/article/1497241/man-middle.

103. Ibid.

104. Liz Mak, "China's Dagong Global Credit Mounts Challenge to 'Big Three' Rating Agencies," *South China Morning Post*, August 7, 2016, https://www.scmp.com/business/banking-finance/article/2000489/chinas-dagong-global-credit-mounts-challenge-big-three.

105. Reports of Guan's government ties are discussed in Christopher Ricking, "US Rating Agencies Face Chinese Challenge," *Deutsche Welle*, November 19, 2012, https://www. dw.com/en/us-ratings-agencies-face-chinese-challenge/a-16389497 ; Guan Jianzhong, "The Strategic Choice of Chinese Credit Rating System."

106. Asit Ranjan Mishra, "China Not in Favor of BRICS Proposed Credit Rating Agency," *Livemint*, October 14, 2014, https://www.livemint.com/Politics/btAFFggl1LoKBNZK0a45fJ/China-not-in-favour-of-proposed-Brics-credit-rating-agency.html.

107. "Corporate Culture," Dagong Global (via Internet Archive), 2016, https://web.archive.org/web/20160704062906/http://en.dagongcredit.com:80/about/culture.html.

108. "About Us," Dagong Global (via Internet Archive), 2016, https://web.archive.org/web/20160326131607/http://en.dagongcredit.

com/about/aboutDagong.html.

第十一章　「走近世界舞台中央」——美國衰落與中國的全球野心

1. Fu Ying, "The US World Order Is a Suit That No Longer Fits," *Financial Times*, January 6, 2016, https://www.ft.com/content/c09cbcb6-b3cb-11e5-b147-e5e5bba42e51.
2. Xi Jinping [習近平], "Xi Jinping Delivered an Important Speech at the Opening Ceremony of the Seminar on Learning and Implementing the Spirit of the Fifth Plenary Session of the 19th Central Committee of the Party [習近平在省部級主要領導幹部學習貫徹黨的十九屆五中全會精神專題研討班開班式上發表重要講話]," *Xinhua [新華]*, January 11, 2021, http://www.xinhuanet.com/politics/leaders/2021-01/11/c_1126970918.htm.
3. Zheping Huang, "Xi Jinping Just Showed His Power by Making China's Elite Sit through a Tortuously Long Speech," *Quartz*, October 10, 2017, https://qz.com/1105235/chinas-19th-party-congress-xi-jinping-just-showed-his-power-by-making-chinas-elite-sit-through-a-tortuously-long-speech/.
4. Xi Jinping [習近平], "Secure a Decisive Victory in Building a Moderately Prosperous Society in All Respects and Strive for the Great Success of Socialism with Chinese Characteristics for a New Era [決勝全面建成小康社會 奪取新時代中國特色社會主義偉大勝利]," 19th Party Congress Political Report (Beijing, October 18, 2017).
5. Ibid.
6. Fu Ying, "The US World Order Is a Suit That No Longer Fits."
7. Chen Xiangyang, "China Advances as the US Retreats," *China US Focus*, January 23, 2018, https://www.chinausfocus.com/foreign-policy/china-advances-as-the-us-retreats.
8. Yang Jiechi [楊潔篪], "Promote the Construction of a Community of Common Destiny for Mankind [推動構建人類命運共同體]," *People's Daily [人民日報]*, November 19, 2017, http://cpc.people.com.cn/n1/2017/1119/c64094-29654801.html.
9. "Xi Jinping's First Mention of the 'Two Guidances' Has Profound Meaning [習近平首提'兩個引導'有深意]," *Study China [學*

習中國], February 21, 2017, https://web.archive.org/web/20171219140753/http://www.ccln.gov.cn/hotnews/230779.shtml. This commentary on Xi Jinping's speech was published by the leadership of the China Cadre Learning Network [中國幹部學習網], which publishes material for circulation to Party cadres.

10. Xi Jinping [習近平], *Xi Jinping: The Governance of China, Volume 3 [習近平談治國理政]*, vol. 3 [第三卷] (Beijing: Foreign Language Press [外文出版社], 2020), 77. Emphasis added.

11. Robert E. Kelly, "What Would Chinese Hegemony Look Like?," *The Diplomat*, February 10, 2014, https://thediplomat.com/2014/02/what-would-chinese-hegemony-look-like/; Nadège Rolland, "China's Vision for a New World Order" (Washington, DC: National Bureau of Asian Research, 2020), https://www.nbr.org/publication/chinas-vision-for-a-new-world-order/.

12. Yuan Peng [袁鵬], "Financial Crisis and U.S. Economic Hegemony: An Interpretation of History and Politics [金融危機與美國經濟霸權：歷史與政治的解讀]," *Contemporary International Relations [現代國際關係]*, no. 5 (2009).

13. Yang Jiechi [楊潔篪], "Continue to Create New Prospects for Foreign Work under the Guidance of General Secretary Xi Jinping's Diplomatic Thoughts [在習近平總書記外交思想指引下不斷開創對外工作新局面]," Foreign Ministry of the People's Republic of China [中華人民共和國外交部], January 14, 2017, https://www. fmprc.gov.cn/ce/ceus/chn/zgyw/t1430589.htm.

14. "Xi Jinping's First Mention of the 'Two Guidances' Has Profound Meaning [習近平首提'兩個引導'有深意]." This site is part of the China Cadre Learning Network [中國幹部學習網] for Party cadres. See also the Xinhua readout, which contains other portions. Xi Jinping [習近平], "Xi Jinping Presided over the National Security Work Symposium [習近平主持召開國家安全工作座談會]," *Xinhua [新華]*, February 17, 2017, http://www.xinhuanet.com//politics/2017-02/17/c_1120486809.htm.

15. "Xi Jinping's First Mention of the 'Two Guidances' Has Profound Meaning [習近平首提'兩個引導'有深意]." This site is part of the China Cadre Learning Network [中國幹部學習網] for Party cadres. Emphasis added.

16. This commentary was written by the editor of the China Cadre Learning Network [中國幹部學習網], a website organized by the Central Party School to provide insight on key ideological questions, and was also posted to Chinese state media, including the website of the *People's Daily*.

17. "Xi Jinping's First Mention of the 'Two Guidances' Has Profound Meaning [習近平首提'兩個引導'有深意]." This site is part of

the China Cadre Learning Network [中國幹部學習網] for Party cadres.

18. Xi Jinping [習近平], "Secure a Decisive Victory in Building a Moderately Prosperous Society in All Respects and Strive for the Great Success of Socialism with Chinese Characteristics for a New Era. [決勝全面建成小康社會 奪取新時代中國特色社會主義偉大勝利]."

19. Xi Jinping [習近平], "Xi Jinping Met the 2017 Ambassadorial Conference and Delivered an Important Speech [習近平接見2017年度駐外使節工作會議與會使節並發表重要 講話]," *Xinhua [新華]*, December 28, 2017, http://www.xinhuanet.com/2017-12/28/c_1122181743.htm.

20. Ibid.

21. Ibid.

22. Ibid.

23. Zhu Feng [朱鋒], "A Summary of Recent Academic Research on 'Great Changes Unseen in a Century' [近期學界關於'百年未有之大變局'研究綜述]," *People's Forum-Academic Frontier [人民論壇—學術前沿]*, no. 4 (2019). Zhu Feng published this piece in a social science journal published by the Chinese Communist Party's flagship newspaper *People's Daily* [人民日報].

24. Li Jie [李傑], "Deeply Understand and Grasp the World's 'Big Changes Unseen in a Century' [深刻理解把握世界"百年未有之大變局"]," *Study Times [學習時報]*, September 3, 2018, https://web.archive.org/web/20200624172344/http://www.qstheory.cn/llwx/2018-09/03/c_1123369881.htm. This piece was initially published in the Party School journal *Study Times* [學習時報] and then posted on the *Seeking Truth* [求是] site.

25. Zhang Yuyan [張宇燕], "Understanding the Great Changes Unseen in a Century [理解百年未有之大變局]," *International Economic Review [國際經濟評論]*, September 18, 2019, http://www.qstheory.cn/llwx/2019-09/18/c_1125010363.htm.

26. Du Qinghao [杜慶昊], "Great Changes Unseen in a Century in Historical Perspective [大歷史視野中的 '百年未有之大變局']," *Study Times [學習時報]*, March 11, 2019, http://www.qstheory.cn/llwx/2019-03/11/c_1124218453.htm.

27. Wu Xinbo [武心波], "The Great Changes Unseen in a Century and Sino-Japanese Relations Have Bright Spots and Dark Spots [百年未有大變局，中日關係有'明''暗']," *Liberation Daily [解放日報]*, January 15, 2019.

28. Zhu Feng [朱鋒], "A Summary of Recent Academic Research on 'Great Changes Unseen in a Century' [近期學界關於'百年未有之大變局'研究綜述]."

29. Luo Jianbo [羅建波], "From the Overall Perspective, Understand and Grasp the World's Great Changes Unseen in a Century [從全域高度 理解和把握世界百年未有之大變局]," *Study Times [學習時報]*, June 7, 2019, http://theory.people.com.cn/n1/2019/0607/c40531-31125044.html.

30. Gao Zugui [高祖貴], "The Rich Connotation of the Great Changes Unseen in a Century [世界百年未有之大變局的豐富內涵]," *Study Times [學習時報]*, January 21, 2019, http://theory.people.com.cn/n1/2019/0121/c40531-30579611.html.

31. For a remarkable roundtable set of perspectives on this concept including several leading Chinese thinkers, see Zhang Yunling [張蘊嶺] et al., "How to Recognize and Understand the Century's Great Changes [如何認識和理解百年大變局]," *Asia-Pacific Security and Maritime Research [亞太安全與海洋研究]*, no. 2 (2019), http://www.charhar.org.cn/newsinfo.aspx?newsid=14706.

32. Ibid.

33. Nie Wenjuan, "US vs. China: Which System Is Superior?," *China-US Focus*, April 29, 2020, https://www.chinausfocus.com/society-culture/us-vs-china-which-system-is-superior.

34. Wu Baiyi, "American Illness," *China-US Focus* , June 17, 2020, https://www.chinausfocus.com/society-culture/american-illness.

35. Cui Hongjian [崔洪建], "What Does 'Populism,' Found in So Many Headlines, Actually Mean? [頻頻上頭條的'民粹主義'到底是什麼意思]," China Institute of International Studies [中國國際問題研究院], March 10, 2018, https://web.archive.org/web/20180325192425/http://www.ciis.org.cn/chinese/2018-03/12/content_40248594.htm. The author was previously a diplomat before working at the China Institute of International Studies.

36. Zhang Yunling [張蘊嶺] et al., "How to Recognize and Understand the Century's Great Changes [如何認識和理解百年大變局]."

37. Zhu Feng [朱鋒], "A Summary of Recent Academic Research on 'Great Changes Unseen in a Century.' [近期學界關於'百年未有之大變局'研究綜述]."

38. "Xi Jinping's First Mention of the 'Two Guidances' Has Profound Meaning [習近平首提'兩個引導'有深意]."

39. Zhang Yuyan [張宇燕], "Understanding the Great Changes Unseen in a Century [理解百年未有之大變局]."

40. Zhang Yunling [張蘊嶺] et al., "How to Recognize and Understand the Century's Great Changes [如何認識和理解百年大變局]."
41. Ibid.Zhang Yunling [張蘊嶺] et al.
42. "Deeply Understand the Big Test of Epidemic Prevention and Control [深刻認識疫情防控這次大考]," *People's Daily [人民日報]*, April 23, 2020.
43. Chen Qi [陳琪], "The Impact of the Global Coronavirus Pandemic on the Great Changes Unseen in a Century [全球新冠疫情對百年未有大變局的影響]," Ministry of Commerce of the People's Republic of China [中華人民共和國商務部], April 22, 2020, http://chinawto.mofcom.gov.cn/article/br/bs/202004/20200402957839.shtml.
44. "Peking University Center for American Studies Successfully Held an Online Seminar on U.S. and China Relations under the Global Pandemic [北京大學美國研究中心成功舉辦'全球疫情下的美國與中美關係'線上研討會]," School of International Studies, Peking University [北京大學國際關係學院], April 13, 2020, https://www.sis.pku.edu. cn/news64/1324227.htm.
45. Chen Jimin, "COVID-19 Hits International System," *China-US Focus*, April 27, 2020, https://www.chinausfocus.com/foreign-policy/covid-19-hits-international-system.
46. Wu Baiyi, "American Illness."
47. "Deeply Understand the Big Test of Epidemic Prevention and Control [深刻認識疫情防控這次大考]."
48. Yuan Peng [袁鵬], "The Coronavirus Pandemic and the Great Changes Unseen in a Century [新冠疫情與百年變局]," *Contemporary International Relations [現代國際關係]*, no. 5 (June 2020): 1–6.
49. Shi Zehua [史澤華], "Why Has American Populism Risen at This Time [美國民粹主義何以此時興起]," *U.S.-China Perception Monitor [中美印象]*, May 4, 2016, http://www.uscnpm.com/model_item.html?action=view&table=article&id=10182.
50. Cui Hongjian [崔洪建], "What Does 'Populism,' Found in So Many Headlines, Actually Mean? [頻頻上頭條的'民粹主義'到底是什麼意思]."
51. Zhang Yunling [張蘊嶺] et al., "How to Recognize and Understand the Century's Great Changes [如何認識和理解百年大變局]."
52. Jin Canrong [金燦榮], "Great Changes Unseen in a Century and China's Responsibility [百年未有之大變局與中國擔當]," *Liberation Army Daily [解放軍報]*, December 11, 2019, http://www.mod.gov.cn/jmsd/2019-12/11/content_4856573.htm. The

article, originally published in *Liberation Army Daily*, was also published on the official Ministry of Defense website.

53. Nie Wenjuan, "US vs. China" 54. Wu Baiyi, "American Illness."
55. Ibid.
56. Jin Canrong [金燦榮], "Looking at the World Forum, Jin Canrong: Great Changes in the World in the Next Ten Years [觀天下講壇|金燦榮：未來10年的世界大變局]," *Guancha [觀察]*, August 1, 2017, https://www.guancha.cn/JinCanRong/2017_08_01_420867_s.shtml.
57. "The Central Economic Work Conference Was Held in Beijing Xi Jinping and Li Keqiang Delivered an Important Speech [中央經濟工作會議在北京舉行 習近平李克強作重要 講話]," *Xinhua [新華]*, December 21, 2018, http://www.xinhuanet.com/2018-12/21/c_1123887379.htm.
58. Xi Jinping [習近平], *Xi Jinping: The Governance of China [習近平談治因理政]*, vol. 3, [第三卷], 294.
59. Ren Jingjing [任晶晶], "Strive to Realize the Great Rejuvenation of the Chinese Nation in the 'Great Changes Unseen in a Century' [在'百年未有之大變局'中奮力實現中華民族偉大復興]," *Journal of Northeast Asia Studies [東北亞學刊]*, 2019.
60. Zhang Yunling [張蘊嶺], "An Analysis of the 'Great Changes Unseen in a Century' [對'百年之大變局'的分析與思考]," Journal of Shandong University *[山東大學學報]*, no. 5 (2019): 1–15.
61. Ibid.
62. Lu Hui, "Commentary: Milestone Congress Points to New Era for China, The World," *Xinhua*, October 24, 2017, http://www.xinhuanet.com/english/2017-10/24/c_136702090.htm.
63. Li Jie [李傑], "Deeply Understand and Grasp the World's 'Big Changes Unseen in a Century.' [深刻理解把握世界'百年未有之大變局']."
64. Ren Jingjing [任晶晶], "Strive to Realize the Great Rejuvenation of the Chinese Nation in the 'Great Changes Unseen in a Century.' [在'百年未有之大變局'中奮力實現中華民族偉大復興]."
65. Ibid.
66. Ibid.

67. Xi Jinping [習近平], "Xi Jinping: Follow the Trend of the Times to Achieve Common Development [習近平：順應時代潮流實現共同發展]" (Speech at the BRICS Business Forum, Johannesburg, South Africa, July 25, 2018), http://cpc.people.com.cn/n1/2018/0726/c64094-30170246.html.
68. Xi Jinping [習近平], "Xi Jinping Met the 2017 Ambassadorial Conference and Delivered an Important Speech [習近平接見2017年度駐外使節工作會議與會使節並發表重要講話]."
69. Xi Jinping [習近平], "Xi Jinping Delivered an Important Speech at the Opening Ceremony of the Training Class for Young and Middle-Aged Cadres at the Central Party School (National School of Administration) [習近平在中央黨校（國家行政學院）中青年幹部培訓班開班式上發表重要講話]" (Central Party School, September 3, 2019), http://www.gov. cn/xinwen/2019-09/03/content_5426920.htm.
70. "The Central Economic Work Conference Was Held in Beijing Xi Jinping and Li Keqiang Delivered an Important Speech [中央經濟工作會議在北京舉行 習近平李克強作重要講話]."
71. "China and the World in the New Era [新時代的中國與世界]," White Paper [白皮書] (State Council Information Office [國務院新聞辦公室], 2019).
72. Zheng Jialu [鄭嘉璐], "This Is China's Best Strategic Opportunity Since the End of the Cold War—Interview with Professor Yan Xuetong, Dean of the Institute of International Relations, Tsinghua University [當前是冷戰結束以來中國最好的戰略機遇—專訪清華大學國際關係研究院院長閻學通教授]," *Window on the South [南風窗]*, October 9, 2018, https://www.nfcmag.com/article/8372.html.
73. Ibid.
74. Ibid.
75. Ibid.
76. Wu Xinbo [武心波], "The Great Changes Unseen in a Century and Sino-Japanese Relations Have Bright Spots and Dark Spots [百年未有大變局，中日關係有'明''暗']." 77. Xi Jinping [習近平], *Xi Jinping: The Governance of China [習近平談治國理政]*, vol. 3, [第三卷], 294.

78. Liu Jianfei [劉建飛], "How Do Leading Cadres Recognize the World's 'Great Changes Unseen in a Century' [領導幹部如何認識世界百年未有之大變局]," *China Party and Government Cadres Tribune [中國黨政幹部論壇]*, October 25, 2019, https://www.ccps. gov.cn/zt/dxxylldlzt/202004/t20200424_139781.shtml.

79. Ren Jingjing [任晶晶], "Strive to Realize the Great Rejuvenation of the Chinese Nation in the 'Great Changes Unseen in a Century.' [在'百年未有之大變局'中奮力實現中華民族偉大復興]."

80. Zhu Feng [朱鋒], "A Summary of Recent Academic Research on 'Great Changes Unseen in a Century.' [近期學界關於'百年未有之大變局'研究綜述]."

81. Fang Xiao [方曉], "Innovative Partnership Networks: To Create Growth Point for a Global Partnership Network [創新夥伴關係：打造全球夥伴關係的 新增長點]," *International Studies [國際問題研究]*, no. 6 (2019): 41–55.

82. Liu Jianfei [劉建飛], "How Do Leading Cadres Recognize the World's Great Changes Unseen in a Century [領導幹部如何認識世界百年未有之大變局]."

83. Ibid.

84. Xi Jinping [習近平], "Xi Jinping Delivered an Important Speech at the Opening Ceremony of the Training Class for Young and Middle-Aged Cadres at the Central Party School (National School of Administration) [習近平在中央黨校（國家行政學院）中青年幹部培訓班開班式上發表重要講話]."

85. Xi Jinping [習近平], "Xi Jinping Delivered an Important Speech at the Opening Ceremony of the Seminar on Learning and Implementing the Spirit of the 5th Plenary Session of the 19th Central Committee of the Party [習近平在省部級主要領導幹部學習貫徹黨的十九屆五中全會精神專題研討班開班式上發表重要講話]." Emphasis added.

第十二章　「登高望遠」——中國向全球擴張的方向與工具

1. "Woman Accused of Gross Slander—DN Spread the Story Using Metoo, China's Ambassador in Interview, Public Service Debates Public Service [Kvinna åtalad för grovt förtal—DN spred historien under metoo, Kinas ambassadör i intervju, public service

debatterar public service],” Sveriges Radio, November 30, 2019, https://sverigesradio.se/sida/avsnitt/1421039?programid=2795.

2. Stephen Chen, “China Launches Its First Fully Owned Overseas Satellite Ground Station near North Pole,” *South China Morning Post*, December 16, 2016, https://www. scmp.com/news/china/policies-politics/article/2055224/china-launches-its-first-fully-owned-overseas-satellite.

3. A recording can be found here: “Woman Accused of Gross Slander—DN Spread the Story Using Metoo, China’s Ambassador in Interview, Public Service Debates Public Service.”

4. Jonathan Kearsley, Eryk Bagshaw, and Anthony Galloway, “‘If You Make China the Enemy, China Will Be the Enemy’: Beijing’s Fresh Threat to Australia,” *Sydney Morning Herald*, November 18, 2020, https://www.smh.com.au/world/asia/if-you-make-china-the-enemy-china-will-be-the-enemy-beijing-s-fresh-threat-to-australia-20201118-p56fqs.html.

5. Hal Brands, “What Does China Really Want?: To Dominate the World,” *Japan Times*, May 22, 2020, https://www.japantimes.co.jp/opinion/2020/05/22/commentary/world-commentary/china-really-want-dominate-world/.

6. “Xi Jinping’s First Mention of the ‘Two Guidances’ Has Profound Meaning [習近平首提‘兩個引導’有深意],” *Study China [學習中國]*, February 21, 2017, https://web.archive.org/web/20171219140753/http://www.ccln.gov.cn/hotnews/230779.shtml. This commentary on Xi Jinping’s speech was published by the leadership of the China Cadre Learning Network [中國幹部學習網], which publishes material for circulation to Party cadres.

7. Xi Jinping [習近平], “Xi Urges Breaking New Ground in Major Country Diplomacy with Chinese Characteristics [努力開創中國特色大國外交新局面],” Xinhua [新華網], June 22, 2018, http://www.xinhuanet.com/politics/2018-06/23/c_1123025806.htm.

8. “Xi Jinping: Promoting Belt and Road Cooperation to Deeply Benefit the People [習近平：推動共建‘一帶一路’走深走實造福人民],” *Xinhua [新華網]*, August 27, 2018, http://www.xinhuanet.com/politics/2018-08/27/c_1123336562.htm.

9. “China and the World in the New Era [新時代的中國與世界],” White Paper [白皮書] (State Council Information Office [國務院新聞辦公室], 2019).

10. Wang Junsheng [王俊生] and Qin Sheng [秦升], “Seize the Opportunity from the ‘Great Changes Unseen in a Century’ [從‘百年未有之大變局’中把握機遇],” *Red Flag Manuscripts [紅旗文稿]*, April 10, 2019, http://www.qstheory.cn/dukan/hqwg/2019-

04/10/c_1124344744.htm. *Red Flag Manuscripts* is published biweekly by *Qiushi*, and this article appeared in print.

11. Zhang Yunling [張蘊嶺], "An Analysis of the 'Great Changes Unseen in a Century' [對'百年之大變局'的分析與思考]," *Journal of Shandong University [山東大學學報]*, no. 5 (2019): 1–15.
12. Yuan Peng [袁鵬], "The Coronavirus Pandemic and the Great Changes Unseen in a Century [新冠疫情與百年變局]," *Contemporary International Relations [現代國際關係]*, no. 5 (June 2020): 1–6.
13. Yang Jiechi [楊潔篪], "Continue to Create New Prospects for Foreign Work under the Guidance of General Secretary Xi Jinping's Diplomatic Thoughts [在習近平總書記外交思想指引下不斷開創對外工作新局面]," Foreign Ministry of the People's Republic of China [中華人民共和國外交部], January 14, 2017, https://www. fmprc.gov.cn/ce/ceus/chn/zgyw/t1430589.htm.
14. "Xi Jinping's First Mention of the 'Two Guidances' Has Profound Meaning [習近平首提'兩個引導'有深意]." Emphasis added.
15. Ibid. Emphasis added.
16. That is, he listed promoting "the community of common destiny for mankind," expanding China's "global partnership network," enlarging "the country's 'circle of friends,' " and promoting BRI.
17. Xi Jinping [習近平], "Xi Urges Breaking New Ground in Major Country Diplomacy with Chinese Characteristics [努力開創中國特色大國外交新局面]."
18. Wang Yi [王毅], "Speech at the Opening Ceremony of the 2018 Symposium on the International Situation and China's Diplomacy [在2018年國際形勢與中國外交研討會開幕式上的演講]," Foreign Ministry of the People's Republic of China [中華人民共和國外交部], December 11, 2018, https://www.fmprc.gov.cn/web/wjbzhd/t1620761.shtml.
19. Ibid.
20. "China and the World in the New Era [新時代的中國與世界]." 21. Liu Jianfei [劉建飛], "How Do Leading Cadres Recognize the World's Great Changes Unseen in a Century [領導幹部如何認識世界百年未有之大變局]," *China Party and Government Cadres Tribune [中國黨政幹部論壇]*, October 25, 2019, https://www.ccps. gov.cn/zt/dxxylldlzt/202004/t20200424_139781. shtml.
22. Li Jie [李傑], "Deeply Understand and Grasp the World's 'Big Changes Unseen in a Century' [深刻理解把握世界'百年未有之

大變局']," *Study Times [學習時報]*, September 3, 2018, https://web.archive.org/web/20200624172344/http://www.qstheory.cn/llwx/2018-09/03/c_1123369881.htm.

23. Zhang Yunling [張蘊嶺] et al., "How to Recognize and Understand the Century's Great Changes [如何認識和理解百年大變局]," *Asia-Pacific Security and Maritime Research [亞太安全與海洋研究]*, no. 2 (2019), http://www.charhar.org.cn/newsinfo.aspx?newsid=14706.

24. Jin Canrong [金燦榮], "Looking at the World Forum, Jin Canrong: Great Changes in the World in the Next Ten Years [觀天下講壇|金燦榮：未來10年的世界大變局]," *Guancha [觀察]*, August 1, 2017, https://www.guancha.cn/JinCanRong/2017_08_01_420867_s.shtml.

25. Jin Canrong [金燦榮], "Great Changes Unseen in a Century and China's Responsibility [百年未有之大變局與中國擔當]," *Liberation Army Daily [解放軍報]*, December 11, 2019, http://www.mod.gov.cn/jmsd/2019-12/11/content_4856573.htm.

26. Wang Junsheng [王俊生] and Qin Sheng [秦升], "Seize the Opportunity from the 'Great Changes Unseen in a Century.' [從'百年未有之大變局'中把握機遇]."

27. Ren Jingjing [任晶晶], "Strive to Realize the Great Rejuvenation of the Chinese Nation in the 'Great Changes Unseen in a Century' [在'百年未有之大變局'中奮力實現中華民族偉大復興]," *Journal of Northeast Asia Studies [東北亞學刊]*, 2019.

28. "China and the World in the New Era [新時代的中國與世界]."

29. Kristine Lee and Alexander Sullivan, "People's Republic of the United Nations: China's Emerging Revisionism in International Organizations" (Washington, DC: Center for a New American Security, May 2019).

30. "China and the World in the New Era [新時代的中國與世界]."

31. Courtney Fung and Shing-Hon Lam, "China Already Leads 4 of the 15 U.N. Specialized Agencies—and Is Aiming for a 5th," *Washington Post*, March 3, 2020, https://www. washingtonpost.com/politics/2020/03/03/china-already-leads-4-15-un-specialized-agencies-is-aiming-5 th/.

32. Ibid.

33. See minute 24 of *"Lectures" Former UN Deputy Secretary-General Wu Hongbo: Excellent Diplomats Must Have Strong Patriotism*

and Enterprising Spirit 2018-12-22 | CCTV "Lectures" Official Channel [《開講啦》前聯合國副秘書長吳紅波：優秀的外交官要有強烈的愛國心和進取精神20181222 | CCTV《開講啦》官方頻道] (CCTV, 2018), https://www.youtube.com/watch?v=pmrI2n6d6VU&t=24m56s.

34. Nicola Contessi, "Experiments in Soft Balancing: China-Led Multilateralism in Africa and the Arab World," *Caucasian Review of International Affairs* 3, no. 4 (2009): 404–34.

35. Jakub Jakóbowski, "Chinese-Led Regional Multilateralism in Central and Eastern Europe, Africa and Latin America: 16 + 1, FOCAC, and CCF," *Journal of Contemporary China* 27, no. 113 (April 11, 2018): 659–73.

36. For example, see "Joint Declaration of China-Latin America and the Caribbean Countries Leaders' Meeting in Brasilia" (Brasilia: China-Latin America and the Caribbean Countries, July 17, 2014), http://www.itamaraty.gov.br/images/ed_integracao/docs_CELAC/DECLCHALC.2014ENG.pdf; "Declaration of Action on China-Arab States Cooperation under the Belt and Road Initiative" (Beijing: China-Arab States Cooperation, July 10, 2018), http://www.chinaarabcf.org/chn/lthyjwx/bzjhywj/dbjbzjhy/P020180726404036530409.pdf; "Beijing Declaration of the First Ministerial Meeting of the CELAC-China Forum" (Beijing: China-CELAC Forum, January 23, 2015), http://www.chinacelacforum.org/eng/zywj_3/t1230938.htm.

37. "Joint Statement of the Extraordinary China-Africa Summit on Solidarity Against COVID-19," Ministry of Foreign Affairs of the People's Republic of China, June 17, 2020, https://www.fmprc.gov.cn/mfa_eng/zxxx_662805/t1789596.shtml.

38. For the various letters containing signatories critiquing and supporting China on human rights, see Nick Cumming-Bruce, "China Rebuked by 22 Nations Over Xinjiang Repression," *New York Times*, July 10, 2019, https://www.nytimes.com/2019/07/10/world/asia/china-xinjiang-rights.html; Catherine Putz, "Which Countries Are for or against China's Xinjiang Policies?," *The Diplomat*, July 15, 2019, https://thediplomat.com/2019/07/which-countries-are-for-or-against-chinas-xinjiang-policies; Roie Yellinek and Elizabeth Chen, "The '22 vs. 50' Diplomatic Split between the West and China over Xinjiang and Human Rights," *China Brief* 19, no. 22 (December 31, 2019), https://jamestown.org/program/the-22-vs-50-diplomatic-split-between-the-west-and-china-over-xinjiang-and-human-rights/; "Ambassadors from 37 Countries Issue Joint Letter to Support China on Its Human Rights Achievements," *Xinhua*, July 13, 2019, http://www.xinhuanet.com/english/2019-07/13/c_138222183.htm.

39. "The Overwhelming Majority of Countries Resolutely Oppose the United States and Other Countries Interfering in China's Internal Affairs with Xinjiang-Related Issues [絕大多數國家堅決反對美國等國借涉疆問題干涉中國內政]," *People's Daily [人民日報]*, October 31, 2019, http://world.people.com.cn/n1/2019/1031/c1002-31429458.html.
40. Data from CNKI.
41. Xi Jinping [習近平], "Secure a Decisive Victory in Building a Moderately Prosperous Society in All Respects and Strive for the Great Success of Socialism with Chinese Characteristics for a New Era [決勝全面建成小康社會奪取新時代中國特色社會主義偉大勝利]," 19th Party Congress Political Report (Beijing, October 18, 2017); "China and the World in the New Era [新時代的中國與世界]."
42. "China and the World in the New Era [新時代的中國與世界]."
43. Declaration [宣言], "Seize the Promising Period of Historical Opportunity [緊緊抓住大有可為的歷史機遇期]," *People's Daily [人民日報]*, January 15, 2018, http://opinion.people.com.cn/n1/2018/0115/c1003-29763759.html.
44. Ren Jingjing [任晶晶], "Strive to Realize the Great Rejuvenation of the Chinese Nation in the 'Great Changes Unseen in a Century.' [在'百年未有之大變局'中奮力實現中華民族偉大復興]."
45. Nie Wenjuan, "US vs. China: Which System Is Superior?," *China-US Focus*, April 29, 2020, https://www.chinausfocus.com/society-culture/us-vs-china-which-system-is-superior.
46. This sentiment can be found in several pieces, including: Zhang Yunling [張蘊嶺] et al., "How to Recognize and Understand the Century's Great Changes [如何認識和理解百年大變局]." See also Ren Jingjing [任晶晶], "Strive to Realize the Great Rejuvenation of the Chinese Nation in the 'Great Changes Unseen in a Century' [在'百年未有之大變局'中奮力實現中華民族偉大復興]"; Zhang Yunling [張蘊嶺], "Zhang Yunling: Analysis and Thinking on the 'Great Changes Not Seen in a Century' [張蘊嶺：對'百年之大變局'的分析與思考]," *Qiushi Online [求是網]*, October 8, 2019, http://www.qstheory.cn/international/2019-10/08/c_1125078720.htm.
47. Yuan Peng [袁鵬], "The Coronavirus Pandemic and the Great Changes Unseen in a Century. [新冠疫情與百年變局]."
48. Charles Rollet, "Ecuador's All-Seeing Eye Is Made in China," *Foreign Policy*, August 9, 2018, https://foreignpolicy.com/2018/08/09/

ecuadors-all-seeing-eye-is-made-in-china/; Josh Chin, "Huawei Technicians Helped African Governments Spy on Political Opponents," *Wall Street Journal*, August 15, 2019, https://www.wsj.com/articles/huawei-technicians-helped-african-governments-spy-on-political-opponents-11565793017; Nick Bailey, "East African States Adopt China's Playbook on Internet Censorship" (Washington, DC: Freedom House, October 24, 2017), https://freedomhouse.org/article/east-african-states-adopt-chinas-playbook-internet-censorship.

49. Qiushi published key excerpts of Xi's remarks on the fourth industrial revolution here: "What Is the Fourth Industrial Revolution?: Xi Jinping Described Its Blueprint Like This [第四次工業革命什麼樣?·習近平這樣描繪藍圖!]," *Qiushi Online [求是網]*, July 27, 2018, http://www.qstheory.cn/zhuanqu/2018-07/27/c_1123186013.htm.

50. Xi Jinping [習近平], "Xi Jinping: Follow the Trend of the Times to Achieve Common Development [習近平:順應時代潮流實現共同發展]" (Speech at the BRICS Business Forum, Johannesburg, South Africa, July 25, 2018), http://cpc.people.com.cn/n1/2018/0726/c64094-30170246.html.

51. Wang Junsheng [王俊生] and Qin Sheng [秦升], "Seize the Opportunity from the 'Great Changes Unseen in a Century.' [從'百年未有之大變局'中把握機遇]."

52. Li Jie [李傑], "Deeply Understand and Grasp the World's 'Big Changes Unseen in a Century.' [深刻理解把握世界"百年未有之大變局"]."

53. Ibid.

54. Ibid.

55. Ibid.

56. Julian Baird Gewirtz, "China's Long March to Technological Supremacy," *Foreign Affairs*, August 7, 2019, https://www.foreignaffairs.com/articles/china/2019-08-27/chinas-long-march-technological-supremacy.

57. "China and the World in the New Era [新時代的中國與世界]."

58. Li Jie [李傑], "Deeply Understand and Grasp the World's 'Big Changes Unseen in a Century.' [深刻理解把握世界"百年未有之大變局"]."

59. Ibid.

60. Ibid.

61. Jin Canrong [金燦榮], "Jin Canrong: The Fourth Industrial Revolution Is Mainly a Competition between China and the United States, and China Has a Greater Chance of Winning [金燦榮：第四次工業革命主要是中美之間的競爭，且中國勝算更大]," *Guancha [觀察]*, July 29, 2019, https://www.guancha.cn/JinCanRong/2019_07_29_511347_s.shtml.

62. Zhang Yunling [張蘊嶺] et al., "How to Recognize and Understand the Century's Great Changes [如何認識和理解百年大變局]."

63. Zhu Feng [朱鋒], "A Summary of Recent Academic Research on 'Great Changes Unseen in a Century' [近期學界關於'百年未有之大變局'研究綜述]," *People's Forum—Academic Frontier [人民論壇—學術前沿]*, no. 4 (2019).

64. Zhang Yuyan [張宇燕], "Understanding the Great Changes Unseen in a Century [理解百年未有之大變局]," *International Economic Review [國際經濟評論]*, September 18, 2019, http://www.qstheory.cn/llwx/2019-09/18/c_1125010363.htm.

65. Yuan Peng [袁鵬], "The Coronavirus Pandemic and the Great Changes Unseen in a Century [新冠疫情與百年變局]."（註釋65是袁鵬的《新冠疫情與百年變局》，但文中並未引述閻學通的言論，網上查到閻學通《數字時代的中美戰略競爭》一文中才有類似言論，因此這則註釋可能有誤）

66. Ibid.

67. Khan Beethika, Carol Robbins, and Abigail Okrent, "The State of U.S. Science and Engineering 2020" (Washington, DC: National Science Foundation, 2020), https://ncses.nsf.gov/pubs/nsb20201/global-r-d.

68. Arthur Herman, "The Quantum Computing Threat to American Security," *Wall Street Journal*, November 10, 2019, https://www.wsj.com/articles/the-quantum-computing-threat-to-american-security-11573411715.

69. Ashwin Acharya and Zachary Arnold, "Chinese Public AI R&D Spending: Provisional Findings" (Washington, DC: Center for Security and Emerging Technology, 2019), https://cset.georgetown.edu/wp-content/uploads/Chinese-Public-AI-RD-Spending-Provisional-Findings-1.pdf.

70. Zhang Yunling [張蘊嶺] et al., "How to Recognize and Understand the Century's Great Changes [如何認識和理解百年大變局]."

71. "Li Keqiang: Internet + Double Innovation + Made in China 2025 Will Give Birth to a 'New Industrial Revolution' [李克強：

互聯網＋雙創＋中國製造2025催生一場"新工業革命"], *Xinhua [新華]*, October 15, 2015, http://www.xinhuanet.com/politics/2015-10/15/c_1116825589.htm.

72. "Made in China 2025: Global Ambitions Built on Local Protections" (Washington, DC: United States Chamber of Commerce, 2017), https://www.uschamber.com/sites/default/files/final_made_in_china_2025_report_full.pdf.

73. Anjani Trivedi, "China Is Winning the Trillion-Dollar 5G War," *Washington Post*, July 12, 2020, https://www.washingtonpost.com/business/china-is-winning-the-trillion-dollar-5g-war/2020/07/12/876cb2f6-c493-11 ea-a825-8722004e4150_story.html.

74. Jin Canrong [金燦榮], "Jin Canrong: The Fourth Industrial Revolution Is Mainly a Competition Between China and the United States, and China Has a Greater Chance of Winning [金燦榮：第四次工業革命主要是中美之間的競爭，且中國勝算更大]."

75. Ibid.

76. Ibid.

77. Ibid.

78. Jin Canrong [金燦榮], "Great Change Unseen in a Century: In the Sino-American Chess Game, Who Controls the Ups and Downs [百年未有之大變局 中美博弈誰主沉浮]," *China Youth Daily [中國青年報社]*, August 14, 2019, https://baijiahao.baidu.com/s?id=1641695768001946785&wfr=spider&for=pc. The article was reposted at the link provided here.

79. Joe McDonald, "Companies Prodded to Rely Less on China, but Few Respond," *Associated Press*, June 29, 2020, https://apnews.com/bc9f37e67745c046563234d1d2e3fe01; "Supply Chain Challenges for US Companies in China" (Beijing: AmCham China, April 17, 2020), https://www.amchamchina.org/about/press-center/amcham-statement/supply-chain-challenges-for-us-companies-in-china.

80. Damien Ma (@damienics), Twitter Post, June 30, 2020, 4:54 p.m., https://twitter.com/damienics/status/1278114690871300101?s=20.

81. Lindsay Gorman, "The U.S. Needs to Get in the Standards Game—With Like-Minded Democracies," *Lawfare*, April 2, 2020, https://www.lawfareblog.com/us-needs-get-standards-game%E2%80%94-minded-democracies.

82. "Take action and fight to the death to win Lenovo's honor defense war! [行動起來，誓死打贏聯想榮譽保衛戰！]," WeChat

Post, May 16, 2018, https://mp.weixin.qq.com/s/JDlmQbGFkxu-_D2jsqNz3w.

83. Frank Tang, "Facebook's Libra Forcing China to Step Up Plans for Its Own Cryptocurrency, Says Central Bank Official," *South China Morning Post*, July 8, 2019, https://www. scmp.com/economy/china-economy/article/3017716/facebooks-libra-forcing-china-step-plans-its-own.

84. Fung and Lam, "China Already Leads 4 of the 15 U.N. Specialized Agencies—and Is Aiming for a 5th"; Raphael Satter and Nick Carey, "China Threatened to Harm Czech Companies Over Taiwan Visit: Letter," *Reuters*, February 19, 2020, https://www.reuters.com/article/us-china-czech-taiwan/china-threatened-to-harm-czech-companies-over-taiwan-visit-letter-idUSKBN20D0G3.

85. Jack Nolan and Wendy Leutert, "Signing Up or Standing Aside: Disaggregating Participation in China's Belt and Road Initiative," *Global China: Assessing China's Growing Role in the World* (Washington, DC: Brookings Institution, 2020), https://www.brookings.edu/articles/signing-up-or-standing-aside-disaggregating-participation-in-chinas-belt-and-road-initiative/.

86. Xi Jinping [習近平], "Secure a Decisive Victory in Building a Moderately Prosperous Society in All Respects and Strive for the Great Success of Socialism with Chinese Characteristics for a New Era [決勝全面建成小康社會 奪取新時代中國特色社會主義偉大勝利]"; "China's National Defense in the New Era [新時代的中國國防]," White Paper [白皮書] (Beijing: 國務院新聞辦公室, 2019).

87. Taylor Fravel, "China's 'World Class Military' Ambitions: Origins and Implications," *Washington Quarterly* 43, no. 1 (2020): 91–92.

88. Ibid. 96.

89. "China and the World in the New Era [新時代的中國與世界]."（此處引文應出自中國二〇一九年《新時代的中國國防》，註釋中的來源可能有誤。）

90. See the three most recent Defense White Papers: "The Diversified Employment of China's Armed Forces [中國武裝力量的多樣化運用]," White Paper [白皮書] (Beijing: State Council Information Office [國務院新聞辦公室], 2013); "China's Military Strategy [中國的軍事戰略]," White Paper [白皮書] (State Council Information Office [國務院新聞辦公室], 2015); "China's National Defense in the New Era [新時代的中國國防]."

91. See the three most recent Defense White Papers: "The Diversified Employment of China's Armed Forces [中國武裝力量的多樣化運用]"; "China's Military Strategy [中國的軍事戰略]"; "China's National Defense in the New Era [新時代的中國國防]."
92. Xi Jinping [習近平], "To Prevent and Resolve Major Risks in Various Domains, Xi Jinping Has Clear Requirements [防範化解各領域重大風險，習近平有明確要求]," *Xinhua [新華網]*, January 22, 2019, http://www.xinhuanet.com/2019-01/22/c_1124024464. htm; "China's National Defense in the New Era [新時代的中國國防]."
93. Wang Yi, "Wang Yi Address to the CSIS Statesmen Forum" (Washington, DC, February 25, 2016), https://csis-prod.s3.amazonaws.com/s3fs-public/event/160225_statesmen_forum_wang_yi.pdf. See also Su Zhou, "Number of Chinese Immigrants in Africa Rapidly Increasing," *China Daily*, January 14, 2017, http://www.chinadaily.com.cn/world/2017-01/14/content_27952426.htm; Tom Hancock, "Chinese Return from Africa as Migrant Population Peaks," *Financial Times*, August 28, 2017, https://www.ft.com/content/7106ab42-80 d1-11e7-a4ce-15 b2513cb3ff.
94. Murray Scott Tanner and Peter W. Mackenzie, "China's Emerging National Security Interests and Their Impact on the People's Liberation Army" (Arlington, VA: Center for Naval Analyses, 2015), 32.
95. Ibid., 36.
96. "How Is China's Energy Footprint Changing?," *ChinaPower* (blog), February 15, 2016, https://chinapower.csis.org/energy-footprint/.
97. Liang Fang (梁芳), "What Are the Risks to the 'Maritime Silk Road' Sea Lanes? [今日'海上絲綢之路'通道風險有多大?]," *Defense Reference [國防參考]*, March 13, 2015, http://www.globalview.cn/html/strategy/info_1707.html.
98. Wang Yi, "Wang Yi Address to the CSIS Statesmen Forum."
99. Xi Jinping [習近平], "Secure a Decisive Victory in Building a Moderately Prosperous Society in All Respects and Strive for the Great Success of Socialism with Chinese Characteristics for a New Era [決勝全面建成小康社會 奪取新時代中國特色社會主義偉大勝利]."
100. "China's National Defense in the New Era [新時代的中國國防]."
101. "China's Military Strategy [中國的軍事戰略]."

102. "China's National Defense in the New Era [新時代的中國國防]."

103. "Foreign Minister Wang Yi Meets the Press," Ministry of Foreign Affairs of the People's Republic of China, March 9, 2016, http://www.fmprc.gov.cn/mfa_eng/zxxx_662805/t1346238.shtml; Ankit Panda, "After Djibouti Base, China Eyes Additional Overseas Military 'Facilities,'" *The Diplomat*, March 9, 2016, https://thediplomat.com/2016/03/after-djibouti-base-china-eyes-additional-overseas-military-facilities/.

104. Adam Ni, Twitter post, April 20, 2019, 8:32 AM ET, https://twitter.com/adam_ni/status/1119579479087747072/photo/1.

105. Mathieu Duchâtel, "Overseas Military Operations in Belt and Road Countries: The Normative Constraints and Legal Framework," in *Securing the Belt and Road Initiative: China's Evolving Military Engagement along the Silk Roads* (Washington, DC: National Bureau of Asian Research, 2019), 11.

106. Maria Abi-Habib, "How China Got Sri Lanka to Cough Up a Port," *New York Times*, June 25, 2018, https://www.nytimes.com/2018/06/25/world/asia/china-sri-lanka-port.html.

107. Saikiran Kannan, "How China Has Expanded Its Influence in the Arabian Sea," *India Today*, May 15, 2020, https://www.indiatoday.in/world/story/how-china-has-expanded-its-influence-in-the-arabian-sea-1678167-2020-05-15.

108. Jacob Gronholt-Pedersen, "China Withdraws Bid for Greenland Airport Projects: Sermitsiaq Newspaper," *Reuters*, June 4, 2019, https://www.reuters.com/article/us-china-silkroad-greenland/china-withdraws-bid-for-greenland-airport-projects-sermitsiaq-newspaper-idUSKCN1T5191.

109. Jeremy Page, Gordon Lubold, and Rob Taylor, "Deal for Naval Outpost in Cambodia Furthers China's Quest for Military Network," *Wall Street Journal*, July 22, 2019, https://www.wsj.com/articles/secret-deal-for-chinese-naval-outpost-in-cambodia-raises-u-s-fears-of-beijings-ambitions-11563732482.

110. Ben Blanchard, "China Downplays Solomon Island Lease Debacle, Tells U.S. to Stay Out," *Reuters*, October 29, 2019, https://www.reuters.com/article/us-china-solomonislands/china-downplays-solomon-island-lease-debacle-tells-u-s-to-stay-out-idUSKBN1X80YR.

111. Dennis J. Blasko and Roderick Lee, "The Chinese Navy's Marine Corps, Part 2: Chain-of-Command Reforms and Evolving

Training," *Jamestown China Brief* 19, no. 4 (2019), https://jamestown.org/program/the-chinese-navys-marine-corps-part-2-chain-of-command-reforms-and-evolving-training/.

112. Minnie Chan, "Chinese Navy Set to Build Fourth Aircraft Carrier, but Plans for a More Advanced Ship Are Put on Hold," *South China Morning Post*, November 28, 2019, https://www.scmp.com/news/china/military/article/3039653/chinese-navy-set-build-fourth-aircraft-carrier-plans-more.

113. Christopher D. Yung, "'Building a World Class Expeditionary Force'" (The US-China Economic And Security Review Commission, Washington, DC, June 20, 2019), https://www.uscc.gov/sites/default/files/Yung_USCC%20Testimony_FINAL.pdf.

114. Trym Aleksander Eiterjord, "Checking In on China's Nuclear Icebreaker," *The Diplomat*, September 5, 2019, https://thediplomat.com/2019/09/checking-in-on-chinas-nuclear-icebreaker/.

第十三章　以不對稱戰略應對美中競爭

1. Harold Karan Jacobson and Michel Oksenberg, *China's Participation in the IMF, the World Bank, and GATT: Toward a Global Economic Order* (Ann Arbor: University of Michigan Press, 1990), 139.

2. Andrew W. Marshall, "Long-Term Competition with the Soviets: A Framework for Strategic Analysis" (Arlington, VA: RAND, 1972), viii.

3. Kenneth Waltz, *Theory of International Politics* (Long Grove, IL: Waveland Press, 2010 [1979]); David Lake, *Hierarchy in International Relations* (Ithaca, NY: Cornell University Press, 2009).

4. Paul Musgrave and Dan Nexon, "Defending Hierarchy from the Moon to the Indian Ocean: Symbolic Capital and Political Dominance in Early Modern China and the Cold War," *International Organization* 73, no. 3 (2018): 531–626; Alex D. Barder, "International Hierarchy," in *Oxford Research Encyclopedia of International Studies* (Oxford: Oxford University Press, 2015).

5. Robert Gilpin, *War and Change in World Politics* (Cambridge: Cambridge University Press, 1981), 26.

6. Ibid., 44; Evan A. Feigenbaum, "Reluctant Stakeholder: Why China's Highly Strategic Brand of Revisionism Is More Challenging

Than Washington Thinks," April 27, 2018, https://carnegieendowment.org/2018/04/27/reluctant-stakeholder-why-china-s-highly-strategic-brand-of-revisionism-is-more-challenging-than-washington-thinks-pub-76213.

7. Michael Lind, "The China Question," *Tablet*, May 19, 2020, https://www.tabletmag.com/sections/news/articles/china-strategy-trade-lind.

8. Yuan Peng [袁鵬], "The Coronavirus Pandemic and the Great Changes Unseen in a Century [新冠疫情與百年變局]," *Contemporary International Relations [現代國際關係]*, no. 5 (June 2020): 1–6; Robert E. Kelly, "What Would Chinese Hegemony Look Like?," *The Diplomat*, February 10, 2014, https://thediplomat.com/2014/02/what-would-chinese-hegemony-look-like/; Nadège Rolland, "China's Vision for a New World Order" (Washington, DC: National Bureau of Asian Research, 2020), https://www.nbr.org/publication/chinas-vision-for-a-new-world-order/.

9. Charles Glaser, "A U.S.-China Grand Bargain?: The Hard Choice between Military Competition and Accommodation," *International Security* 39, no. 4 (2015): 86, 49–90.

10. Barry R. Posen, "Pull Back: The Case for a Less Activist Foreign Policy," *Foreign Affairs* 92, no. 1 (2013).

11. Michael D. Swaine, Jessica J. Lee, and Rachel Esplin Odell, "Towards and Inclusive and Balanced Regional Order: A New U.S. Strategy in East Asia" (Washington, DC: Quincy Institute, 2021), 8–9 , https://quincyinst.org/wp-content/uploads/2021/01/A-New-Strategy-in-East-Asia.pdf.

12. Glaser, "A U.S.-China Grand Bargain?," 50.

13. Lyle Goldstein, "How Progressives and Restrainers Can Unite on Taiwan and Reduce the Potential for Conflict with China" (Washington, DC: Quincy Institute, April 17, 2020), https://responsiblestatecraft.org/2020/04/17/how-progressives-and-restrainers-can-unite-on-taiwan-and-reduce-the-potential-for-conflict-with-china/.

14. Peter Beinart, "America Needs an Entirely New Foreign Policy for the Trump Age," *The Atlantic*, 2018, https://www.theatlantic.com/ideas/archive/2018/09/shield-of-the-republic-a-democratic-foreign-policy-for-the-trump-age/570010/.

15. Chas W. Freeman, "Beijing, Washington, and the Shifting Balance of Prestige" (Newport, RI: China Maritime Studies Institute, 2011), https://mepc.org/speeches/beijing-washington-and-shifting-balance-prestige.

16. Bruce Gilley, "Not So Dire Straits: How the Finlandization of Taiwan Benefits U.S. Security," *Foreign Affairs* (January/February 2010).
17. Glaser, "A U.S.-China Grand Bargain?," 57, 72.
18. Paul Kane, "To Save Our Economy, Ditch Taiwan," *New York Times*, November 10, 2011, https://www.nytimes.com/2011/11/11/opinion/to-save-our-economy-ditch-taiwan.html.
19. Goldstein, "How Progressives and Restrainers Can Unite on Taiwan and Reduce the Potential for Conflict with China."
20. Glaser, "A U.S.-China Grand Bargain?," 86; Goldstein, "How Progressives and Restrainers Can Unite on Taiwan and Reduce the Potential for Conflict with China," 61.
21. Lyle J. Goldstein, *Meeting China Halfway: How to Defuse the Emerging US-China Rivalry* (Washington, DC: Georgetown University Press, 2015), 61.
22. James Steinberg and Michael E. O'Hanlon, *Strategic Reassurance and Resolve: U.S.-China Relations in the Twenty-First Century* (Princeton: Princeton University Press, 2014), 5.
23. Michael O'Hanlon and James Steinberg, *A Glass Half Full?: Rebalance, Reassurance, and Resolve in the U.S.-China Strategic Relationship* (Washington, DC: Brookings Institution Press, 2017), 21–23.
24. Goldstein, *Meeting China Halfway*.
25. Ananth Krishnan, "From Tibet to Tawang, A Legacy of Suspicion," *The Hindu*, October 22, 2012, https://www.thehindu.com/opinion/op-ed/from-tibet-to-tawang-a-legacy-of-suspicions/article4019717.ece.
26. Jane Perlez, "Calls Grow in China to Press Claim for Okinawa," *New York Times*, June 13, 2013, https://www.nytimes.com/2013/06/14/world/asia/sentiment-builds-in-china-to-press-claim-for-okinawa.html.
27. Eduardo Baptista, "Why Russia's Vladivostok Celebration Prompted a Nationalist Backlash in China," *South China Morning Post*, July 2, 2020, https://www.scmp.com/news/china/di plomacy/article/3091611/why-russias-vladivostok-celebration-prompted-nationalist.
28. Beinart, "America Needs an Entirely New Foreign Policy for the Trump Age."

29. *Deng Xiaoping Selected Works [鄧小平文選]*, 2nd ed., vol. 3 [第三卷] (Beijing: People's Press [人民出版社], 1993), 320.
30. Ibid., *Deng Xiaoping Selected Works [鄧小平文選]*, vol. 3 [第三卷], 324–27.
31. For Jiang's 8th Ambassadorial Conference address, see Jiang Zemin [江澤民], *Jiang Zemin Selected Works [江澤民文選]*, vol. 1 [第一卷] (Beijing: People's Press [人民出版社], 2006), 311–17.
32. Hu Jintao [胡錦濤], *Hu Jintao Selected Works [胡錦濤文選]*, vol. 2 [第二卷] (Beijing: People's Press [人民出版社], 2016), 503–4.
33. Zong Hairen [宗海仁], *China's New Leaders: The Fourth Generation [中國掌權者：第四代]* (New York: Mirror Books [明鏡出版社], 2002).
34. Yan Xiaofeng [顏曉峰], "Take the Strategic Initiative in the Great Changes Unseen in a Century [在百年未有之大變局中打好戰略主動仗]," *Qiushi Red Flag Manuscripts [紅旗文稿]*, February 26, 2019, http://www.qstheory.cn/dukan/hqwg/2019-02/26/c_1124163834.htm?spm=zm5062-001.0.0.1.Cr0 LbB. *Red Flag Manuscripts* is published biweekly by *Qiushi*, and this article appeared in print.
35. Fu Ying [傅瑩], "Sino-American Relations after the Coronavirus [新冠疫情後的中美關係]," *China-US Focus*, June 26, 2020, http://cn.chinausfocus.com/foreign-policy/20200629/41939.html.
36. Jiang Zemin [江澤民], *Jiang Zemin Selected Works* [江澤民文選], vol. 3 [第三卷], 448–49.
37. For Hu's speech, see Literature Research Office of the Chinese Communist Party Central Committee [中共中央文獻研究室], *Selection of Important Documents since the 15th Party Congress [十五大以來重要文獻選編]*, vol. 2 (Beijing: People's Publishing House [人民出版社], 2001), 1205–27.
38. Nicholas Kristof, "Looking for a Jump-Start in China," *New York Times*, January 5, 2013, https://www.nytimes.com/2013/01/06/opinion/sunday/kristof-looking-for-a-jump-start-in-china.html.
39. Goldstein, *Meeting China Halfway*, 335–36.
40. Edward Cunningham, Tony Saich, and Jesse Turiel, "Understanding CCP Resilience: Surveying Chinese Public Opinion through Time" (Cambridge, MA: Ash Center for Democratic Governance and Innovation, Harvard Kennedy School, July 2020), https://ash.harvard.edu/publications/understanding-ccp-resilience-surveying-chinese-public-opinion-through-time; Lei Guang et al.,

"Pandemic Sees Increase in Chinese Support for Regime" (San Diego: China Data Lab at University of California at San Diego, June 30, 2020), http://chinadatalab.ucsd.edu/viz-blog/pandemic-sees-increase-in-chinese-support-for-regime-decrease-in-views-towards-us/.

41. "Interview: 'You Can Criticize The CCP, but You Must Not Criticize Xi Jinping,'" *Radio Free Asia*, August 18, 2020, https://www.rfa.org/english/news/china/interview-caixia-08182020152449.html.

42. Hal Brands and Zack Cooper, "After the Responsible Stakeholder, What?: Debating America's China Strategy," *Texas National Security Review* 2, no. 1 (2019), https://tnsr.org/2019/02/after-the-responsible-stakeholder-what-debating-americas-china-strategy-2/.

43. Aaron Friedberg, "An Answer to Aggression: How to Push Back Against Beijing," *Foreign Affairs* 99, no. 5 (2020): 150–64 ; Matthew Kroenig and Jeffrey Cimmino, "Global Strategy 2021: An Allied Strategy for China" (Washington, DC: Atlantic Council, 2020); Kurt M. Campbell and Jake Sullivan, "Competition without Catastrophe: How America Can Both Challenge and Coexist with China," *Foreign Affairs* 98, no. 5 (2019): 96–110; Melanie Hart and Kelly Magsamen, "Limit, Leverage, and Compete: A New Strategy on China" (Washington, DC: Center for American Progress, April 3, 2019); Orville Schell and Susan L. Shirk, "Course Correction: Toward an Effective and Sustainable China Policy" (New York and San Diego: Asia Society and UCSD 21st Century China Center, 2019); Ely Ratner et al., "Rising to the China Challenge: Renewing American Competitiveness in the Indo-Pacific" (Washington, DC: Center for a New American Security, 2019).

44. Andrew F. Krepinevich, "Preserving the Balance: A U.S. Eurasia Defense Strategy" (Washington, DC: Center for Strategic and Budgetary Assessments, January 19, 2017), https://csbaonline.org/uploads/documents/Preserving_the_Balance_%2819Jan17%29HANDOUTS.pdf.

45. "GDP, (Current US$)," World Bank Open Data, 2020, https://data.worldbank.org/indi cator/ny.gdp.mktp.cd.

46. Ben Carter, "Is China's Economy Really the Largest in the World?," BBC, December 15, 2014, http://www.bbc.com/news/magazine-30483762.

47. Michael J. Green, *By More than Providence: Grand Strategy and American Power in the Asia Pacific Since 1783* (New York: Columbia

University Press, 2017).

48. Stephen Biddle and Ivan Oelrich, "Future Warfare in the Western Pacific: Chinese Antiaccess/Area Denial, U.S. AirSea Battle, and Command of the Commons in East Asia," *International Security* 41, no. 1 (2016): 7–48.

49. Michael Beckley, "Plausible Denial: How China's Neighbors Can Check Chinese Naval Expansion," *International Security* 42, no. 2 (2017); Eugene Gholz, Benjamin Friedman, and Enea Gjoza, "Defensive Defense: A Better Way to Protect US Allies in Asia," *Washington Quarterly* 42, no. 4 (2019): 171–89.

50. Ratner et al., "Rising to the China Challenge," 29.

51. Ben Kesling and Jon Emont, "U.S. Goes on the Offensive against China's Empire-Building Funding Plan," *Wall Street Journal*, April 9, 2019, https://www.wsj.com/articles/u-s-goes-on-the-offensive-against-chinas-empire-building-megaplan-11554809402.

52. For an overview of some of these cases, see Dan Kliman et al., "Grading China's Belt and Road" (Washington, DC: Center for a New American Security, 2019), https://s3.amazonaws. com/files.cnas.org/CNAS+Report_China+Belt+and+Road_final.pdf; Edward Cavanough, "When China Came Calling: Inside the Solomon Islands Switch," *The Guardian*, December 9, 2019, https://www.theguardian.com/world/2019/dec/08/when-china-came-calling-inside-the-solomon-islands-switch; "Maldives' Defeated President, Abdulla Yameen, Accused of Receiving US$1.5 Million in Illicit Payments before Election," *South China Morning Post*, October 3, 2018, https://www.scmp.com/news/asia/south-asia/article/2166728/maldives-defeated-president-abdulla-yameen-accused-receiving.

53. " 'Let's Talk'—Former UN Deputy Secretary-General Wu Hongbo: Excellent Diplomats Must Have Strong Patriotism and Enterprising Spirit, December 22, 2018 | CCTV 'Let's Talk' Official Channel [《開講啦》我的時代答卷前聯合國副秘書長吳紅波：優秀的外交官要有強烈的愛國心和進取精神 20181222 | CCTV《開講啦》官方頻道]," YouTube, December 22, 2018,https://www.youtube.com/watch?v=pmrI2n6d6VU&t=24m56s.

54. Courtney Fung and Shing-Hon Lam, "China Already Leads 4 of the 15 U.N. Specialized Agencies—and Is Aiming for a 5th," *Washington Post*, March 3, 2020, https://www. washingtonpost.com/politics/2020/03/03/china-already-leads-4-15-un-specialized-agencies-is-aiming-5 th/.

55. Tian Yuhong [田玉紅], "China Radio International's Tian Yuhong: From Adding Together to Fusing Together to Restructure a

New Type of International Media Structure [國際廣播電臺田玉紅：相加到相融重構新型國際傳媒]," *Sohu [搜狐]*, December 13, 2019, https://m.sohu.com/n/475699064/?wscrid=95360_6.

56. Ratner et al., "Rising to the China Challenge," 15–16.

57. Ibid., 15–16.

58. Brendan Greeley, "How to Diagnose Your Own Dutch Disease," *Financial Times*, 2019, https://ftalphaville.ft.com/2019/03/13/1552487003000/How-to-diagnose-your-own-Dutch-disease/.

59. Frank Tang, "Facebook's Libra Forcing China to Step Up Plans for Its Own Cryptocurrency, Says Central Bank Official," *South China Morning Post*, July 8, 2019, https://www.scmp. com/economy/china-economy/article/3017716/facebooks-libra-forcing-china-step-plans-its-own.

60. Michael E. O'Hanlon, *The Senkaku Paradox: Risking Great Power War Over Small Stakes* (Washington, DC: Brookings Institution Press, 2019).

61. David Simchi-Levi and Edith Simchi-Levi, "We Need a Stress Test for Critical Supply Chains," *Harvard Business Review*, April 28, 2020, https://hbr-org.cdn.ampproject.org/c/s/hbr.org/amp/2020/04/we-need-a-stress-test-for-critical-supply-chains; Bill Gertz, "China Begins to Build Its Own Aircraft Carrier," *Washington Times*, August 1, 2011.

62. "The Importance of International Students to American Science and Engineering" (National Foundation for American Policy, October 2017), http://nfap.com/wp-content/uploads/2017/10/The-Importance-of-International-Students.NFAP-Policy-Brief.October-20171. pdf. Boris Granovskiy and Jill H. Wilson, "Foreign STEM Students in the United States" (Washington, DC: Congressional Research Service, November 1, 2019), https://crsreports. congress.gov/product/pdf/IF/IF11347. The report notes that, "According to the National Science Foundation's 2017 survey of STEM doctorate recipients from U.S. IHEs, 72% of foreign doctorate recipients were still in the United States 10 years after receiving their degrees. This percentage varied by country of origin; for example, STEM graduates from China (90%) and India (83%) stayed at higher rates than European students (69%)."

63. Remco Zwetsloot, "Keeping Top AI Talent in the United States: Findings and Policy Options for International Graduate Student Retention" (Washington, DC: Center for Security and Emerging Technology, 2019), https://cset.georgetown.edu/wp-content/

uploads/Keeping-Top-AI-Talent-in-the-United-States.pdf.

64. James Pethokoukis, "Jonathan Gruber on Jump-Starting Breakthrough Science and Reviving Economic Growth: A Long-Read Q&A," American Enterprise Institute, June 3, 2019, https://www.aei.org/economics/johnathan-gruber-on-jump-starting-breakthrough-science-and-reviving-economic-growth-a-long-read-qa/.
65. Anthony M. Mills and Mark P. Mills, "The Science before the War," *The New Atlantis*, 2020.
66. Pethokoukis, "Jonathan Gruber on Jump-Starting Breakthrough Science and Reviving Economic Growth."
67. Michael Brown, Eric Chewning, and Pavneet Singh, "Preparing the United States for the Superpower Marathon with China" (Washington, DC: Brookings Institution, 2020), https://www.brookings.edu/wp-content/uploads/2020/04/FP_20200427_superpower_marathon_brown_chewning_singh.pdf.
68. Matt Stoller, *Goliath: The 100-Year War between Monopoly Power and Democracy* (New York: Simon & Schuster, 2019).
69. Alison Snyder, "Allies Could Shift U.S.-China Scientific Balance of Power," *Axios*, June 18, 2020, https://www.axios.com/scientific-research-expenditures-america-china-743755fe-3e94-4 cd3-92cf-ea9eb1268ec2.html.
70. Ratner et al., "Rising to the China Challenge."
71. Lindsay Gorman, "The U.S. Needs to Get in the Standards Game—With Like-Minded Democracies," *Lawfare*, April 2, 2020, https://www.lawfareblog.com/us-needs-get-standards-game%E2%80%94-minded-democracies.

結語

1. Samuel P. Huntington, "The U.S.—Decline or Renewal?," *Foreign Affairs*, 1988, https://www.foreignaffairs.com/articles/united-states/1988-12-01/us-decline-or-renewal.
2. Elmo R. Zumwalt, *On Watch* (New York: Quadrangle, 1976), 3–22.
3. Niall Ferguson, *Kissinger, 1923–1968: The Idealist* (New York: Penguin, 2015), 183.
4. Zumwalt, *On Watch*, 319.

5. Ibid.
6. Bernard Gwertzman, "The Gloomy Side of the Historian Henry A. Kissinger," *New York Times*, April 5, 1976, https://www.nytimes.com/1976/04/05/archives/the-gloomy-side-of-the-historian-henry-a-kissinger.html.
7. Ibid.; "Partial Transcript of an Interview with Kissinger on the State of Western World," *New York Times*, October 13, 1974, https://www.nytimes.com/1974/10/13/archives/partial-transcript-of-an-interview-with-kissinger-on-the-state-of.html; Henry A. Kissinger, *The Necessity for Choice: Prospects of American Foreign Policy* (New York: Harper, 1961), 2–3.
8. Much of the text following this paragraph is adapted from Kurt M. Campbell and Rush Doshi, "The China Challenge Can Help America Avert Decline," *Foreign Affairs*, December 3, 2020, https://www.foreignaffairs.com/articles/china/2020-12-03/china-challenge-can-help-america-avert-decline.
9. Huntington, "The U.S.—Decline or Renewal?"
10. Ruchir Sharma, "The Comeback Nation," *Foreign Affairs* 99, no. 3 (2020): 70–81.
11. David Pilling, "'Everybody Has Their Eyes on America': Black Lives Matter Goes Global," *Financial Times*, June 21, 2020, https://www.ft.com/content/fda8c04a-7737-4b17-bc80-d0ed5fa57c6c.
12. Jill Lepore, "A New Americanism," *Foreign Affairs* 98, no. 2 (2019): 10–19.
13. John F. Kennedy, "Remarks of Senator John F. Kennedy at Municipal Auditorium, Canton, Ohio" (Canton, Ohio, September 27, 1960), https://www.jfklibrary.org/archives/other-resources/john-f-kennedy-speeches/canton-oh-19600927.

八旗國際18

長期博弈

中國削弱美國、建立全球霸權的大戰略

The Long Game: China's Grand Strategy to Displace American Order

作　　者　杜如松（Rush Doshi）
翻　　譯　李寧怡
編　　輯　王家軒
校　　對　陳佩伶
封面設計　李東記

企劃總監　蔡慧華
行銷專員　張意婷
社　　長　郭重興
發 行 人　曾大福
出版發行　八旗文化／遠足文化事業股份有限公司
地　　址　新北市新店區民權路108-2號9樓
電　　話　02-22181417
傳　　真　02-86671065
客服專線　0800-221029
信　　箱　gusa0601@gmail.com
Facebook　facebook.com/gusapublishing
Blog　gusapublishing.blogspot.com
法律顧問　華洋法律事務所／蘇文生律師

印　　刷　前進彩藝有限公司
定　　價　720元
初版一刷　2022年9月
初版二刷　2023年6月
ISBN　978-626-7129-81-4（紙本）
978-626-7129-86-9（PDF）
978-626-7129-87-6（EPUB）

國家圖書館出版品預行編目（CIP）資料

長期博弈：中國削弱美國、建立全球霸權的大戰略／杜如松（Rush Doshi）著；李寧怡翻譯. -- 一版. -- 新北市：八旗文化出版：遠足文化事業股份有限公司發行, 民111.09
面；　公分. --（八旗國際；18）
譯自：The long game : China's grand strategy to displace American order.
ISBN 978-626-7129-81-4（平裝）

1.CST: 大戰略　2.CST: 國家戰略　3.CST: 中國大陸研究

592.45　　111012835